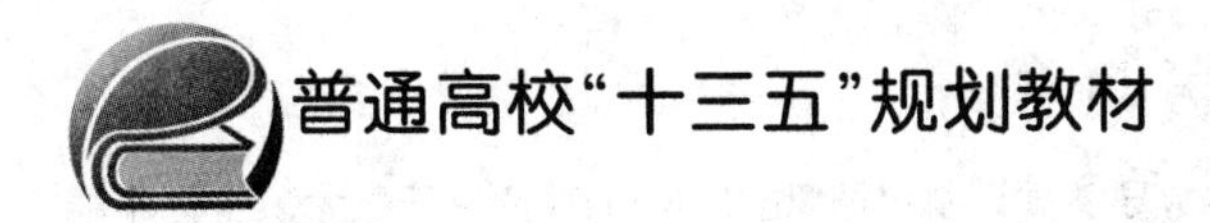

电子技术

（第二版）

主　编　孙君曼
副主编　邓　玮　谢泽会

北京航空航天大学出版社

内 容 简 介

本书以教育部高等学校电子电气基础课程教学指导委员会制定的《电工学》上部的电子技术教学基本要求为依据，在高等教育面向21世纪电子技术教学内容和课程体系改革研究的基础上编写。本书本着对非电类专业人才培养的需求，从工程分析的角度对传统电子技术内容进行了梳理，针对非电类专业的特点及学时分布情况，对教材内容和结构体系作了适当的整合。全书分为8章，主要内容包括半导体二极管及三极管、基本放大电路、集成运算放大器及反馈、集成运算放大器应用电路、直流稳压电源、晶闸管及其可控电路、门电路和组合逻辑电路、时序逻辑电路。除绪论外，每章均附有大量的练习与习题，便于学生学习。

本书适合作为普通高等工科学校非电类专业的教材，也可供从事相关工作的工程技术人员参考。

图书在版编目(CIP)数据

电子技术 / 孙君曼主编. -- 2版. -- 北京 : 北京航空航天大学出版社，2016.9

ISBN 978-7-5124-2237-7

Ⅰ. ①电… Ⅱ. ①孙… Ⅲ. ①电子技术－高等学校－教材 Ⅳ. ①TN

中国版本图书馆CIP数据核字(2016)第208806号

电子技术(第二版)

主　编　孙君曼

副主编　邓　玮　谢泽会

责任编辑　金友泉

*

北京航空航天大学出版社出版发行

北京市海淀区学院路37号(邮编100191)　http://www.buaapress.com.cn

发行部电话:(010)82317024　传真:(010)82328026

读者信箱: goodtextbook@126.com　邮购电话:(010)82316936

北京兴华昌盛印刷有限公司印装　各地书店经销

*

开本:787×1 092　1/16　印张:19　字数:486千字

2016年11月第2版　2016年11月第1次印刷　印数:3 000册

ISBN 978-7-5124-2237-7　定价:40.00元

编委会

主　编　孙君曼

副主编　邓　玮　谢泽会

参　编　王延峰　刘　娜　张　培

前　言

本书是按照教育部高等学校电子电气基础课程教学指导委员会制定的电工学电子技术教学基本要求编写的，融合了高等教育面向21世纪电子技术教学内容和课程体系改革研究的成果；紧扣21世纪对非电类专业人才培养的需求，从工程分析的角度对传统电子技术内容进行了梳理，针对非电类专业的特点及学时分布情况对教材内容和结构体系作了适当的整合，以适应卓越工程师培养要求。编写特点如下。

1. 内容取材紧扣教学大纲，突出基本内容

电子技术的发展日新月异，在各非电类行业应用也更加广泛，学科更加细化，而在工程实践中又将学科交叉和融合。如果电子技术教材内容面面俱到，去泛泛介绍细枝末节，则是浪费资源，舍本逐末的做法。本教材紧扣教学大纲要求，强调基础知识的阐述，按照本课程学时要求对电子技术基础知识作了详细介绍；同时，为使学生对新器件扩展认识，也对其有简略介绍。教师也可在讲授时进一步引导学生查阅文献资料，延伸学习电子新技术。

2. 以电子器件为主线，采用工程技术分析方法

本书先从半导体器件的形成介绍二极管、晶体管、场效应管；然后，从简单到复杂，采用逐步深入的方法介绍各类器件构成的电路的特点及作用。从基本放大电路的组成及其特性逐步深入到集成器件以及各种门电路器件和组成各类时序电路的触发器部件等。通过分析不同元器件组成的电子电路的功能特点，引入重要概念、呈现电路的优化设计思路、强化学生工程设计思想。比如分立元件放大电路中为稳定静态工作点直流反馈电阻的选用，集成运算放大器应用中负反馈的引入等。

3. 适合60学时为主的课程选用，也可用于80学时以内的课程

本书基本教学学时为60学时。由于非电类专业较多，对教学内容的要求不一，学时也有差异，为了使教材具有灵活性，将内容划分为计划讲解内容及扩展了解内容两个方面。书中无特殊标示的部分表示为必修内容，以基本原理、基本概念、基本方法、基本问题为出发点，课堂讲授、作业习题、实验等各教学环节应协调配合，反复强调，使学生概念清楚，牢固掌握。标示“*”的为选学拓宽内容，学生可结合学习兴趣，了解相关内容或结合相关书籍扩展学习。

本教材是在高校电工学教师讨论与规划的基础上，参考了第五届电子电气课程论坛上好的经验、建议，由郑州轻工业学院的电工学编写组多次讨论、共同编写的。孙君曼老师任主编，负责全书的规划、统稿及校稿修改工作；邓玮老师、谢泽会老师任副主编，协助主编完成统稿校稿工作；参加编写的老师还有王延峰、刘娜和张培。本教材凝结了编者的辛勤汗水和智慧，融入了老师们多年从事电工学教学研究和教学改革的实践体会，结合了教学过程中积累的经验，想呈现给工科院校非电类专业学生一本更具有针对性且易于学习的好教材。当然，任何优秀教材都需要反复修改订正，本教材在第一版基础上，结合教学和学习过程中的实际状况，对教材结构进行优化调整、完善、修改，编写中更注重工程分析及电工电子标准规范的应用表述。希望读者在使用过程中发现问题，及时联系，真心希望读者能给我们提出宝贵的修改意见，我们将进一步修改、完善。为使本教材能成为更加符合卓越工程师培养要求的工程技术类优秀教材，更适合非电类专业选用选学的优秀教材读本，我们会更加努力！

本书在编写中得到郑州轻工业学院教务处及电气信息工程学院等部门的大力支持，在此表示衷心感谢。另外，还要感谢那些为本书编写提供宝贵意见和建议的同行们以及在出版过程中给予帮助的各位朋友。

作　者

2016 年 5 月

目　录

绪　论 …… 1

第1章　半导体二极管及三极管 …… 3

1.1　半导体的导电特性 …… 3
1.1.1　导体、半导体和绝缘体 …… 3
1.1.2　本征半导体 …… 4
1.1.3　N型半导体和P型半导体 …… 5
1.2　PN结 …… 7
1.2.1　PN结的形成 …… 7
1.2.2　PN结的单向导电性 …… 7
1.3　半导体二极管 …… 9
1.3.1　半导体二极管的类型、结构及符号 …… 9
1.3.2　半导体二极管的伏安特性曲线 …… 10
1.3.3　半导体二极管的主要参数 …… 10
1.3.4　半导体二极管的应用 …… 11
1.4　稳压管 …… 14
1.4.1　稳压管的结构和特性曲线 …… 14
1.4.2　稳压管的主要参数 …… 15
1.4.3　其他类型的二极管 …… 16
1.5　半导体三极管 …… 17
1.5.1　半导体三极管的基本结构 …… 18
1.5.2　三极管的电流放大作用 …… 19
1.5.3　三极管的共射特性曲线 …… 20
1.5.4　三极管的主要参数 …… 23
*1.6　场效应管 …… 26
1.6.1　绝缘栅型场效应管的类型、构造和工作原理 …… 26
1.6.2　场效应管的主要参数 …… 30
习　题 …… 32
单元测试题 …… 35

第2章　基本放大电路 …… 38

2.1　放大电路的概念及主要性能指标 …… 38
2.1.1　放大电路的概念 …… 38

2.1.2 放大电路的性能指标…… 39
2.2 放大电路的组成…… 41
2.2.1 基本共射放大电路的构成…… 41
2.2.2 直流通路和交流通路…… 42
2.2.3 共射放大电路中的信号传递图示…… 44
2.3 放大电路的静态分析…… 46
2.3.1 放大电路的解析法分析…… 46
2.3.2 图解分析法确定静态工作点…… 47
2.4 放大电路的动态性能分析…… 49
2.4.1 三极管微变等效模型(小信号模型)的建立…… 49
2.4.2 放大电路的微变等效电路分析…… 51
2.4.3 图解法分析动态特性…… 54
2.4.4 放大电路的非线性失真…… 55
2.5 电压放大器静态工作点的稳定及其偏置电路…… 57
2.5.1 稳定静态工作点的必要性…… 57
2.5.2 工作点稳定的典型电路…… 58
*2.5.3 复合管放大电路 …… 63
2.6 放大电路的频率响应…… 64
2.7 射极输出器…… 66
2.8 多级放大器…… 69
2.8.1 阻容耦合电压放大器…… 70
2.8.2 直接耦合电压放大器…… 72
2.8.3 零点漂移问题…… 73
2.9 差分放大器…… 74
2.9.1 差分放大电路工作原理…… 74
2.9.2 典型的差分放大器电路…… 76
2.9.3 差分放大电路对差模信号的放大…… 77
2.9.4 共模抑制比…… 79
*2.10 场效应管电压放大器 …… 80
*2.11 功率放大器 …… 83
2.11.1 功率放大器的特点及分类 …… 83
2.11.2 乙类互补对称功率放大器 …… 84
2.11.3 集成功率放大电路 …… 87
习 题 …… 89

第3章 集成运算放大器及反馈 …… 95

3.1 集成运算放大器概述…… 95
3.1.1 集成运算放大器的特点…… 95
3.1.2 集成电路运算放大器的主要参数…… 97

*3.1.3　集成运算放大器中的电流源 …… 98

3.1.4　集成运算放大器及其工作特性 …… 99

3.2　运算放大器电路中的负反馈 …… 102

3.2.1　反馈的概念与类型 …… 102

3.2.2　负反馈组态判断及分析举例 …… 104

3.2.3　负反馈放大电路增益的一般表达式 …… 109

3.2.4　负反馈对放大电路的影响 …… 110

3.3　自激振荡及分析 …… 112

3.3.1　自激振荡 …… 112

*3.3.2　负反馈放大电路自激振荡的消除方法 …… 114

习　题 …… 115

单元概念测试题 …… 118

第4章　集成运算放大器应用电路 …… 119

4.1　基本运算电路 …… 119

4.1.1　比例运算电路 …… 119

4.1.2　加法运算电路 …… 122

4.1.3　减法运算电路 …… 123

4.1.4　微分运算电路 …… 124

4.1.5　积分运算电路 …… 124

4.2　信号处理电路 …… 126

4.2.1　电压比较器 …… 126

*4.2.2　有源滤波器 …… 129

4.3　由集成运放组成的波形产生电路 …… 132

4.3.1　正弦波发生器 …… 132

*4.3.2　方波发生器 …… 134

*4.3.3　三角波发生器 …… 135

*4.3.4　锯齿波发生器 …… 135

4.4　集成运放使用常识 …… 136

习　题 …… 138

第5章　直流稳压电源 …… 144

5.1　整流电路 …… 145

5.1.1　单相半波整流电路 …… 145

5.1.2　单相全波整流电路 …… 147

5.1.3　单相桥式整流电路 …… 148

*5.1.4　三相桥式整流电路 …… 150

5.2　滤波电路 …… 152

5.2.1　电容滤波电路 …… 152

5.2.2 电感滤波电路 …… 155
5.2.3 复式滤波电路 …… 156
5.3 直流稳压电路 …… 156
5.3.1 直流稳压电源的技术指标及其要求 …… 156
5.3.2 稳压管稳压电路 …… 157
5.3.3 具有放大器件的负反馈稳压电路 …… 159
5.3.4 集成稳压电源 …… 161
习 题 …… 164

***第6章 晶闸管及其可控电路** …… 171

6.1 晶闸管 …… 171
6.1.1 晶闸管的结构和工作原理 …… 171
6.1.2 晶闸管的伏安特性 …… 173
6.1.3 晶闸管的主要参数 …… 174
6.1.4 晶闸管的型号命名 …… 174
6.2 单相可控整流电路 …… 175
6.2.1 电阻性负载单相可控半波整流电路 …… 175
6.2.2 单相可控桥式整流电路 …… 176
6.3 晶闸管触发电路 …… 179
6.3.1 单结晶体管 …… 180
6.3.2 单结晶体管触发电路 …… 181
习 题 …… 182

第7章 门电路和组合逻辑电路 …… 185

7.1 逻辑代数基础 …… 185
7.1.1 数 制 …… 185
7.1.2 基本概念、公式和定理 …… 187
7.1.3 逻辑函数的化简 …… 194
7.2 基本门电路 …… 199
7.2.1 半导体器件的开关特性 …… 199
7.2.2 TTL门电路 …… 202
*7.2.3 CMOS门电路 …… 207
7.2.4 集成逻辑门电路应用时的几个问题 …… 211
7.3 组合逻辑电路的分析与设计 …… 213
7.3.1 组合逻辑电路的概念 …… 213
7.3.2 组合逻辑电路的一般分析方法 …… 214
7.3.3 组合逻辑电路的一般设计方法 …… 215
7.4 常用组合逻辑电路 …… 217
7.4.1 加法器 …… 217

7.4.2　编码器 …… 218
7.4.3　译码器和数字显示 …… 221
*7.4.4　数据分配器和数据选择器 …… 226
*7.4.5　数值比较器 …… 227
7.5　应用举例 …… 228
习　题 …… 230

第8章　时序逻辑电路 …… 235

8.1　触发器 …… 235
8.1.1　RS触发器 …… 235
8.1.2　同步RS触发器 …… 238
8.1.3　JK触发器 …… 239
8.1.4　D触发器 …… 241
8.1.5　触发器逻辑功能的转换 …… 243
8.2　时序逻辑电路的分析 …… 244
8.3　计数器 …… 249
8.3.1　二进制计数器 …… 249
8.3.2　十进制计数器 …… 253
8.3.3　任意进制计数器 …… 255
*8.3.4　环形计数器 …… 258
8.4　寄存器 …… 259
8.4.1　数码寄存器 …… 259
8.4.2　移位寄存器 …… 259
*8.5　由555定时器组成的单稳态触发器和多谐振荡器 …… 261
8.5.1　555定时器 …… 262
8.5.2　由555定时器组成单稳态触发器 …… 263
8.5.3　由555定时器组成多谐振荡器 …… 265
习　题 …… 267

附　录 …… 273

附录A　半导体分立器件型号命名方法 …… 273
附录B　常用半导体分立器件的参数 …… 274
附录C　常用半导体集成电路的参数与符号 …… 279
附录D　数字集成电路各系列型号分类表 …… 280
附录E　TTL门电路、触发器和计数器的部分品种型号 …… 281
附录F　中英名词对照 …… 282
部分习题答案 …… 288

参考文献 …… 294

绪　论

1. 电子技术的意义及课程内容

电子技术是19世纪末发展起来的一门新兴学科，在20世纪取得了惊人的进步。电子技术的发展，带动了其他高新技术的飞速发展，致使工业、农业、科技和国防等领域以及人们的社会生活都发生了令人瞩目的变革。电子技术的发展推动社会步入信息时代。进入21世纪以来，作为信息时代发展支撑的电子技术必将得到进一步的发展，也必定在各行业更加广泛深入地渗透应用，各行各业的发展已和电工、电子技术密不可分。处在信息时代的我们、当代大学生们尤其是理工科学生更要深入学习掌握电工、电子技术，成为适应当前社会发展需求的复合型卓越工程技术人才。

电子技术是研究电子器件、电子电路及其应用的科学技术。简单地说，电子技术就是应用电子元器件或电子设备来达到某种特定的目的或完成某种特定任务的技术。其研究的对象是电子器件和由器件构成的各种基本功能电路，以及由某些基本功能电路所组成的有各种用途的装置或系统。需学习的内容是：处理各类信号的电子系统的基本组成和工作原理。信号是信息的载体，电子技术中承载信息的信号分为两大类：模拟信号，数值随时间作连续变化的，即在时间上、数值上均连续的信号，典型代表是温度、速度和压力等物理量通过传感器变成的连续电信号；数字信号，在时间上和数值上均离散的信号，即在时间上是断续的，在数值上也是不连续的，典型代表是方波。

用于传递、处理模拟信号的电子线路称为模拟电路。模拟电路已经渗透到各个领域，如无线电通信、工业自动控制、电子仪器仪表以及文化生活中的电视、录音、录像等家用电器中（也有采用数字电路的）。模拟电子技术研究的问题是处理模拟信号的电路。用于传递、处理数字信号的电子线路称为数字电路，即能够实现对数字信号的传输、逻辑运算、控制、计数、寄存、显示及脉冲信号的产生和转换。数字电路被广泛地应用于数字电子计算机、数字通信系统、数字式仪表、数字控制装置及工业逻辑系统等领域。数字电子技术研究的问题是处理数字信号的电路。所以电子技术可分为“模拟”和“数字”两大部分。“模拟”部分重点讲述各种基本放大电路及其分析方法、放大电路中的反馈、集成运算放大器及其应用等几个方面。“数字”部分主要是讲解组合逻辑电路和时序逻辑电路的分析方法和设计方法。

2. 课程学习的基本要求及目标

本课程是一门重要的承上启下的专业基础课，理论性强且与专业课有密切关系，学生应对本课程予以足够的重视。学生在进入本课程学习之前，应学过下列课程：“高等数学”、“线性代数”、“积分变换”、“大学物理”和“电工技术”等，这些课程的学习，为本课程奠定了必需的基础知识。本课程结束后，学生才能进入后续专业课程的学习阶段，如“机电传动控制”、“机械系统控制”、“设备控制”、“可编程控制器”、“机器人”、“数控机床”和“单片机”等。因为电子技术课程的分析和计算是建立在电路分析课程的基础之上的，所以在介绍电子技术课程的具体内容之前，必须具备电工技术课程的主要知识。

本课程的学习目标及任务是:使学生掌握电子器件的基本知识、各种形式的基本电子电路及其分析方法,并配以实践性教学,让学生有能力去分析和设计具体的基本电子电路,为使用、分析和改进各行业所用各类电子仪器设备打下良好的专业技能基础。至于结合实际工程分析和设计综合自动化系统,则不是本课程的主要任务,而由其他后续课程完成。考虑到与后续专业课的分工,书中未注重综合性的用电系统和专用设备的讲解,而只研究了用电技术的一般规律和常用的电器设备、元件及基本电路。

电子技术部分以掌握或了解电子器件和集成电路的外部特性和基本应用电路为主,对内部激励或内部电路一般不作深入分析。电子电路的分析以定性为主,辅以必要的计算。通过对本课程的学习,要求熟练掌握各种放大电路与逻辑电路的分析和设计方法。

3. 教学安排及计划学时分配

电子技术是研究电子器件、电子电路及其应用的科学技术,“模拟”部分着重各种基本放大电路及其分析方法、放大电路中的反馈、集成运算放大器及其应用等几个方面。“数字”部分主要掌握组合逻辑电路和时序逻辑电路的分析方法和设计方法。应针对教学对象适当精选授课内容,选用适当的教学方法。

由于本课程涉及内容广泛、线路众多、入门难,学生能真正理解有难度,教学上应重点引导学生注重各种基本电子电路的分析方法,突出其规律,使学生能够“举一反三”,灵活应用。各章节之间的内容衔接应注意循序渐进,由浅入深,突出重点。配合理论教学需要,加强实践性环节,开设适当实验课,使学生通过实验,既加强了对理论教学的理解,又增强了动手能力,提高独立分析电子电路的技能。本课程共 60 学时,理论教学 50 学时,实验 10 学时。理论教学学时大致分配如下:第 1 章 4 学时,第 2 章 16 学时,第 3 章 6 学时,第 4 章 4 学时,第 5 章 4 学时,第 7 章 8 学时,第 8 章 8 学时。为配合理论教学需要,加强实践性教学环节,重要章节内容开设实验项目,在相应理论教学后进行。实验的意义、目的、内容及方法、要求和步骤等详见本课程实验教材。实验学时及内容也可视专业情况灵活选定。

4. 教材使用注意事项及主要参考书

由于非电类专业较多,对教学内容的要求不一,学时也有所差异,为了使教材具有灵活性,本教材对课程内容划分了计划讲解内容及扩展了解内容两个部分,书中无特殊标示部分表示为必修内容,以基本原理、基本概念、基本方法和基本问题为出发点,课堂讲授、作业习题和实验等各教学环节应协调配合,反复强调,使学生概念清晰,牢固掌握。标示“*”的为选学拓宽内容,学生可结合学习兴趣了解相关内容或结合相关书籍扩展学习。

同学们在课程学习过程中,要广泛浏览相关书籍,关注结合本专业实际生产过程中相关的技术应用,多思考,应具备查阅文献解决问题的能力。推荐如下书目仅供参考:《电工学》下册;《电子技术》(第五版),秦曾煌主编,高等教育出版社;《电子技术基础》,康华光主编;《模拟电子技术基础》,童诗白主编;《数字电子技术基础》,阎石主编;《电子技术全程辅导》,尹宝岩主编等。

第1章　半导体二极管及三极管

【引　言】

半导体器件是近代电子学的重要组成部分。由于半导体器件具有体积小、质量轻、使用寿命长、输入功率小和功率转换效率高等优点而得到广泛的应用。二极管和晶体管是最常用的半导体器件。它们的基本结构、工作原理、特性曲线和参数是分析电子电路的基础。本章内容为后续各章的讨论提供必要的基础知识。

【学习目标和要求】

① 了解半导体基础知识，了解PN结内部载流子的运动规律。

② 重点理解二极管的单向导电性，会分析含有二极管的电路，掌握二极管应用技术。

③ 了解双极性三极管的基本结构、工作原理，掌握三极管的电流放大作用。

④ 掌握二极管、稳压管和三极管的工作特性曲线，理解主要参数的意义。

⑤ 场效应管(FET)的工作原理和特性曲线及FET的压控特性作为扩展内容对比学习了解。"管为路用"重点要抓住各类器件在电路中的应用特点。

【重点内容提要】

本章重点是半导体二极管的单向导电特性、伏安特性以及主要参数，硅稳压二极管的伏安特性、稳压原理及主要参数，晶体管的放大作用、输入特性曲线和输出特性曲线、主要参数、温度对参数的影响。

1.1　半导体的导电特性

半导体器件是近代电子学的重要组成部分，它是构成电子电路的基本元件，半导体器件是由经过特殊加工且性能可控的半导体材料制成的。

1.1.1　导体、半导体和绝缘体

自然界中存在着各种各样的物质，早期，人们按物质导电能力的强弱将它们分成导体和绝缘体两大类。随着科学技术的进步，人们发现自然界中还有一类物质，如硅、锗、硒、硼及其一部分化合物等，它们的导电能力介于导体和绝缘体之间，故称为半导体。导体具有良好的导电性，如金、银、铜、铝和铁等金属材料很容易导电，称为导体。绝缘体就是不能导电的物体，如陶瓷、云母、塑料、橡胶等物质很难导电，称为绝缘体。绝缘体具有良好的绝缘性。导体和绝缘体都是很好的电工材料。用导体制成电线，用绝缘体来防止电的浪费和保障安全。

半导体在很长时间不被人们重视，因为它的导电性能不好，绝缘性能又差。然而随着科学实践的深入，人们对它产生了越来越浓厚的兴趣。这是因为它具有一些可以被人们所利用的奇妙特性。它的导电能力在不同的条件下有显著的差异。例如，当有些半导体受到热或光的激发时，导电能力将明显增强。又如，在纯净的半导体中掺以微量"杂质"元素，半导体的导电能力将猛增到几千、几万乃至上百万倍。人们就是利用半导体的热敏、光敏特性制作成半导体

热敏元件和光敏元件。人们利用半导体的掺杂特性制造了种类繁多,具有不同用途的半导体器件,如晶体二极管、晶体三极管和场效应管等。目前,制作半导体器件的主要材料是硅(Si)和锗(Ge)。总之,半导体在不同情况下,导电能力会有很大差别。其特性总结如下:① 掺杂:在纯净的半导体中适当地掺入极微量(百万分之一)的杂质,就可以引起其导电能力成百万倍的增加。② 温度:当温度稍有变化时,半导体的导电能力就会有显著变化。如温度稍有增高,半导体的电阻率就会显著减小。同理,光照也会影响半导体的导电能力。

半导体材料导电能力变化的性质,取决于半导体材料的内部结构和导电机理。由化学知识可知,物质的导电能力主要由原子结构来决定。导体一般为低价的元素,这些元素的最外层电子很容易挣脱原子核的束缚而成为游离的自由电子,这些自由电子在外电场的作用下,将作定向移动形成电流。绝缘体是高价元素或由高分子材料组成的,这些物质共同的特点是:最外层电子处于稳定状态,受原子核的束缚力很强,很难成为自由电子,所以自由电子的数目非常少,导电能力极差。

常用的半导体材料硅(Si)和锗(Ge)均是四价元素,硅原子核外有14个带负电的电子围绕带正电的原子核运动,并按一定的规律分布在三层电子轨道上。锗原子核外32个带负电的电子围绕带正电的原子核运动,并按一定的规律分布在四层电子轨道上。由于原子核带正电,与电子电量相等,故正常情况下原子呈中性。由于内层电子受核的束缚较大,很少有离开运动轨道的可能,故结构稳定;而外层电子受原子核的束缚较小,叫做价电子。硅、锗都有四个价电子,故都是四价元素,处于半稳结构,硅原子结构简化图如图1-1所示,它们的最外层电子既不像导体那样容易挣脱原子核的束缚成为自由电子,也不像绝缘体那样被原子核束缚得那么紧,动弹不得,没有自由电子,所以半导体的导电能力介于导体和绝缘体之间。

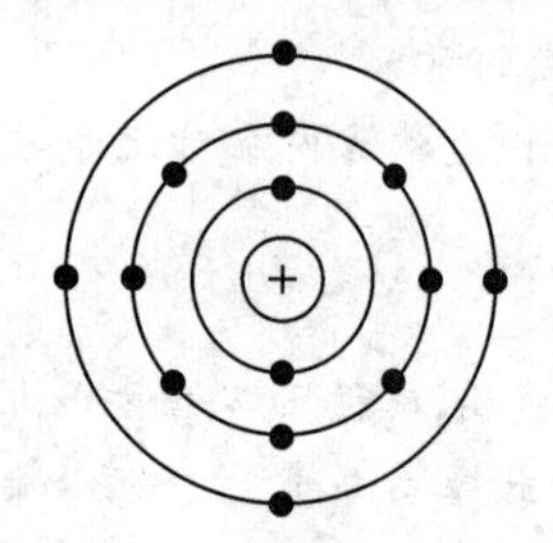

图1-1　硅原子结构简化图

1.1.2　本征半导体

本征半导体是非常纯净且原子排列整齐的半导体。纯净的半导体称为本征半导体,在本征半导体中的四价元素是靠共价键结合成分子的,图1-2为本征半导体硅和锗晶体的原子结构示意图。

当硅、锗等半导体材料提纯被制成单晶时,其原子排列非常整齐。这种状态下原子距离相等,原子靠得非常紧密,形成晶体结构,晶体管由此得名。原子的每一个价电子与另一相邻原子的价电子组成一个电子对,为两者共有,形成共价键结构。价电子在受自身原子核束缚的同时,还受相邻四个原子的影响,形成共价键结构。使得每个原子都与相邻4个原子相结合,这种共价键结构使原子最外层电子拥有8个电子而处于较为稳定的状态,共有价电子被束缚在其中,若没有额外的能量,它们是跳不出去的。

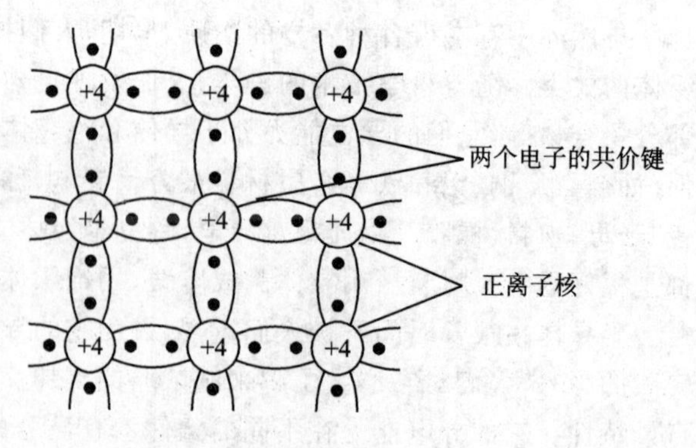

图1-2　硅晶体局部共价键结构

但这种共价键中的价电子没有绝缘体中的价电子束缚得那样紧，当获得能量时即可挣脱原子核束缚成为自由电子。

在绝对零度 0 K＝－273 ℃时，本征半导体中没有可移动的带电粒子，相当于绝缘体。在室温下，300 K＝27 ℃时，束缚电子受热激发获得能量，少数价电了挣脱束缚，成为自由电子。价电子挣脱束缚后在原价电子的位置上便留下了一个空位，将这个空位称为“空穴”。由于晶体的共价键具有较强的结合力，常温下，本征半导体内部仅有极少数的价电子可以在热运动的激发下，挣脱原子核的束缚而成为晶格中的自由电子。温度越高，产生的自由电子越多。如图1－3所示，由热运动激发所产生的电子和空穴总是成对出现的，称为电子-空穴对。自由电子的数量和空穴的数量相等。本征半导体因热运动而产生电子-空穴对的现象称为本征激发。

本征激发所产生的电子-空穴对在外电场的作用下都会作定向移动而形成电流。自由电子的移动将形成与自由电子移动方向相反的电流；空穴的移动可以看成是价电子定向依次填充空穴而形成的，这种填充作用相当于教室的第一排有一个空位，后排的同学依次往前挪来填充空位，以人为参照系，人填充空位的作用等效于人不动，空位往后走。因空穴带正电，空穴的这种定向移动会形成与空穴运动方向相同的空穴电流，如图1－4所示。半导体内部同时存在着自由电子和空穴移动所形成的电流，是半导体导电方式的最大特点，也是半导体与金属导体在导电机理上本质的差别。

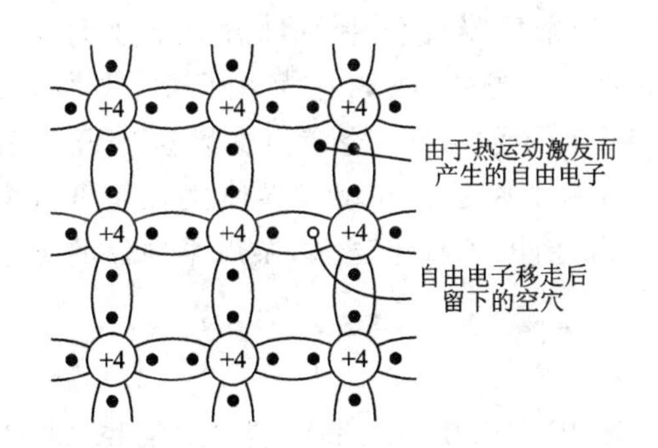

图1－3　电子-空穴对的形成

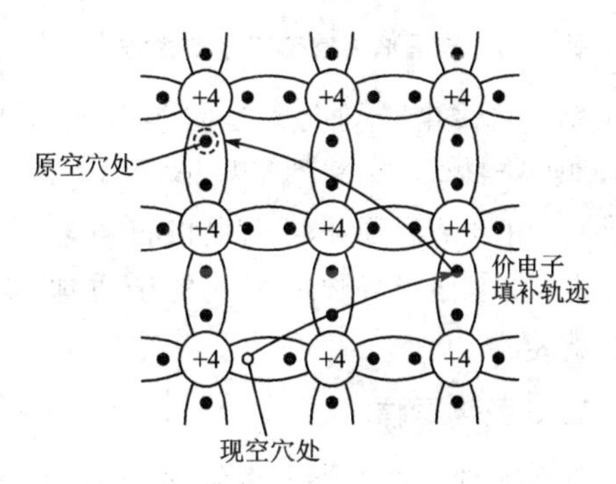

图1－4　价电子递补空穴移动形成空穴电流

把参与导电的物质称为载流子。本征半导体内部参与导电的物质有自由电子和空穴，所以本征半导体中有两种载流子，一种是带负电的自由电子，另一种是带正电的空穴。

温度越高，由本征激发所产生的电子-空穴对越多，本征半导体内部载流子的数目也越多，本征半导体的导电能力就越强，这就是半导体导电能力受温度影响的直接原因。

可以看到，在本征激发下，半导体中的电子和空穴是一一对应的，成对产生，又成对复合。在一定温度条件下，电子-空穴对的产生和消失是一动态的平衡，温度条件改变后，电子-空穴对的产生和消失又会出现新的动态平衡，载流子数量将发生变化。这就是半导体随温度变化而改变导电能力的根本原因。本征半导体本征激发的现象还与原子的结构有关，硅的最外层电子离原子核比锗的最外层电子近，所以硅最外层电子受原子核的束缚力比锗强，本征激发现象比较弱，热稳定性比锗好。

1.1.3　N型半导体和P型半导体

本征半导体虽然有自由电子和空穴两种载流子，但数量少，导电能力仍然很弱。如果在本征半导体中掺入微量的杂质元素,可以使杂质半导体的导电能力得到改善,导电性能将会大大提高,并受所掺杂质的类型和浓度控制,使半导体获得重要的用途。由于掺入半导体中的杂质不同,杂质半导体可分为N型半导体和P型半导体两大类。

1. N型半导体

在本征半导体硅(或锗)中,掺入微量的五价元素,如磷(P)。掺入的杂质并不改变本征半导体硅(或锗)的晶体结构,只是半导体晶格点阵中的某些硅(或锗)原子被磷原子所取代。五价元素的4个价电子与硅(或锗)原子组成共价键后,将多余1个价电子,如图1-5所示。这一多余的电子不受共价键的束缚,只需获得较小的能量,就能挣脱原子核的束缚而成为自由电子。于是,半导体中自由电子的数量剧增。五价元素的原子因失去一个外层电子而成为正离子(注意此时它不产生空穴,不能像空穴那样能被电子填充而移动参与导电,所以它不是载流子)。

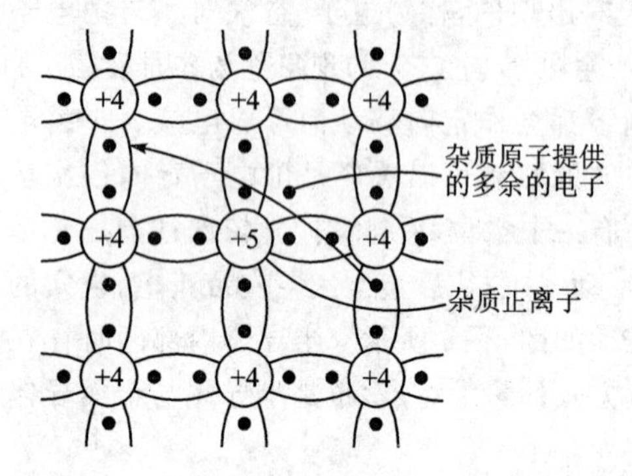

图1-5 硅晶体中掺磷产生自由电子

杂质半导体中,除了杂质元素释放出的自由电子外,半导体本身还存在本征激发所产生的电子-空穴对。由于增加了杂质元素所释放出的自由电子数,导致这类杂质半导体中的自由电子数远大于空穴数。自由电子导电成为此类杂质半导体的主要导电方式,故称它为电子型半导体,简称N型半导体。在N型半导体中,电子为多数载流子(简称多子),空穴为少数载流子(简称少子)。由于杂质原子可以提供自由电子,故又称为施主原子。N型半导体主要靠自由电子导电,在本征半导体中掺入的杂质越多,所产生的自由电子数也越多,杂质半导体的导电能力就越强。

2. P型半导体

在本征半导体中掺入微量的三价杂质元素,如硼(B)。杂质原子取代晶体中某些晶格上的硅(或锗)原子,三价元素的3个价电子与周围4个原子组成共价键时,缺少1个价电子而产生了空位,如图1-6所示。此空位不是空穴,所以不是载流子,但是邻近的硅(或锗)原子的价电子很容易来填补这个空位,于是在该价电子的原位上就产生了一个空穴,而三价元素却因多得了一个电子而成了负离子。在室温下,价电子几乎能填满杂质元素上的全部空位,而使其成为负离子,与此同时,半导体中产生了与杂质元素原子数相同的空穴,除此之外,半导体中还有因本征激发所产生的电子-空穴对。因此,在这类半导体中,空穴的数目远大于自由电子的数目,导电是以空穴载流子为主,故称空穴型半导体,简称P型半导体。P型半导体中的多子是空穴,少子为自由电子,主要靠空穴导电。与N型半导体相同,掺入的杂质越

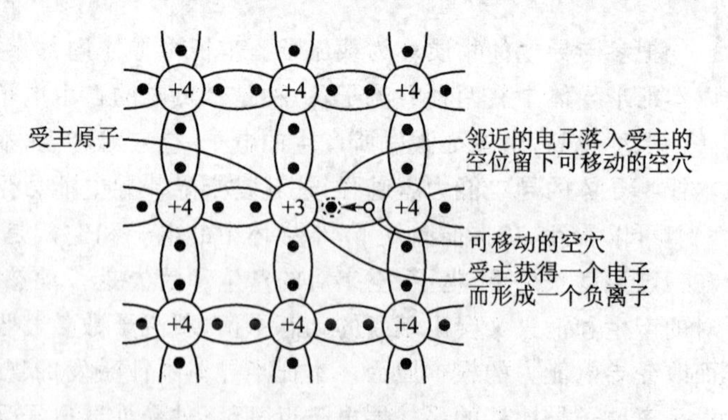

图1-6 硅晶体中掺硼产生空穴

多，空穴的密度越高，导电能力就越强。因杂质原子中的空位吸收电子，故又称为受主原子。

1.2　PN 结

杂质半导体增强了半导体的导电能力，利用特殊的掺杂工艺，可以在一块晶片的两边分别生成 N 型和 P 型半导体，在两者的交界处将形成 PN 结。PN 结具有单一型的半导体所没有的特性，利用该特性可以制造出各种半导体器件。下面来介绍 PN 结的特性。

1.2.1　PN 结的形成

单纯的 P 型半导体或 N 型半导体内部虽然有空穴或自由电子，但整体是电中性的，不带电。现利用特殊的掺杂工艺，在一块晶片的两边分别生成 N 型和 P 型半导体。因为 P 区的多子是空穴，N 区的多子是电子，在两块半导体交界处同类载流子的浓度差别极大，这种差别将产生 P 区浓度高的空穴向 N 区扩散，与此同时，N 区浓度高的电子也会向 P 区扩散。扩散运动的结果使 P 型半导体的原子在交界处得到电子，成为带负电的离子；N 型半导体的原子在交界处失去电子，成为带正电的离子，形成空间电荷区。空间电荷区随着电荷的积累将建立起一个内电场 E，该电场对半导体内多数载流子的扩散运动起阻碍的作用，但对少数载流子的运动却起到促进的作用。少数载流子在内电场作用下的运动称为漂移运动。在无外电场和其他因素的激励下，当参与扩散的多数载流子和参与漂移的少数载流子在数目上相等时，空间电荷区电荷的积累效应将停止，空间电荷区内电荷的数目将达到一个动态的平衡，并形成 PN 结。如图 1－7 所示，此时，空间电荷区具有一定的宽度，内电场也具有一定的强度，PN 结内部的电流为零。

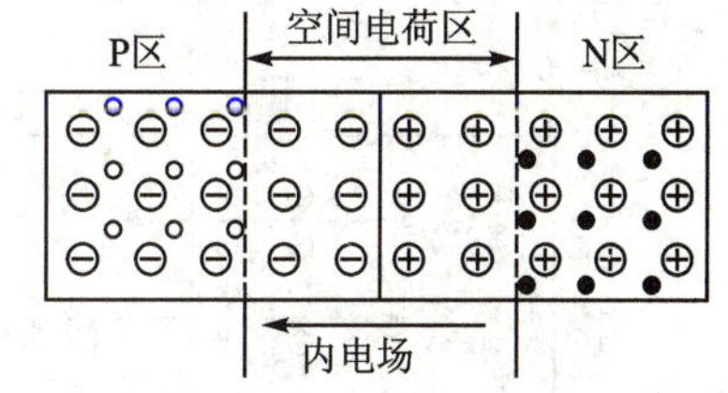

图 1－7　PN 结形成

由于空间电荷区在形成的过程中，移走的是载流子，留下的是不能移动的正、负离子，这种作用与电容器存储电荷的作用等效，因此，PN 结也具有电容的效应，该电容称为 PN 结的结电容。PN 结的结电容有势垒电容和扩散电容两种。

1.2.2　PN 结的单向导电性

处于平衡状态下的 PN 结没有实用的价值，PN 结的实用价值只有在 PN 结上外加电压时才能显示出来。

1. 外加正向偏置电压

电路如图 1－8 所示，P 型半导体接高电位，N 型半导体接低电位，这种连接方式下的 PN 结称为正向偏置(简称正偏)。当 PN 结处在正向偏置时，外电场和内电场的方向相反。在外电场的作用下，P 区的空穴和 N 区的电子都要向空间电荷区移动，进入空间电荷区的电子和空穴分别和原有的一部分正、负离子中和，打破了空间电荷区的平衡状态，使空间电荷区的电荷量减少，空间电荷区变窄，内电场相应地被削弱。此时有利于 P 区多子空穴和 N 区的多子电子向相邻的区域扩散，并形成扩散电流，即 PN 结的正向电流。在一定范围内，正向电流随着外电场的增强而增大，此时的 PN 结呈现出低电阻值，PN 结处于导通状态。PN 结正向导通时的压降很小，理想情况下，可认为 PN 结正向导通时的电阻为 0 Ω，所以导通时的压降也为 0 V。

PN 结的正向电流包含空穴电流和电子电流两部分,外电源不断向半导体提供电荷,使电路中的电流得以维持。图 1-8 所示正向电流的大小主要由外加电压 U 和电阻 R 的大小来决定。

2. 外加反向偏置电压

在 PN 结上外加反向电压时的电路如图 1-9 所示,处在这种连接方式下的 PN 结称为反向偏置(简称反偏)。当 PN 结处在反向偏置时,P 型半导体接低电位,N 型半导体接高电位。此时,外电场和内电场的方向相同,PN 结内部扩散和漂移运动的平衡被打破。P 区的空穴和 N 区的电子由于外电场的作用都将背离空间电荷区,结果使空间电荷量增加,空间电荷区加宽,内电场加强,内电场的加强进一步阻碍了多数载流子扩散运动的进行,但这对少数载流子的漂移运动却有利,少数载流子的漂移运动所形成的电流称为 PN 结的反向电流。少数载流子的数目有限,在一定范围内,反向电流极微小,称为反向饱和电流,用符号 I_S 来表示。反向偏置时的 PN 结呈高电阻态,理想情况下,反向电阻为∞,此时 PN 结的反向电流为 0,PN 结不导电,即 PN 结处于截止的状态。由于少数载流子与半导体的本征激发有关,本征激发与温度有关,所以 PN 结的反向饱和电流会随着温度的上升而增大。

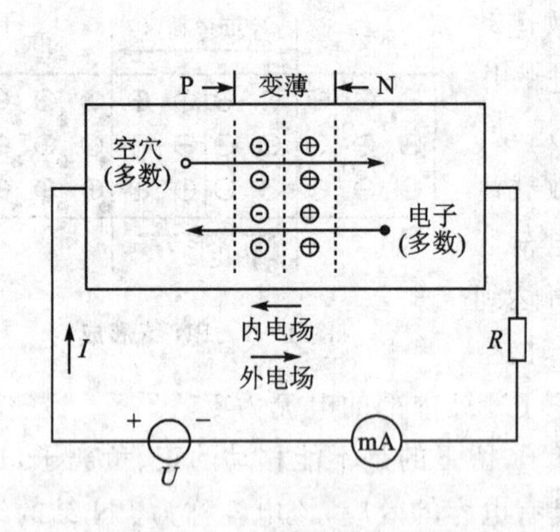

图 1-8 PN 结正向偏置

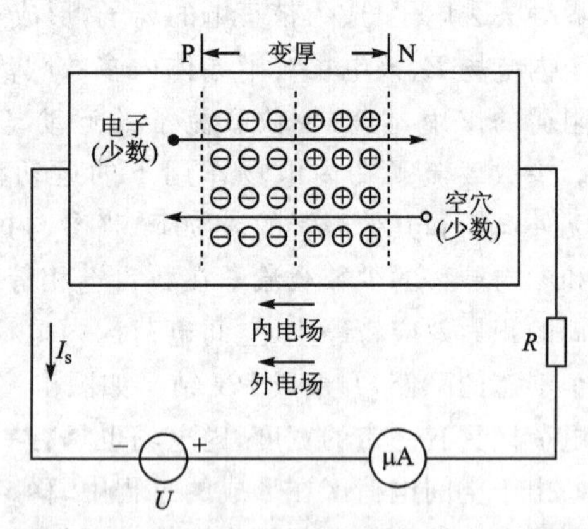

图 1-9 加反向电压

可见,PN 结的导电能力与加在 PN 结上电压的极性有关。当外加电压使 PN 结处在正向偏置时,PN 结会导电;当外加电压使 PN 结处在反向偏置时,PN 结不导电。PN 结的这种导电特性称为 PN 结的单向导电性。

3. PN 结的伏-安特性曲线

PN 结电流和电压的约束关系不像电阻元件那样是线性的关系,而是非线性的关系,具有这种特性的元件称为非线性元件。非线性元件电流和电压的约束关系不能用欧姆定律来描述,必须用伏-安特性曲线来描述。

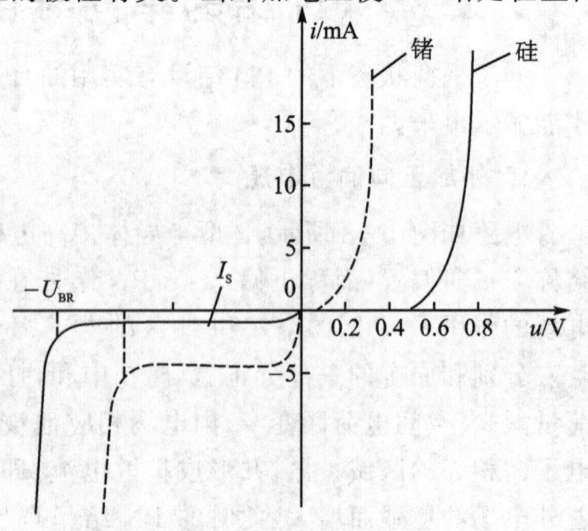

图 1-10 二极管的伏-安特性曲线

实验测得 PN 结的伏-安特性曲线如图 1-10 所示。其中 $u>0$ 的部分称为正向特性，$u<0$ 的部分称为反向特性。当反向电压超过 U_{BR} 后，PN结的反向电流急剧增加，这种现象称为PN结反向击穿。

PN结的反向击穿有雪崩击穿和齐钠击穿两种。当掺杂浓度比较高时，击穿通常为齐纳击穿；当掺杂浓度比较低时，击穿通常为雪崩击穿。无论哪种击穿，若对电流不加以限制，都可能造成PN结的永久性损坏。

1.3 半导体二极管

1.3.1 半导体二极管的类型、结构及符号

将PN结用外壳封装起来，并加上电极引线后就构成半导体二极管，简称二极管。由P区引出的电极称为二极管的阳极（或正极），由N区引出的电极称为二极管的阴极（或负极），常用二极管的外形如图1-11所示。二极管符号与PN结的符号相同，文字符号用D来表示。二极管分为点接触型、面接触型和平面型三类。点接触型一般为锗管，由于PN结结面积很小（结电容小），因此不能通过较大的电流，但其高频性能好，故一般适用于高频和小功率的工作，也用作数字电路中的开关元件。面接触型二极管一般为硅管，PN结结面积大（结电容大），因此可能通过较大的电流，但其工作频率较低，一般用作整流。平面型二极管一般用作大功率整流管和数字电路中的开关管。各类型结构与二极管符号如图1-12所示。

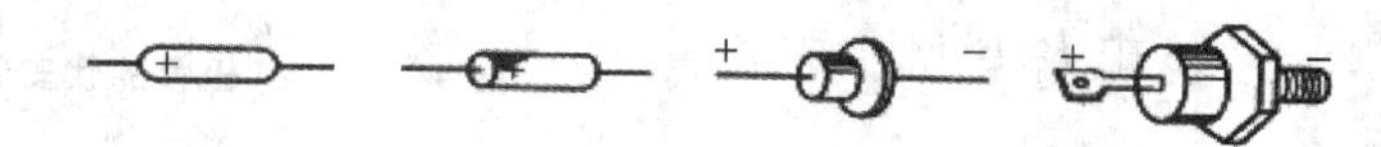

图1-11 常用二极管的外形

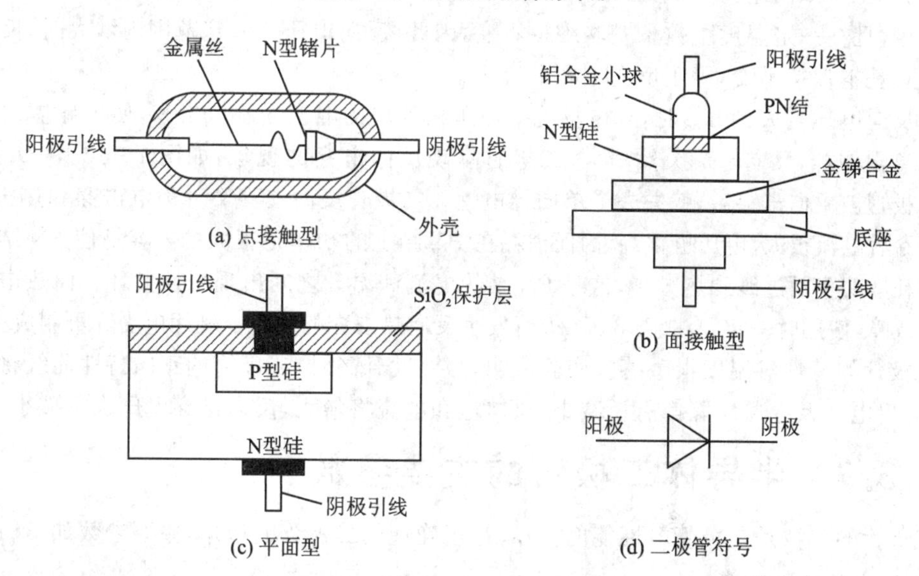

图1-12 各类型二极管结构与二极管符号

二极管种类繁多，国内外都采用各自规定的命名方法加以区分。国产半导体器件命名方法采用国家标准GB 249—74。

1.3.2 半导体二极管的伏安特性曲线

半导体二极管的核心是PN结,它的特性就是PN结的特性——单向导电性。用实验的方法,在二极管的阳极和阴极两端加上不同极性和不同数值的电压,同时测量流过二极管的电流值,就可得到二极管的伏-安特性曲线。该曲线是非线性的,如图1-13所示。正向特性和反向特性的特点如下。

1. 正向特性

当正向电压很低时,正向电流几乎为零,这是因为外加电压的电场还不能克服PN结内部的内电场,内电场阻挡了多数载流子的扩散运动,此时二极管呈现高电阻值,基本上还是处于截止的状态。如图1-13所示,正向电压超过二极管开启电压U_{on}(又称为死区电压)时,电流增长较快,二极管处于导通状态。开启电压与二极管的材料和工作温度有关,通常硅管的开启电压为$U_{on}=0.5$ V(A点),锗管为$U_{on}=0.1$ V(A'点)。二极管导通后,二极管两端的导通压降很低,硅管为0.6～0.7 V,锗管为0.2～0.3 V,如图1-13中B、B'点所示。

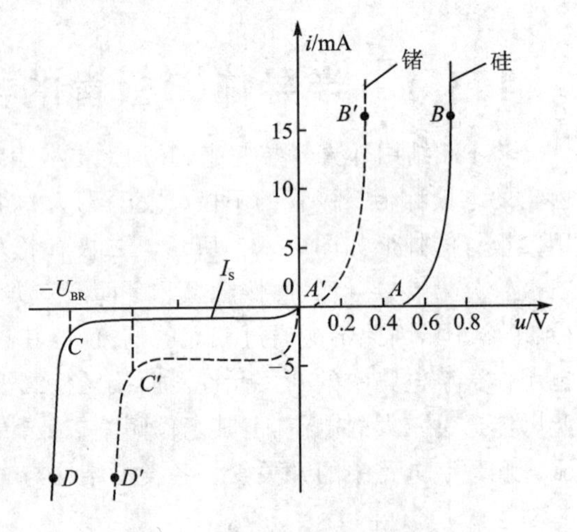

图1-13 二极管的伏安特性曲线

2. 反向特性

在分析PN结加上反向电压时,已知少数载流子的漂移运动形成反向电流。因少数载流子数量少,且在一定温度下数量基本维持不变,因此,反向电压在一定范围内增大时,反向电流极微小且基本保持不变,等于反向饱和电流I_S。

当反向电压增大到U_{BR}时,外电场能把原子核外层的电子强制拉出来,使半导体内载流子的数目急剧增加,反向电流突然增大,二极管呈现反向击穿的现象,如图1-13中D、D'点所示。二极管被反向击穿后,就失去了单向导电性。二极管反向击穿又分为电击穿和热击穿,PN结电击穿后电流很大、电压也很高,因而消耗在PN结上的功率是很大的。容易使PN结发热超过它的耗散功率而过渡到热击穿,这时PN结的电流和温升之间出现恶性循环。而热击穿将引起电路故障,使用时一定要注意避免二极管发生反向热击穿的现象。利用电击穿可制成稳压管。

二极管的特性对温度很敏感。实验表明,当温度升高时,二极管的正向特性曲线将向纵轴移动,开启电压及导通压降都有所减小,反向饱和电流将增大,反向击穿电压也将减小。

1.3.3 半导体二极管的主要参数

二极管的参数是二极管电性能的指标,是正确选用二极管的依据,主要参数如下。

1. 最大整流电流 I_{OM}

最大整流电流I_{OM}是指二极管长期工作时允许流过的正向平均电流的最大值。这是二极管的重要参数,使用中不允许超过此值。对于大功率二极管,由于电流较大,为了降低PN结的温度,提高二极管的带负载能力,通常将二极管安装在规定的散热器上使用。

2. 反向工作峰值电压 U_{RWM}

它是保证二极管不被击穿而给出的反向峰值电压，反向工作峰值电压 U_{RWM} 是二极管工作时允许外加反向电压的最大值。通常 U_{RWM} 为二极管反向击穿电压 U_{BR} 的一半或 2/3。

3. 反向峰值电流 I_{RM}

它是指二极管加反向峰值工作电压时的反向电流。反向电流大，说明管子的单向导电性差，因此反向电流越小越好。反向电流受温度的影响，温度越高，反向电流越大。硅管的反向电流较小，锗管的反向电流要比硅管大几十至几百倍。

4. 最高工作频率 f_M

最高工作频率 f_M 是二极管工作时的上限频率，超过此值，由于二极管结电容效应的作用，二极管将不能很好地实现单向导电性。

以上这些参数是使用、选择二极管的依据。使用时应根据实际需要，通过产品手册查到参数，并选择满足条件的产品。

1.3.4 半导体二极管的应用

使用二极管时，首先应注意它的极性，不能接错了，否则，电路不能正常工作，甚至引起管子及电路中其他元件的损坏。一般二极管的管壳上标有极性的记号；在没有记号时，可用万用表来判别管子的阳极和阴极，并能检验它单向导电性能的好坏。普通二极管正向管压降硅管为 0.6～0.7 V，锗管为 0.2～0.3 V；理想二极管正向导通时管压降为零，反向截止时二极管相当于断开。判断电路中二极管导通和截止的方法如下：将二极管断开，分析二极管两端电位的高低。若 $V_{阳}>V_{阴}$ 或 U_D 为正（正向偏置），则二极管导通；若 $V_{阳}<V_{阴}$ 或 U_D 为负（反向偏置），则二极管截止。

二极管应用广泛，主要是利用它的单向导电性，在电子电路中主要起整流、检波、限幅、钳位、开关、元件保护和温度补偿等作用。

1. 整流与检波电路

利用二极管的单向导电性可以将交流信号变换成单向脉动的信号，这种过程称为整流。最简单的二极管整流电路如图 1-14 所示。

该电路的工作原理是：当 $u_i>0$ 时，二极管 D 导通，有电流流过电阻 R，输出电压 $u_o=iR$；当 $u_i<0$ 时，二极管 D 截止，没有电流流过电阻 R，输出电压 $u_o=0$。输入、输出电压的波形如图 1-14 所示。

由波形图可见，二极管的单向导电性将输入波形的一半削去，输出只剩下输入波形的一半，所以，该电路称为半波整流电路。

若输入信号是如图 1-15 所示的高频调幅信号，即调幅广播电台发送的信号，输出信号将高频调幅信号的负半周削去，用 RC 滤波器滤掉高频载波信号后，即可将调制信号的包络提取出来，达到从高频调制信号中将音频信号检出的目的。在无线电技术中，该电路称为二极管检波电路。

比较图 1-14 和 1-15 可知，半波整流电路和二极管检波电路的结构完全相同，它们之间的差别主要在工作频率上。半波整流是对 50 Hz 的工频交流电进行整流，频率低，电流大，应选择低频、高功率的二极管作整流管。而检波电路是工作在高频小功率的场合,所以,应选择高频小功率管作检波管。

半波整流电路结构虽然简单,但输出电压低,输出信号的脉动系数较大,整流的效率较低,改进的方法是将半波整流改成全波整流,用桥式整流电路即可实现全波整流。详见整流电路章节。

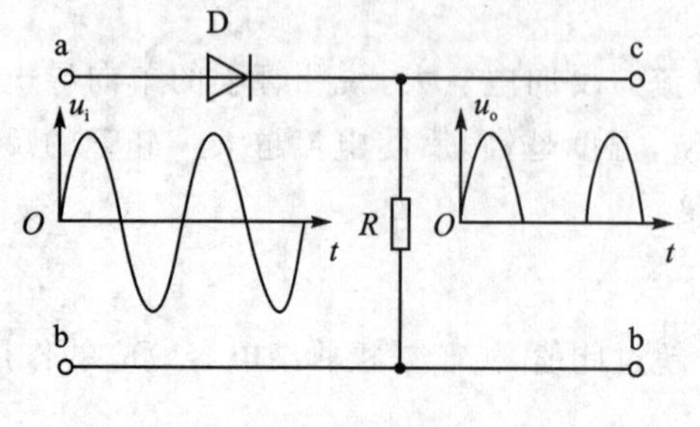

图 1-14 整流电路

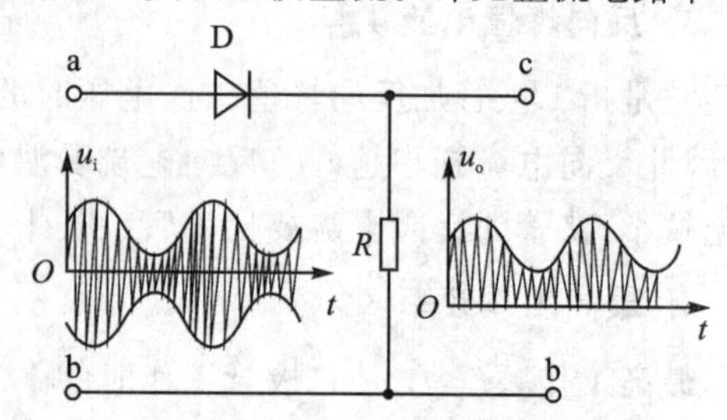

图 1-15 二极管检波电路

2. 限幅电路

在电子电路中,为了保护某些元件不会因输入电压过高而损坏,需要对该元件的输入电压进行限制,利用二极管限幅电路就可达到该目的。二极管限幅电路和电路的输入、输出波形如图 1-16 所示。

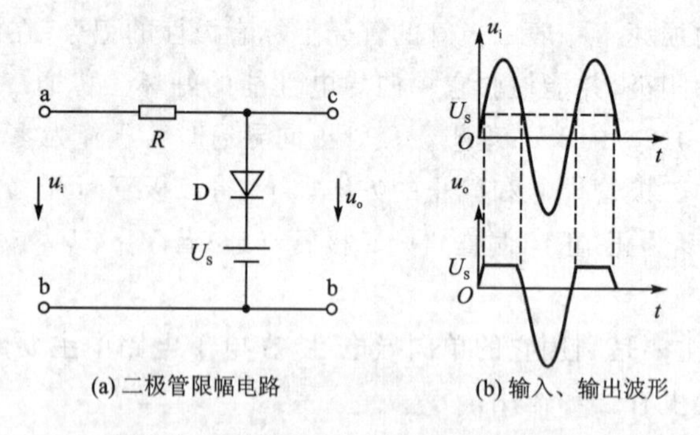

(a) 二极管限幅电路 (b) 输入、输出波形

图 1-16 二极管限幅电路和电路的输入、输出波形

该电路的工作原理是:设二极管 D 的导通电压可忽略,当输入电压 $u_i > U_S$时,二极管 D 导通,U_S与输出端并联,输出电压的值被限制在 U_S,达到限幅的目的;当输入电压 $u_i < U_S$时,二极管 D 截止,U_S从输出端断开,输出电压等于输入电压。

3. 钳位、开关与门电路

利用二极管通、断的开关特性可以组成实现逻辑函数关系的门电路,二极管与门电路如图 1-17 所示。$U_{cc}=5$ V,二极管导通的压降为 0.7 V,输入 A、B 端分别加幅度为 3 V 脉冲信号 u_{i1}、u_{i2},求 Y 端的输出电压 u_o。

当 A、B 端的输入电压都是 0.3 V 时,二极管 D_1 和 D_2 同时导通,Y 端的输出电压为 1 V;当 A 端的输入电压为 0.3 V,B 端的输入电压为 3 V 时,二极管 D_1 两端将承受比 D_2 大的电压,二极管 D_1 优先导通,Y 端的输出电压被钳制在 1 V,二极管 D_2 因反偏而截止;同理,当 B 端的输入电压为 0.3 V,A 端的输入电压为 3 V 时,二极管 D_2 导通,二极管 D_1 截止,Y 端的输出电压为 1 V;当 A、B 端的输入电压都是 3 V 时,二极管 D_1 和 D_2 同时导通,Y 端的输出电压为 3.7 V。Y 端的输出电压 u_o 波形如图 1-18 所示。

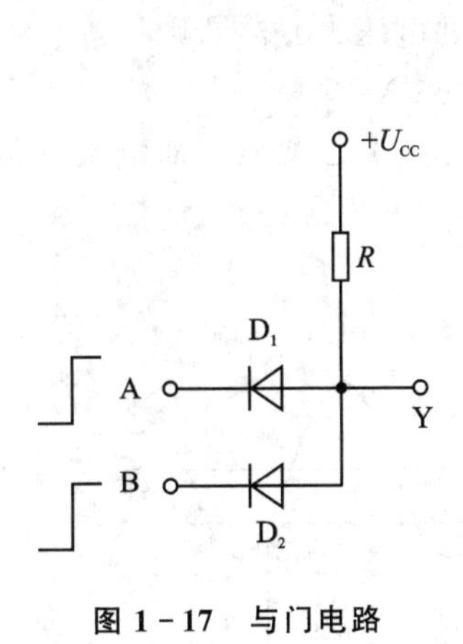

图1-17　与门电路

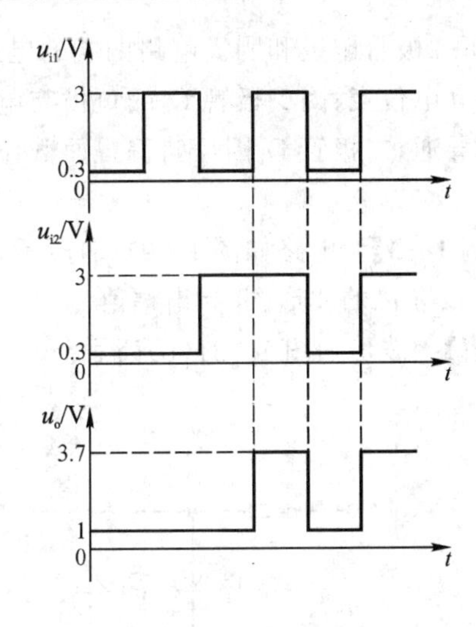

图1-18　波形图

4. 二极管电路分析举例

【例1-1】　如图1-19(a)所示，已知$E_1=5$ V，$E_2=3$ V。输入电压$u_i=5\sin\omega t$(V)，其波形如图1-19(b)所示，D为理想二极管，即正向导通电压可忽略不计。试画出输出电压u_o的波形。

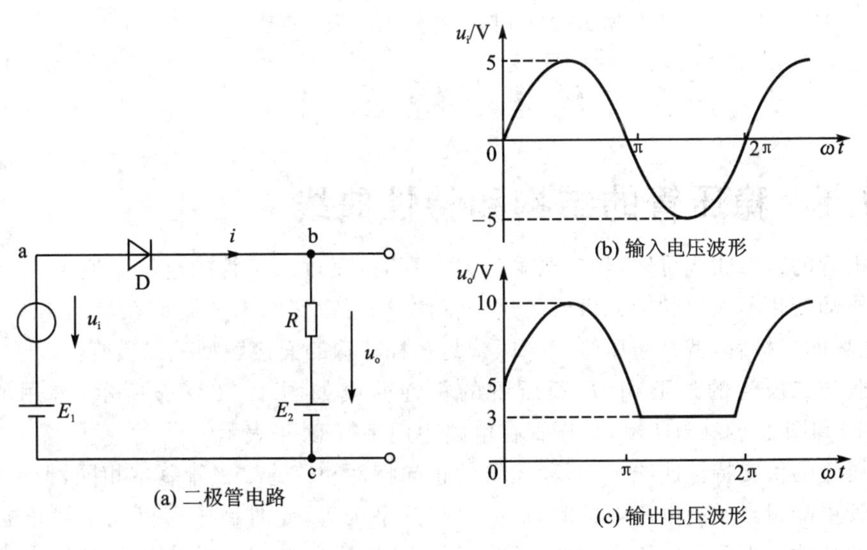

图1-19　[例1-1]图

【解】　本题中D断开后，$V_b=E_2=3$ V。当$V_a>3$ V时D导通，理想二极管D无压降，输出信号u_o波形应为a、c两点的电压波形；当$V_a<3$ V时D截止，$i=0$，此时输出信号u_o波形应为b、c两点的电压波形$u_o=E_2=3$ V。输出电压u_o波形如图1-19(c)所示。

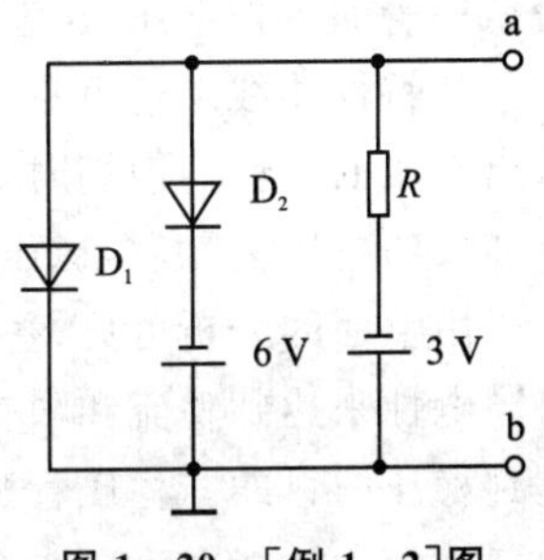

图1-20　[例1-2]图

【例1-2】　求如图1-20所示电路的输出电压U_{ab}的值。

【解】　关键点是判断二极管D_1和D_2的通、断状态。断开二极管,分析二极管阳极和阴极电路两端的电位。在电路图中,电源的正极接地,所以,接地点是电路的最高电位点;因二极管 D_2 的负极与电路的最低电位点 −6 V 相接,所以,二极管 D_2 因正向偏置而导通,二极管 D_1 因反向偏置而截止,设二极管导通的电压为0.7 V,则

$$U_{ab} = -6\ \text{V} + 0.7\ \text{V} = -5.3\ \text{V}$$

【例 1-3】 电路如图 1-21(a)所示,已知 $u_i = 5\sin\omega t$(V),二极管导通电压 $U_D = 0.7$ V。试画出 u_i与 u_o的波形,并标出幅值。

【解】 波形如图 1-21(b)所示。

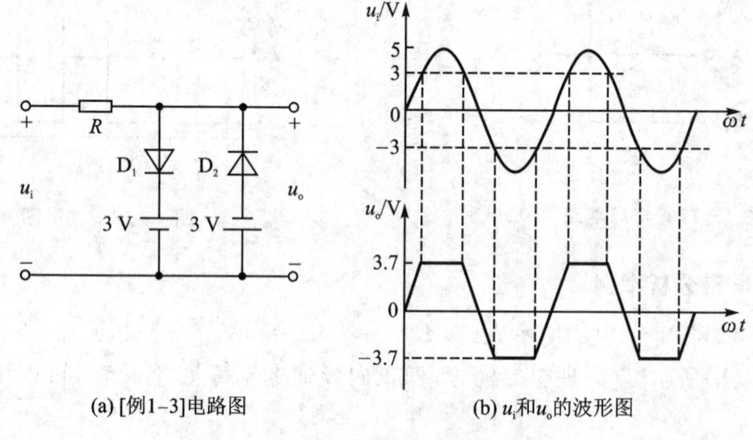

(a) [例1-3]电路图　　(b) u_i和u_o的波形图

图 1-21 [例 1-3]电路图及波形图

1.4 稳压管

1.4.1 稳压管的结构和特性曲线

由二极管的特性曲线可知,当二极管反向击穿时,流过二极管的电流急剧增大,但二极管两端的电压却变化不大。利用二极管的这一特性,采用特殊的工艺制成在反向击穿状态下工作,而不损坏的二极管,就是稳压管。稳压管是一种特殊的面接触型硅二极管。

稳压管与二极管的外形相似,稳压管的特性曲线如图 1-22(a)所示,常用的图符如图 1-22(b)和图 1-22(c)所示,稳压管在电路中用字符 D_Z来表示。

由稳压管的伏安特性曲线可知,稳压管的正向特性和普通二极管基本相同,但反向特性较普通二极管更陡。当反向电压较低时,反向电流几乎为零,此时稳压管仍处于截止的状态,不具有稳压的特性。当反向电压增大到击穿电压 U_Z时,反向电流 I_Z将急剧增加。击穿电压 U_Z为稳压管的工作电压,I_Z为稳压管的工作电流。

从特性曲线上还可见,当 I_Z在较大的范围内变化时,管子两端的电压 U_Z基本保持不变,显示出稳压的特性。使用时,只要 I_Z 不超过管子的允许值 I_{ZM},PN 结就不会因过热而损坏,当外加反向电压去除后,稳压管内部的 PN 结又自动恢复原性能。

由上面的分析可见,稳压管和二极管的差别是工作状态的不同,二极管是利用 PN 结的单向导电性来达到整流和限幅的目的,而稳压管却是利用 PN 结击穿时输出电压稳定的特点来达到稳压的目的。稳压管工作于反向击穿状态,击穿电压从几伏至几十伏,反向电流也比一般的二极管大。能在反向击穿状态下正常工作而不损坏,是稳压管工作的特点。

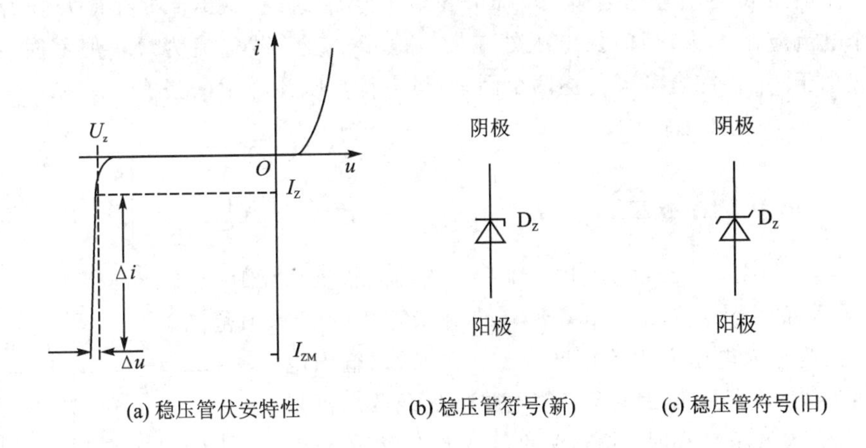

(a) 稳压管伏安特性　(b) 稳压管符号(新)　(c) 稳压管符号(旧)

图1-22　稳压管的伏安特性及符号

1.4.2　稳压管的主要参数

1. 稳定电压 U_Z

稳定电压 U_Z 是稳压管正常工作时管子两端的电压，也是与稳压管并联的负载两端的工作电压，按需要可在半导体器件手册中选用。

2. 稳定电流 I_Z

稳定电流 I_Z 是稳压管工作在稳压状态时的参考电流，电流低于此值时稳压效果变坏，甚至根本不稳压，故 I_Z 常记作 $I_{Z,min}$。稳压管在工作时，流过稳压管的电流只要不超过稳压管的额定功率，电流越大，稳压效果越好。但对每一种型号的稳压二极管都规定一个最大稳定电流 I_{ZM}。

3. 最大允许功耗 P_{ZM}

最大允许功耗 P_{ZM} 等于稳压管的稳定电压 U_Z 与最大稳定电流 I_{ZM} 的乘积，稳压管的功耗超过此值时，会因PN结温度过高而损坏。

4. 动态电阻 r_d

动态电阻 r_d 是稳压管工作在稳压区时，端电压变化量与电流变化量的比，即 $\Delta U_Z/\Delta I_Z$。r_d 越小，电流变化时 U_Z 的变化越小，即稳压管的稳压特性越好。

5. 温度系数 α

温度系数 α 表示温度每变化1 ℃时，稳压管稳压值的变化量。稳压管的稳定电压小于4 V的管子具有负温度系数(属于齐纳击穿)，即温度升高时稳定电压值下降；稳定电压大于7 V的管子具有正温度系数(属于雪崩击穿)，即温度升高时稳定电压值上升；而稳定电压在4～7 V之间的管子，温度系数非常小，齐纳击穿和雪崩击穿均有，互相补偿，温度系数近似为零。

由于稳压管的反向电流在小于 $I_{Z,min}$ 时工作不稳压，大于 I_{ZM} 时会因超过额定功耗而损坏，所以在稳压管电路中必须串联一个电阻来限制电流，以保证稳压管正常工作，该电阻称为限流电阻。限流电阻的取值合适时，稳压管才能安全、稳定地工作。

计算限流电阻 R 时应考虑当输入电压处在最小值 $U_{i,min}$，负载电流处在最大值 $I_{L,max}$ 时，稳压管的工作电流应比 I_Z 大；当输入电压处在最大值 $U_{i,max}$，负载电流为最小值零时，稳压管的工作电流应小于 I_{ZM}。综合考虑上述两个因素，可得计算限流电阻的公式

$$\left.\begin{aligned}\frac{U_{i,min}-U_Z}{R}-I_{L,max}\geqslant I_Z \qquad R\leqslant\frac{U_{i,min}-U_Z}{I_Z+I_{L,max}}\\ \frac{U_{i,max}-U_Z}{R}-I_{L,min}\leqslant I_{ZM} \qquad R\geqslant\frac{U_{i,max}-U_Z}{I_{ZM}+I_{L,min}}\end{aligned}\right\} \tag{1-1}$$

【例 1-4】 如图 1-23 所示，$U_i=10$ V，波动的幅度为±10%，$U_Z=6$ V，$I_{Z,min}=5$ mA，$I_{ZM}=30$ mA，R_L 的变化范围是 600 Ω～∞，求限流电阻 R 的取值范围。

【解】 因为输入电压变化的幅度是±10%，所以输入电压的最大值为 11 V，最小值为 9 V。该电路带负载两个极限的情况是，当输入电压最小时，带最大的负载 600 Ω，负载电流最大 $I_{L,max}$ 为 10 mA，此时稳压管应工作在最小击穿电流 $I_{Z,min}$ 的状态下，限流电阻的值为

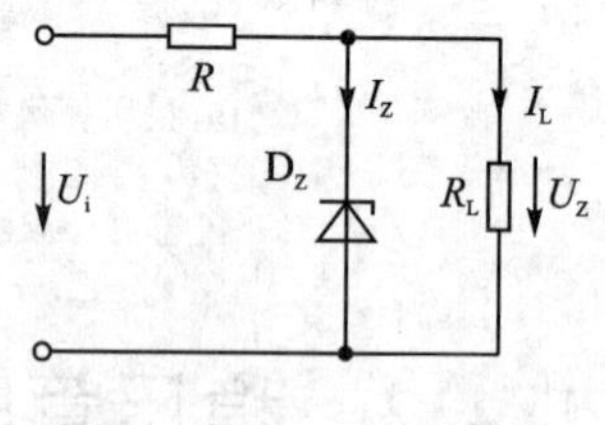

图 1-23 [例 1-4]图

$$R_1=\frac{U_{i,min}-U_Z}{I_{Z,min}+I_{L,max}}=\frac{(9-6)\ \text{V}}{(5+10)\ \text{mA}}=200\ \Omega$$

当输入电压最大时，带最小的负载 $R=\infty$，此时稳压管应工作在最大击穿 I_{ZM} 的状态下，限流电阻的值为

$$R_2=\frac{U_{i,max}-U_Z}{I_{ZM}}=\frac{(11-6)\ \text{V}}{30\ \text{mA}}=167\ \Omega$$

根据 $R_1\geqslant R\geqslant R_2$ 的关系，取 $R=180$ Ω。

1.4.3 其他类型的二极管

1. 发光二极管

发光二极管包括可见光、不可见光和激光等不同的类型，这些二极管除了具有 PN 结的单向导电性外，还可以将电能转换成光能输出，常见的发光二极管可以发出红、绿、黄、橙等颜色的光，发光二极管的发光颜色决定于所用的材料。目前市场上有各种形状的发光二极管，发光二极管的外形和符号如图 1-24 所示。

发光二极管在外加的正向电压使二极管产生足够大的正向电流时才发光，它的开启电压比普通二极管大，红色的发光二极管开启电压在 1.6～1.8 V 之间，绿色的发光二极管开启电压约为 2 V。正向电流越大，发光二极管所发的光越强。使用时，应特别注意不要超过发光二极管的最大功耗、最大正向电流和反向击穿电压等极限参数。发光二极管因其驱动电压低、功耗小、寿命长和可靠性高等优点被广泛用于显示电路中。

2. 光电二极管

光电二极管是一种远红外线接收管，它可将所接收到的光能转换成电能。PN 结型光电二极管充分利用 PN 结的光敏特性，将接收到光能的变化转换成电流的变化。它的外形和符号如图 1-25 所示。

普通二极管在反向电压作用时处于截止状态，只能流过微弱的反向电流，光电二极管在设计和制作时尽量使 PN 结的面积相对较大，以便接收入射光。光电二极管工作在反偏电压下，

没有光照时，反向电流极其微弱，叫暗电流；有光照时，反向电流迅速增大到几十微安，称为光电流。光的强度越大，反向电流也越大。光的变化引起光电二极管电流变化，这就可以把光信号转换成电信号，成为光电传感器件。硅光二极管（硅光电池）可用在光电探测器和光通信等领域。它的特点：当照射光时会流过与光量大致成正比的光电流。用途如下：

图 1-24 发光二极管的外形和符号

图 1-25 光电二极管的外形和符号

① 作传感器用时，可广泛用于光量测定和视觉信息、位置信息的测定等。

② 作通信用时，广泛用于红外线遥控之类的光空间通信和光纤通信等。

③ 紫蓝硅光电池是用于各种光学仪器，如分光光度计、比色度计、白度计、亮度计、色度计、光功率计、火焰检测器和色彩放大机等的半导体光接收器；紫蓝硅光电池具有光电倍增管和光电管无法比拟的宽光谱响应，它特别适用于工作在 300～1 000 nm 光谱范围的各种光学仪器，对紫蓝光有较高的灵敏度、器件体积小、性能稳定可靠、电路设计简单灵活，是光电管的更新换代产品。目前也有可以工作在 190～1 100 nm 的产品，但紫外能量弱一些，光谱带宽不能太小，已经有很多厂家在紫外可见分光光度计上使用。

除上述特殊的二极管外，还有利用 PN 结势垒电容制成的变容二极管。变容二极管可用于电子调谐频率的自动控制调频、调幅、调相和滤波等电路之中，利用高掺杂材料所形成的 PN 结隧道效应可制成隧道二极管。隧道二极管用于振荡、过载保护和脉冲数字电路之中，利用金属与半导体之间的接触势垒而制成的肖特基二极管，因其正向导通电压小、结电容小而用于微波混频、检测和集成化数字电路等场合。

1.5 半导体三极管

半导体三极管通常也称为双极型晶体管（Bipolar Junction Transistor，BJT），简称晶体管或三极管，在电路中常用字母 T 来表示。它的放大作用和开关作用促使电子技术飞跃发展，是一种最重要的半导体器件。其种类非常多：按照结构工艺分类，有 PNP 型和 NPN 型；按照制造材料分类，有锗管和硅管；按照工作频率分类，有低频管和高频管，一般低频管用以处理频率在 3 MHz 以下的电路中，高频管的工作频率可以达到几百兆赫；按照允许耗散的功率大小分类，可分为小功率管、中功率管和大功率管等，一般小功率管的额定功耗在 1 W 以下，而大功率管的额定功耗可达几十瓦以上。常见的半导体三极管外形见图 1-26。本节在了解三极管工作原理基础上重点掌握三极管特性曲线及工作参数以便达到对 BJT 的熟练应用与分析。

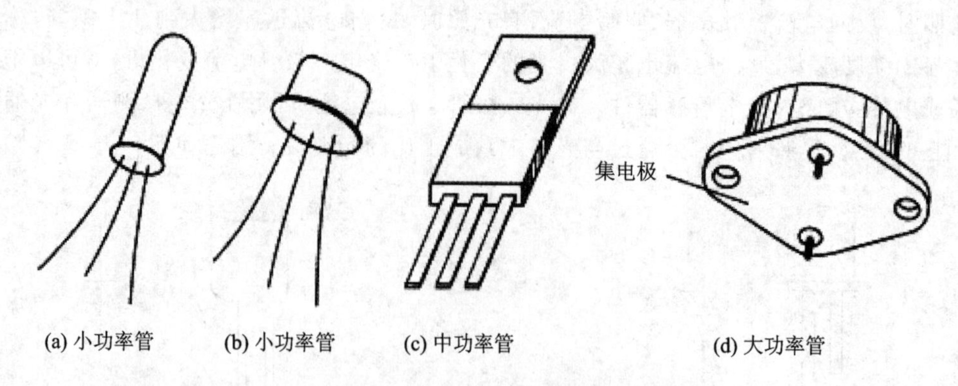

图 1-26 常见的晶体管外形图

1.5.1 半导体三极管的基本结构

半导体三极管是一种特殊工艺做成的具有三层结构,两个 PN 结的器件。如图 1-27(a)所示,内部由 N 型半导体和 P 型半导体交错排列形成三个区,分别称为发射区、基区和集电区。从三个区引出的引脚分别称为发射极(emitter)、基极(base)和集电极(collector),用符号 e、b、c 来表示。处在发射区和基区交界处的 PN 结称为发射结;处在基区和集电区交界处的 PN 结称为集电结。具有这种结构特性的器件称为三极管。

因三极管内部的两个 PN 结相互影响,使三极管呈现出单个 PN 结所没有的电流放大的功能,开拓了 PN 结应用的新领域,促进了电子技术的发展。

图 1-27(a)所示三极管的三个区分别由 NPN 型半导体材料组成,所以,这种结构的三极管称为 NPN 型三极管,图 1-27(b)是 NPN 型三极管的符号,符号中箭头的指向表示发射结处在正向偏置时电流的流向。

同理,也可以组成 PNP 型三极管,图 1-28(a)和(b)分别为 PNP 型三极管的内部结构和符号。

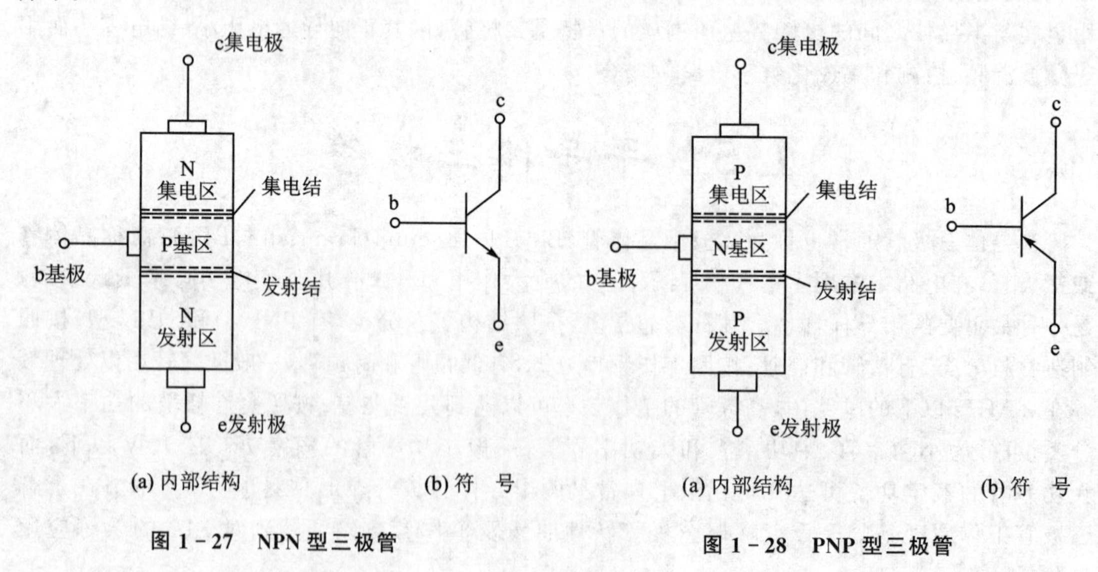

图 1-27 NPN 型三极管

图 1-28 PNP 型三极管

由图1-27和图1-28可见，两种类型三极管符号的差别仅在发射结箭头的方向上，箭头的指向是代表发射结处在正向偏置时电流的流向，有利于记忆NPN和PNP型三极管的符号，同时还可根据箭头的方向来判别三极管的类型。

例如，当看到“”符号时，因为该符号的箭头是由基极指向发射极的，说明当发射结处在正向偏置时，电流是由基极流向发射极。当PN结处在正向偏置时，电流是由P型半导体流向N型半导体，由此可知，该三极管的基区是P型半导体，其他的两个区都是N型半导体，所以该三极管为NPN型三极管。

1.5.2　三极管的电流放大作用

1. 三极管放大条件

三极管的电流放大作用与三极管内部PN结的特殊结构有关。如图1-27和图1-28所示，三极管犹如两个反向串联的PN结，如果孤立地看待这两个反向串联的PN结，或将两个普通二极管串联起来组成三极管，是不可能具有电流的放大作用的。三极管若想具有电流放大作用，则在制作过程中一定要满足以下内部条件：

① 为了便于发射结发射电子，发射区半导体的掺杂浓度远高于基区半导体的掺杂浓度，且发射结的面积较小。

② 发射区和集电区虽为同一性质的掺杂半导体，但发射区的掺杂浓度要高于集电区的掺杂浓度，且集电结的面积要比发射结的面积大，便于收集电子。

③ 联系发射结和集电结两个PN结的基区非常薄，且掺杂浓度也很低。

上述结构特点是三极管具有电流放大作用的内因，要使三极管具有电流的放大作用，除了三极管的内因外，还要有外部条件。要实现电流放大，必须做到：第一，三极管的发射结为正向偏置；第二，集电结为反向偏置。这是三极管具有电流放大作用的外部条件。下面以NPN型三极管为例，分析其内部载流子的运动规律，即电流分配和放大的规律。

2. 三极管内部载流子的运动情况及电流放大作用

图1-29中的U_{BB}是基极电源，使三极管的发射结处在正向偏置的状态，U_{CC}是集电极电源，作用是使三极管的集电结处在反向偏置的状态，R_b是基极电阻，R_c是集电极电阻。三极管内部载流子运动情况的示意图如图1-29所示。图中，载流子的运动规律可分为以下的几个过程。

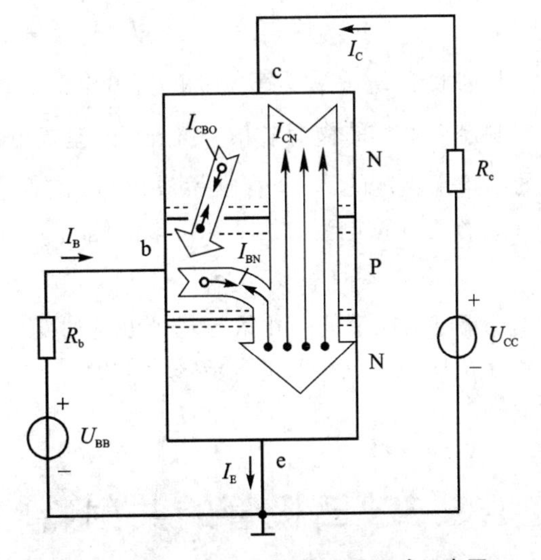

图1-29　三极管内部载流子运动示意图

(1) 发射区向基区发射电子

发射结处在正向偏置，使发射区的多数载流子（自由电子）不断地通过发射结扩散到基区，即向基区发射电子。与此同时，基区的空穴也会扩散到发射区，由于两者掺杂浓度上的悬殊，形成发射极电流I_E的载流子主要是电子,电流的方向与电子流的方向相反。发射区所发射的电子由电源 U_{CC}、U_{BB} 的负极来补充。

(2) 电子在基区中的扩散与复合

扩散到基区的自由电子,开始都聚集在发射结附近,浓度较高,靠近集电结的自由电子很少,形成浓度差别,自由电子继续向集电结方向扩散。扩散过程中将有一小部分与基区的空穴复合,形成电流 I_{BN}。同时,基极电源 U_{BB} 不断地向基区提供空穴,形成基极电流 I_B。两者基本相等,由于基区掺杂的浓度很低,且很薄,在基区与空穴复合的电子很少,所以,基极电流 I_B 也很小。扩散到基区的电子除了被基区复合掉的一小部分外,大量的自由电子继续扩散到靠近集电结的基区边缘。

(3) 集电结收集电子的过程

反向偏置的集电结在阻碍集电区向基区扩散电子的同时,可将扩散到靠近集电结的基区边缘的自由电子拉入集电区,形成电流 I_{CN}。集电极收集到的电子由集电极电源 E_c 吸收,形成集电极电流 I_C。I_{CN} 基本上等于集电极电流 I_C。

此外,集电结反偏,在内电场作用下,集电区少数载流子空穴和基区少子电子将发生漂移运动,形成电流 I_{CBO},其值很小,构成极电极及基极电流的一小部分,它与外加电压无关但受温度影响较大。

对于 PNP 管,三个电极产生的电流方向正好与 NPN 管相反。其内部载流子的运动情况与此类似。由节点电流定律可得,三极管三个电极的电流 I_E、I_B、I_C 之间的关系为

$$I_C = I_{CN} + I_{CBO}$$
$$I_B = I_{BN} - I_{CBO}$$
$$I_E = I_{CN} + I_{BN} = I_C + I_B$$

三极管的特殊结构使载流子运动过程中从发射区扩散到基区的电子中只有很少一部分在基区复合,绝大部分到达集电区,说明 I_E 中的两部分 I_{BN} 份额很小,I_{CN} 份额很大,比值用 $\bar{\beta}$ 表示

$$\bar{\beta} = \frac{I_{CN}}{I_{BN}} = \frac{I_C - I_{CBO}}{I_B + I_{CBO}} \approx \frac{I_C}{I_B}$$
$$I_C = \beta I_B + (1+\beta) I_{CBO} = \beta I_B + I_{CEO}$$

I_C 远大于 I_B,$\bar{\beta}$ 称为三极管的直流电流放大倍数。它是描述三极管基极电流对集电极电流控制能力大小的物理量,$\bar{\beta}$ 大的管子,基极电流对集电极电流控制的能力就大。$\bar{\beta}$ 是由晶体管的结构来决定的,一个管子做成以后,该管子的 $\bar{\beta}$ 就确定了。I_{CBO} 称为集电结反向饱和电流,I_{CEO} 称为穿透电流。当 I_{CBO} 可以忽略时,上式可简化为

$$I_C \approx \bar{\beta} I_B$$

把集电极电流的变化量与基极电流的变化量之比,定义为三极管的共发射极交流电流放大系数 β,体现了三极管的电流放大能力,其表达式为

$$\beta = \frac{\Delta I_C}{\Delta I_B}$$

1.5.3 三极管的共射特性曲线

三极管的特性曲线是描述三极管各个电极之间电压与电流关系的曲线,它们是三极管内

部载流子运动规律在管子外部的表现。三极管的特性曲线反映了管子的技术性能，是分析放大电路技术指标的重要依据。三极管特性曲线可在晶体管图示仪上直观地显示出来，也可从手册上查到某一型号三极管的典型曲线。

三极管共发射极放大电路的特性曲线有输入特性曲线和输出特性曲线，下面以 NPN 型三极管为例，讨论三极管共发射极电路的特性曲线。由测试电路图 1－30 测得三极管的特性曲线，如图 1－31 所示。

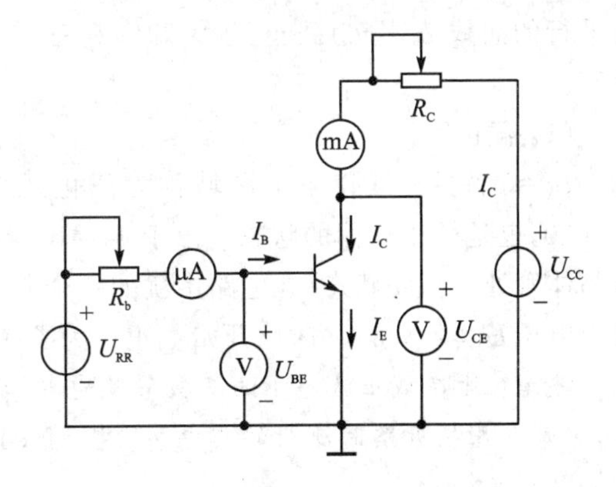

图 1－30　三极管特性曲线的测试电路

1. 输入特性曲线

输入特性曲线用于描述三极管在管压降 U_{CE} 保持不变的前提下，基极电流 I_B 和发射结压降 U_{BE} 之间的函数关系，即

$$I_B = f(U_{BE})\,|_{U_{CE}=\text{const}}$$

三极管的输入特性曲线如图 1－31(a)所示。由图可见 NPN 型三极管共射极输入特性曲线的特点如下：

① 在输入特性曲线上，在开启电压内，U_{BE} 虽已大于零，但 I_B 几乎仍为零；只有当 U_{BE} 的值大于开启电压后，I_B 的值与二极管一样随 U_{BE} 的增加而增大。

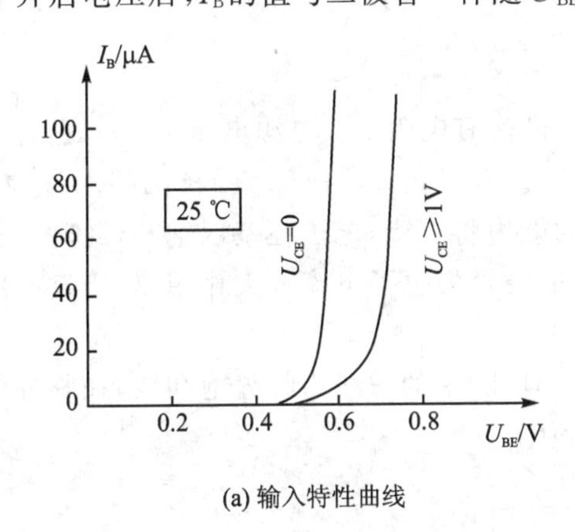

(a) 输入特性曲线

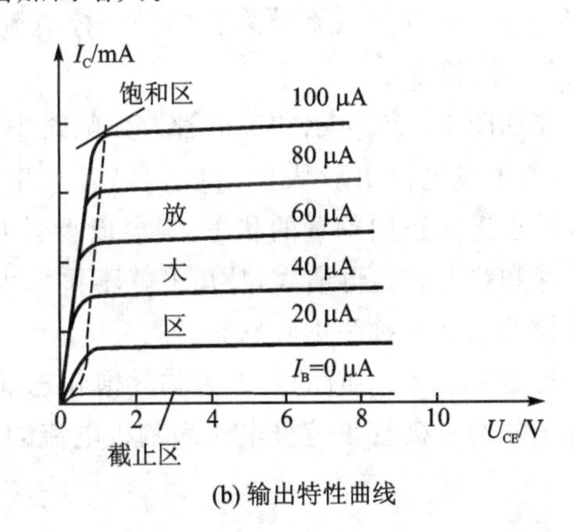

(b) 输出特性曲线

图 1－31　三极管的输入/输出特性曲线

② 两条曲线分别为 $U_{CE}=0$ V 和 $U_{CE}\geqslant 1$ V 的情况。当 $U_{CE}=0$ V 时，相当于集电极和发射极短接，即集电结和发射结并联，输入特性曲线和 PN 结的正向特性曲线相类似。当 $U_{CE}=1$ V 时，集电结已处在反向偏置，管子工作在放大状态，集电极收集基区扩散过来的电子，使在相同 U_{BE} 值的情况下，流向基极的电流 I_B 减小，输入特性随着 U_{CE} 的增大而右移。当 $U_{CE}>1$ V 以后，输入特性几乎与 $U_{CE}=1$ V 时的特性曲线重合，这是因为 $U_{CE}>1$ V 后，集电极已将发射区发射过来的电子几乎全部收集走，对基区电子与空穴的复合影响不大，I_B 的改变也不明显。因晶体管工作在放大状态时，集电结要反偏，U_{CE} 必须大于 1 V，所以，只要给出 $U_{CE}=1$ V 时的输入特性就可以了。

2. 输出特性曲线

输出特性曲线是描述三极管在输入电流 I_B 保持不变的前提下，集电极电流 I_C 和管压降

U_{CE}之间的函数关系，即

$$I_C = f(U_{CE})|_{I_B=\text{const}}$$

三极管的输出特性曲线如图1-31(b)所示。由图可见，当I_B改变时，I_C和U_{CE}的关系是一组平行的曲线族，分为截止、放大和饱和三个工作区，对应三极管截止、放大和饱和三种工作状态。

(1) 截止区

$I_B=0$特性曲线以下的区域称为截止区。此时晶体管的集电结处于反偏，发射结电压$U_{BE}<0$，也是处于反偏的状态。由于$I_B=0$，$I_C=I_{CEO}$，在反向饱和电流可忽略的前提下，$I_C=0$，晶体管处在截止状态，在电路中犹如一个断开的开关。对NPN硅管，当$U_{BE}<U_{ON}$(硅管的开启电压$U_{ON}=0.5$ V)时已开始截止。为了使截止可靠，常使$U_{BE}\leqslant 0$。

注意： 处在截止状态下的三极管集电极有很小的电流I_{CEO}，该电流称为三极管的穿透电流，它是在基极开路时测得的集电极-发射极间的电流，不受I_B的控制，但受温度的影响。

(2) 放大区

三极管输出特性曲线近于水平的部分就是放大区，位于截止区和饱和区之间。工作在放大区的三极管才具有电流的放大作用。此时三极管的发射结处在正偏，集电结处在反偏。由放大区的特性曲线可见，特性曲线非常平坦，$I_B\uparrow\rightarrow I_C\uparrow$，当$I_B$等量变化时，$I_C$几乎也按一定比例等距离平行变化。由于$I_C$只受$I_B$控制，几乎与$U_{CE}$的大小无关，说明处在放大状态下的三极管相当于一个输出电流受I_B控制的受控电流源。

(3) 饱和区

在如图1-30所示的三极管放大电路中，集电极接有电阻R_C，电源电压V_{CC}一定，$I_B\uparrow\rightarrow I_C\uparrow$，集电极电流$I_C$增大引起$U_{CE}=V_{CC}-I_C R_C$下降。对于硅管，当$U_{CE}$降低到小于0.7 V时，集电结也进入正向偏置的状态，集电极吸引电子的能力将下降，电子在基区饱和，此时三极管处于饱和状态。I_B再增大，I_C几乎就不再增大了，三极管失去了电流放大作用，处于这种状态下工作的三极管称为饱和状态。

规定$U_{CE}=U_{BE}$时的状态为临界饱和态，图1-31(b)中的虚线为临界饱和线，在临界饱和态下工作的三极管集电极电流和基极电流的关系为

$$I_{CS} = \frac{V_{CC}-U_{CES}}{R_C} = \bar{\beta} I_{BS}$$

式中，I_{CS}、I_{BS}和U_{CES}分别为三极管处在临界饱和态下的集电极电流、基极电流和管子两端的电压(饱和管压降)。

当$I_B>I_{BS}$时，三极管将进入深度饱和状态。此时$U_{CE}<U_{CES}$，在深度饱和的状态下，$I_C=\beta I_B$的关系不成立，三极管的发射结和集电结都处于正向偏置，在C和E之间犹如一个闭合的开关。此时，$U_{CE}\approx 0$，$I_C\approx\frac{V_{CC}}{R_C}$。

可见，三极管由于I_B的不同，工作于三种状态，并且受I_B控制的三极管截止和饱和的状态与开关断、通的特性很相似，数字电路中的各种开关电路就是利用三极管的这种特性来制作的。表1-1给出了晶体管三种工作状态结电压典型数据。

表1-1　晶体管结电压典型数据

<table>
<tr><td rowspan="3">型　号</td><td colspan="5">工作状态</td></tr>
<tr><td colspan="2">饱　和</td><td>放　大</td><td colspan="2">截　止</td></tr>
<tr><td>U_{BE}/V</td><td>U_{CE}/V</td><td>U_{BE}/V</td><td colspan="2">U_{BE}/V
开始截止 / 可靠截止</td></tr>
<tr><td>硅管 NPN</td><td>0.7</td><td>0.3</td><td>0.6～0.7</td><td>0.5</td><td>≤0</td></tr>
<tr><td>锗管 NPN</td><td>0.3</td><td>0.1</td><td>0.2～0.3</td><td>0.1</td><td>0.1</td></tr>
</table>

3. 温度对特性曲线的影响

(1) 温度对 U_{BE}的影响

三极管的输入特性曲线与二极管的正向特性曲线相似,温度升高曲线左移,如图1-32(a)所示。温度每升高1℃,U_{BE}就减小2～2.5 mV。

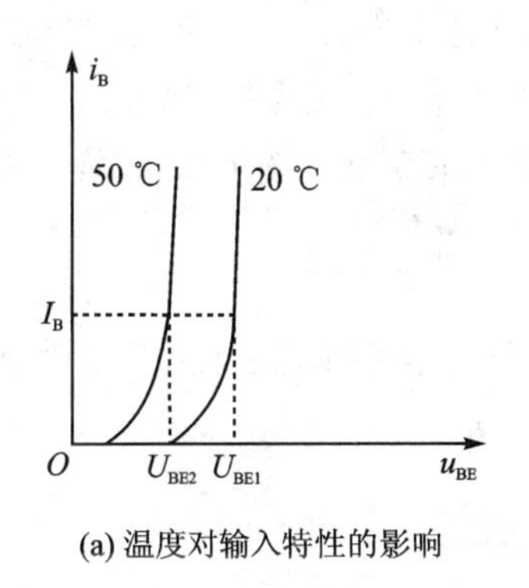

(a) 温度对输入特性的影响

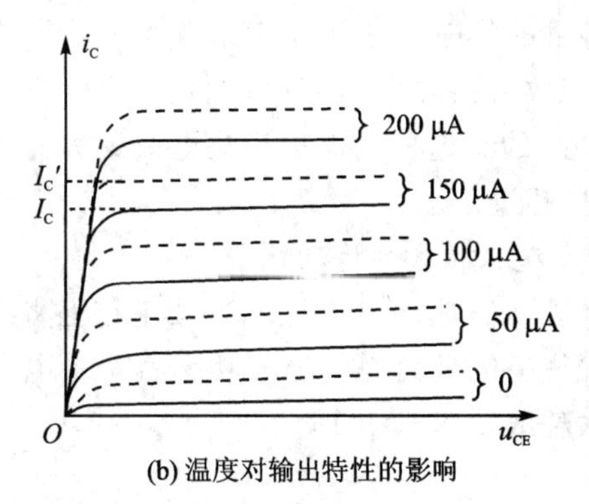

(b) 温度对输出特性的影响

图1-32　温度对三极管特性的影响

(2) 温度对 I_{CBO}的影响

三极管输出特性曲线随温度升高将向上移动。

(3) 温度对 β 的影响

温度升高,输出特性各条曲线之间的间隔增大。

1.5.4　三极管的主要参数

1. 共射电流放大系数 $\bar{\beta}$ 和 β

在共射极放大电路中,若交流输入信号为零,则管子各极间的电压和电流都是直流量,此时的集电极电流 I_C和基极电流 I_B的比就是 $\bar{\beta}$,$\bar{\beta}$ 称为共射直流电流放大系数。

当共射极放大电路有交流信号输入时,因交流信号的作用,必然会引起 I_B的变化,相应的也会引起 I_C的变化,两电流变化量的比称为共射交流电流放大系数 β,即

$$\beta = \frac{\Delta I_C}{\Delta I_B}$$

上述两个电流放大系数 $\bar{\beta}$ 和 β 的含义虽然不同,但工作在输出特性曲线放大区平坦部分的三极管,两者的差异极小,可做近似相等处理,故在今后应用时,通常不加区分,直接互相替代使用。

由于制造工艺的分散性,同一型号三极管的 β 值差异较大。常用的小功率三极管,β 值一般为 20～100。β 过小,管子的电流放大作用小;β 过大,管子工作的稳定性差,一般选用 β 在 40～80 之间的管子较为合适。

2. 极间反向饱和电流 I_{CBO} 和 I_{CEO}

① 集电结反向饱和电流 I_{CBO} 是指发射极开路,集电结加反向电压时测得的集电极电流。常温下,硅管的 I_{CBO} 在 nA(10^{-9})的量级,通常可忽略。

② 集电极-发射极反向电流 I_{CEO} 是指基极开路时,集电结反偏,发射结正偏,从集电极流向发射极的电流,即穿透电流,穿透电流的大小受温度的影响较大,穿透电流小的管子热稳定性好。硅管的 I_{CEO} 约为几微安,锗管的 I_{CEO} 约为几十微安,其值越小越好。

3. 极限参数

(1) 集电极最大允许电流 I_{CM}

晶体管的集电极电流 I_C 在相当大的范围内 β 值基本保持不变,但当 I_C 的数值大到一定程度时,电流放大系数 β 值将下降。使 β 明显减少的 I_C 即为 I_{CM}。一般情况,当 β 值下降到正常值的 2/3 时的集电极电流称为集电极最大允许电流。为了使三极管在放大电路中能正常工作,I_C 不应超过 I_{CM}。

(2) 集电极最大允许功耗 P_{CM}

晶体管工作时,集电极电流在集电结上将产生热量,产生热量所消耗的功率就是集电极的功耗。允许集电极消耗的最大功率就是集电极允许最大耗散功率 P_{CM},即

$$P_{CM} = I_C U_{CE}$$

功耗与三极管的结温有关,结温又与环境温度、管子是否有散热器等条件相关。根据上式可在输出特性曲线上作出三极管的允许功耗线,如图 1-33 所示。I_{CM}、$U_{BR(CEO)}$ 和 P_{CM} 三者共同确定三极管的安全工作区。功耗线的左下方为安全工作区,右上方为过损耗区。

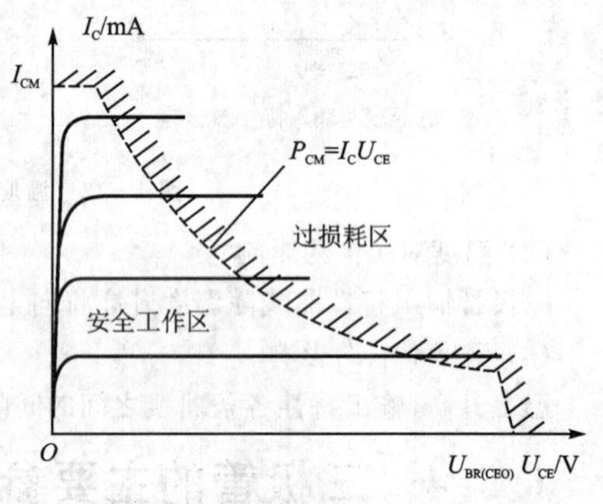

图 1-33 三极管工作区域

手册上给出的 P_{CM} 值是在常温 25 ℃时测得的。硅管集电结的上限温度约为 150 ℃,锗管约为 70 ℃,使用时应注意不要超过此值,否则管子将损坏。

(3) 反向击穿电压 $U_{BR(CEO)}$

反向击穿电压 $U_{BR(CEO)}$ 是指基极开路时,加在集电极与发射极之间的最大允许电压。使用中如果管子两端的电压 $U_{CE}>U_{BR(CEO)}$,集电极电流 I_C 将急剧增大,这种现象称为击穿。管子击穿将造成三极管永久性的损坏。三极管电路在电源 E_C 的值选得过大时,有可能会出现当管子截止时,$U_{CE}>U_{BR(CEO)}$ 导致三极管击穿而损坏的现象。一般情况下,三极管电路的电源电压 E_C 应小于 $\frac{1}{2}U_{BR(CEO)}$。

4. 温度对三极管参数的影响

几乎所有的三极管参数都与温度有关,要引起重视,温度对下列的三个参数影响最大。

(1) 对 β 的影响

三极管的 β 随温度的升高将增大,温度每上升 1 ℃,β 值增大 0.5%～1%,其结果是在相同 I_B 的情况下,集电极电流 I_C 随温度上升而增大。

(2) 对反向饱和电流 I_{CEO} 的影响

I_{CEO} 是由少数载流子漂移运动形成的,它与环境温度关系很大,I_{CEO} 随温度上升会急剧增加。温度上升 10 ℃,I_{CEO} 将增加一倍。由于硅管的 I_{CEO} 很小,所以,温度对硅管 I_{CEO} 的影响不大。

(3) 对发射结电压 U_{BE} 的影响

和二极管的正向特性一样,温度上升 1 ℃,U_{BE} 将下降 2～2.5 mV。综上所述,随着温度的上升,β 值将增大,I_C 也将增大,U_{CE} 将下降,这对三极管放大作用不利,使用中应采取相应的措施克服温度的影响。

【例 1-5】 用万用表测得放大电路中三只三极管的直流电位如图 1-34 所示,请在圆圈中画出管子的类型。

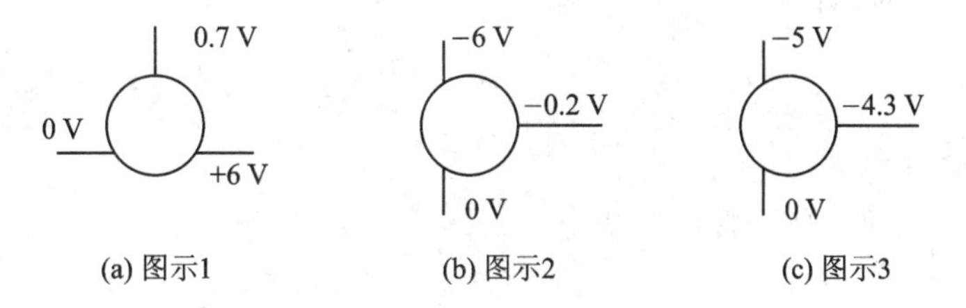

图 1-34　[例 1-5]图

【解】 图 1-34(a)最低电位点是 0 V,最高电位点是 6 V,中间电位点是 0.7 V,说明该三极管的电流是从 6 V 点向 0.7 V 点流,再流向 0 电位点,所以,0.7 V 点所在的引脚内部是 P 型半导体,另外两个引脚是 N 型半导体,说明该三极管是 NPN 硅管;在电路中,NPN 硅管发射极的电位最低,所以 0 电位点是发射极 e,6 V 点是集电极 c,0.7 V 点是基极 b。

图 1-34(b)最低电位点是－6 V,最高电位点是 0V ,中间电位点是－0.2 V,说明该三极管的电流是从 0 电位点向－0.2 V 点流,再流向－6 V 点,所以－0.2 V 点的引脚内部是 N 型半导体,另外两个就是 P 型半导体,说明该三极管是 PNP 锗管;在电路中,PNP 管发射极的电位最高,所以 0 电位点是发射极 e,－6 V 点是集电极 c,－0.2 V 点是基极 b。

图 1-34(c)最低电位点是－5 V,最高电位点是 0 V,中间电位点是－4.3 V,说明该三极管的电流是从 0 电位点向－4.3 V 点流,再流向－5 V 点,说明该三极管是 NPN 硅管;在电路中,NPN 硅管发射极的电位最低,所以－5 V 点是发射极 c,－4.3 V 点是基极 b,0 电位点是集电极 c。

三个管子的类型和引脚排列如图 1-35 所示。

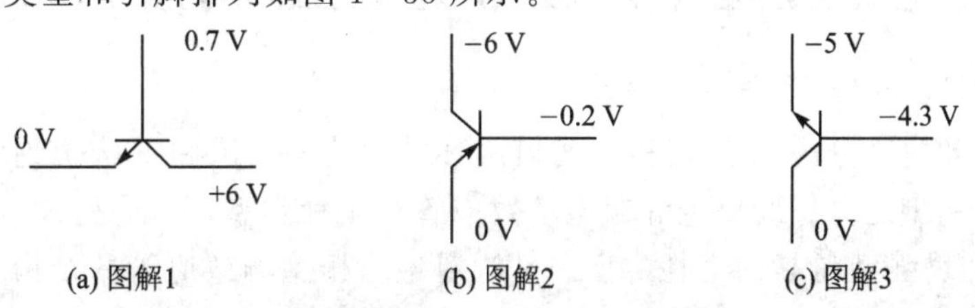

图 1-35　[例 1-5]图解

【例 1-6】 如图 1-36 所示电路中，$V_{CC}=6$ V，$R_C=3$ kΩ，$R_B=10$ kΩ，$\bar{\beta}=25$，当输入电压 U_I 分别为 3 V，1 V 和 -1 V 时，试问晶体管处于何种工作状态？

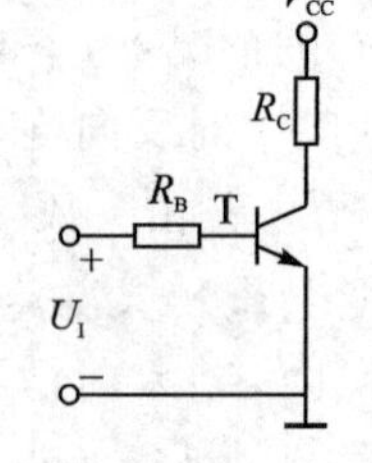

图 1-36 [例 1-6]图

【解】 由图 1-36 可知，晶体管饱和时集电极电流近似为

$$I_C \approx \frac{V_{CC}}{R_C}=\frac{6}{3\times10^3}\text{ A}=2\times10^{-3}\text{ A}=2\text{ mA}$$

晶体管刚饱和时的基极电流为

$$I'_B=\frac{I_C}{\beta}=\frac{2}{25}\text{ mA}=0.08\text{ mA}=80\ \mu\text{A}$$

① 当 $U_I=3$ V 时，有

$$I_B=\frac{U_I-U_{BE}}{R_B}=\frac{3-0.7}{10\times10^3}\text{ A}=230\times10^{-6}\text{ A}=230\ \mu\text{A}>I'_B$$

晶体管已处于深度饱和状态。

② 当 $U_I=1$ V 时，有

$$I_B=\frac{U_I-U_{BE}}{R_B}=\frac{1-0.7}{10\times10^3}\text{ A}=30\times10^{-6}\text{ A}=30\ \mu\text{A}<I'_B$$

晶体管处于放大状态。

③ 当 $U_I=-1$ V 时，晶体管可靠截止。

*1.6 场效应管

由于半导体三极管的输入阻抗不够高，对信号源的影响较大。为了提高晶体管的输入阻抗，发明了利用输入回路电场的效应来控制输出回路电流变化的半导体器件，称为场效应管。它与前面介绍的流控元件三极管不一样，是一种压控元件，并且只有一种极性载流子参与导电，又称为单极型晶体管。场效应管是一种较新型的半导体器件，其外形与普通三极管相似，但两者的控制特性却截然不同。普通三极管是电流控制元件，通过控制基极电流达到控制集电极电流或发射极电流的目的，即信号源必须提供一定的电流才能工作。因此输入电阻较低，仅有 $10^2\sim10^4$ Ω。场效应管则是电压控制元件，它的输出电流决定于输入端电压的大小，基本上不需要信号源提供电流，因此它的输入电阻很高，可高达 $10^9\sim10^{14}$ Ω，对信号源影响非常小，这是它的突出特点。场效应管与三极管相比，具有噪声低(噪声系数可低至 0.5～1 dB)、热稳定性好和制造工艺简单等优点。场效应管按结构分为两大类：结型场效应管(JFET)和绝缘栅型场效应管(IGFET)。下面以绝缘栅型场效应管(IGFET)类型为例进行介绍。

1.6.1 绝缘栅型场效应管的类型、构造和工作原理

1. 绝缘栅型场效应管的类型和构造

绝缘栅型场效应管分为 N 沟道和 P 沟道两种类型。N 沟道和 P 沟道绝缘栅型场效应管又有增强型和耗尽型之分。所以绝缘栅型场效应管有 4 种类型，分别是：N 沟道增强型、N 沟道耗尽型、P 沟道增强型和 P 沟道耗尽型。N 沟道绝缘栅型场效应管的结构示意图和符号如图 1-37 所示。

由结构示意图可见，以一块 P 型半导体为衬底，利用扩散工艺，在 P 型半导体上制作两个

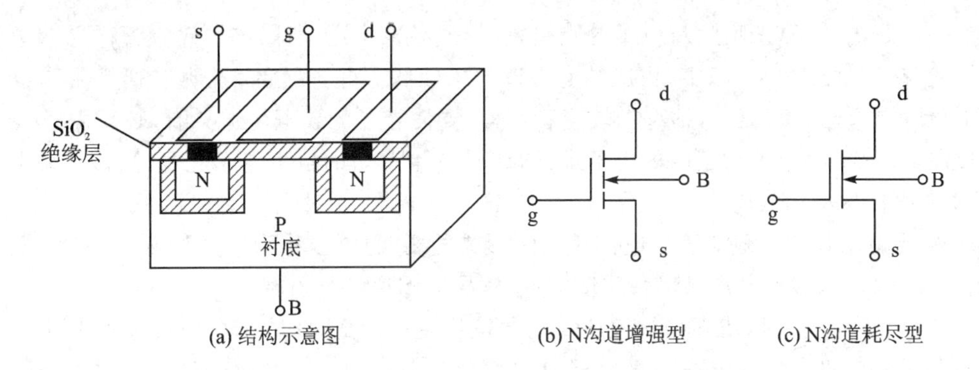

图1-37　N沟道绝缘栅型场效应管的结构示意图及符号

N型半导体区域，分别从N型半导体的区域引出两个电极作为源极和漏极，在衬底上面制作一层SiO_2绝缘层，再在SiO_2之上制作一层金属铝，从金属铝上引出的电极为栅极，即构成绝缘栅型场效应管。

这种类型的场效应管因栅极与源极，栅极与漏极之间均采用SiO_2绝缘层隔离，所以称为绝缘栅型场效应管，又称为MOS(Metal-Oxide-Semiconductor)管。

增强型和耗尽型场效应管的主要差别在$u_{GS}=0$情况下导电沟道的状态上。当$u_{GS}=0$时，管子不存在导电沟道的为增强型，存在导电沟道的为耗尽型。

2. N沟道增强型场效应管的工作原理

当栅-源之间不加正向电压时，栅-源之间相当于两块背向的PN结，不存在导电沟道，此时若在漏-源之间加电压，也不会有漏极电流。

当$u_{DS}=0$，且$u_{GS}>0$时，由于SiO_2的存在，栅极电流为零。但在栅极的金属层上将聚集正电荷，它们排斥P型衬底靠近SiO_2一侧的空穴，使之剩下不能移动的负离子区，形成如图1-38(a)所示的耗尽层。

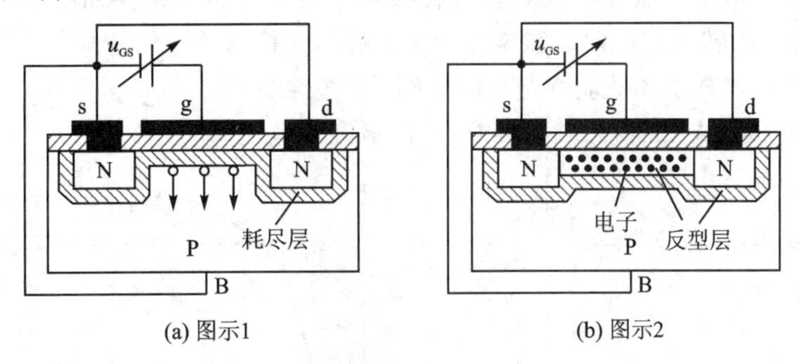

图1-38　场效应管漏-源之间的导电沟道构成

当u_{GS}增大时，一方面耗尽层增宽，另一方面将衬底的自由电子吸引到耗尽层与绝缘层之间，形成一个如图1-38(b)所示的N型薄层，称为反型层。这个反型层就构成场效应管漏-源之间的导电沟道，因为导电沟道是由反型层的自由电子组成，所以称为N沟道场效应管。因为N沟道场效应管的衬底是P型半导体，所以N沟道场效应管符号中的箭头是由衬底指向沟道，即从P型半导体的衬底指向N型沟道，如图1-37(b)和(c)所示。同理可得P沟道场效应管符号中的箭头是从沟道指向衬底，即与N沟道的指向相反。描述导电沟道的中间线条是间断的，说明该管子在$u_{GS}=0$的情况下导电沟道不存在，要使管子产生导电沟道，必须在栅-源

间外加一正向电压 u_{GS}来增强对电子的吸引，以形成导电沟道，所以该场效应管称为N沟道增强型场效应管。图1-37(c)中，描述导电沟道的中间线条是连续的，说明该管子在 $u_{GS}=0$ 的情况下导电沟道已经存在，与结型场效应管一样，要使管子的导电沟道夹断，必须在栅-源间外加一反向电压 u_{GS}将导电沟道内的电子推开，使导电沟道内的自由电子耗尽，所以该场效应管称为N沟道耗尽型场效应管。

使N沟道增强型场效应管导电沟道刚刚形成的栅-源电压称为增强型场效应管的开启电压，用符号 $u_{GS(th)}$ 来表示。u_{GS}越大，反型层越厚，导电沟道的电阻越小。

当 u_{GS}大于 $u_{GS(th)}$ 时，增强型场效应管的导电沟道已形成，此时若在场效应管的漏-源之间加正向电压 u_{DS}，将产生一定的漏极电流 i_D。漏极电流 i_D随 u_{DS}变化的情况与结型场效应管相似。

使N沟道耗尽型场效应管导电沟道刚刚被夹断的栅-源电压称为耗尽型场效应管的夹断电压，用符号 $u_{GS(off)}$ 来表示。在 $u_{GS} < u_{GS(off)}$ 的情况下，若 u_{DS} 等于某一常量，则对应于确定的 u_{GS}，将有一个确定的漏极电流 i_D。当 u_{GS}变化时，漏极电流 i_D也将随着发生变化，实现用 u_{GS}控制漏极电流 i_D的目的。

3. N沟道增强型场效应管特性曲线和电流方程

与结型场效应管一样，N沟道增强型场效应管的特性曲线有转移特性曲线和输出特性曲线。转移特性曲线描述当漏-源电压 u_{DS}为常量时，漏极电流 i_D与栅-源电压 u_{GS}之间的函数关系，即

$$i_D = f(u_{GS})_{u_{DS}=\text{const}}$$

输出特性曲线描述当栅-源电压 u_{GS}为常量时，漏极电流 i_D与漏-源电压 u_{DS}之间的函数关系，即

$$i_D = f(u_{DS})\big|_{u_{GS}=\text{const}}$$

由实验可得N沟道增强型场效应管的转移特性曲线和输出特性如图1-39所示。N沟道增强型场效应管的转移特性曲线和输出特性曲线与三极管的输入特性曲线和输出特性曲线相似。说明N沟道增强型场效应管与前面介绍的三极管具有相同的外特性，它们之间的对应关系是：栅极和基极对应，源极和发射极对应，漏极和集电极对应。

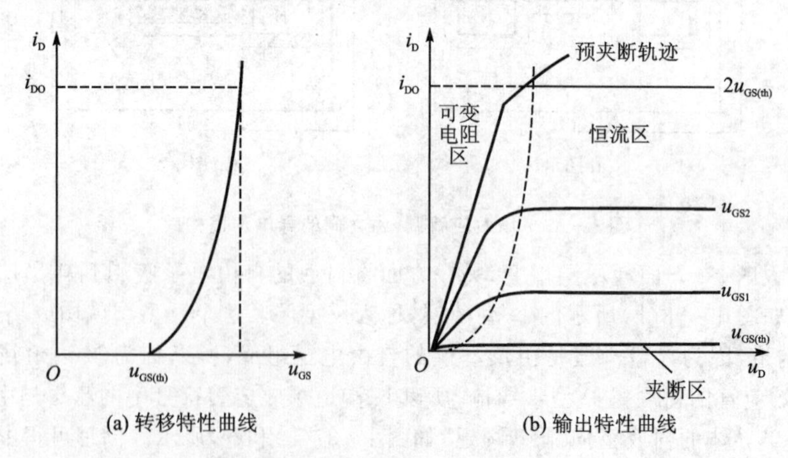

(a) 转移特性曲线　(b) 输出特性曲线

图1-39　N沟道增强型场效应管的转移特性曲线和输出特性曲线

如图 1－39 所示转移特性曲线上也有一个开启电压 $u_{GS(th)}$，输出特性曲线也是一个曲线族，曲线族中的每一条曲线分别对应一个确定的 u_{GS} 值。它也有可变电阻区、恒流区和夹断区这三个工作区。

与结型场效应管相似，工作在恒流区的 N 沟道增强型场效应管转移特性曲线的表达式为

$$i_D = I_{DO}\left(\frac{u_{GS}}{u_{GS(th)}} - 1\right)^2$$

式中，I_{DO} 是 $u_{GS} = 2u_{GS(th)}$ 时的漏极电流 i_D。

N 沟道耗尽型场效应管的电流方程与 N 沟道结型场效应管的电流方程相同，N 沟道耗尽型场效应管的特性曲线与 N 沟道结型场效应管的特性曲线基本相同，差别仅在 u_{GS} 大于零的部分。N 沟道结型场效应管的 u_{GS} 不能大于零，而 N 沟道耗尽场效应管的 u_{GS} 可以大于零。6 种组态场效应管的符号和特性曲线如表 1－2 所列。

表 1－2　6 种组态场效应管的符号和特性曲线

分类		符号	转移特性曲线	输出特性曲线
结型场效应管	N 沟道	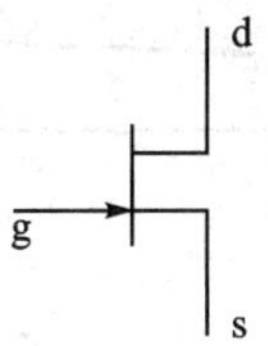 d g s	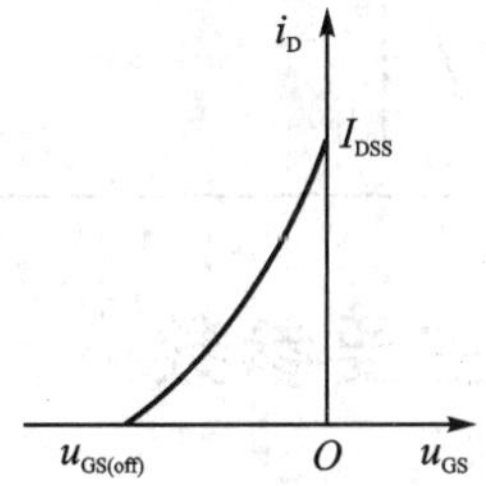 i_D I_{DSS} $u_{GS(off)}$ O u_{GS}	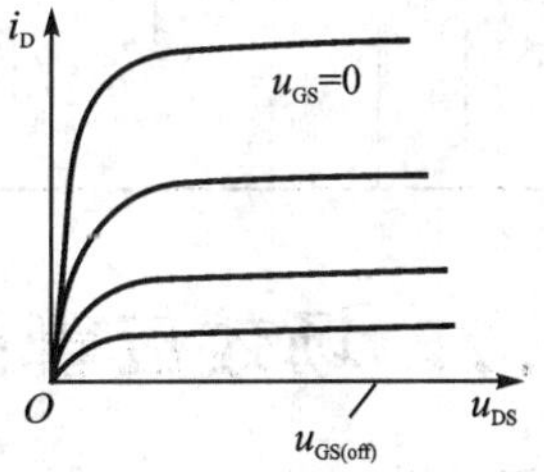 i_D $u_{GS}=0$ O u_{DS} $u_{GS(off)}$
	P 沟道	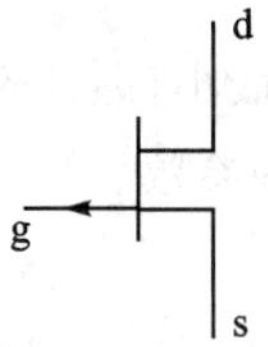 d g s	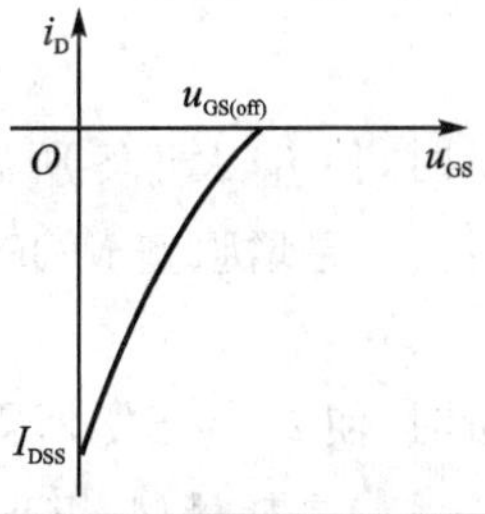 i_D $u_{GS(off)}$ O u_{GS} I_{DSS}	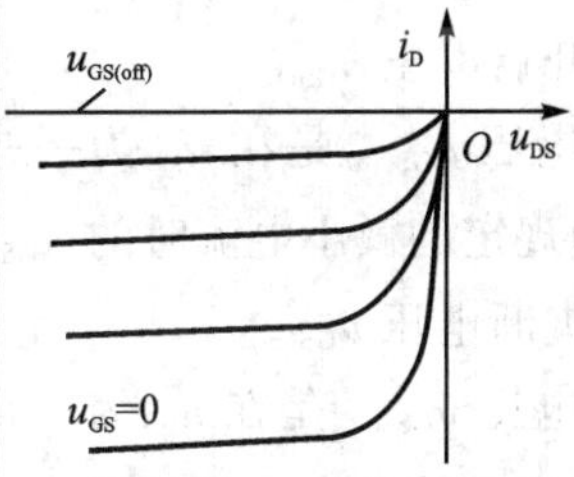 $u_{GS(off)}$ i_D O u_{DS} $u_{GS}=0$
绝缘栅型场效应管	N 沟道增强型	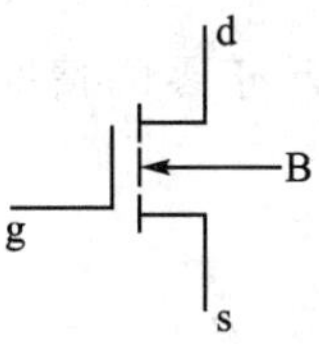 d B g s	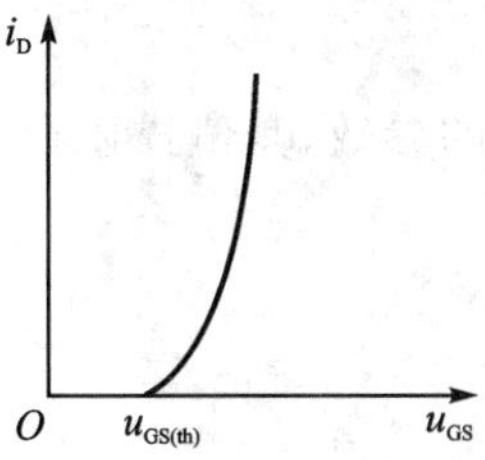 i_D O $u_{GS(th)}$ u_{GS}	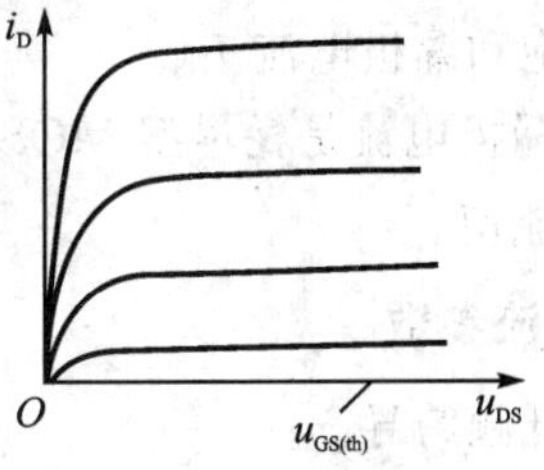 i_D O u_{DS} $u_{GS(th)}$
	P 沟道增强型	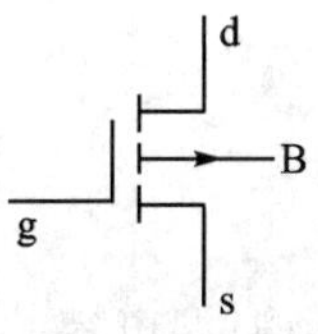 d B g s	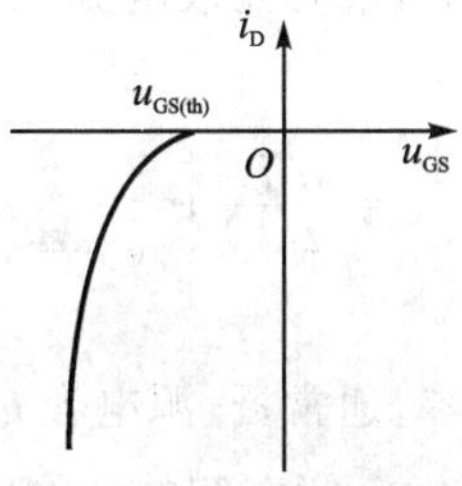 i_D $u_{GS(th)}$ O u_{GS}	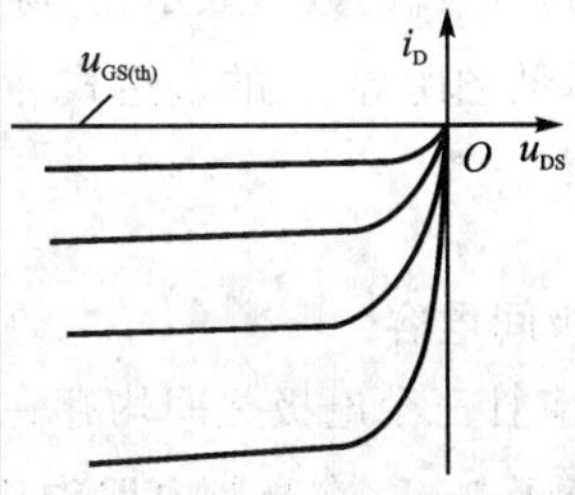 $u_{GS(th)}$ i_D O u_{DS}

续表 1-2

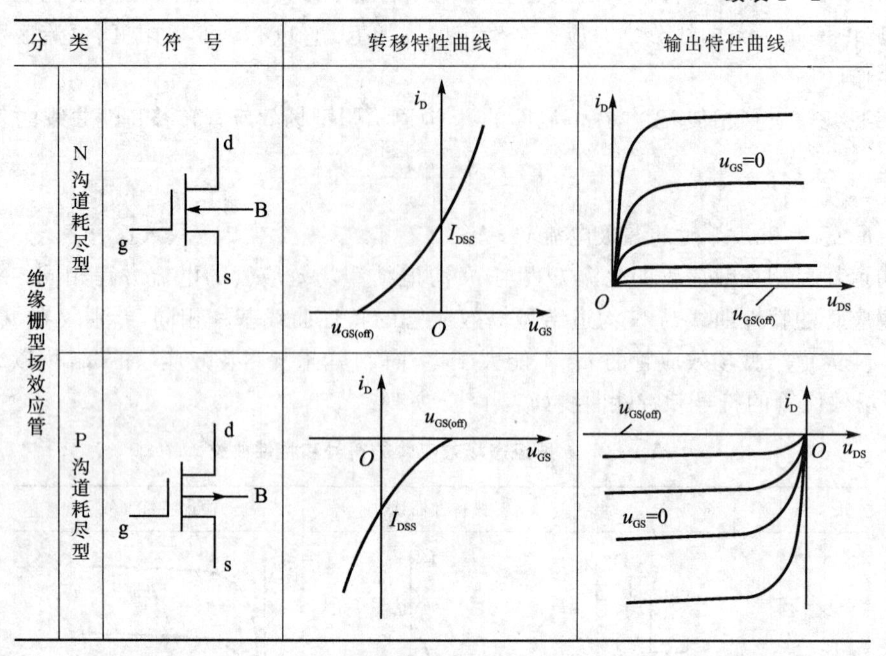

1.6.2 场效应管的主要参数

1. 直流参数

(1) 开启电压 $u_{GS(th)}$

开启电压 $u_{GS(th)}$ 是在 u_{DS} 为一常量时,使 i_D 大于零所需的最小 $|u_{GS}|$ 的值。手册中给出的是在 i_D 为规定的微小电流时的 u_{GS}。$u_{GS(th)}$ 是增强型 MOS 管的参数。

(2) 夹断电压 $u_{GS(off)}$

夹断电压 $u_{GS(off)}$ 是在 u_{GS} 为一常量时,使 i_D 等于零所需的最大 $|u_{GS}|$ 的值。手册中给出的是在 i_D 为规定的微小电流时的 u_{GS}。$u_{GS(off)}$ 是耗尽型 MOS 管的参数。

(3) 饱和漏极电流 I_{DSS}

饱和漏极电流是耗尽型 MOS 管的参数,其值描述在 u_{GS} 等于零的情况下,管子产生预夹断时的电流值。

2. 交流参数

(1) 低频跨导 g_m

低频跨导 g_m 的数值表示栅-源电压 u_{GS} 对漏极电流 I_d 控制作用的大小。工作在恒流区的场效应管,低频跨导 g_m 的表达式为

$$g_m = \left.\frac{\Delta i_d}{\Delta u_{gs}}\right|_{u_{DS}=\text{const}}$$

(2) 极间电容

场效应管三个电极之间均存在电容,通常栅-源电容 C_{gs} 和栅-漏电容 C_{gd} 约为 3 pF,漏-源电容 C_{ds} 小于 1 pF,在高频电路中应考虑极间电容的影响。

3. 极限参数

(1) 最大漏极电流 I_{DM}

最大漏极电流 I_{DM} 指的是管子正常工作时漏极电流的上限值。

(2) 击穿电压 $U_{DS(BR)}$

击穿电压 $U_{DS(BR)}$ 指的是工作在恒流区的管子，使漏极电流骤然增大的 U_{DS} 电压值，管子工作时，加在漏-源之间的电压不允许超过此值。

(3) 最大耗散功率 P_{DM}

最大耗散功率 P_{DM} 指的是工作在恒流区的管子，漏极所消耗的最大功率，该值与场效应管工作时的温度有关。

场效应管和晶体三极管的主要差别如下：

① 场效应管用栅-源电压 U_{GS} 控制漏极电流 I_D，栅极电流非常小；而晶体管工作时基极总有一定的电流。因此，要求输入电阻高的电路应选用场效应管。因为三极管的电压放大倍数比场效应管来得大，所以在信号源可以提供一定电流的情况下，通常选用晶体管。

② 场效应管只有多子参与导电，晶体管内既有多子又有少子参与导电，而少子数目受温度、辐射等因素的影响较大，因而场效应管比晶体管的温度稳定性好，抗辐射能力强。因此，在环境条件变化很大的情况下通常选用场效应管。

③ 场效应管的噪声系数很小，所以低噪声放大器的输入级和要求信噪比较高的电路通常选用场效应管或特制的低噪声晶体管。

④ 场效应管的漏极与源极可以互换使用，互换后特性变化不大；而晶体管的发射极与集电极互换后特性差异很大，因此只在特殊需要时才互换。

⑤ 场效应管比晶体管的种类多，特别是耗尽型 MOS 管，栅-源电压 U_{GS} 可正、可负、可零，均能控制漏极电流。因而在组成电路时场效应管比晶体管有更大的灵活性。

⑥ 场效应管和晶体管均可用于放大电路和开关电路，它们构成了品种繁多的集成电路。但由于场效应管集成工艺更简单，且具有耗电小、工作电源电压范围宽等优点，因此场效应管被广泛用在集成电路的制造中。

【本章小结】

PN 结是半导体器件的基础结构，本章从 PN 结内部载流子的运动、PN 结的形成原理入手，通过对器件的非线性伏安特性的描述，引出存在的问题及特殊作用，进一步引入双 PN 结器件性能特性曲线及存在的问题等。

半导体三极管是由两个 PN 结组成的三端有源器件，有 NPN 型和 PNP 型两大类。两者电压、电流的实际方向相反，但具有相同的结构特点，即基区宽度薄且掺杂浓度低，发射区掺杂浓度高，集电区面积大，这一结构上的特点是三极管具有电流放大作用的内部条件。三极管是一种电流控制器件，即用基极电流来控制集电极电流，这种放大作用只有在三极管发射结正向偏置、集电结反向偏置，以及静态工作点的合理设置时才能实现，实质上是一种能量控制作用。

三极管的特性曲线是指各极间电压与各极电流间的关系曲线，最常用的是输出特性曲线和输入特性曲线。它们是三极管内部载流子运动的外部表现，因而也称外部特性。器件的参数直观地表明了器件性能的好坏和适应的工作范围，是人们选择和正确使用器件的依据。在三极管的众多参数中，电流放大系数、极间反向饱和电流和几个极限参数是三极管的主要参数,使用中应予以重视。

要求重点掌握:PN结的特性,二极管的单向导电性,三极管的电流放大作用,以及半导体器件的特殊应用电路及作用。应清楚在分析这种非线性半导体器件电路时应遵循器件本身的伏安特性。

习　题

1.2.1　有两个PN结,一个反向饱和电流为1 μA,另一个反向饱和电流为1 nA。当它们串联工作时,流过PN结的正向电流为1 mA,两个PN结的导通压降分别为多少?

1.3.1　有一个二端元件,如何用万用表去判定它到底是二极管、电容器还是电阻器?

1.3.2　用万用表的电阻挡测量二极管的正反向电阻。万用表内的电池为1.5 V,黑色表笔接电池正端,红色表笔接电池负端。① 当用黑色表笔测二极管的A端,红色表笔测二极管的B端时,测得二极管的等效电阻为300 Ω;用黑色表笔测二极管的B端,红色表笔测二极管的A端时,测得二极管的等效电阻为30 kΩ。试问A、B两端哪一端是阳极,哪一端是阴极?测得的电阻是直流电阻还是交流电阻?② 若万用表的R×10挡的内阻为240 Ω,R×100挡的内阻为2.4 kΩ。分别用这两挡去测二极管的正向电阻,测得的值是否同样大?为什么?

1.3.3　电路如图1-40所示,试计算流过二极管的电流和A点的电位。设二极管的正向压降为0.7 V。

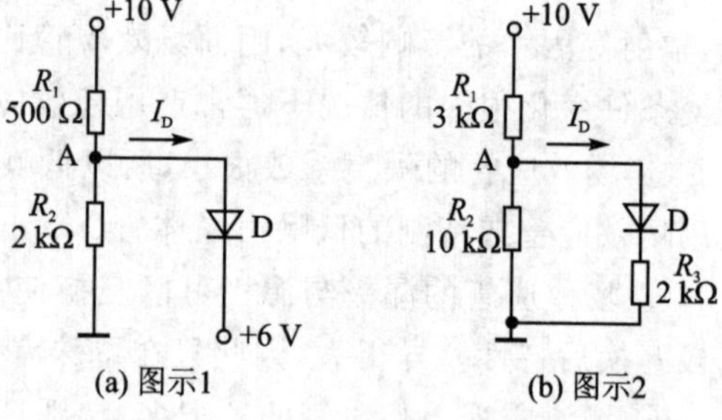

图1-40　题1.3.3图

1.3.4　二极管电路如图1-41所示,判断图中二极管是导通还是截止,并确定各电路的输出电压U_o。设二极管的导通压降为0.7 V。

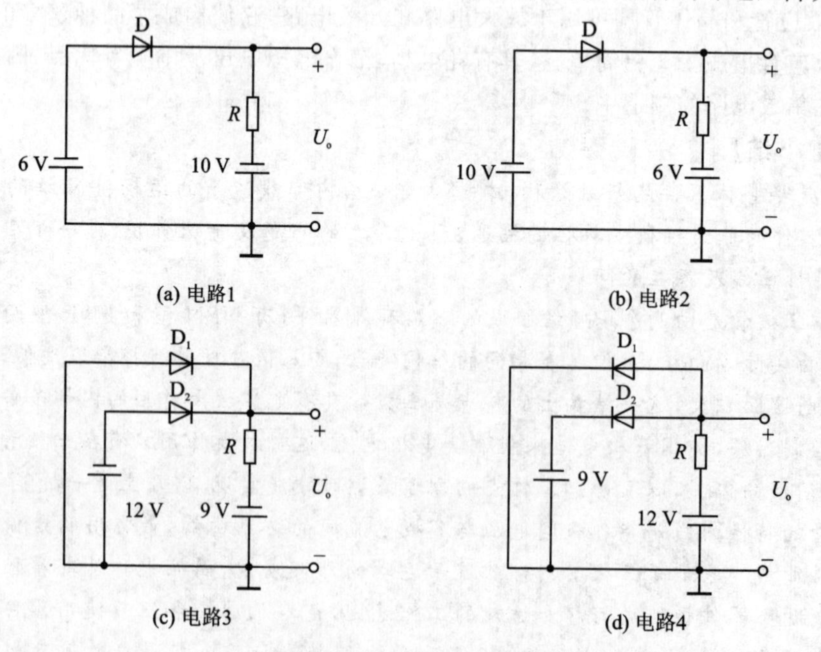

图1-41　题1.3.4图

1.3.5 二极管双向限幅电路如图1-42所示，设$u_i = 10\sin\omega t$(V)，二极管为理想器件，试画出输入电压u_i和输出电压u_o的波形。

1.3.6 电路如图1-43(a)所示，其输入电压u_{I1}和u_{I2}的波形如图1-43(b)所示，设二极管导通电压可忽略。试画出输出电压u_o的波形，并标出幅值。

1.4.1 如图1-44所示电路中，已知稳压管的稳定电压$U_Z = 6$ V，稳定电流的最小值$I_{Z,min} = 5$ mA，最大功耗$P_{ZM} = 150$ mW。试求稳压管正常工作时电阻R的取值范围。

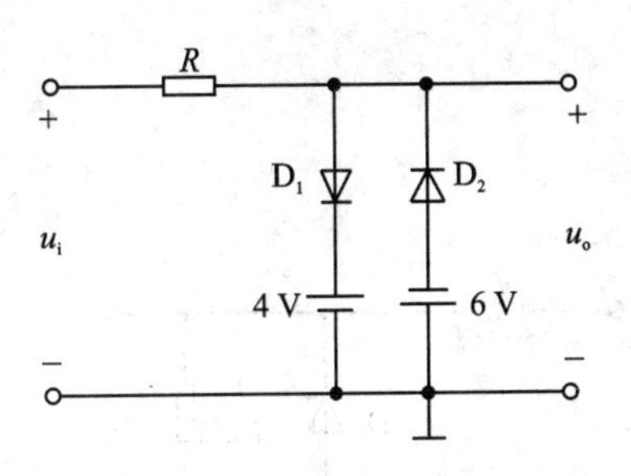

图1-42 题1.3.5图

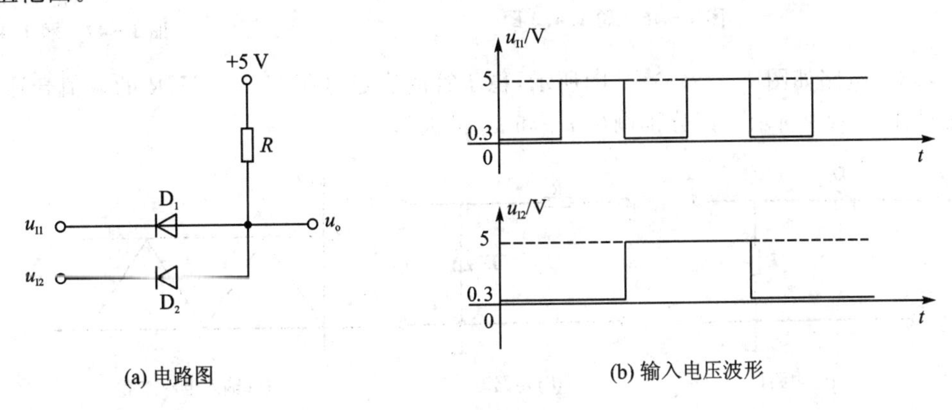

图1-43 题1.3.6图

1.4.2 如图1-45所示电路中，稳压管的稳定电压$U_Z = 12$ V，图中电压表流过的电流忽略，试求：

(1) 当开关S闭合时，电压表V和电流表A1、A2的读数分别为多少？

(2) 当开关S断开时，电压表V和电流表A1、A2的读数分别为多少？

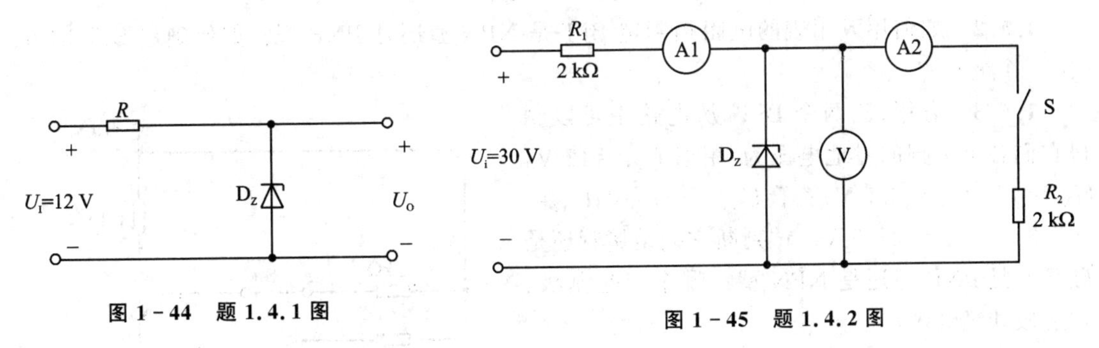

图1-44 题1.4.1图

图1-45 题1.4.2图

1.4.3 已知稳压管的稳压值$U_Z = 6$ V，稳定电流的最小值$I_{Z,min} = 3$ mA，最大值$I_{ZM} = 20$ mA，试问如图1-46所示电路中的稳压管能否正常稳压工作，U_{O1}和U_{O2}各为多少伏。

1.4.4 如图1-47所示电路中，发光二极管导通电压$U_D = 1$ V，正常工作时要求正向电流为5～15 mA。试问：

(1) 开关S在什么位置时发光二极管才能发光？

(2) R的取值范围是多少？

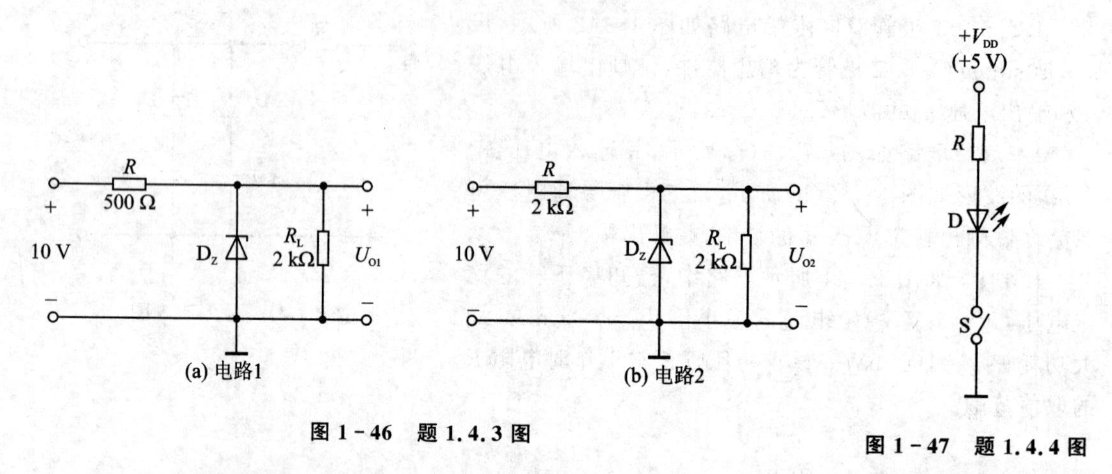

图 1-46 题 1.4.3 图

图 1-47 题 1.4.4 图

1.4.5 电路如图 1-48(a)和(b)所示,稳压管的稳定电压 $U_Z=4$ V,R 的取值合适,u_I的波形如图 1-48(c)所示。试分别画出 u_{O1} 和 u_{O2} 的波形。

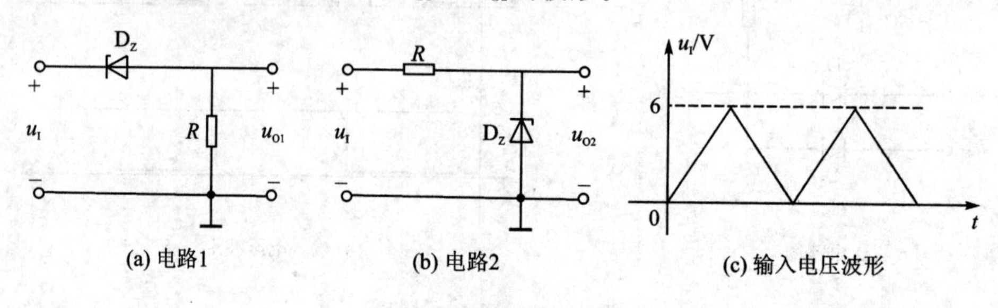

图 1-48 题 1.4.5 图

1.4.6 有两个稳压管和限流电阻,稳压值 $U_{Z1}=6$ V,$U_{Z2}=7.5$ V,正向导通压降 $U_D=0.7$V。若两个稳压管串联,可以得到哪几种稳压值?若稳压管并联,又可以得到哪几种稳压值?

1.5.1 对于 BJT,是否可以将其发射极和集电极对换使用?为什么?

1.5.2 如何用万用表的电阻挡判定 BJT 是 NPN 型还是 PNP 型?如何确定 BJT 的 b、c、e 三个极?

1.5.3 有甲、乙两个 BJT,从电路中可以测得它们各个引脚的对地电压为:甲管 $U_{X1}=12$ V,$U_{X2}=6$ V,$U_{X3}=6.7$ V;乙管 $U_{Y1}=-15$ V,$U_{Y2}=-7.8$ V,$U_{Y3}=-7.5$ V。试判断它们是锗管还是硅管?是 PNP 型还是 NPN 型?哪个极是基极、发射极和集电极?

1.5.4 如图 1-49 所示的电路中,当开关分别接到 A、B、C 三点时,BJT 各工作在什么状态?设晶体管的 $\beta=100$,$U_{BE}=0.7$ V。

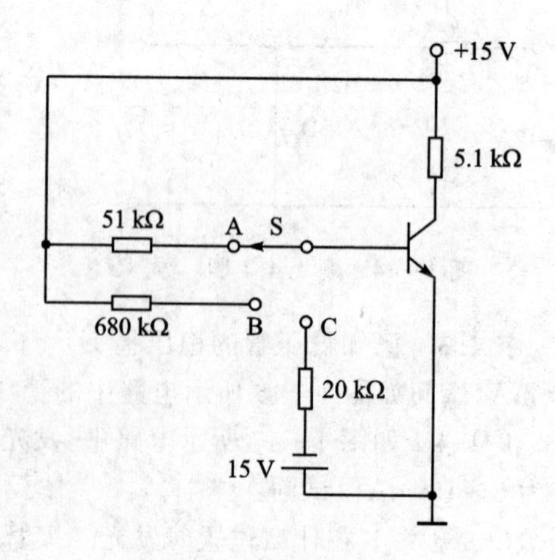

图 1-49 题 1.5.4 图

1.5.5 分别测量某些电路中 BJT 各个电极的电位如图 1-50 所示,试判定这些 BJT 是否处于正常工作状态?如果不正常,那么是短路还是烧断？如果正常，那么是工作于放大状态、截止状态还是饱和状态？

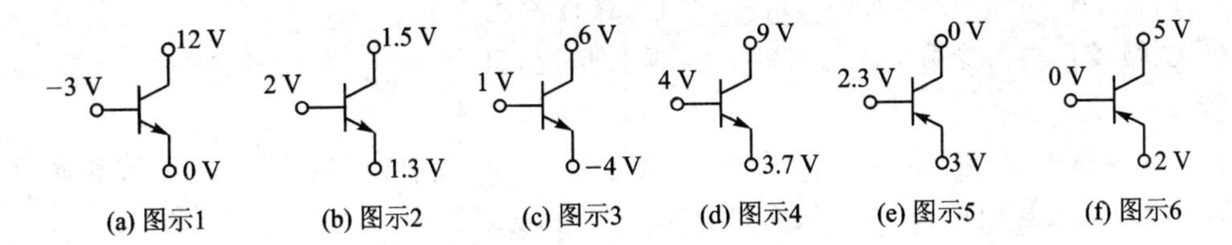

图 1－50　题 1.5.5 图

1.5.6　一个 BJT，其集电极最大电流 $I_{CM}=120$ mA，集电极最大功耗 $P_{CM}=200$ mW，击穿电压 $V_{(BR)CEO}=40$ V。如果它的工作电压 $U_{CE}=10$ V，那么它的工作电流 I_C 不能超过多少？如果 BJT 的工作电流为 2 mA，则其工作电压的极限值是多少？

1.6.1　场效应管的转移特性曲线如图 1－51 所示，试指出各场效应管的类型并画出电路符号，对于耗尽型管求出 $U_{GS(off)}$、I_{DSS}，对于增强型管求出 $U_{GS(th)}$。

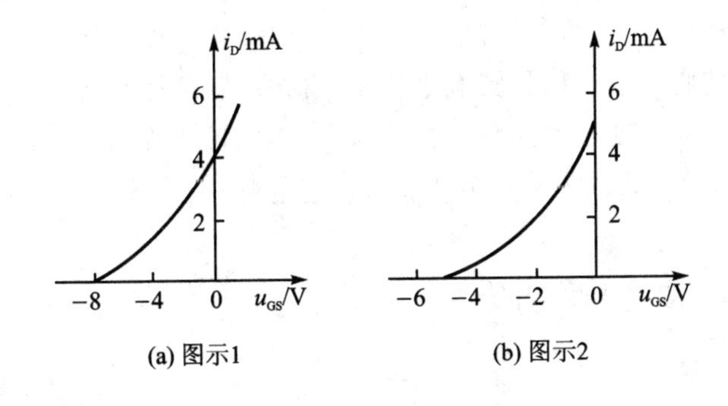

图 1－51　题 1.6.1 图

单元测试题

一、填　空

1. 当温度升高时，由于二极管内部少数载流子浓度______，因而少子漂移而形成的反向电流______，二极管反向伏安特性曲线______移。

2. 在 PN 结形成过程中，载流子扩散运动是______作用下产生的，漂移运动是______作用下产生的。

3. 在本征半导体中掺入______价元素得 N 型半导体，掺入______价元素则得 P 型半导体。

4. 半导体中有______和______两种载流子参与导电，其中______带正电，而______带负电。

5. 本征半导体掺入微量的五价元素，则形成______型半导体，其多子为______，少子为______。

6. 纯净的具有晶体结构的半导体称为______，采用一定的工艺掺杂后的半导体称为______。

7. PN 结正偏是指 P 区电位______N 区电位。

8. PN 结在______时导通，______时截止，这种特性称为________。

9. 二极管反向击穿分电击穿和热击穿两种情况，其中______是可逆的，而______会损坏二极管。

10. 二极管 P 区接电位______端，N 区接电位______端，称正向偏置，二极管导通；反之，称反向偏置，二极管截止，所以二极管具有______性。

11. 构成稳压管稳压电路时，与稳压管串接适当数值的______方能实现稳压。

12. 二极管按 PN 结面积大小的不同分为点接触型和面接触型，______型二极管适用于高频、小电流的场合，______型二极管适用于低频、大电流的场合。

13. 温度升高时，二极管的导通电压______，反向饱和电流______。

14. 硅管的导通电压比锗管的______，反向饱和电流比锗管的______。

15. 半导体稳压管的稳压功能是利用 PN 结的______特性来实现的。

16. 发光二极管通以______就会发光。光电二极管的______随光照强度的增加而上升。

17. 发光二极管能将______信号转换为______信号，它工作时须加______偏置电压。

18. 光电二极管能将______信号转换为______信号，它工作时须加______偏置电压。

19. 普通二极管工作时通常要避免工作于______，而稳压管通常工作于______。

20. PN 结的内电场对载流子的扩散运动起______作用，对漂移运动起______作用。

二、单选题

1. 下列符号中表示发光二极管的为(　　)。

A. 　　B. 　　C. 　　D.

2. 稳压二极管工作于正常稳压状态时，其反向电流应满足(　　)。

A. $I_D=0$　B. $I_D<I_Z$ 且 $I_D>I_{ZM}$　C. $I_Z>I_D>I_{ZM}$　D. $I_Z<I_D<I_{ZM}$

3. 硅管正偏导通时，其管压降约为(　　)。

A. 0.1 V　B. 0.2 V　C. 0.5 V　D. 0.7 V

4. 用模拟指针式万用表的电阻挡测量二极管正向电阻，所测电阻是二极管的______电阻，由于不同量程时通过二极管的电流______，所测得正向电阻阻值______。

A. 直流，相同，相同　B. 交流，相同，相同　C. 直流，不同，不同　D. 交流，不同，不同

5. 从二极管伏安特性曲线可以看出，二极管两端压降大于(　　)时处于正偏导通状态。

A. 0　B. 死区电压　C. 反向击穿电压　D. 正向压降

6. 当温度升高时，二极管正向特性和反向特性曲线分别(　　)。

A. 左移，下移　B. 右移，上移　C. 左移，上移　D. 右移，下移

7. PN 结形成后，空间电荷区由(　　)构成。

A. 电子和空穴　B. 施主离子和受主离子　C. 施主离子和电子　D. 受主离子和空穴

8. PN 结外加正向电压时，扩散电流______漂移电流，当 PN 结外加反向电压时，扩散电流______漂移电流。

A. 小于，大于　B. 大于，小于　C. 大于，大于　D. 小于，小于

9. 杂质半导体中(　　)的浓度对温度敏感。

A. 少子　B. 多子　C. 杂质离子　D. 空穴

10. 杂质半导体中多数载流子的浓度主要取决于(　　)。

A. 温度　　B. 掺杂工艺　　C. 掺杂浓度　　D. 晶体缺陷

三、判断题

1. 稳压管正常稳压时应工作在正向导通区域。(　　)
2. 二极管在工作电流大于最大整流电流 I_F 时容易损坏。(　　)
3. 二极管在反向电压超过最高反向工作电压 U_{RM} 时容易损坏。(　　)
4. PN 结在无光照、无外加电压时,结电流为零。(　　)
5. 因为 N 型半导体的多子是自由电子,所以它带负电。(　　)

第2章　基本放大电路

【引　言】

三极管的放大作用在生产实践和科学实验中具有重要意义,在各类生产自动控制系统中,人们需要掌控随时间变化的某些物理量如温度、压力、流量、重量和某气体含量等,由传感器现场检测获得的这些参数值对应的电信号通常都是很微弱的模拟信号,需要放大。利用放大器可以将这些微弱的电信号放大到足够的幅度,并将放大后的信号输送到驱动电路,驱动执行机构完成特定的工作。又如在自动控制机床上,由三极管组成的放大器可将反映加工要求的控制信号进行放大,得到一定的输出功率去推动执行机构、电动机和电磁铁等工作,以完成自动化生产控制。即使在日常电器如扩音器、收音机和电视机等电子设备中都有放大电路在起着重要作用,可见放大电路应用非常广泛。

本章主要学习分立元件组成的基本放大电路,基本放大电路的知识是进一步学习电子技术的重要基础,是模拟电子技术的重点内容也是核心内容之一,是必须做到正确理解和熟练掌握的重要知识。这部分内容包括基本放大电路的组成及其电压放大原理。重点介绍两种基本电路共发射极放大电路(包含固定偏置电路、分压偏置电路)和共集电极放大电路、两种分析方法(图解法和微变等效电路法)。一个放大电路一般是由多个单级放大电路组成,要了解多级耦合特点。直接耦合放大电路引出零点漂移问题,为克服零点漂移引出差分放大器。限于篇幅,本章重点讨论基本的电压放大电路,对于多级放大、功率放大电路以及频率响应等内容只简单介绍,请读者参考有关书籍。

【学习目标和要求】

① 理解基本概念:放大静态工作点、饱和失真、截止失真、直流通路与交流通路、微变等效电路模型、放大倍数、输入电阻、输出电阻、最大不失真输出电压、静态工作点的稳定、零点漂移与温度漂移、共模放大倍数、差模放大倍数和共模抑制比。清楚各种基本放大电路的工作原理及特点。

② 掌握放大电路的分析方法,能熟练应用静态工作点估算法及微变等效电路法分析 A_u,R_i,R_o,能正确分析电路的输出波形产生失真的原因。

③ 了解多级放大电路各种耦合方式的优缺点。

④ 了解双端输入差动放大电路静态工作点和放大倍数的计算方法。

【重点内容提要】

基本放大电路构成、静态分析和动态分析方法、稳定静态工作点的意义及方法、负反馈稳定静态工作点的电路分析。

2.1　放大电路的概念及主要性能指标

2.1.1　放大电路的概念

输入一个较小的信号时,在输出端可得到一个不失真的较大的信号的过程称为放大。放大电路就是能实现这一过程的电路。放大电路(amplifier)可以将电信号(电压、电流)不失真地进行放大，例如，将送话器传送出的微弱电压信号放大之后能使扬声器还原出比较大的声音，如图 2-1 所示。放大电路放大的本质是能量的控制和转换。表面是将信号的幅度由小增大，

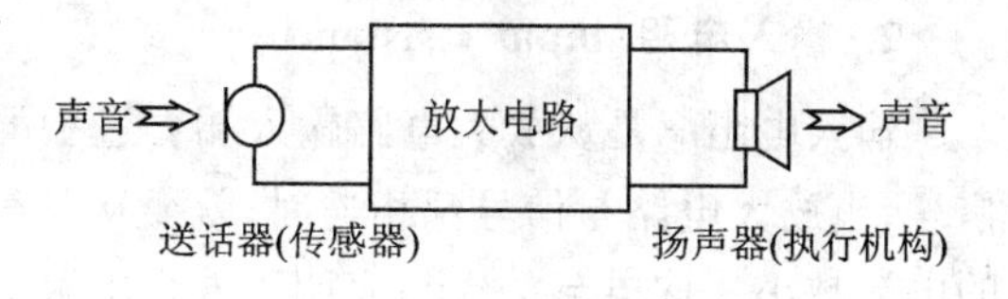

图 2-1　扩音机示意图

但是，放大的实质是能量转换，即由一个能量较小的输入信号控制直流电源，将直流电源的能量转换成与输入信号频率相同但幅度增大的交流能量输出，使负载从电源获得的能量大于信号源所提供的能量。因此，电路放大的基本特征是功率放大，即负载上总是获得比输入信号大得多的电压或电流，有时兼而有之。

2.1.2　放大电路的性能指标

一个放大电路的性能怎样，都是通过性能指标来描述的。下面先介绍描述放大电路常用的一些性能指标。图 2-2 为放大电路示意框图。

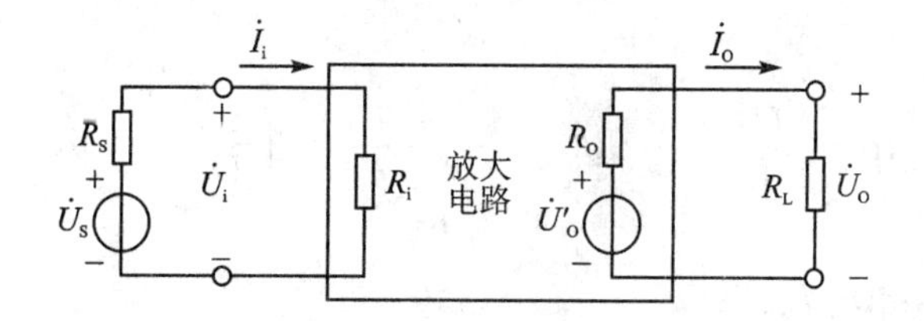

图 2-2　放大电路示意图

1. 放大倍数

放大倍数是衡量放大电路放大能力的重要指标。

(1) 电压放大倍数(amplification)A_u

电压放大倍数是衡量放大电路电压放大能力的指标。它定义为输出电压的幅值与输入电压幅值之比，也称为增益(gain)。

$$\dot{A}_u = \frac{\dot{U}_o}{\dot{U}_i}$$

此外，有时也定义源电压放大倍数

$$\dot{A}_{us} = \frac{\dot{U}_o}{\dot{U}_s}$$

它表示输出电压与信号源电压之比。显然，当信号源内阻 $R_s=0$ 时，$A_{us}=A_u$，A_{us}就是考虑了信号源内阻 R_s影响时的电压放大倍数。

(2) 电流放大倍数 A_i

A_i定义为输出电流与输入电流之比，即

$$\dot{A}_i = \frac{\dot{I}_o}{\dot{I}_i}$$

A_i越大表明电流放大能力越强。

2. 输入电阻(input resistance)r_i

输入电阻 r_i 是从放大电路输入端看进去的等效动态电阻。放大电路由信号源来提供输入信号,当放大电路与信号源相连时,就要从信号源取用电流。输入电阻越大,它向信号源取用的电流越小。取电流的大小表明了放大电路对信号源的影响程度,所以,输入电阻是衡量放大电路对信号源的影响的指标。对于输入电阻的要求视具体情况而不同。进行电压放大时,希望输入电阻要高;进行电流放大时,又希望输入电阻要低;有的时候又要求阻抗匹配,希望输入电阻为某一特殊数值,如 50 Ω、75 Ω 和 300 Ω 等。当信号频率不高时,不考虑电抗的效应,则

$$r_i = \frac{U_i}{I_i}$$

3. 输出电阻(output resistance)r_o

输出电阻 r_o 是从放大电路输出端看进去的等效动态电阻。输出电阻的高低表明了放大器所能带负载的能力。输出电阻 r_o 越小,负载变化所引起输出电压的变化越小,表明带负载能力越强。求 r_o 的方法,后面章节具体介绍,实际中也可以通过实验的方法测得 r_o。放大电路如图 2-2 所示。

$$R_i = \frac{U_i}{I_i}, \qquad R_o = \frac{U'_o - U_o}{\frac{U_o}{R_L}} = \left(\frac{U'_o}{U_o} - 1\right) R_L$$

4. 通频带(bandwidth)f_{BW}

通频带用于衡量放大电路对不同频率信号的放大能力。它由放大电路的上限截止频率 f_H、下限截止频率 f_L 决定,上限截止频率 f_H 和下限截止频率 f_L 之间形成的频带宽度称为通频带,记为 f_{BW},$f_{BW} = f_H - f_L$。

由于放大电路中电容、电感和半导体器件结电容等电抗元件的存在,在输入信号频率较低或较高时,放大倍数的数值会下降并产生相位移动。一般情况下,放大电路只适用于某一特定频率范围内的信号。图 2-3 所示为某放大电路放大倍数的数值与信号频率的关系曲线,称为幅频特性曲线,图中 $\dot{A}_m$ 为中频放大倍数。

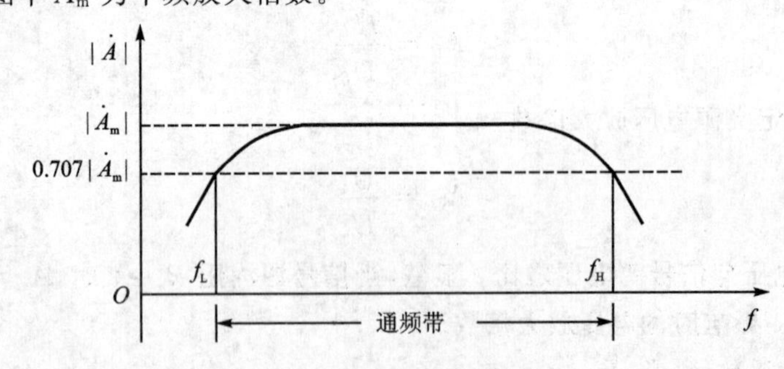

图 2-3 放大电路幅频特性图

5. 最大不失真输出电压

最大不失真输出电压定义为当输入电压再增大就会使输出波形产生非线性失真时的输出电压。一般用有效值 U_{om} 表示。

2.2　放大电路的组成

三极管具有电流放大作用，如何使用三极管构成一个电路，实现对输入信号的放大？本节就来讨论这一问题。为方便叙述，本书中双极型半导体三极管简称三极管或 BJT 管，场效应半导体三极管简称场效应管或 FET 管。

利用 BJT 管电流控制作用可以构成放大电路，通过控制三极管的基极电流来控制集电极的电流，放大电路正是利用三极管的这一特性组成的。由单个三极管构成的放大电路称为单管放大器或基本放大器。基本放大电路是放大电路中最基本的结构，是构成复杂放大电路的基本单元。由 BJT 管构成的基本共射极放大原理电路如图 2-4 所示。它由单个 BJT 管、直流电源和电阻电容组成。对信号来说，它包括信号输入端、输出端和公共端。下面先以共发射极（common-emitter）电路为例，说明放大电路的组成。

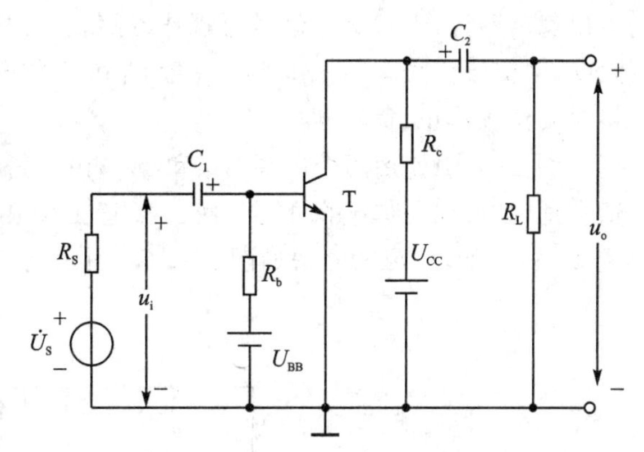

图 2-4　共发射极基本交流放大电路

2.2.1　基本共射放大电路的构成

图 2-4 所示为共发射极接法的基本交流放大电路。输入端接交流信号源，输入电压为 u_i，输出端接负载 R_L，输出电压为 u_o，晶体管的发射极是输入回路与输出回路的公共端。电路图中各个元件的作用和组成原则如下所述。

1. 共射放大电路各元件的作用

（1）三极管 T

电路中的核心元件是三极管，利用它的电流放大作用，放大电路在集电极电路获得放大了的电流，这个电流受到输入信号的控制。放大电路仍然遵守能量守恒定律，输出的较大能量来自于直流电源 U_{CC}，也就是输入信号通过三极管的控制作用，去控制电源 U_{CC} 所提供的能量，在输出端获得一个能量较大的信号。因此，三极管也可以说是一个控制元件。

（2）集电极电源 U_{CC}

集电极电源有两方面的作用：一方面，它为放大电路提供电源；另一方面，它保证集电结处于反向偏置，以使三极管起到放大作用。U_{CC} 一般为几伏至几十伏。

（3）集电极电阻 R_C

集电极电阻主要是将集电极电流的变化变换为电压的变化，以实现电压放大，即 $u_{CE}=U_{CC}-i_CR_C$。如果 $R_C=0$，则 u_{CE} 恒等于 U_{CC}，也就是没有交流信号电压传送给负载。R_C 的另一作用是提供大小适当的集电极电流，以使放大电路获得合适的静态工作电压，R_C 的阻值一般为几千欧至几十千欧。

（4）基极电源 U_{BB} 和基极电阻 R_b

基极电源和基极电阻的共同作用是使发射结处于正向偏置，并提供大小合适的基极电流

I_B,以使放大电路获得合适的静态工作点。R_b的电阻值一般为几十千欧至几百千欧。

(5) 耦合电容(coupling capacitor)C_1和C_2

耦合电容C_1和C_2有“隔断直流”和“交流耦合”两个作用:一方面,C_1用来隔断放大电路与信号源之间的直流通路,C_2用来隔断放大电路与负载之间的直流通路,使三者之间无直流联系,互不影响;另一方面,C_1和C_2起到交流耦合的作用,保证交流信号畅通无阻地经过放大电路,沟通信号源、放大电路和负载三者之间的交流通路。一般要求耦合电容上的交流压降小到可以忽略不计,即对交流信号可视作短路。根据容抗计算公式 $X_C=1/\omega C$,要求电容值取得较大些,对交流信号其容抗很小。一般C_1和C_2的电容值为几微法至几十微法,采用电解电容,连接时要注意其正、负极性。

图 2-4 中使用两个电源U_{BB}和U_{CC},由于需多个电源,给使用带来不便,为此,只要电阻取值合适,就可以与单电源配合,使三极管工作在合适的静态工作点,将R_b接至U_{CC}即可,如图 2-5(a)所示,习惯画法如图 2-5(b)所示。

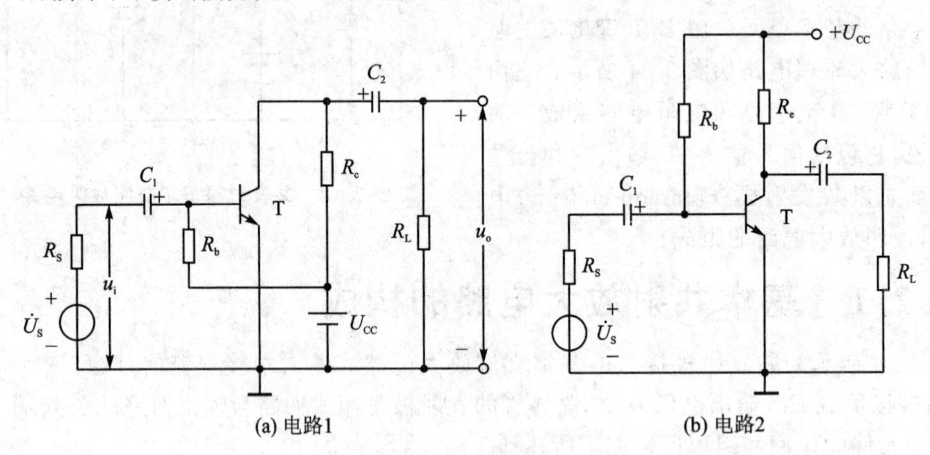

图 2-5 单电源共发射极放大电路

2. 放大电路的组成原则

放大电路要解决的根本问题是:放大、不失真。因此,放大电路的组成原则如下:

① 提供直流电源,为电路提供能源;

② 电源设置必须保证三极管处于放大工作状态,应使三极管的发射结处于正向偏置,集电结处于反向偏置;

③ 没有输入信号时,放大管有一个合适的静态工作点;

④ 输入信号能够顺利加到放大管上;

⑤ 输出信号尽可能多地加到负载上。

判断一个晶体管放大电路是否正确,按上述原则进行。若用 PNP 三极管,则电源和电容C_1、C_2的极性均相反。

2.2.2 直流通路和交流通路

由放大电路组成原则可见,在放大电路中,首先必须对晶体管建立直流偏置电压,形成直流电流,使放大器处于放大状态,然后才能对输入的交流小信号进行放大。因此,在工作状态下的放大电路中,既存在直流电流也存在交流电流,如图 2-6 所示。通常放大电路在没有交流信号输入时称为静态,有交流信号输入时称为动态。一般情况下,在放大电路中,直流量和交流信号总是共存的。在对放大电路进行分析时,一方面要了解放大电路的直流量即静态工作点是否合适,另一方面还要分析放大电路的一些动态参数。由于放大电路中会有电容、电感等电抗元件的存在,直流量所流经的通路和交流信号所流经的通路是不同的。分析放大电路时,常将直流量与交流量分开处理。

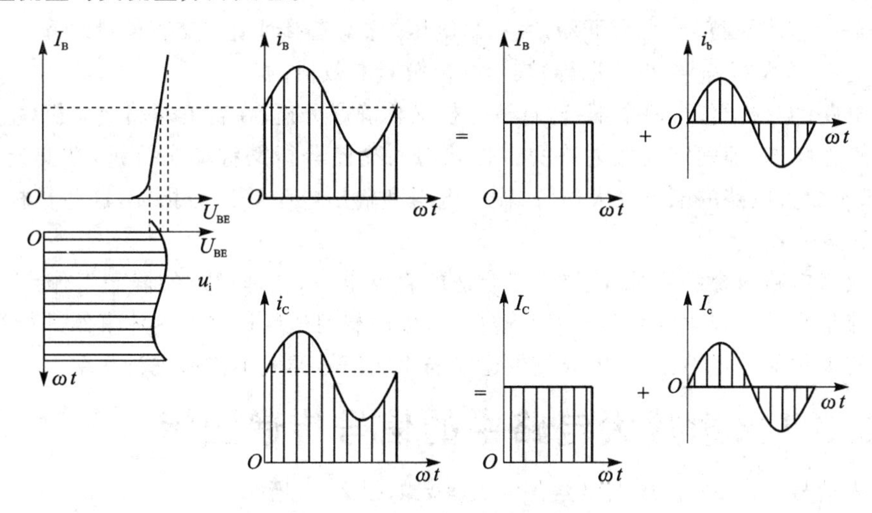

图 2-6 放大电路的各极间波形

1. 直流通路(direct current path)

在直流电源的作用下,直流电流流经的通路称为直流通路,直流通路用于研究放大电路的静态工作点。对于直流通路:① 电容视为开路;② 电感视为短路;③ 信号源为电压源视为短路,为电流源视为开路,但电源内阻保留,如图 2-7(a)所示。

2. 交流通路(alternating current path)

交流通路是在输入信号作用下交流信号流经的通路,交流通路用来研究放大电路的动态参数。对于交流通路:① 容量大的电容视为短路;② 无内阻的直流电源视为短路。由于理想直流电源的内阻为零,交流电流在直流电源上产生的压降为零(直流电源对交流通路而言视为短路)。如图 2-7(b)所示电路就是按此原则画出的交流通路。

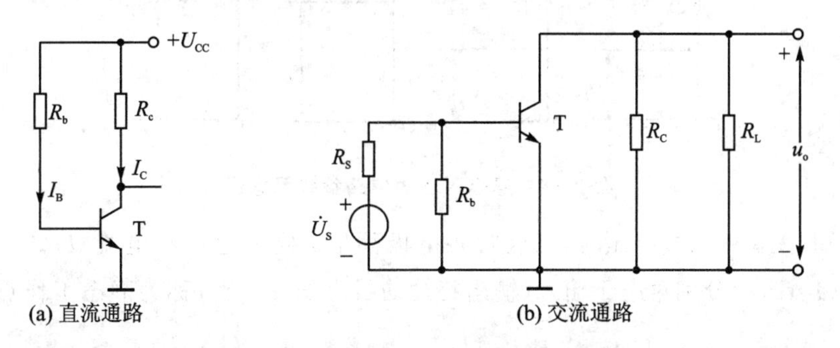

图 2-7 基本共射极电路交直流通路

在放大电路中,为了分析方便,一般把公共端接"地",设其电位为零,作为电路中其他各点电位的参考点。同时规定:电压的正方向是以共同地端为负端,其他各点为正端。图中所标出的"+"、"−"号分别表示各电压的参考方向;而电流的参考方向如图中的箭头所示,即 i_C、i_B 以流入电极为正;i_E 则以流出电极为正。此外,图中表示电压、电流的各符号的含义如下(除非特别说明,本书电压和电流的符号均表示此含义):

U_{BE}、I_B——(大写符号,大写下标)表示静态值。

u_{be}、i_b——(小写符号,小写下标)表示交流分量瞬时值。

u_{BE}、i_B——(小写符号,大写下标)表示总电压、总电流瞬时值即交直流量之和。

U_{be}、I_b——(大写符号,小写下标)表示交流分量有效值。

放大电路的分析,包含两个部分:直流分析又称静态分析,在直流通路上分析,主要求出电路的直流工作状态(即确定放大电路的工作状态);交流分析又称动态分析,在交流通路上分析,主要求出放大电路的电压放大倍数、输入电阻和输出电阻等性能指标,这些指标是设计放大电路的依据。

基本放大电路内容讲解时,需要设置合适的直流电位,合理稳定的静态工作点,才能不失真传递交流信号等内容学生大多理解不透彻,可以联想河道船运这一具体事例进行类比,河床深度与直流电位的设置类比,船体载重量运输与交流信号的大小传递进行联系。

2.2.3　共射放大电路中的信号传递图示

当输入信号($u_i=0$)时,放大电路各电极参数如图 2-8 所示。

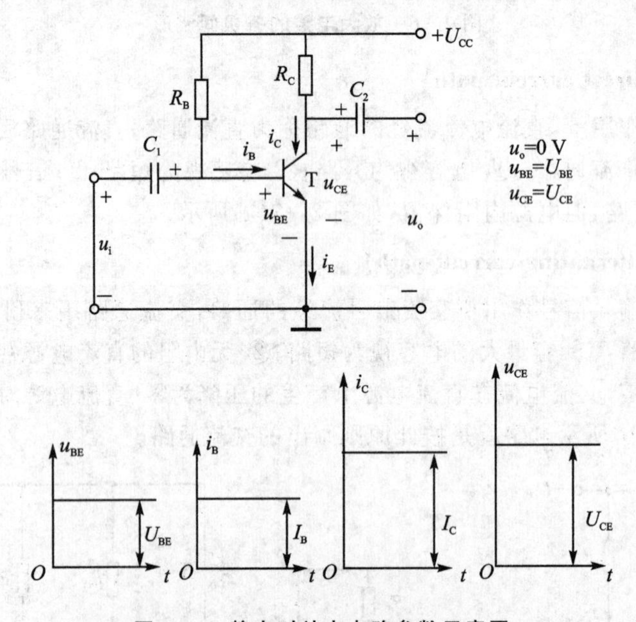

图 2-8　静态时放大电路参数示意图

由图可知,无输入信号电压时,三极管各电极都是恒定的电压和电流:I_B、U_{BE} 和 I_C、U_{CE}。(I_B、U_{BE})和(I_C、U_{CE})分别对应于输入、输出特性曲线上的一个点,称为静态工作点,如图 2-9 所示。

当输入有待放大的信号时 $u_i \neq 0$,放大电路各电极参数如图 2-10 所示。

由图可知加上输入信号电压后,各电极电流和电压的大小均发生了变化,都在直流量的基础上叠加了一个交流量,但方向始终不变,如图 2-11 所示。

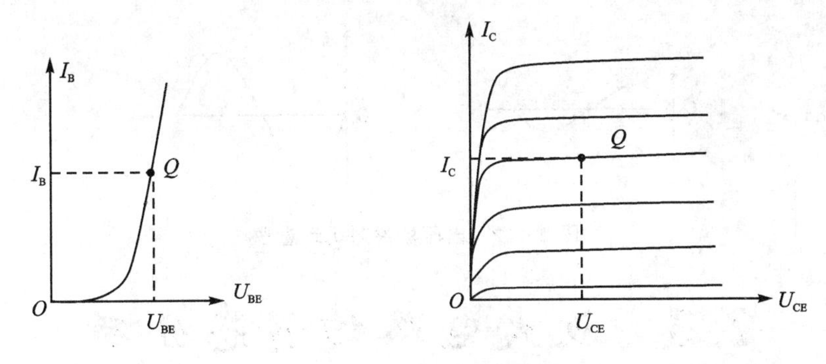

图 2－9　静态工作点示意图

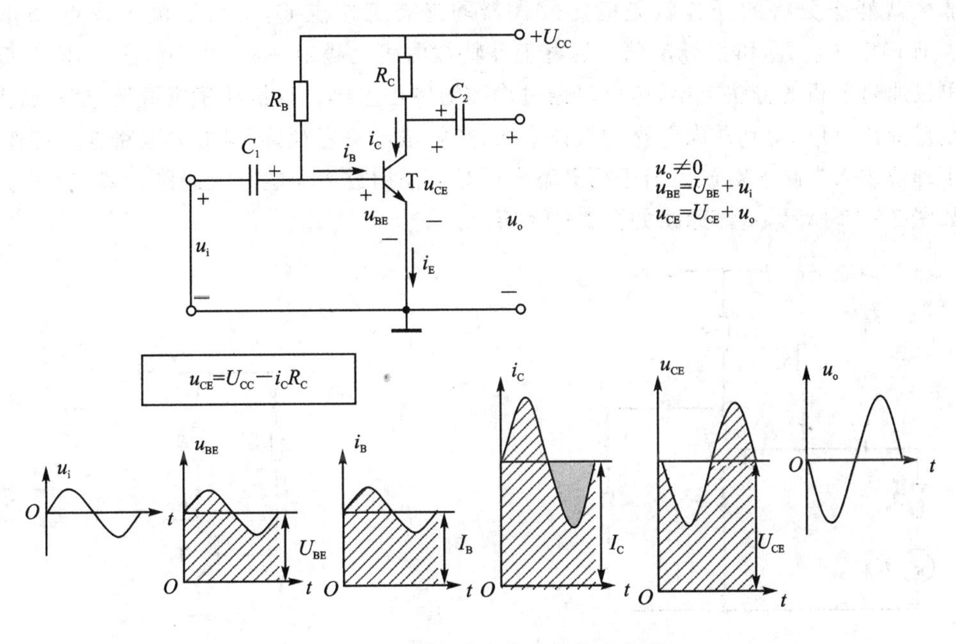

图 2－10　动态放大电路参数示意图

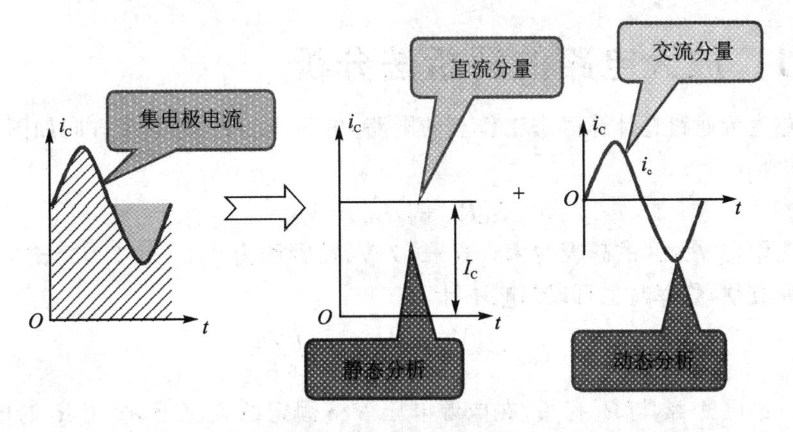

图 2－11　瞬时值示意图

若参数选取得当，输出电压可比输入电压大，即电路具有电压放大作用。注意输出电压与输入电压在相位上相差 180°，即共发射极电路具有反相作用，如图 2－12 所示。

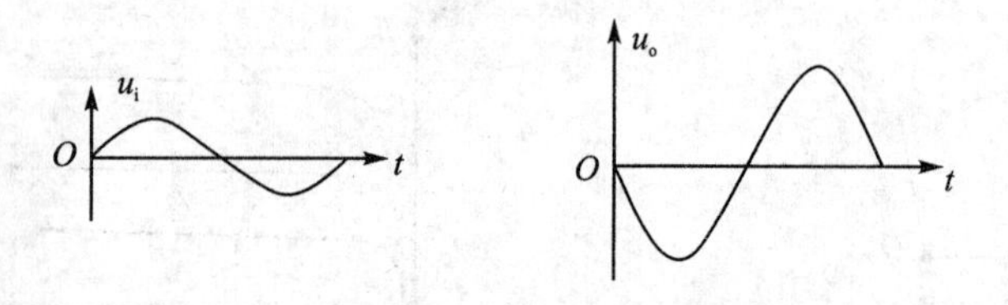

图 2-12 电压极性对比示意图

2.3 放大电路的静态分析

放大器静态分析的任务就是确定放大器的静态工作点 Q,又称直流工作点(quiescent point),即确定 I_{BQ}、I_{CQ}和 U_{CEQ}的值。这些值在特性曲线上确定一点,即为静态工作点(Q 点)。它既可以通过解析的方法求出,也可以通过作图的方法求出。解析法逻辑清晰,是对放大电路进行定量分析,可以得到放大电路的具体参数;图解法形象直观,可对放大电路进行定性分析,有助于理解放大电路。对放大器进行静态分析必须使用放大器的直流通路。基本共射极放大电路如图 2-13 所示,直流通路如图 2-14 所示。

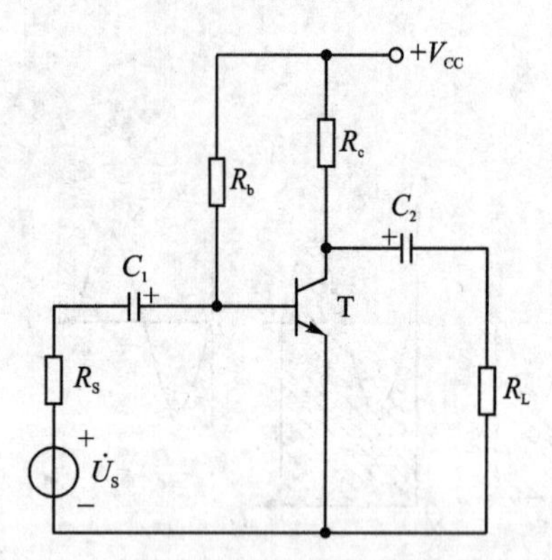

图 2-13 基本共射极放大电路

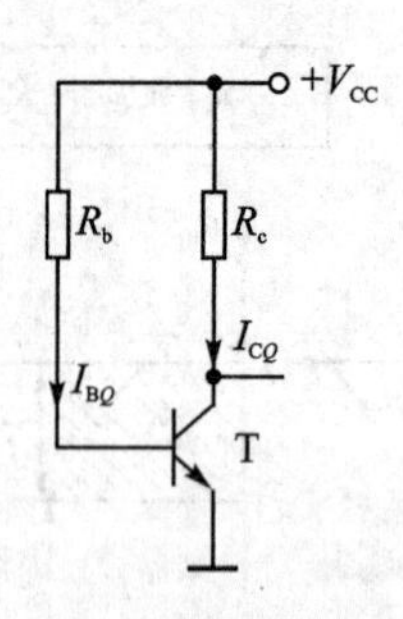

图 2-14 直流通路

2.3.1 放大电路的解析法分析

放大电路直流通路是计算静态工作点的电路,电流 I_{BQ},I_{CQ}的参考方向如图 2-14 所示。根据 KVL 定律可得

$$I_{BQ}R_b + U_{BEQ} = V_{CC}$$

式中,U_{BEQ}(工作在放大区的硅管约为 0.6~0.7 V,锗管约为 0.2~0.3 V),比 V_{CC}小得多,因此为分析计算方便,估算时也可以忽略不计,有

$$I_{BQ} = \frac{V_{CC} - U_{BEQ}}{R_b} \approx \frac{V_{CC}}{R_b} \tag{2-1}$$

由式(2-1)可见 I_{BQ}与 R_b有关,在电源电压 Vcc 固定的情况下,改变 R_b的值,I_{BQ}也跟着变,所以 R_b称为偏流电阻或偏置电阻。当 R_b固定后,I_{BQ}也固定了,R_b是固定的,所以图 2-13 所示的电路又称为固定偏流的电压放大器。

I_{BQ}确定后,根据三极管的电流放大作用可求得 I_{CQ},即

$$I_{CQ} = \beta I_{BQ} \tag{2-2}$$

由放大器的输出电路可得

$$U_{CEQ} + I_{CQ}R_C = V_{CC}$$

则

$$U_{CEQ} = V_{CC} - I_{CQ}R_C \tag{2-3}$$

式(2-1)～式(2-3)就是分析图2-13所示电路静态工作点的公式。

静态工作点是保证放大器正常工作的条件，实践中常用万用表测量放大器的静态工作点来判断该放大器的工作状态是否正常。对于静态工作点的电压、电流情况，可以近似地进行估算，也可用图解法求解。

2.3.2 图解分析法确定静态工作点

图解法就是利用三极管的特性曲线，通过作图来分析放大电路性能的方法。图解法能直观地分析和了解静态值的变化对放大电路的影响。

在图2-14所示电路的直流通路中，由三极管U_{CE}、集电极负载电阻R_c和电源V_{CC}组成的回路可列KVL方程

$$U_{CE} = V_{CC} - I_C R_c$$

或

$$I_C = -\frac{U_{CE}}{R_c} + \frac{V_{CC}}{R_c}$$

上式为线性方程，表示U_{CE}和I_C之间的线性特性关系，令$I_C=0$，得$U_{CE}=V_{CC}$；令$U_{CE}=0$，得$I_C=V_{CC}/R_c$。画出由(V_{CC},0)和(0,V_{CC}/R_c)两点决定的直线，如图2-15所示，显然这是一条斜率为$-1/R_c$的直线。由于讨论的是静态工作情况，电路中的电压、电流值都是直流量，所以上述直线称为直流负载线。

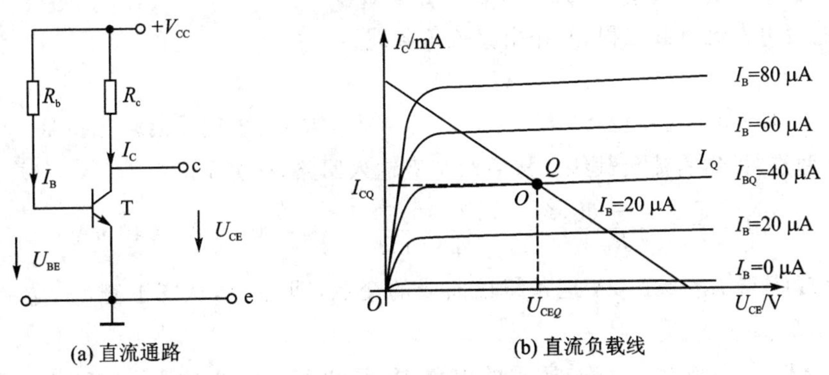

(a) 直流通路　　(b) 直流负载线

图2-15 直流负载线

因放大器输出端电流和电压的关系同时要满足三极管的输出特性曲线和电路的直流负载线，所以，放大器静态工作点应在两者的交点上，输出特性曲线与直流负载线的交点对应的电压、电流即为静态工作点Q的值。由图2-15可知，I_B不同，静态工作点在负载线上的位置也不同。为了使放大器保持较大的动态范围，通常将静态工作点选在直流负载线的中点，根据直流负载线中点所确定的值I_{CQ}和U_{CEQ}就是输出电路的静态工作点，再根据$I_{BQ}=\dfrac{I_{CQ}}{\beta}$，即可确定输入电路的静态工作点$I_{BQ}$。因此，在$V_{CC}$和$R_C$等参数均保持不变时，只需要调整$R_b$，即可

改变 I_B 的大小,从而调整静态工作点 Q 的位置。Q 沿直流负载线的变化情况如下:

$R_b\uparrow\rightarrow I_B\downarrow\rightarrow Q$ 点沿负载线下移;$R_b\downarrow\rightarrow I_B\uparrow\rightarrow Q$ 点沿负载线上移。

【例 2-1】 电路如图 2-16(a)所示为共射极放大电路,已知 $V_{CC}=12$ V,$R_c=3$ kΩ,$R_b=280$ kΩ,$\beta=50$。

① 估算静态工作点;② 三极管的输出特性曲线如图 2-16(b)所示,试用图解法确定静态工作点。

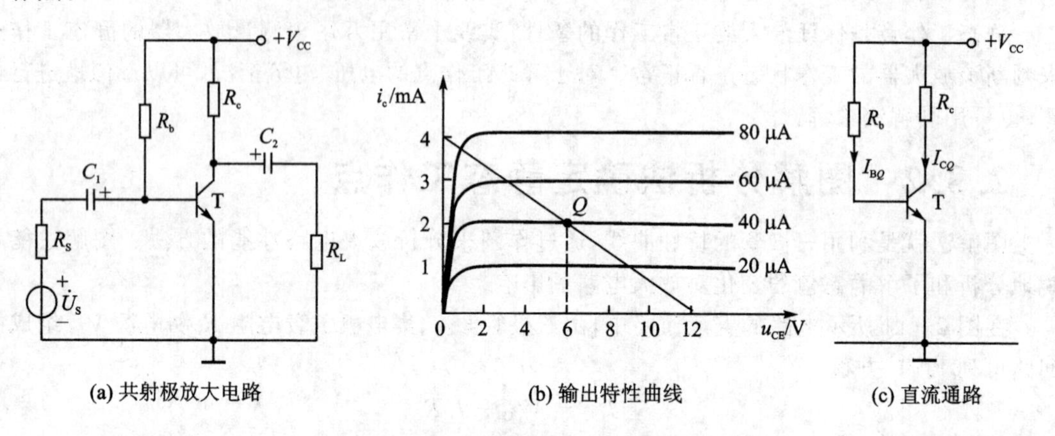

(a) 共射极放大电路　　(b) 输出特性曲线　　(c) 直流通路

图 2-16 [例 2-1]图

【解】 ① 画出直流通路如图 2-16(c)所示,根据直流通路得

$$I_{BQ}=\frac{(12-0.7)\ \text{V}}{280\ \text{k}\Omega}\approx 0.04\ \text{mA}=40\ \mu\text{A}$$

$$I_{CQ}=50\times 0.04\ \text{mA}=2\ \text{mA}$$

$$U_{CEQ}=12\ \text{V}-2\times 3\ \text{V}=6\ \text{V}$$

② 首先写出直流负载方程,并作出直流负载线:

$$U_{CE}=V_{CC}-I_C R_c$$

$$I_C=0,U_{CE}=12\ \text{V};\ U_{CE}=0\ \text{V},I_C=V_{CC}/R_c=12\ \text{V}/3\ \text{k}\Omega=4\ \text{mA}$$

连接这两点,即得直流负载线。然后由基极输入回路,计算 I_{BQ}

$$I_{BQ}=\frac{U_{CC}-U_{BE}}{R_b}=\frac{(12-0.7)\ \text{V}}{280\ \text{k}\Omega}\approx 0.04\ \text{mA}=40\ \mu\text{A}$$

直流负载线与 $I_{BQ}=40$ μA 这条特性曲线的交点,即 Q 点,从图上查出 $I_{BQ}=40$ μA 时,$I_{CQ}=2$ mA,$U_{CEQ}=6$ V。

【例 2-2】 如图例 2-17(a)所示的电路中,已知 $V_{CC}=12$ V,$R_b=120$ kΩ,$R_C=3$ kΩ,$R_S=1$ kΩ,$R_L=3$ kΩ,晶体管电流放大系数 $\beta=50$,试求放大电路的静态工作点 I_{CQ},I_{BQ},U_{CEQ}。

【解】 画出如图 2-17(b)所示直流通路,根据直流通路得

$$R_c(1+\beta)I_{BQ}+R_b I_{BQ}=V_{CC}-U_{BEQ}$$

则

$$I_{BQ}=\frac{V_{CC}-U_{BEQ}}{R_b+R_C+\beta R_C}=$$

$$\frac{(12-0.7)\ \text{V}}{(120\times 10^3+3\times 10^3+50\times 3\times 10^3)\ \Omega}=41\ \mu\text{A}$$

$$I_{CQ}=\beta I_{BQ}=50\times 41\ \mu\text{A}=2.1\ \text{mA}$$

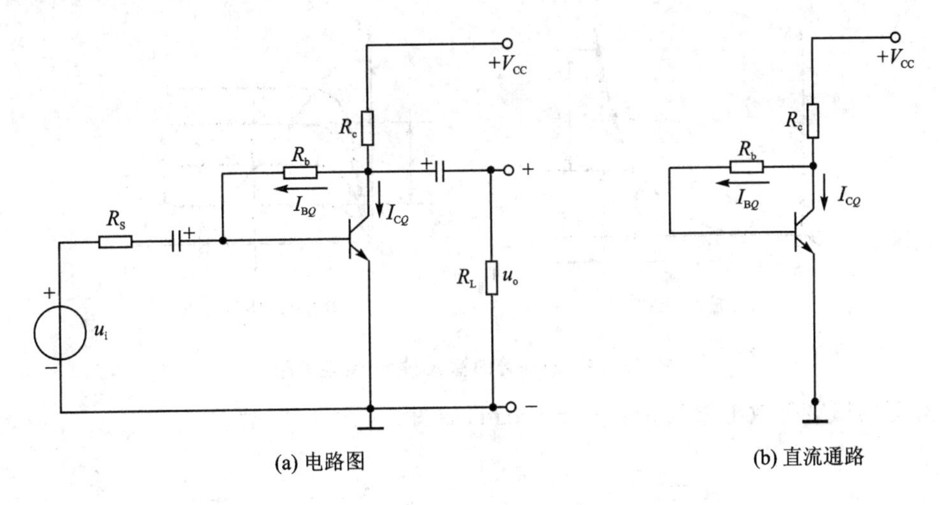

(a) 电路图　　(b) 直流通路

图 2-17　[例 2-2]图

$$U_{CEQ}=V_{CC}-I_CR_C=[12-3\times(41\times10^{-3}+2.1)]\text{V}=5.67\ \text{V}$$

【例 2-3】 在图 2-16(a)所示的电路中，已知：$V_{CC}=12$ V，晶体管的 $\beta=50$，$I_{CQ}=1.5$ mA，$U_{CEQ}=6$ V，$U_{BEQ}=0.7$ V，试确定电路中各个电阻的阻值。

【解】 因为

$$I_{BQ}=\frac{V_{CC}-U_{BEQ}}{R_b}=\frac{I_{CQ}}{\beta}$$

则

$$R_b=\beta\frac{V_{CC}-U_{BEQ}}{I_{CQ}}=50\times\frac{12-0.7}{1.5\times10^{-3}}\ \Omega=376.7\ \text{k}\Omega$$

$$R_c=\frac{V_{CC}-U_{CEQ}}{I_{CQ}}=\frac{12-6}{1.5\times10^{-3}}\ \Omega=4\ \text{k}\Omega$$

2.4　放大电路的动态性能分析

放大电路放大的对象通常也是变化量。变化量即为交流信号，对交流信号进行放大是电压放大器的主要任务。

2.4.1　三极管微变等效模型(小信号模型)的建立

放大电路中含有非线性元件三极管，这是一种非线性电路，非线性电路分析较为复杂。观察图 2-18 三极管工作点 Q 附近，近似为线性区，当三极管放大小信号时，就可以把三极管小范围内的特性曲线近似地用直线来代替，从而可以把三极管这个非线性器件所组成的电路当作线性电路来处理，这就需要对三极管建立线性模型，即为小信号建模，是把非线性问题线性化的工程处理方法。

对三极管的小信号建模，通常有两种方法：一种是已知网络的特性方程，按此方程画出小信号模型；另一种则是根据三极管呈现的物理特点加以分析，再用电阻、电容和电感等电路元件来模拟其物理过程，从而得出模型。本节从第二种方法出发结合特性曲线来建立小信号模型。

如图 2-18 所示是三极管的输入、输出特性曲线。在工作点 Q 附近因输入信号的幅度很小，可用直线对输入特性曲线线性化，经线性化后的三极管输入端等效于一个电阻 r_{be}，输出端等效于一个强度为 βi_b 的受控电流源，NPN 三极管与外电路的连接图如图 2-19(a)所示，三极

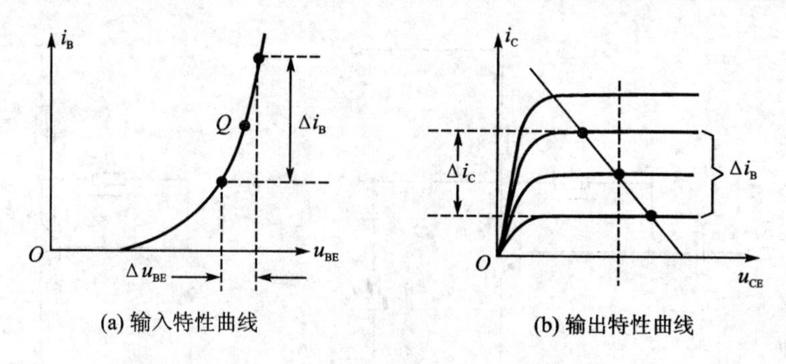

(a) 输入特性曲线　　(b) 输出特性曲线

图 2-18　三极管的输入、输出特性曲线

管线性化后的微变等效电路(equivalent circuit)如图 2-19(b)所示。

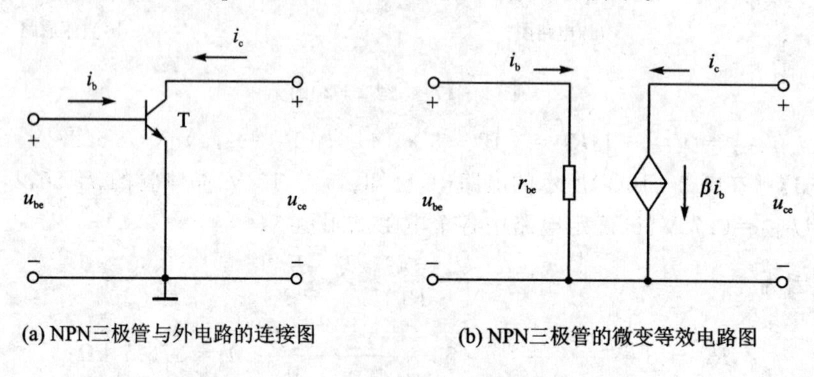

(a) NPN三极管与外电路的连接图　　(b) NPN三极管的微变等效电路图

图 2-19　三极管线性化后的微变等效电路

1. 三极管的微变等效电路

三极管的输入电压和输入电流的关系由输入特性曲线表示。如果输入信号很小，就可以把静态工作点附近的曲线当作直线，即近似地认为输入信号电流正比于输入电压，这样就可以用一个等效电阻来代表输入电压和电流的关系

$$r_{be} = \frac{\Delta U_{BE}}{\Delta I_B}$$

r_{be}称为三极管的输入电阻，它的大小与静态工作点有关，通常在几百欧至几千欧之间。对于低频小功率三极管，常用下式估算，式中 r_{bb} 常取 100～300 Ω，I_{EQ}是发射极静态电流。

$$r_{be} = r_{bb'} + (1+\beta)\frac{26(\text{mV})}{I_{EQ}(\text{mV})} = 300 + (1+\beta)\frac{26(\text{mV})}{I_{EQ}(\text{mV})} \tag{2-4}$$

在输出端，三极管工作在放大区内，输出特性曲线可近似看成是一组与横轴平行的直线。集电极电流与 U_{CE} 无关，而只受基极电流控制。

$$\beta = \frac{\Delta I_C}{\Delta I_B} = \frac{i_c}{i_b}$$

因此三极管的输出电路可用电流源 $\Delta I_C = \beta\Delta I_B$ 来等效表示。但 ΔI_C 不是独立电源，而是受 ΔI_B 控制的电流源，称为受控电流源。

此外，因晶体管的输出特性曲线不完全与横轴平行，晶体管 c、e 极之间存在输出电阻 $r_{ce} = \frac{u_{ce}}{i_c}$，与受控电流源并联。因 r_{ce} 阻值很高，为几千欧至几百千欧，故在微变等效电路中忽略不计。

把三极管输入、输出特性的等效电路综合起来，就得到三极管的微变等效电路，如图2-19(b)所示，三极管近似线性化可视为一个动态电阻和一个受控电流源的组合。利用这个线性等效电路来代替三极管，可使放大器的分析计算变得非常简单。

2. 注意事项

① 等效电路中的电流源βi_b为一受控电流源，它的数值和方向都取决于基极电流i_b，不能随意改动。i_b的正方向可以任意假设，但一旦假设好之后，i_b的方向就确定了。如果假设i_b的方向为流入基极，则βi_b的方向必定从集电极流向发射极；反之，如果假设i_b的方向为流出基极，则βi_b的方向必定从发射极流向集电极。无论电路如何变化，支路如何移动，上述方向必须严格保持。

② 这种微变等效电路只适合工作频率在中低频（频率一般低于几百千赫）、小信号状态下的三极管工作状态下。

简化后的三极管微变等效电路如图2-19(b)所示。图2-20为其相量形式的等效电路图。将三极管线性化处理后，放大电路从非线性电路转化成线性电路，线性电路所有的分析方法在这里都适用。必须注意的是，因微变等效电路是在微变量的基础上推得的，所以微变等效电路分析法仅适用于对放大器的动态特性进行分析。

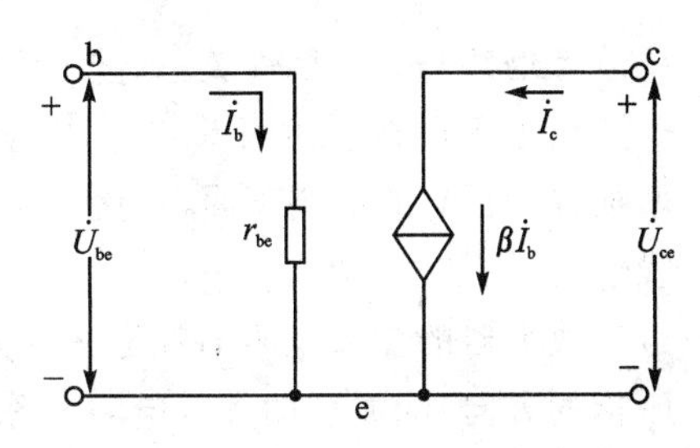

图2-20 微变等效电路相量图

2.4.2 放大电路的微变等效电路分析

动态分析是计算放大器在输入信号作用下的响应。当放大电路加入交流输入信号u_i时，输入电流i_B是随u_i变化的，三极管的工作状态是变动的，称为动态。放大器动态分析的主要任务是计算放大器的动态参数：电压放大倍数$\dot{A}_u$、输入电阻r_i、输出电阻r_o和通频带宽度f_{bw}等。本小节先介绍前面三个，通频带宽度在放大器的频响特性中介绍。

计算动态分析的电路是放大器的微变等效电路，由原电路画微变等效电路的方法如下：

① 先将电路中的三极管画成如图2-19(b)所示的微变等效电路。

② 因电容对交流信号而言相当于短路，故用导线将电容器短路。

③ 直流电源对交流信号而言应视为零——直流电压源短路、直流电流源开路；外电路与微变量（交流）有关部分应全部保留。但这并不意味着等效参数的数值与直流分量无关，恰恰相反，参数的数值与特性曲线上Q点位置有着密切的关系。不过只要把动态运用范围限制在特性曲线的线性范围内，则参数近似保持常数。放大电路的微变等效电路如图2-21所示。

根据$\dot{A}_u$的定义可得

$$\dot{A}_u=\frac{\dot{U}_o}{\dot{U}_i}=-\frac{\beta\dot{I}_bR'_L}{\dot{I}_br_{be}}=-\beta\frac{R'_L}{r_{be}} \tag{2-5}$$

式中，R'_L由$R'_L=R_c/\!/R_L$确定，因U_o的参考方向与R'_L上电流的参考方向非关联，所以用欧姆定律写U_o的表达式时有负号，该负号也说明输出电压和输入电压反相。

讨论：① 负号表示共发射极放大电路集电极输出电压与基极输入电压相位相反。

② 电压放大倍数与β以及静态工作点的关系。当静态工作点较低时，电压放大倍数与β无关，而与静态工作点的电流I_{EQ}呈线性关系。增大I_{EQ}，A_u将增大。当静态工作点很高时，电

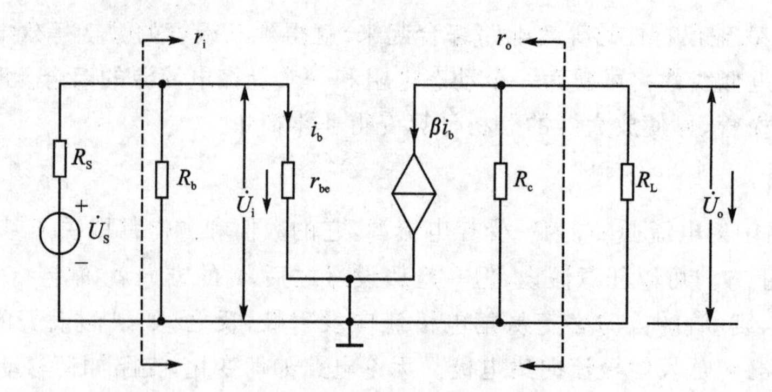

图 2-21 放大电路的微变等效电路图

压放大倍数与 β 呈线性关系，选 β 大的管子，A_u 线性增大。

当工作点在上述两者之间时，A_u 与 β 的关系较复杂，当 β 上升时，式(2-5)的分子、分母均增加，故对 A_u 的影响不明显，使 A_u 略上升；I_{EQ} 增大，分子不变，分母下降，所以 A_u 上升，但不是线性关系。

放大器的输入电阻 r_i 就是从放大器输入端往放大器内部看(图 2-21 中输入端虚线箭头所指的方向)除源后的等效电阻。除源的方法与前面介绍的一样，即电压源短路，电流源开路。由图 2-21 可见，放大器的输入电阻是 R_b 和 r_{be} 并联，即

$$r_i = R_b \mathbin{/\!/} r_{be} \approx r_{be} \tag{2-6}$$

式中，R_b 是偏流电阻，它的值一般是几十 kΩ 以上，而 r_{be} 的值通常为 1 kΩ 左右，两者在数值上相差悬殊，且为并联关系，所以可以近似为小者。

放大器的输出电阻 r_o 就是从放大器输出端往放大器内部看(图 2-21 中输出端虚线箭头所指的方向)除源后的等效电阻。受控电流源开路以后，该电阻就是 R_C，即

$$r_o = R_C \tag{2-7}$$

式(2-4)～式(2-7)就是计算如图 2-13 所示固定偏置放大电路的电路电压放大倍数 $\dot{A}_u$、输入电阻 r_i 和输出电阻 r_o 的公式。

当考虑信号源内阻对放大器电压放大倍数的影响作用时，放大器的电压放大倍数称为源电压放大倍数，用符号 $\dot{A}_{us}$ 来表示，计算源电压放大倍数 $\dot{A}_{us}$ 的公式为

$$\dot{A}_{us} = \frac{\dot{U}_o}{\dot{U}_s} = \frac{\dot{U}_i}{\dot{U}_s}\,\frac{\dot{U}_o}{\dot{U}_i} = P\dot{A}_u \tag{2-8}$$

式中，P 为放大器的输入电阻与信号源内阻 R_s 所组成的串联分压电路的分压比，即

$$P = \frac{r_i}{R_s + r_i} \tag{2-9}$$

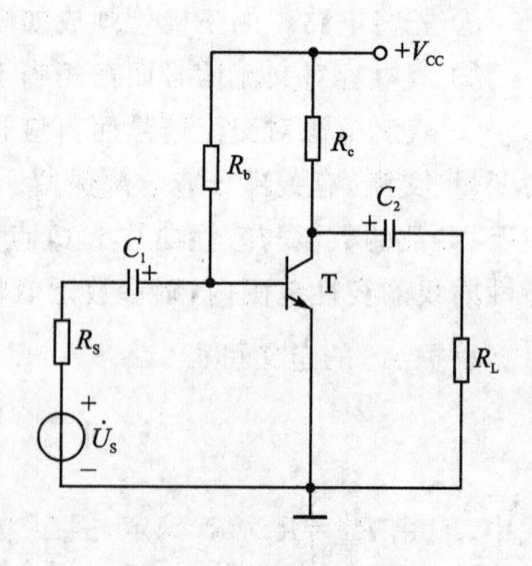

图 2-22 [例 2-4]图

【例 2-4】 在如图 2-22 所示电路中，已知 $V_{CC}=6$ V，$R_b=150$ kΩ，$\beta=50$，$R_c=R_L=2$ kΩ，$R_s=200$ Ω，求：① 放大器的静态工作点 Q；② 计算电压放大倍数、输入电阻、输出电阻和源电压放大倍数的值。

【解】 ① 根据直流通路可得放大器的静态工作点 Q 的数值

$$I_{BQ}=\frac{V_{CC}-U_{BEQ}}{R_b}=\frac{(6-0.7)\ \text{V}}{150\ \text{k}\Omega}=35\ \mu\text{A}$$

$$I_{CQ}=\beta I_{BQ}=1.77\ \text{mA}$$

$$U_{CEQ}=V_{CC}-I_{CQ}R_c=2.46\ \text{V}$$

② 根据微变等效电路图分析可得如图 2－23 所示直流通路和微变等效电路图。

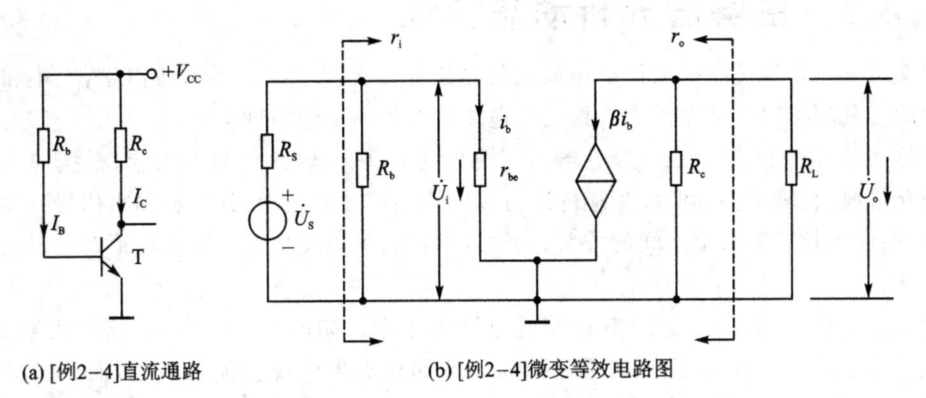

图 2－23　[例 2－4]图解

$$r_{be}=r'_{bb}+(1+\beta)\frac{26(\text{mV})}{I_{EQ}(\text{mA})}=300\ \Omega+51\times\frac{26}{1.8}\ \Omega\approx1\ \text{k}\Omega$$

$$R'_L=R_c\ /\!/\ R_L=1\ \text{k}\Omega$$

$$\dot{A}_u=\frac{\dot{U}_o}{\dot{U}_i}=-\beta\frac{R'_L}{r_{be}}=-50$$

$$r_i=R_b\ /\!/\ r_{be}\approx r_{be}=1\ \text{k}\Omega$$

$$r_o=R_c=2\ \text{k}\Omega$$

$$P=\frac{r_i}{R_s+R_i}=\frac{1\ 000\ \Omega}{200\ \Omega+1\ 000\ \Omega}=\frac{5}{6}$$

$$\dot{A}_{us}=\frac{\dot{U}_o}{\dot{U}_s}=P\dot{A}_u=-41.7$$

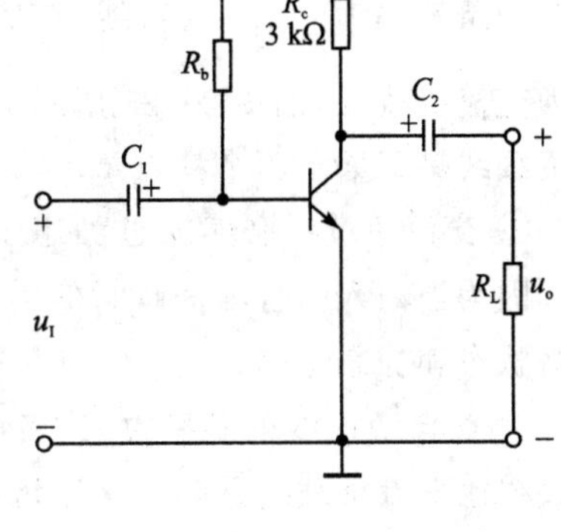

图 2－24　[例 2－5]图

【例 2－5】　已知如图 2－24 所示电路中，$R_c=3\ \text{k}\Omega$，$V_{CC}=12$ V，晶体管的 $\beta=100$，$r_{be}=1\ \text{k}\Omega$。求：① 现已测得静态管压降 $U_{CEQ}=6$ V，估算 R_b 为多少千欧；② 若测得 $\dot{U}_i$ 和 $\dot{U}_o$ 的有效值分别为 1 mV 和 100 mV，则负载电阻 R_L 为多少千欧？

【解】　① 求解 R_b。

$$I_{CQ}=\frac{V_{CC}-U_{CEQ}}{R_c}=2\ \text{mA}$$

$$I_{BQ}=\frac{I_{CQ}}{\beta}=20\ \mu\text{A}$$

$$R_b=\frac{V_{CC}-U_{BEQ}}{I_{BQ}}\approx565\ \text{k}\Omega$$

② 求解 R_L。

$$\dot{A}_u=-\frac{U_o}{U_i}=-100,\quad \dot{A}_u=-\frac{\beta R'_L}{r_{be}},\quad R'_L=1\ \text{k}\Omega$$

$$\frac{1}{R_c}+\frac{1}{R_L}=1,\quad R_L=1.5\ \text{k}\Omega$$

2.4.3 图解法分析动态特性

对交流电压信号进行放大是电压放大器的任务。交流电压信号的特点是:大小和方向均是变化的。利用图解法可以很直观地分析电压放大器的工作原理。

图解法的分析步骤是:在三极管输入特性曲线上,画出输入信号的波形,根据输入信号波形的变化情况,在输出特性曲线相应的地方画出输出信号的波形,并分析输出信号和输入信号的形状、幅度和相位等参量之间的关系。通过图解法,可以画出对应输入波形时的输出电流和输出电压波形。

由于交流信号的加入,此时应按交流通路来考虑。如图 2－25 所示,交流负载为 $R'_L=R_o//R_L$。在交流信号作用下,三极管工作状态的移动不再沿着直流负载线,而是按交流负载线(alternating load line)移动。因此,分析交流信号前,应先画出交流负载线。

1. 交流负载线的确定

当放大器接有负载 R_L 时,对交流信号而言,R_L 和 R_c 是并联的关系,并联后的总电阻为

$$R'_L=\frac{R_cR_L}{R_c+R_L}$$

根据该电阻,在输出特性曲线上也可作一条斜率为 $-\frac{1}{R'_L}$ 的直线,该直线称为交流负载线,如图 2－25 所示。交流负载线具有如下两个特点:

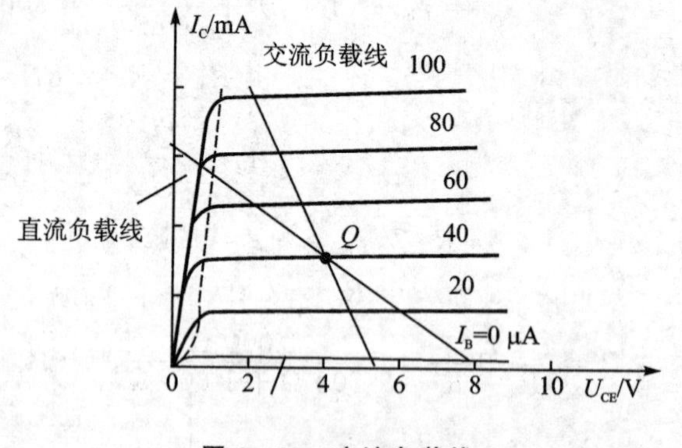

图 2－25　交流负载线

① 交流负载线必然通过静态工作点。因为当输入信号 u_i 的瞬时值为零时(相当于无信号加入),若忽略电容 C_1 和 C_2 的影响,则电路状态和静态相同。

② 交流负载线的斜率由 R'_L 表示。由于 $R'_L=R_c /\!/ R_L$,所以 $R'_L<R_c$,故一般情况下,交流负载线比直流负载线更陡。交流负载线也可以通过求出在 u_{CE} 坐标的截距,把两点相连得到。

在输入信号驱动下,放大器输出端的工作点将沿交流负载线移动,形成交流输出电压。但输出信号的幅度比不带负载时小(戴维南定理可解释此结论)。

2. 输出信号波形分析

放大器放大信号图解过程如图 2－26 所示。

静态工作点确定之后,根据叠加定理可得放大器输入端的信号为 $u_{BE}=U_{BEQ}+u_i$,即在静态工作点电压上叠加输入的交流信号。放大器放大信号的过程如下:

当输入是 $u_i>0$ 的正半周信号时,放大器输入端的工作点沿输入特性曲线从 Q 点往 Q' 点

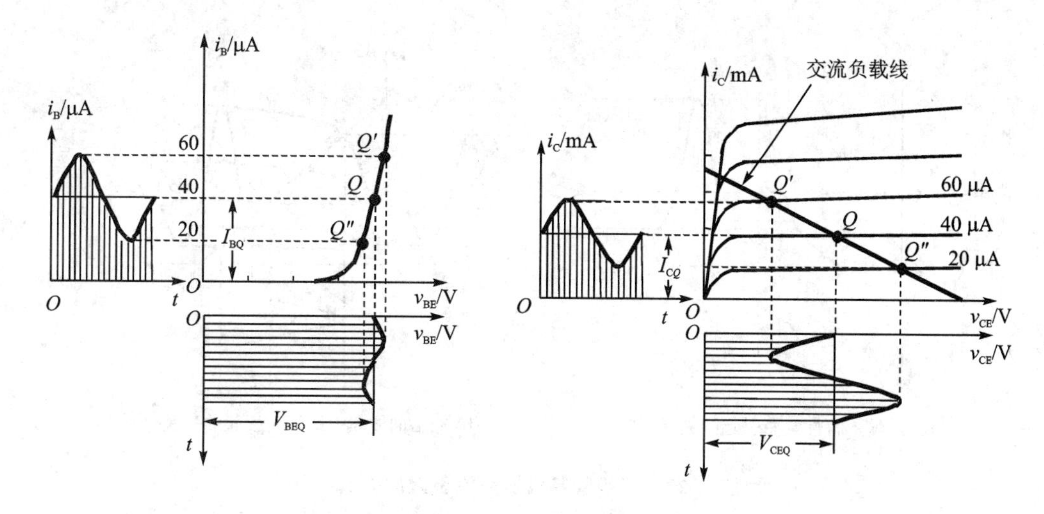

图 2-26　放大器放大信号图解过程

移，放大器输出端的工作点沿交流负载线从 Q 点往 Q' 点移，在输出端形成 $u_o<0$ 的负半周信号；当输入是 $u_i<0$ 的负半周信号时，放大器输入端的工作点沿输入特性曲线从 Q 点往 Q'' 点移，放大器输出端的工作点沿直流负载线从 Q 点往 Q'' 点移，在输出端形成 $u_o>0$ 的正半周信号。完成对正、负半周输入信号的放大，如图 2-26 所示。

由图 2-26 可见，经放大器放大后的输出信号在幅度上比输入信号增大了，即实现了放大的任务。但相位却相反了，即输入信号是正半周时，输出信号是负半周；输入信号是负半周时，输出信号是正半周，说明共发射极电压放大器的输出和输入信号的相位差是 180°。

图解法分析动态特性的步骤，可归纳如下：

① 首先作出直流负载线，求出静态工作点 Q。

② 作出交流负载线。根据要求从交流负载线画出电流、电压波形，或求出最大不失真输出电压值。

用图解法分析动态特性，可直观地反映输入电流与输出电流、电压的波形关系，可形象地反映工作点不合适引起的非线性失真；但图解法有它的局限性，信号很小时，作图很难准确。当非电阻性负载或工作频率较高，需要考虑三极管的电容效应以及分析负反馈放大器和多级放大器时，采用图解法就会遇到无法克服的困难，而且图解法不能确定放大器的输入、输出电阻和频率特性等参数。因此，图解法一般适用于分析输出幅度比较大而工作频率又不太高的情况。对于信号幅度较小和信号频率较高的放大器，常采用微变等效电路法进行分析。

2.4.4　放大电路的非线性失真

对于放大电路，应使输出电压尽可能地大，但它会受到三极管非线性的限制。当信号过大或者工作点不合适时，输出电压波形将产生失真。由三极管的非线性引起的失真称为非线性失真。图解法可以清楚地在特性曲线上观察波形的失真情况。

1. 由三极管特性曲线非线性引起的失真

这种失真主要表现在输入特性曲线的起始弯曲部分、输出特性的间距不均匀或者当输入信号比较大时，将使 i_b、u_{ce}、i_c 正负半周不对称，如图 2-27 所示。

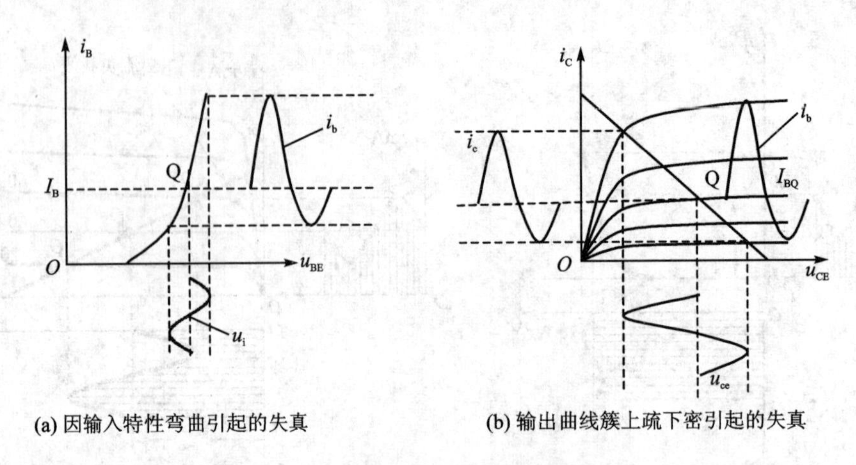

(a) 因输入特性弯曲引起的失真

(b) 输出曲线簇上疏下密引起的失真

图 2-27 三极管特性非线性引起的失真

2. 静态工作点不合适引起的失真

当工作点设置得过低时,在输入信号的负半周,工作状态进入截止区,而引起 i_b、i_c 和 u_{ce} 的波形失真,称为截止失真。由图 2-28(a)可看出,对于 NPN 三极管共发射极放大电路,截止失真时,输出电压 u_{CE} 的波形出现顶部失真。

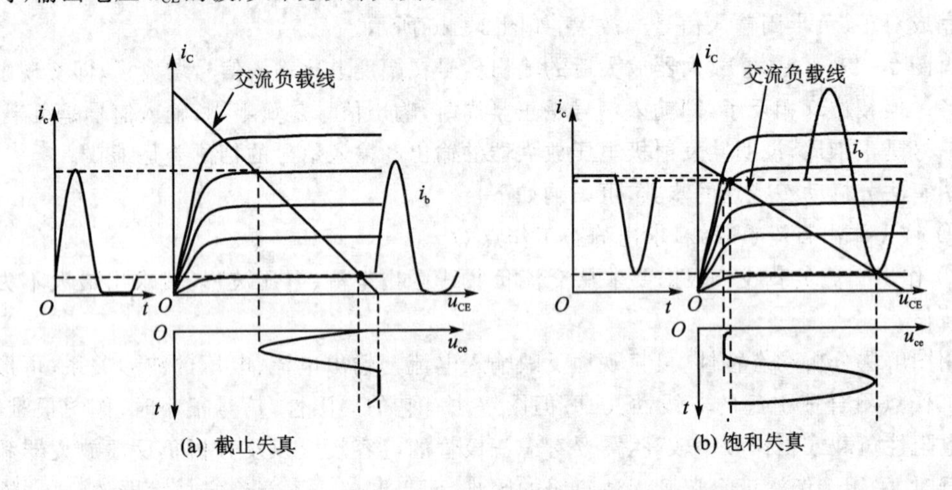

(a) 截止失真

(b) 饱和失真

图 2-28 静态工作点不合适产生的非线性失真

当工作点设置得过高时,在输入信号的正半周,工作状态进入饱和区,当 i_b 增大时,i_c 几乎不随之增大,因此引起 i_c 和 u_{ce} 产生波形失真,称为饱和失真。由图 2-28(b)可看出,对于 NPN 三极管共发射极放大电路,当产生饱和失真时,输出电压 u_{CE} 的波形出现底部失真。若放大电路采用 PNP 三极管,则波形失真正好相反。截止失真导致 u_{CE} 底部失真;饱和失真引起 u_{CE} 顶部失真。正由于上述原因,对放大电路而言就存在着最大不失真输出电压值 U_{om} 或峰-峰电压值 U_{p-p}。

最大不失真输出电压是指:在工作状态已定的前提下,逐步增大输入信号,三极管的状态尚未进入截止和饱和时,输出所能获得的最大输出电压。若 u_i 增大,首先进入饱和区,则最大不失真输出电压受饱和区限制,设三极管的饱和电压为 U_{CES}(通常 $U_{CES} \leqslant 0.3$ V),$U_{cem}=U_{CEQ}-U_{CES}$;若首先进入截止区,则最大不失真输出电压受截止区限制,$U_{cem}=I_{CQ}R'_L$。最大不失真输出电压，选取其中小的一个。如图 2-29 所示，$I_{CQ}R'_L > U_{CEQ} - U_{CES}$，所以 $U_{cem} = U_{CEQ} - U_{CES}$。

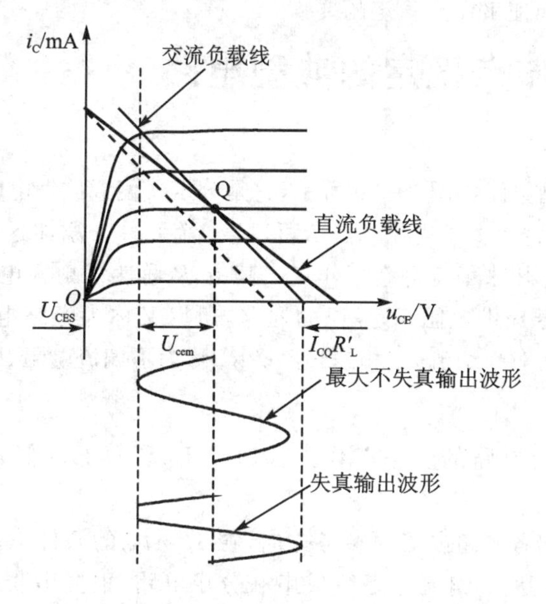

图 2-29　最大不失真输出电压

图解法能直观地分析出放大电路的工作过程，清晰地观察到波形失真的情况，且能够估算出波形不失真时输出电压的最大幅度，从而计算出放大器的动态范围 $V_{P-P} = 2U_{om}$。

2.5　电压放大器静态工作点的稳定及其偏置电路

2.5.1　稳定静态工作点的必要性

半导体器件是一种对温度十分敏感的器件，温度上升时将引起集电极电流 I_C 增加（详见 1.5.4 小节），使静态工作点随之变化（提高）。大家知道，静态工作点选择过高，将产生饱和失真；选择过低，会产生截止失真。显然，不解决此问题，三极管放大电路难以应用：冬天设计的电路，夏天可能工作不正常；北方设计的电路，到南方可能无法用。解决的办法就是从放大电路自身想办法，使其在工作温度变化范围内，尽量减少工作点的变化。

如图 2-13 所示的固定偏流电压放大器电路结构虽然简单，但容易产生工作点不稳定的问题，工作点会随着温度的变化而变化。变化的过程是：当温度 T 上升时，本征半导体的本征激发现象加强，基极电流 I_{BQ} 将上升，引起集电极电流 I_{CQ} 也上升；集电极电流 I_{CQ} 上升，将引起三极管集电极-发射极间电压 U_{CEQ} 下降。符号↑表示上升，符号→表示引起，符号↓表示下降。这种变化的过程可用如下流程来表示：$T\uparrow \rightarrow I_{BQ}\uparrow \rightarrow I_{CQ}\uparrow \rightarrow U_{CEQ}\downarrow$。可见，对于固定偏置电路随着温度的变化，工作点的三个量都发生了变化，在常温下已经调好工作点的电路，没有失真的现象，随着工作温度的上升，将引起 I_{BQ}、I_{CQ} 和 U_{CEQ} 的变化，改变了原电路的工作点，使放大器进入不稳定的工作状态，有可能引起输出波形的失真，这种问题必须想办法解决。针

对 I_C 的变化引起工作点的变化应在电路结构上想办法,因此,下面介绍分压偏置式电路,该电路能达到使 I_C 稳定从而使工作点稳定的要求。

2.5.2 工作点稳定的典型电路

1. 电路的组成

工作点稳定的典型电路如图 2-30 所示,它是分压式偏置放大电路。图 2-30 与图 2-13 的固定偏置放大电路比较,多了电阻 R_{b2}、R_e 和 C_e 三个元件。添加这几个元件的目的是利用 R_e 对直流电流的反馈作用来稳定静态工作点。其中,R_e 称为发射极电阻,C_e 称为发射极电容,因该电容可为交流信号提供电阻 R_e 旁边的通路,所以又称为旁路电容(by-pass capacitor)。对于直流,C_e 相当开路;对于交流,C_e 相当短路。R_{b2} 称为下偏流电阻,R_{b1} 则称为上偏流电阻。

2. 静态分析

在直流通路上确定电路的静态工作点 Q(I_{BQ}、I_{CQ} 和 U_{CEQ} 的值),该电路的直流通路如图 2-31 所示。

图 2-31 中已标出各支路电流的参考方向,在 $I_2 \gg I_{BQ}$ 的条件下,I_{BQ} 可忽略,近似于三极管的基极与 B 点断开,上、下偏流电阻组成串联分压电路,根据串联分压公式可得 B 点的电位为

$$V_B = \frac{R_{b2}}{R_{b1} + R_{b2}} V_{CC} \tag{2-10}$$

$$V_B = I_{EQ} R_e + U_{BEQ}$$

$$I_{CQ} \approx I_{EQ} = \frac{V_B - U_{BEQ}}{R_e} \approx \frac{V_B}{R_e} \tag{2-11}$$

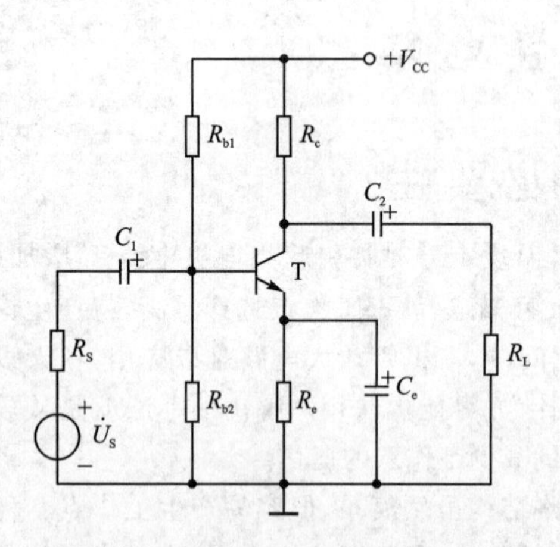

图 2-30 分压式偏置放大电路

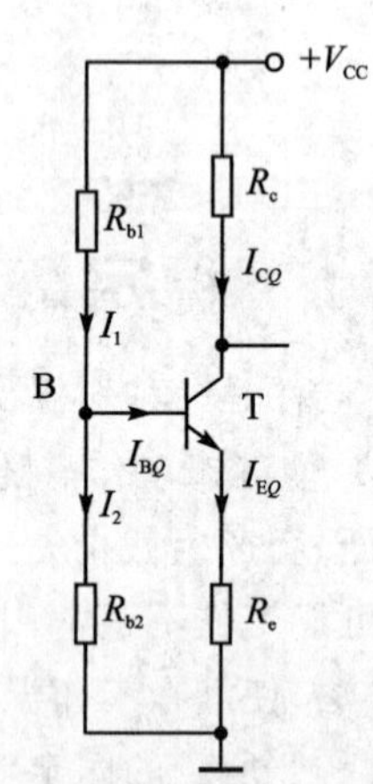

图 2-31 直流通路

B 点的电位只与基极电阻有关,热稳定性能较好。式中的 U_{BEQ} 为三极管发射结的导通电压,硅管取 0.7 V,锗管取 0.2 V,估算时可忽略。根据发射极和基极电流的关系可得

$$I_{BQ} = \frac{I_{CQ}}{\beta} \tag{2-12}$$

$$I_{EQ} R_e + U_{CEQ} + I_{CQ} R_c = V_{CC}$$

$$U_{CEQ} \approx V_{CC} - I_{CQ}(R_e + R_c) \tag{2-13}$$

I_2和V_B值并非越大越好，综合考虑到放大电路功耗和动态放大范围，实际中二者取值应满足如下关系：$I_2=(5\sim10)I_B$，$V_B=(5\sim10)U_{BE}$。一般对于硅管，$V_B=3\sim5$ V；锗管，$V_B=1\sim3$ V。如图 2-31 所示电路的静态工作点可按上述公式进行估算。该电路利用发射极电流I_E在R_e上产生的压降U_E来调节U_{BE}，$U_{BE}=V_B-U_E$。当I_C因温度升高而增大时，V_B热稳定性好，其值不变，而U_E增大使U_{BE}减小，进而使I_B减小，于是便减小了I_C的增加量，达到静态工作点稳定的目的。稳定工作点的过程如图 2-32 所示。由稳定工作点的过程可见，该电路是通过发射极电阻R_e将集电极电流I_C的变化情况取出来，利用U_E和U_{BE}相串联的关系回送到输入端，对净输入信号U_{BE}进行调控，且这种调控作用可以达到I_C上升时，引起U_{BE}下降，将I_C拉下来的目的，即R_e起负反馈的作用，这样可对静态信号的负反馈起到稳定静态工作点的作用。后面会介绍该电路称为串联电流直流负反馈电路，R_e又称为反馈电阻。

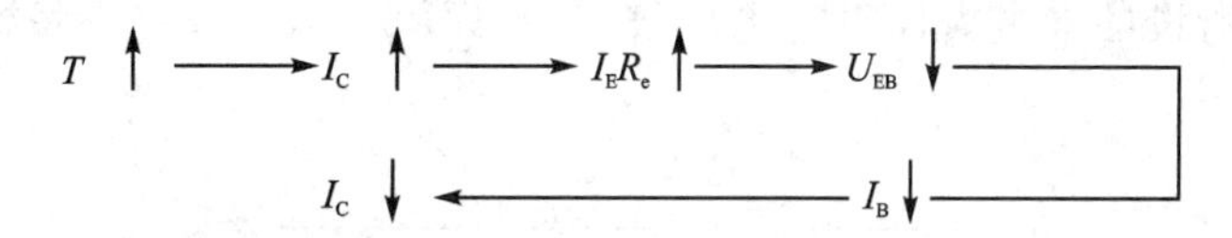

图 2-32　稳定工作点的过程

解决放大器工作点不稳定问题的有效方法是自动跟踪修正。要达到自动跟踪修正的目的，必须有一个采集工作点变化情况的电路(该电路为R_e支路)，并将采集到的变化信号送到输入端，对输入信号进行调控，从而限制这种变化，使电路的工作点稳定，这种过程在电子技术中称为反馈。

3. 动态分析

考虑电容C_e对R_e的旁路作用，画出图 2-30 放大器的微变等效电路，如图 2-33 所示。

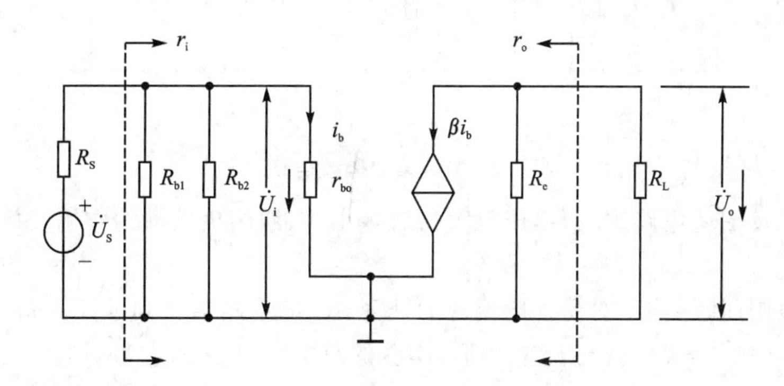

图 2-33　分压式偏置放大电路微变等效电路

由图 2-33 可见，反馈电阻R_e因C_e的旁路作用对交流信号没有作用，所以R_e通常又称为直流反馈电阻。该等效电路除了多一个电阻R_{b2}外，其他的与图 2-21 完全相同。根据前面的公式可得

$$\dot{A}_u = \frac{\dot{U}_o}{\dot{U}_i} = -\beta\frac{R'_L}{r_{be}}$$

$$r_i = R_{b1} \mathbin{/\!/} R_{b2} \mathbin{/\!/} r_{be}$$

$$r_o = R_C$$

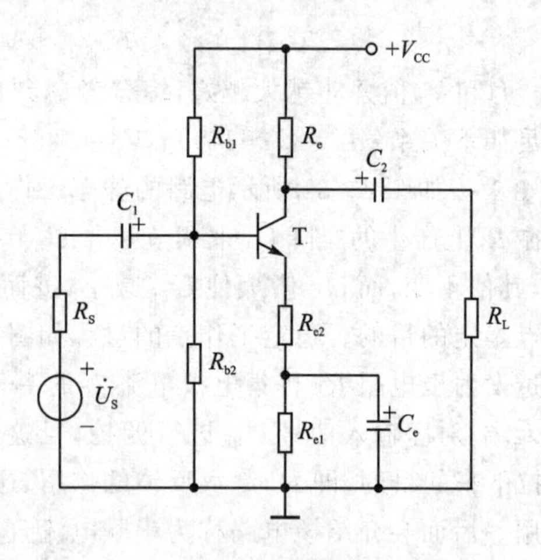

图 2-34 常用放大电路

实际的电路为了改善放大器的交流特性,通常将直流反馈电阻 R_e 分成两个:R_{e1} 和 R_{e2},旁路电容 C_e 并在 R_{e1} 两边,如图 2-34 所示。该电路的 R_{e2} 对交、直流信号都有反馈作用,而 R_{e1} 仅对直流信号有反馈作用。该电路通常称为串联电流交直流负反馈放大器。

因图 2-33 所示电路与图 2-34 所示电路的直流通路完全相同,所以该电路的静态工作点与前面讨论的也相同。下面对该电路进行动态分析。该电路的微变等效电路如图 2-35 所示。

根据图 2-35 所设的参考方向可得电压放大倍数

$$\dot{A}_u = \frac{\dot{U}_o}{\dot{U}_i} = -\frac{\beta \dot{I}_b R'_L}{r_{be}\dot{I}_b + (1+\beta)R_{e2}\dot{I}_b} = -\beta\frac{R'_L}{r_{be} + (1+\beta)R_{e2}} \tag{2-14}$$

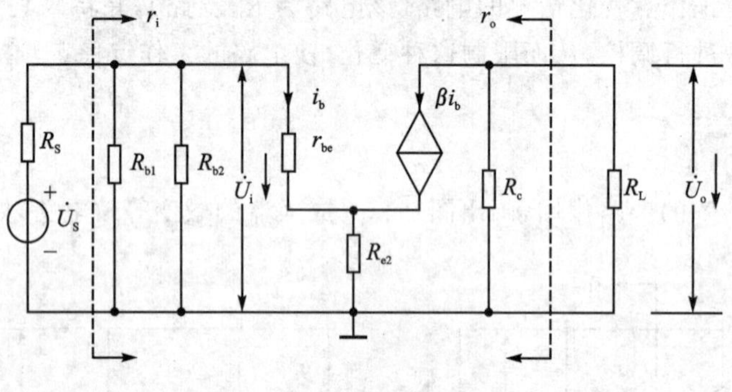

图 2-35 微变等效电路

与没有交流反馈的电路比较,电压放大倍数减小了,说明负反馈的作用使放大器的电压放大倍数下降。

计算输入电阻时,应注意对受控电流源的处理,R_{e2} 的支路折合到基极支路,其等效电阻为将电阻 R_{e2} 的值扩大 $1+\beta$ 倍后与 r_{be} 相串联,串联的总电阻再与 R_b 并联,即

$$r_i = R_b \mathbin{/\!/} [r_{be} + (1+\beta)R_{e2}] \tag{2-15}$$

与没有反馈的电路比较,输入电阻提高了。该放大器的输出电阻与没有反馈时的相同,等于集电极电阻 R_c,即

$$r_o = R_c \tag{2-16}$$

综上所述,串联电流交流负反馈的作用使放大器的电压放大倍数下降,但输入电阻却提高了。放大器输入电阻提高对信号源的影响减小,并可提高放大电路的源电压放大倍数 $\dot{A}_{us}$,总体来说使放大器的性能得到改善。

【例 2-6】 电路如图 2-36(a)所示,已知 $R_{b1}=20\ \text{k}\Omega$,$R_{b2}=10\ \text{k}\Omega$,$R_c=2\ \text{k}\Omega$,$R_e=2\ \text{k}\Omega$,

$R_L=4\ k\Omega, \beta=50, V_{CC}=12\ V, V_{BEQ}=0.6\ V$,试求:

① 静态工作点;

② 放大电路的微变等效电路;

③ 电压放大倍数 A_u;

④ 输入电阻 r_i 和输出电阻 r_o。

【解】 ① 计算静态工作点,画出直流通路,如图 2-36(b)所示。

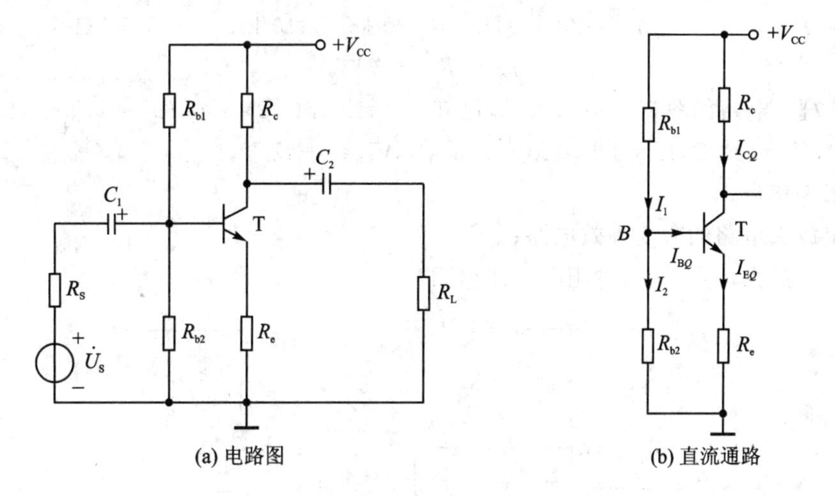

图 2-36 [例 2-6]图

$$V_B=\frac{R_{b2}}{R_{b1}+R_{b2}}V_{CC}=\frac{10\ k\Omega}{(20+10)\ k\Omega}\times 12\ V=4\ V$$

$$I_{CQ}\approx I_{EQ}=\frac{U_{EQ}}{R_e}=\frac{V_B-U_{BEQ}}{R_e}=\frac{(4-0.6)\ V}{2\ k\Omega}=1.7\ mA$$

$$I_{BQ}=\frac{I_{CQ}}{\beta}=\frac{1.7\ mA}{50}=34\ \mu A$$

$$U_{CEQ}\approx V_{CC}-I_{CQ}(R_c+R_e)=12\ V-1.7\ mA\times(2+2)\ k\Omega=5.2\ V$$

② 画出放大电路的微变等效电路,如图 2-37 所示。

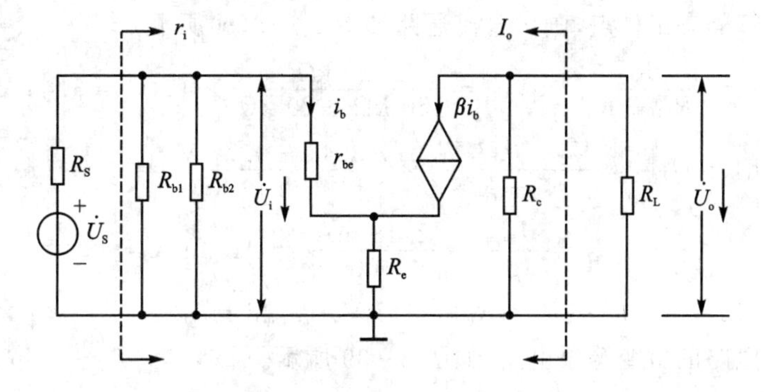

图 2-37 [例 2-6]微变等效电路图

③ 计算电压放大倍数。

$$r_{be}=300\ \Omega+(1+\beta)\frac{26(mV)}{I_e(mA)}=300\ \Omega+(1+50)\frac{26\ mV}{1.7\ mA}=1.1\ k\Omega$$

$$R_L' = R_c \mathbin{/\!/} R_L = 2\ \text{k}\Omega \mathbin{/\!/} 4\ \text{k}\Omega = 1.33\ \text{k}\Omega$$

$$\dot{A}_u = \frac{\dot{U}_o}{\dot{U}_i} = \frac{-\dot{I}_c R_L'}{\dot{I}_b[r_{be} + (1+\beta)R_e]} = -\frac{\beta R_L'}{r_{be}(1+\beta)R_e} =$$

$$-\frac{50 \times 1.33\ \text{k}\Omega}{1.1\ \text{k}\Omega + (1+50) \times 2\ \text{k}\Omega} \approx -0.65$$

④ 输入、输出电阻。

$$r_i = R_{b1} \mathbin{/\!/} R_{b2} \mathbin{/\!/} [r_{be} + (1+\beta)R_e] = 20\ \text{k}\Omega \mathbin{/\!/} 10\ \text{k}\Omega \mathbin{/\!/} 103.1\ \text{k}\Omega \approx 6\ \text{k}\Omega$$

$$r_o = R_c = 2\ \text{k}\Omega$$

【例 2-7】 电路如图 2-38(a)所示,已知 $r_{be}=1.8\ \text{k}\Omega$,$\beta=100$,$R_{b1}=50\ \text{k}\Omega$,$R_{b2}=20\ \text{k}\Omega$,$R_c=2.4\ \text{k}\Omega$,$R_f=100\ \Omega$,$R_e=1\ \text{k}\Omega$,$R_L=2.4\ \text{k}\Omega$,$V_{CC}=+12\ \text{V}$,试求:

① 静态工作点;

② 画出放大电路的微变等效电路;

③ 求电压放大倍数、输入电阻和输出电阻。

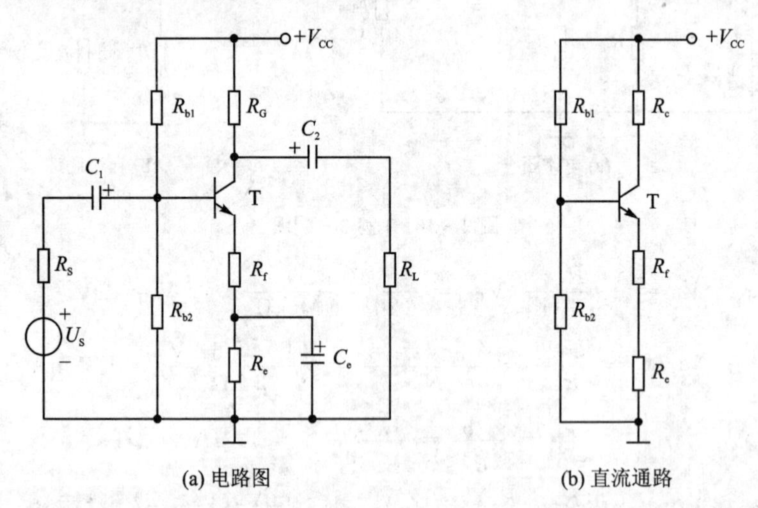

图 2-38 [例 2-7]图

【解】 ① 计算静态工作点,画出直流通路如图 2-38(b)所示。

$$V_B = \frac{R_{b2}}{R_{b1}+R_{b2}} \times V_{CC} = \frac{20\ \text{k}\Omega}{50\ \text{k}\Omega + 20\ \text{k}\Omega} \times 12\ \text{V} = 3.43\ \text{V}$$

$$I_{CQ} = I_{EQ} = \frac{V_B - 0.7\ \text{V}}{R_e + R_f} = \frac{(3.43-0.7)\ \text{V}}{(1+0.1)\ \text{k}\Omega} = 2.48\ \text{mA}$$

$$I_{BQ} = \frac{I_{CQ}}{\beta} = \frac{2.48\ \text{mA}}{100} = 24.8\ \mu\text{A}$$

$$U_{CEQ} = 12 - I_{CQ}(R_e + R_f + R_c) = 12\ \text{V} - 2.48\ \text{mA} \times 3.5\ \text{k}\Omega = 3.32\ \text{V}$$

② 画出放大电路的微变等效电路,如图 2-39 所示。

③ 计算 A_u 和 r_i

$$A_u = -\beta \frac{R_L'}{r_{be} + (1+\beta)R_f} = -100 \times \frac{\dfrac{2.4\ \text{k}\Omega \times 2.4\ \text{k}\Omega}{2.4\ \text{k}\Omega + 2.4\ \text{k}\Omega}}{1.8\ \text{k}\Omega + 101 \times 0.1\ \text{k}\Omega} = -10.08$$

$$r_i = R_{b1} \mathbin{/\!/} R_{b2} \mathbin{/\!/} [r_{be} + (1+\beta)R_f] = 50\ \text{k}\Omega \mathbin{/\!/} 20\ \text{k}\Omega \mathbin{/\!/} 11.9\ \text{k}\Omega \approx 6.5\ \text{k}\Omega$$

$$r_o = R_c = 2.4\ \text{k}\Omega$$

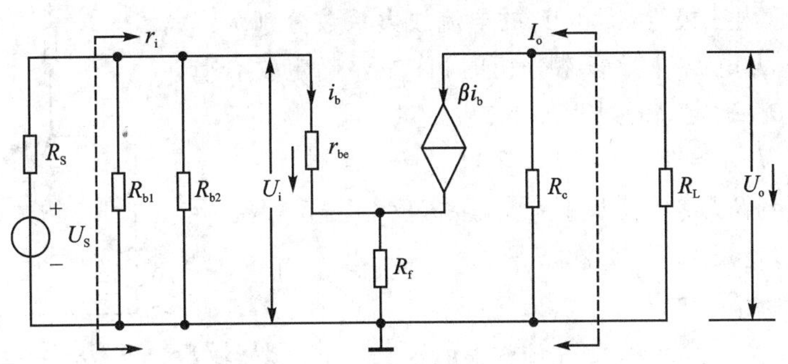

图 2-39　[例 2-7]微变等效电路图

*2.5.3　复合管放大电路

在实际应用中，为了进一步改善放大器的性能，通常用多只三极管构成复合管来取代基本放大电路中的一只三极管组成复合管放大电路。

1. 复合管的组成

图 2-40(a)和图 2-40(b)所示为两只同类的三极管组成的复合管，图 2-40(c)和图 2-40(d)是两只不同类的三极管组成的复合管。三极管组成复合管的原则是：① 在正确的外加电压下，每只管子的各极电流均有合适的通路。② 在正确的外加电压下，每只管子均要正常工作在放大区，为了实现这一目的，T_1管子的 c、e 必须和 T_2管子的 b、c 相连，相连时应保证 $U_{ce1}=U_{bc2}$。③ 复合管在接法正确的前提下，其类型和引脚与 T_1管的类型和引脚相对应。

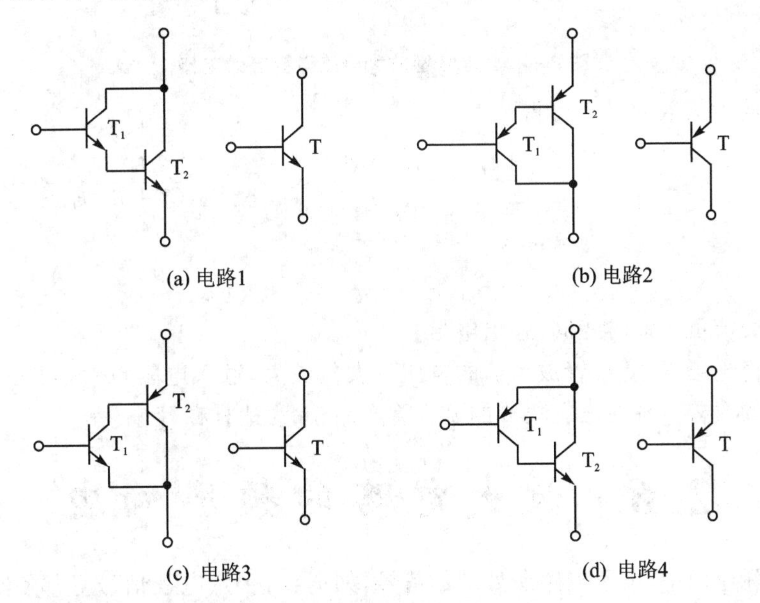

图 2-40　三极管组成的复合管

2. 复合管共发射极电路

复合管共发射极电路如图 2-41 所示。比较图 2-41 和图 2-13可得，只要用复合管替代原电路中的三极管就组成复合管放大电路。

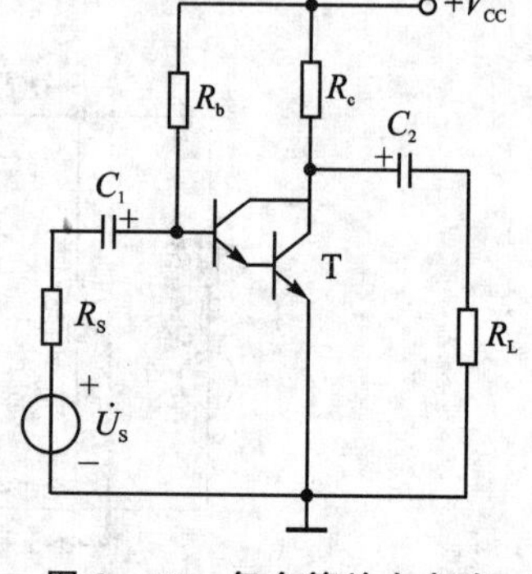

图 2-41 复合管放大电路

设组成复合管内三极管 T_1 和 T_2 的电流放大系数分别为 β_1 和 β_2,对复合管放大电路进行静态分析时,首先要确定复合管的电流放大系数 β。确定 β 的过程如下:

$$I_{B2Q}=I_{E1Q}=(1+\beta_1)I_{B1Q}$$

$$I_{CQ}=I_{C1Q}+I_{C2Q}=\beta_1 I_{B1Q}+\beta_2 I_{B2Q}=\beta_1 I_{B1Q}+\beta_2(1+\beta_1)I_{B1Q}=(\beta_1+\beta_2+\beta_1\beta_2)I_{B1Q}=\beta I_{BQ}$$

因为 $\beta_1\beta_2 \gg \beta_1+\beta_2$,所以

$$\beta=\beta_1+\beta_2+\beta_1\beta_2 \approx \beta_1\beta_2 \tag{2-17}$$

也就是说,复合管的电流放大系数等于组成它的三极管电流放大系数的乘积。用复合管电流放大系数 β 代入前面计算静态工作点的公式,就可计算复合管放大电路的静态工作点。

计算动态参数的微变等效电路如图 2-42 所示。

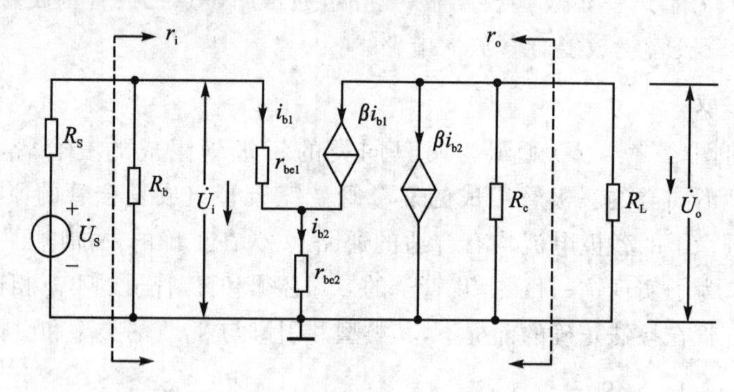

图 2-42 复合管放大电路微变等效电路

根据电压放大倍数的定义可得

$$\dot{A}_u=\frac{\dot{U}_o}{\dot{U}_i}=-\frac{(\beta_1\dot{I}_{b1}+\beta_2\dot{I}_{b2})R_L'}{r_{be1}\dot{I}_{b1}+r_{be2}\dot{I}_{b2}}\approx-\frac{\beta_1\beta_2 R_L'}{r_{be1}+(1+\beta_1)r_{be2}} \tag{2-18}$$

输入电阻

$$r_i=[r_{be1}+(1+\beta_1)r_{be2}]\,/\!/\,R_b \tag{2-19}$$

输入电阻与有交流负反馈时相同,输出电阻 $r_o=R_c$。

由上面的讨论可得,复合管放大器的电压放大倍数大,输入电阻也大,利用复合管可实现电路交流性能的改善。现在已有集成的复合管产品,称为达林顿管。

2.6 放大电路的频率响应

通常在实际应用中,电子电路所处理的信号,如语音信号、电视信号等都不是简单的单一频率信号,它们都是多频率分量组合而成的复杂信号,如音频信号的频率范围从 20 Hz～20 kHz,而视频信号从直流至几兆赫。另外,由于放大电路中存在电抗元件(如管子的极间电容,电路的负载电容、分布电容、耦合电容和射极旁路电容等),使得放大器可能对不同频率信号分量的放大倍数和相移不同。如对不同频率信号的幅值放大不同,就会引起幅度失真;如对不同频率信号产生的相移不同就会引起相位失真。幅度失真和相位失真总称为频率失真。在前面所讨论的问题中，将放大电路中的电容等电抗元件的作用均忽略。实际的情况是，当输入信号的频率发生变化时，放大器电压放大倍数的数值将发生变化，而且，输出信号和输入信号的相位差也将发生变化，描述这种变化关系的函数称为放大器的频率响应，也称为放大器的频响特性。放大器的频响特性是放大电路的动态特性，是在设计分析放大器动态性能时要考虑的内容。

1. 单管共射放大电路的频率响应

为了便于从物理概念上理解单管共射放大电路的频率响应，下面定性分析一下，当输入不同频率的正弦信号时，放大倍数将如何变化。

(1) 中频段

在中频段，一方面，隔直电容上产生的容抗比串联回路中的其他电阻值小得多，可以认为交流短路；另一方面，三极管极间电容的容抗又比其并联支路中的其他电阻值大得多，可以视为交流开路。总之，在中频段可将各种容抗的影响忽略不计。因为各种容抗的影响可以忽略不计，所以电压放大倍数基本上不随频率而变化。

(2) 低频段

在低频段必须考虑耦合电容的作用。通过分析已经知道，当频率下降时，由于隔直电容的容抗增大，信号在电容上的压降也增大，将使电压放大倍数降低。而三极管的极间电容并联在电路中，此时可以认为交流开路，由于隔直电容的容抗增大，同时，隔直电容与放大电路的输入电阻构成一个 RC 高通电路，因此将产生 0°～+90°之间的超前附加相位移。

(3) 高频段

在高频段，当频率升高时由于容抗减小，故隔直电容的作用可以忽略；但是，三极管的极间电容并联在电路中，极间电容的影响将使电压放大倍数降低，而且，构成一个 RC 低通电路，产生 0°～−90°之间的滞后的附加相位移。

2. 幅频特性和相频特性

放大电路的频率响应关系可表示为

$$\dot{A}_u = |\dot{A}_u|(f)\angle\varphi(f)$$

上式表示，电压放大倍数的幅值$|\dot{A}_u|$和相角 φ 都是频率 f 的函数。其中，$|\dot{A}_u|(f)$称为幅频特性，$\varphi(f)$称为相频特性。放大电路幅频特性如图 2-38 所示。

由图 2-43 可见，在广大的中频范围内，电压放大倍数的幅值基本不变，相角 φ 大致等于 −180°。而当频率降低或升高时，电压放大倍数的幅值都将减小，同时产生超前或滞后的附加相位移。

通常将中频段的电压放大倍数称为中频电压放大倍数 A_{um}，并规定当电压放大倍数下降到 $0.707A_{um}$(即电压增益下降到 $1/\sqrt{2}$)，相应的低频频率和高频频率分别称为放大电路的下限频率 f_L 和上限频率 f_H(也称为半功率点频率)，二者之间的频率范围称为频带 BW，即通频带 $f_{BW}=f_H-f_L$。

通频带的宽度表征放大电路对不同频率输入信号的响应能力，是放大电路的重要技术指标之一。由于放大电路的通频带的限制，当输入信号包含多次谐波时，对于通频带之外的谐波信号，可能放大的幅值、相移都有所变化。信号经过放大以后，输出波形将产生频率失真。频率失真与非线性失真相比,虽然从现象来看,同样表现为输出信号不能如实反映输入信号的波形,但是这两种失真产生的根本原因不同。前者是由于放大电路的通频带不够宽,因而对不同频率的信号响应不同而产生的;而后者是由于放大器件的非线性而产生的。

通常讲,一个好的放大器不但要有足够的放大倍数,而且要有良好的保真性能,即放大器的非线性失真要小,放大器的频率响应要好。“好”是指放大器对不同频率的信号要有同等的放大。

半功率点频率是一个限制频率,若频率继续增大或减小,增益的下降和附加相移引起的相位失真已经能够被人的听觉和视觉所分辨出来,所以深入学习放大器的频率特性,就能够知道使放大器的频率响应变差的电容量以及知道如何根据放大器的通频带要求来设计电路中的电容。

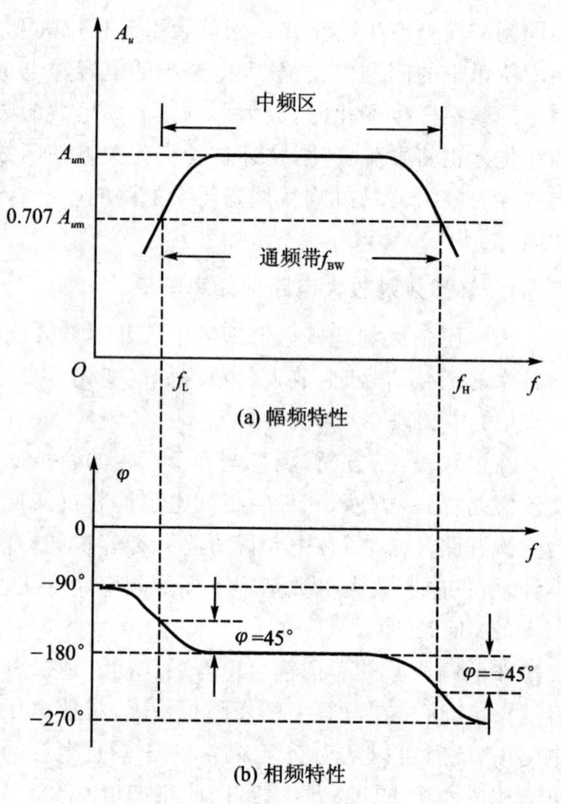

图 2-43 放大电路的频率特性

2.7 射极输出器

以集电极为公共端的电压放大器称为共集电极(common-collector)放大电路,如图 2-44 所示。信号从基极输入,射极输出,集电极是输入、输出的公共端,又称为射极输出器。

1. 静态分析

共集电极电压放大器电路的组成如图 2-44 所示,直流通路如图 2-45 所示。根据 KVL 定律可得

$$I_{BQ}R_b + U_{BEQ} + I_{EQ}R_e = V_{CC}$$

$$I_{BQ} = \frac{V_{CC} - U_{BEQ}}{R_b + (1+\beta)R_e} \tag{2-20}$$

$$I_{CQ} = \beta I_{BQ} \tag{2-21}$$

$$U_{CEQ} = V_{CC} - I_{EQ}R_e \tag{2-22}$$

2. 动态分析

微变等效电路如图 2-46 所示,计算动态参数如下。

(1) 电压放大倍数

$$\dot{A}_u = \frac{\dot{U}_o}{\dot{U}_i} = \frac{\dot{I}_e R'_L}{\dot{I}_b r_{be} + \dot{I}_e R'_L} = \frac{(1+\beta)R'_L}{r_{be} + (1+\beta)R'_L} \approx 1 \tag{2-23}$$

式中

$$R'_L = R_e // R_L = \frac{R_e R_L}{R_e + R_L} \tag{2-24}$$

共集电极放大电路的电压放大系数小于1并接近于1，且输入电压与射极的输出电压相位相同，所以又称为射极跟随器(emitter follower)。

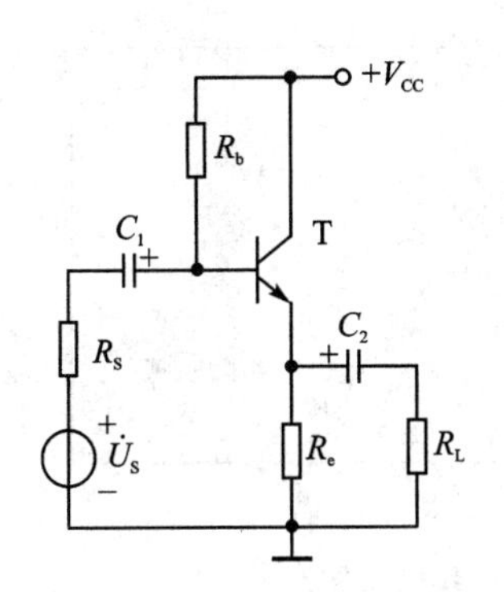

图2-44 共集电极放大电路

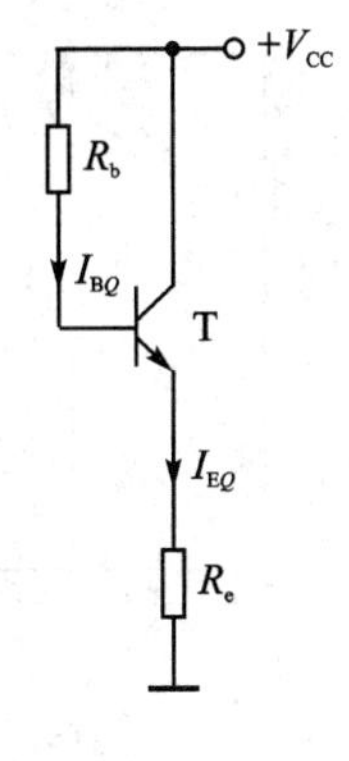

图2-45 直流通路

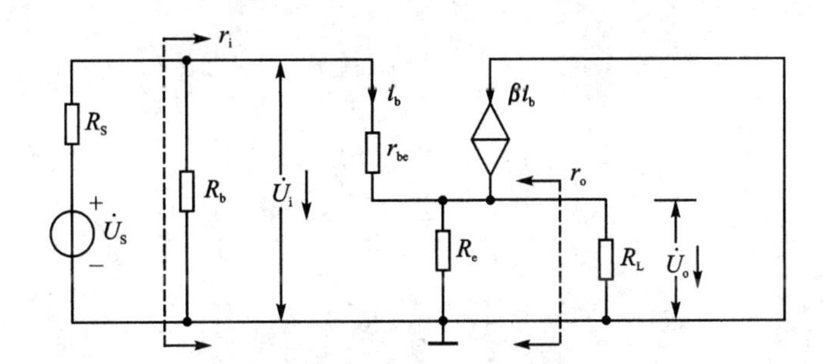

图2-46 射极输出器微变等效电路图

(2) 电流放大倍数

若考虑 $R_L = \infty$，此时三极管的输出作为放大电路的输出，则 $I_o = -I_e$，同时考虑到 $I_i \approx I_b$，有

$$\dot{A}_i = \frac{\dot{I}_o}{\dot{I}_i} \approx \frac{-\dot{I}_e}{\dot{I}_b} = \frac{-(1+\beta)\dot{I}_b}{\dot{I}_b} = -(1+\beta)$$

尽管共集电极放大电路的电压放大倍数接近于1，但电路的输出电流要比输入电流大很多倍，所以电路有功率放大作用。

(3) 输入、输出电阻

计算输入电阻时，受控电流源支路视为断路处理，另外要注意射极电阻折合到基极阻值的大小，所以有

$$r_i = R_b // [r_{be} + (1+\beta)R'_L] \tag{2-25}$$

$$R'_L = R_e // R_L$$

同理，计算输出电阻时，基极支路电阻($r_{be} + R_b // R_s$)折合到射极支路的电阻值缩小$(1+\beta)$倍可得输出电阻为

$$r_o = R_e // \frac{r_{be} + R_b // R_s}{1+\beta} \tag{2-26}$$

$$r_o \approx \frac{r_{be} + R_s \mathbin{/\!/} R_b}{\beta}$$

r_o也可用加压求流法得到,方法如下。

求输出电阻时,将信号源短路($E_s=0$),保留信号源内阻R_s,去掉R_L,同时在输出端接上一个信号电压U_o,产生电流I_o,如图2-47所示。

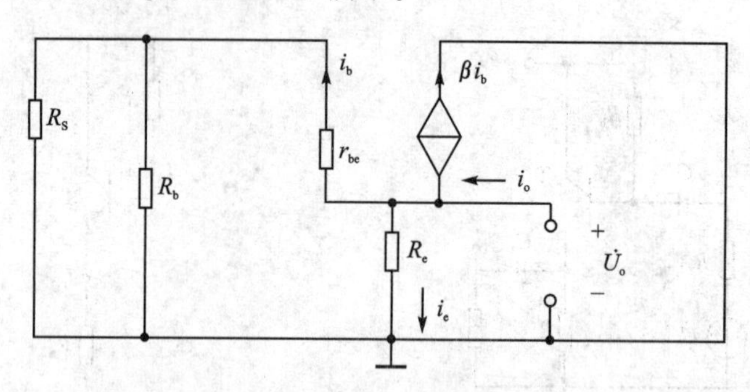

图2-47 计算r_o等效电路图

由KCL得

$$\dot{I}_o = \dot{I}_b + \beta\dot{I}_b + \dot{I}_e = \frac{\dot{U}_o}{r_{be} + R_s \mathbin{/\!/} R_b} + \frac{\beta\dot{U}_o}{r_{be} + R_s \mathbin{/\!/} R_b} + \frac{\dot{U}_o}{R_e}$$

式中

$$\dot{I}_b = \frac{\dot{U}_o}{r_{be} + R_s \mathbin{/\!/} R_b}$$

由此求得

$$\frac{I_o}{U_o} = \frac{1}{r_o} = \frac{1+\beta}{r_{be} + (R_s \mathbin{/\!/} R_b)} + \frac{1}{R_e}$$

$$r_o = R_e \mathbin{/\!/} \frac{r_{be} + R_s \mathbin{/\!/} R_b}{1+\beta}$$

$$r_o \approx \frac{r_{be} + R_s \mathbin{/\!/} R_b}{1+\beta}$$

所以

$$r_o \approx \frac{r_{be} + R_s \mathbin{/\!/} R_b}{\beta}$$

与共发射极电路比较,可得射极输出器的主要特点是:输入电阻大;输出电阻小;电压放大倍数小于并接近于1;输出电压与输入电压同相。

共集电极电路虽然没有电压放大作用,但它的输入电阻大,输出电阻小的特点在电子技术中被广泛应用。由于射极输出器的输入电阻大,因此,它常用作多级放大电路的输入级,可减轻信号源的电流负担,并且输入电阻大对高内阻信号源更有意义,可以使放大电路输入端分到较多信号源电压信号。例如,测量仪表为减小测量时对原电路的接入影响,总是希望在放大电路的输入级有较大入端电阻;常用作输出级,因为射极输出器的输出电阻小,对于后级电路此时相当于信号源,当不同负载接入后或增大时,输出电压下降就小,所以用它作输出级带负载能力强;有时射极输出器也用作中间级,起缓冲中间隔离作用和阻抗匹配变换作用。

【例2-8】 在图2-44中,已知$V_{CC}=12\ \text{V}$,$R_e=3\ \text{k}\Omega$,$R_b=100\ \text{k}\Omega$,$R_L=1.5\ \text{k}\Omega$,信号源内阻$R_s=500\ \Omega$,三极管的$\beta=50$,$r_{be}=1\ \text{k}\Omega$,求静态工作点、电压放大倍数、输入和输出电阻。

【解】 ① 静态工作点,忽略 U_{BE},得

$$I_{BQ} \approx \frac{V_{CC}}{R_b+(1+\beta)R_e} = \frac{12\ \text{V}}{100\ \text{k}\Omega+(1+50)\times 3\ \text{k}\Omega} = 48\ \mu\text{A}$$

$$I_{CQ} = \beta I_{BQ} = 50\times 48\ \mu\text{A} = 2\ 400\ \mu\text{A} = 2.4\ \text{mA}$$

$$U_{CEQ} = V_{CC} - I_{CQ}R_e = 12\ \text{V} - 2.4\ \text{mA}\times 3\ \text{k}\Omega = 4.8\ \text{V}$$

② 电压放大倍数 A_u

由于

$$R'_L = R_e /\!/ R_L = 3\ \text{k}\Omega /\!/ 1.5\ \text{k}\Omega = 1\ \text{k}\Omega$$

所以

$$\dot{A}_u = \frac{(1+\beta)R'_L}{r_{be}+(1+\beta)R'_L} = \frac{51\times 1\ \text{k}\Omega}{1\ \text{k}\Omega+51\times 1\ \text{k}\Omega} \approx 0.98$$

③ 输入电阻

$$r_i = R_b /\!/ [r_{be}+(1+\beta)R'_L] = 100\ \text{k}\Omega /\!/ 52\ \text{k}\Omega \approx 33\ \text{k}\Omega$$

④ 输出电阻

$$r_o = \frac{r_{be}+R_s /\!/ R_b}{\beta} = \frac{1\ \text{k}\Omega+0.5\ \text{k}\Omega /\!/ 100\ \text{k}\Omega}{50} \approx 30\ \Omega$$

现将常见的 4 种交流放大电路列于表 2-1 中,以便比较。

表 2-1　4 种常见交流放大器的参数计算公式表

参　数	固定偏置放大电　路	分压偏置放大电路(有射极旁路电容)	分压偏置放大电路(无射极旁路电容)	射极输出器(共集电极电路)
静态值	$I_{BQ}=\frac{V_{CC}-U_{BEQ}}{R_b}\approx\frac{V_{CC}}{R_b}$ $I_{CQ}=\beta I_{BQ}$ $U_{CEQ}=V_{CC}-I_{CQ}R_C$	$V_B=\frac{R_{b2}}{R_{b1}+R_{b2}}V_{CC}$ $I_{CQ}=\beta I_{BQ}$ $I_{EQ}=\frac{V_B-U_{BEQ}}{R_e}\approx I_{CQ}$ $U_{CEQ}=V_{CC}-I_{CQ}(R_e+R_c)$	$V_B=\frac{R_{b2}}{R_{b1}+R_{b2}}V_{CC}$ $I_{EQ}=\frac{V_B-U_{BEQ}}{R_e}\approx I_{CQ}$ $I_{CQ}=\beta I_{BQ}$ $U_{CEQ}=V_{CC}-I_{CQ}(R_e+R_c)$	$I_{BQ}=\frac{V_{CC}-U_{BEQ}}{R_b+(1+\beta)R_e}$ $I_{CQ}\approx\beta I_{BQ}$ $U_{CEQ}\approx V_{CC}-I_{CQ}R_e$
$\dot{A}_u=\frac{\dot{U}_o}{\dot{U}_i}$	$-\beta\frac{R'_L}{r_{be}}$	$-\beta\frac{R'_L}{r_{be}}$	$-\frac{\beta R'_L}{r_{be}+(1+\beta)R_e}$	$\frac{(1+\beta)R'_L}{r_{be}+(1+\beta)R'_L}$
R'_L	$R_c /\!/ R_L$	$R_c /\!/ R_L$	$R_c /\!/ R_L$	$R_e /\!/ R_L$
r_i	$r_{be} /\!/ R_b$	$r_i=R_{b1} /\!/ R_{b2} /\!/ r_{be}$	$R_{b1} /\!/ R_{b2} /\!/ [r_{be}+(1+\beta)R_e]$	$R_b /\!/ [r_{be}+(1+\beta)R'_L]$
r_o	R_c	R_c	R_c	$R_e /\!/ \frac{r_{be}+R_s /\!/ R_b}{1+\beta}$

从表 2-1 的结果可得电压放大电路的特点是:共发射极电路的电压、电流、功率的增益都比较大,在电子电路中应用广泛。共集电极电路独特的优点是输入阻抗高,输出阻抗低,多用于多级放大器的输入和输出电路。放大电路的另外一种组态是共基极电路,因高频响应好,故主要用在高频电路中,可参阅有关书籍。

2.8　多级放大器

小信号放大电路的输入信号一般都是微弱信号,为了推动负载工作,输入信号必须经多级放大,多极放大电路的组成框图如图 2-48 所示,多级放大电路是由两级或两级以上的单级放大电路连接而成的。

在多级放大电路中，把级与级之间的连接方式称为耦合方式。而级与级之间耦合时必须满足：耦合后各级电路仍具有合适的静态工作点；保证信号在级与级之间能够顺利地传输过去；耦合后多级放大电路的性能指标必须满足实际的要求。一般常用的耦合方式有：阻容耦合、直接耦合和变压器耦合。

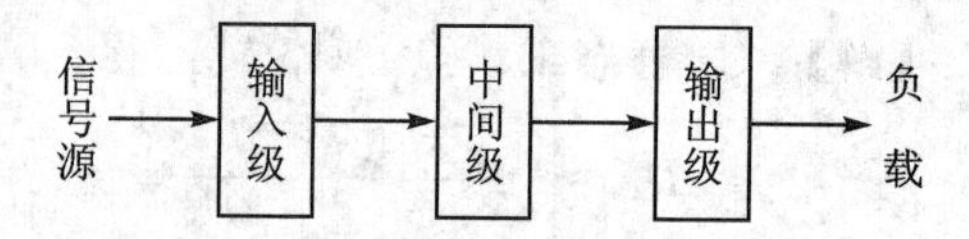

图 2-48 多级放大电路的组成框图

直接耦合，是指级与级之间直接用导线连接的方式。优点：可以放大交流信号，也可以放大直流信号；电路简单，便于集成。缺点：存在各级静态工作点相互牵制和零点漂移。

阻容耦合，是指级与级之间通过电容连接的方式。优点：电容具有隔直作用，各级电路的静态工作点相互独立。缺点：对交流信号具有一定的容抗，在信号传输过程中，会受到一定的衰减。

变压器耦合，是指级与级之间通过变压器连接的方式。优点：因变压器不能传输直流信号，只能传输交流信号和阻抗变换，各级电路的静态工作点相互独立，互不影响，能得到较大的输出功率。缺点：体积大而重，不便于集成，同时频率特性差。

阻容耦合在分立元件多级放大器中广泛使用，在集成电路中多用直接耦合，变压器耦合现仅在高频电路中使用。

多级放大电路的性能指标估算：

① 电压放大倍数 $A_u=A_{u1}A_{u2}\cdots A_{un}$。

② 输入电阻，多级放大电路的输入电阻，就是输入级的输入电阻。计算时要注意：当输入级为共集电极放大电路时，要考虑第二级的输入电阻作为前级负载对输入电阻的影响。

③ 输出电阻，多级放大电路的输出电阻就是输出级的输出电阻。计算时要注意：当输出级为共集电极放大电路时，要考虑其前级对输出电阻的影响。

④ 多级放大电路的通频带在耦合后，放大电路的通频带变窄。

2.8.1 阻容耦合电压放大器

1. 电路组成

阻容耦合多级放大器是利用电阻和电容组成的 RC 耦合电路，实现放大器级间信号的传递，两级阻容耦合放大器的电路如图 2-49 所示。将两个共发射极电路用电容相连就组成两级阻容耦合电压放大器，第一级放大器的输出端为第二级放大器的输入端。

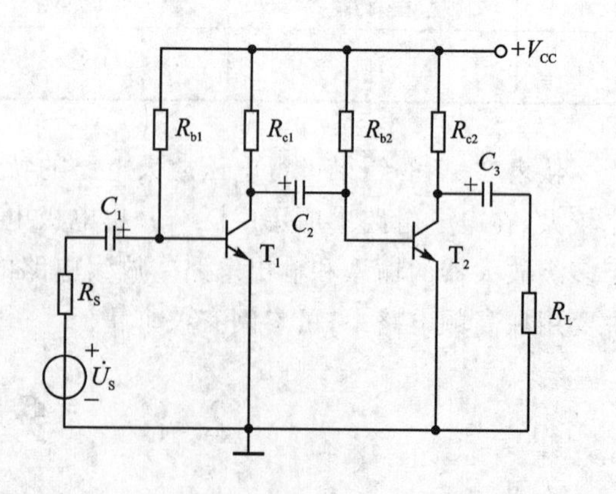

图 2-49 阻容耦合放大器

2. 静态分析

因为阻容耦合放大器中的耦合电容不仅可以为级间信号的传递提供通路，而且还可以阻断两级的直流通路，使两级电路的静态工作点不互相影响，所以两级电路的静态工作点可分别计算，而不影响结果。图 2-49 所示两级放大器的直流通路与计算静态工作点的方法与前述相同,这里不再赘述。

3. 动态分析

两级阻容耦合放大器的微变等效电路如图 2-50 所示。由图 2-50 可见,第一级的输出电压 U_{o1} 就是第二级的输入电压 U_{i2},根据电压放大倍数的定义可得

$$\dot{A}_u = \frac{\dot{U}_o}{\dot{U}_i} = \frac{\dot{U}_{o1}}{\dot{U}_{i!}}\frac{\dot{U}_{o2}}{\dot{U}_{i2}} = \dot{A}_{u1}\dot{A}_{u2}$$

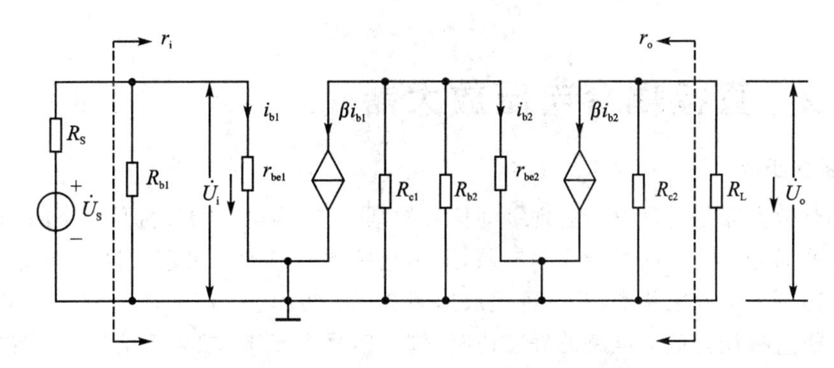

图 2-50　两级阻容耦合放大器的微变等效电路

即两级阻容耦合电压放大器的电压放大倍数是两个电压放大器电压放大倍数的乘积。此结论可推广到计算更多级阻容耦合放大器的电压放大倍数。输入电阻为第一级放大器的输入电阻,输出电阻为最后一级放大器的输出电阻。

输入电阻和输出电阻的值为

$$r_i = R_{b1} \mathbin{/\!/} r_{be1}, \qquad r_o = R_{c2}$$

【例 2-9】 两级阻容耦合放大电路如图 2-44 所示,已知 $V_{CC}=20\ V$,$R_{b1}=500\ k\Omega$,$R_{b2}=200\ k\Omega$,$R_{c1}=6\ k\Omega$,$R_{c2}=3\ k\Omega$,$R_L=2\ k\Omega$,$r_{be1}=1\ k\Omega$,$r_{be2}=0.6\ k\Omega$,$\beta_1=\beta_2=50$。求:① 两级放大器总的电压放大倍数;② 输入电阻和输出电阻。

【解】 ① 两级放大器的总电压放大倍数。

第一级的负载电阻为

$$R'_{L1} = R_{c1} \mathbin{/\!/} r_{i2} = \frac{R_{c1} r_{i2}}{R_{c1} + r_{i2}} = \frac{6\ k\Omega \times 0.6\ k\Omega}{6\ k\Omega + 0.6\ k\Omega} = 0.55\ k\Omega$$

而

$$r_{i2} = R_{b2} \mathbin{/\!/} r_{be2} \approx r_{be2} = 0.6\ k\Omega$$

第二级的负载电阻为

$$R'_{L2} = R_{c2} \mathbin{/\!/} R_L = \frac{R_{c2} R_L}{R_{c2} + R_L} = \frac{3\ k\Omega \times 2\ k\Omega}{3\ k\Omega + 2\ k\Omega} = 1.2\ k\Omega$$

第一级电压放大倍数为

$$A_{u1} = -\frac{\beta_1 R'_{L1}}{r_{be1}} = -\frac{50 \times 0.55\ k\Omega}{1\ k\Omega} = -27.5$$

第二级电压放大倍数为

$$A_{u2} = -\frac{\beta_2 R'_{L2}}{r_{be2}} = -\frac{50 \times 1.2\ k\Omega}{0.6\ k\Omega} = -100$$

总的电压放大倍数为

$$A_u = A_{u1}A_{u2} = (-27.5)\times(-100) = 2\,750$$

② 输入电阻和输出电阻。

输入电阻为第一级放大器的输入电阻

$$r_i = R_{b1} \,//\, r_{be1} \approx r_{be1} = 1\ \text{k}\Omega$$

输出电阻为最后一级放大器的输出电阻

$$r_o = R_{c2} = 3\ \text{k}\Omega$$

2.8.2 直接耦合电压放大器

1. 电路的组成

阻容耦合放大器是通过电容实现级间信号的耦合,因为电容的容抗是频率的函数,所以阻容耦合放大器对低频信号的耦合作用较差,采用直接耦合放大器可解决这一问题。直接耦合放大电路更适用于集成电路中,其一种组成如图 2-51 所示。

下面分析直接耦合放大电路的静态情况,输入信号等于零,相当于信号源短路,计算静态工作点的直流通路如图 2-52 所示。根据节点电位法可得

$$\frac{V_{CC}-U_{BE1}}{R_{b1}} = \frac{U_{BE1}}{R_s} + I_{BQ1}$$

$$\frac{V_{CC}-U_{CQ1}}{R_{C1}} = I_{CQ1} + I_{BQ2}$$

$$\frac{V_{CC}-U_{CQ2}}{R_{C2}} = I_{CQ2} + \frac{U_{CQ2}}{R_L}$$

$$I_{CQ1} = \beta_1 I_{BQ1}$$

$$I_{CQ2} = \beta_2 I_{BQ2}$$

$$U_{CEQ1} = U_{BE2}$$

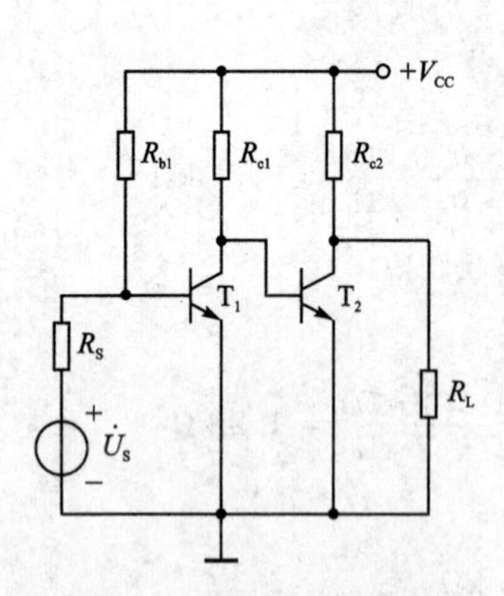

图 2-51 直接耦合放大器电路

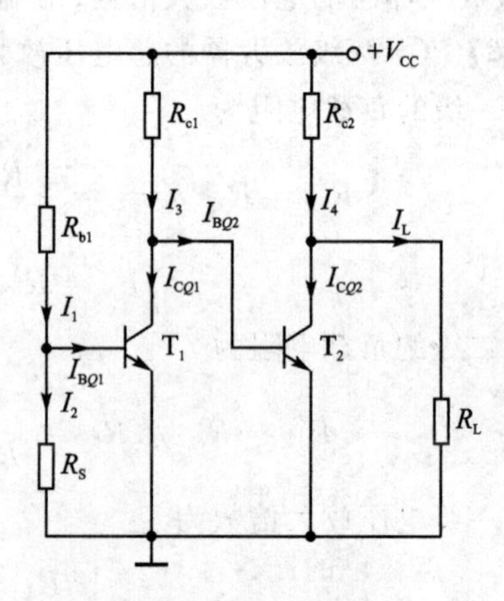

图 2-52 直接耦合电路直流通路

设 T_1 和 T_2 均为 $\beta=50$ 的硅管,$V_{cc}=12$ V,$R_{b1}=200$ kΩ,$R_s=20$ kΩ,$R_{c1}=R_{c2}=5$ kΩ,$U_{BE1}=U_{BE2}$,计算静态工作点如下:

$$I_{BQ1} = 0.022\ \text{mA}, \qquad I_{BQ2} = 1.16\ \text{mA}$$

$$U_{CQ2} = \frac{R_L}{R_{c2} + R_L}(V_{CC} - I_{CQ2}R_{c2}) = \frac{5}{5+5}(12 - 56 \times 5)\ \text{V} < 0$$

计算结果表明，两级直接耦合放大器因两级的静态工作点互相影响，使两级的静态工作点都不正常。第一级放大器，因 $U_{CEQ1} = U_{BE2} = 0.7$ V，限制了该级放大器输出信号的幅度，使它工作在接近饱和的状态；而第二级放大器因 I_{BQ2} 太大，将工作在饱和区，不能对输入信号实施正常的放大作用。解决这个问题的办法是：提高第二级三极管发射极的电位，使两级放大器都有合适的静态工作点，具体的电路如图 2-53 所示。

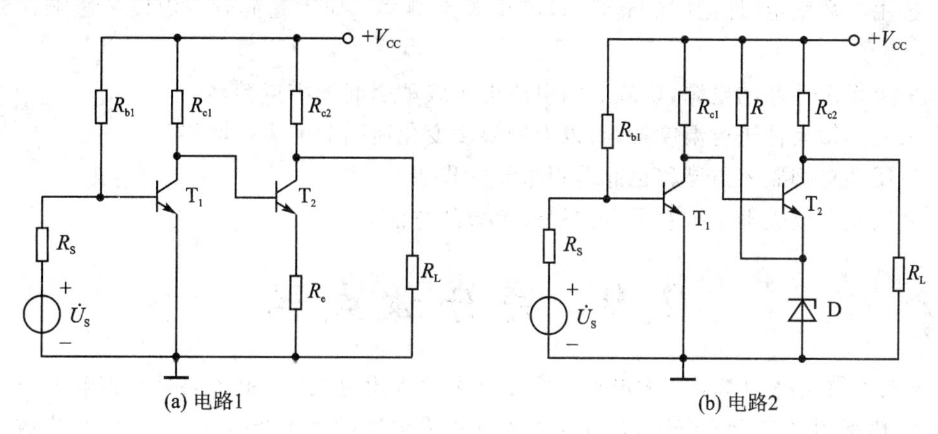

图 2-53　两级放大器都有合适工作点直接耦合电路

图 2-53(a)用电阻来提高第二级放大器发射极的电位，对交流信号有反馈作用，使两级放大器的电压放大倍数下降。图 2-53(b)电路利用稳压管导通电阻很小，两端电压较大的特点代替电阻，既可以提高第二级放大器发射极的电位，对第二级放大器电压放大倍数的影响又很小。

2.8.3　零点漂移问题

多级直接耦合放大器无耦合电容，它对频率很低的交流信号和频率为零的直流信号都有很好的放大作用，所以又称为直流放大器。但随之又产生了三个问题：① 各级静态工作点之间相互影响，这样在静态工作点的计算和调试时比较复杂；② 电位移动问题，以上两个问题都比较好解决；③ 零点漂移，它是多级直接耦合放大器最突出的问题。放大器输入端交流对地短路，即 $u_i = 0$ 时，理论上，放大器输出电压 u_o 也应该为零，但实际上输出电压 u_o 会偏离零点而出现上下缓慢漂移，造成一定的输出变量，这样将直接耦合放大器的输入端短路，在输出端接记录仪可记录到缓慢的无规则的信号输出，这种现象称为零点漂移，简称零漂。当零点漂移过大时，放大器将无法正常工作。在衡量零点漂移的程度时，不光是看漂移电压的绝对大小，还要看漂移电压与有用信号电压的比值。下面分析零点漂移的产生和抑制措施。

1. 零点漂移的产生

产生零点漂移的原因很多，如温度的变化、电源电压的波动和元器件的老化等因素都会引起放大器发生零点漂移。其中，温度的变化是引起零点漂移的主要原因，这是因为晶体管的参数 I_{CEO}、β 和 V_{BEQ} 等随温度变化，所以，人们用“温度漂移”作为衡量零点漂移的主要指标。“温度漂移”简称“温漂”，它是指温度每变化一度时，放大器输出端的漂移电压变量折算到输入端的值。

在阻容耦合和变压器耦合的交流放大器中,同样存在每一级放大器静态工作点的漂移现象,但是缓慢变化的漂移电压不能通过电容器和变压器耦合到下一级,而它对本级的影响非常小,因而不需要考虑零点漂移问题。可是,在直接耦合放大器中,前级漂移电压将耦合到后面各级,并逐级放大,从而在输出端产生较大的漂移电压。由此可见,第一级产生的漂移影响最大,而且放大器放大倍数越大、级数越多,零点漂移现象越严重。解决直接耦合放大器温漂的问题,主要是解决第一级放大器温漂的问题,采用差分放大器能很好地解决放大器温漂的问题。

2. 抑制零点漂移的主要措施

① 选用参数稳定、性能好的硅管,以减少零点漂移。原因是硅管受温度的影响比锗管小得多。

② 采用稳定性高的电源,以减少因电源电压波动引起的零点漂移。

③ 采用热敏元件进行温度补偿,以抑制温度变化所引起的零点漂移。

④ 负反馈对抑制零点漂移也起着很重要的作用。

⑤ 采用差分放大器是抑制零点漂移最有效的方法。

2.9 差分放大器

差分放大器又称为差动放大电路。它是基本放大电路之一,由于它具有抑制零点漂移的优异性能,因此得到广泛的应用,并成为集成电路中重要的基本单元电路,常作为集成运算放大器的输入级。

2.9.1 差分放大电路工作原理

1. 电路组成

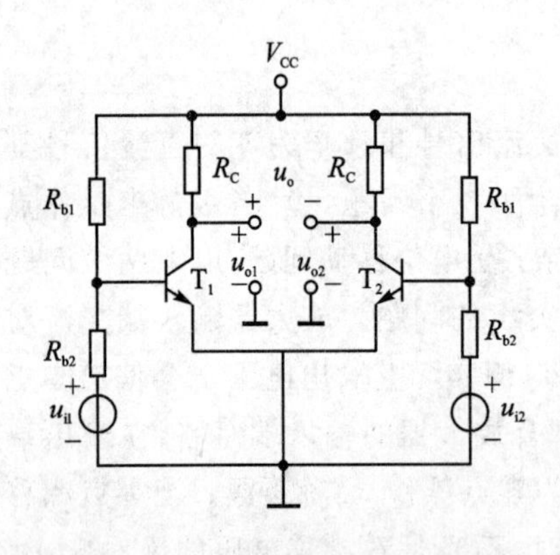

图 2-54 基本差动放大电路

差动放大电路的基本形式如图 2-54 所示,由两个 BJT 管组成,通常采用集成差分对管,电路结构对称。理想情况下,两管的特性及对应电阻元件的参数值都相同,因而静态工作点也相同。

信号电压 u_{i1} 和 u_{i2} 由两个管子的基极输入,输出电压 u_o 由两管的集电极输出。要求理想情况下,两管特性一致,电路为对称结构。

2. 零点漂移的抑制

在静态时

$$I_{C1} = I_{C2}$$
$$U_{C1} = U_{C2}$$

故输出电压

$$u_o = U_{C1} - U_{C2} = 0$$

当温度变化时

$$\Delta I_{C1} = \Delta I_{C2}$$
$$\Delta U_{C1} = \Delta U_{C2}$$

$$u_o = (U_{C1} + \Delta U_{C2}) - (U_{C2} + \Delta U_{C2}) = 0$$

不管是温度还是其他原因引起的漂移，只要是引起两管同向的漂移，都可以给予抑制。

3. 电路输入信号的三种类型

(1) 共模输入信号

共模输入信号指的是：两个大小相等，极性相同的输入信号，即 $u_{i1} = u_{i2}$。在共模信号作用下，对于理想的完全对称的差分放大电路来说，很显然引起的集电极电位变化相同，$\Delta U_{C1} = \Delta U_{C2}$，根据 $u_o = u_{C1} - u_{C2}$，可得 $u_o = 0$，所以差分放大器对共模信号没有放大作用。而零漂信号分别折合到两个 BJT 管输入端的温漂电压，正好相当于加了一对共模信号，所以差分电路抑制共模信号的能力，也即是它对零漂抑制的能力。

(2) 差模输入信号

差模输入信号指的是：两个大小相等，极性相反的输入信号，即 $u_{i1} = -u_{i2}$。差分放大器对差模信号放大的过程是：

当 $u_{i1} > 0$ 时，$u_{i2} < 0$；u_{i1} 信号引起 T_1 管集电极电流增大，从而使 $\Delta u_{C1} < 0$；u_{i2} 信号使 T_2 管集电极电流减小，从而使 $\Delta u_{C2} > 0$；这样，两个管集电极电位一增一减异向等量变化，则有 $\Delta u_{C1} = -\Delta u_{C2} = -\Delta u_C$。根据 $u_o = u_{C1} - u_{C2}$，可得 $u_o = -2\Delta u_C$。因 $u_{C1} \gg u_{i1}$，$|u_o| = 2|u_{C1}|$，可见，在差模输入信号的作用下，差分放大电路两管集电极之间的输出电压为两管各自输出电压变化量的两倍；所以差分放大器对差模信号有较大的放大能力，这也是差分放大器“差动”一词的含义。

由上面的讨论可知，差动信号是有差别的信号，有差别的信号通常是有用的、需要进一步放大的信号；共模信号是没有差别的信号，没有差别的信号通常可归并为需要抑制的温漂信号。差分放大器对差模信号有较强的放大能力，对共模信号却没有放大作用，差分放大器的这些特征，与实际应用的要求相适应，所以差分放大器在直接耦合放大器中被广泛使用。

(3) 任意输入信号

u_{i1} 和 u_{i2} 是任意输入信号，两者的大小和极性都不相同，也叫比较输入，令

$$u_d = \frac{u_{i1} - u_{i2}}{2}$$

则有

$$u_c = \frac{u_{i1} + u_{i2}}{2}$$

$$u_{i1} = u_c + u_d$$

$$u_{i2} = u_c - u_d$$

因此，任意信号可以分解成一对差模信号 u_d 和一对共模信号 u_c 的线性组合。

例如，任意输入信号 $u_{i1} = -6\ \text{mV}$，$u_{i2} = 2\ \text{mV}$，将该信号分解成差模信号和共模信号。可得

$$u_d = \frac{u_{i1} - u_{i2}}{2} = \frac{-6\ \text{mV} - 2\ \text{mV}}{2} = -4\ \text{mV}$$

$$u_c = \frac{u_{i1} + u_{i2}}{2} = \frac{-6\ \text{mV} + 2\ \text{mV}}{2} = -2\ \text{mV}$$

综上所述，无论差分放大器的输入是何种类型，都可以认为差分放大器是在差模信号和共

模信号驱动下工作,因差分放大器对差模信号有放大作用,差动对管 T_1 和 T_2 理想完全对称时,理论上对共模信号没有放大作用,所以求出差分放大器对差模信号的放大倍数,即为差分放大器对任意信号的放大倍数。

2.9.2 典型的差分放大器电路

在基本电路中,要有效抑制共模信号,放大差模信号,有一个分析的前提,那就是左右两部分基本共射放大电路,R_s、R_b、R_c以及左右两管的参数特性必须完全相同,所以可得出基本差分放大电路的一个很重要的特点:“差放电路质量好,结构对称是关键。”

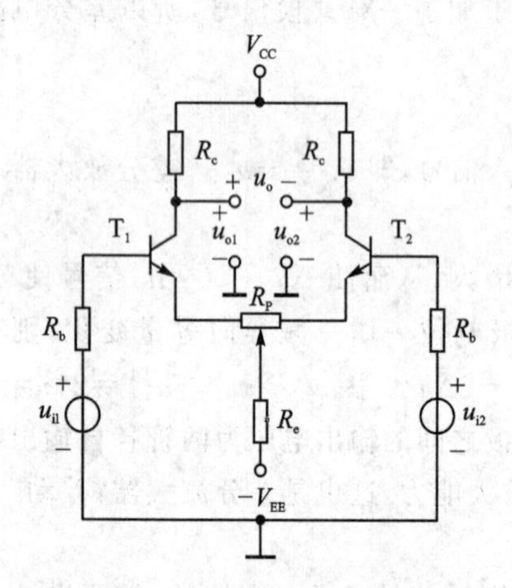

图 2-55 典型的差分放大器电路

在实际应用中,要做到元件参数和性能的完全一致是不很容易的,所以要用到“长尾”式的典型差分放大电路,典型的差分放大器电路如图 2-55 所示。典型差动放大电路与基本差动放大电路的结构比较特点如下。

1. 调零电位器 R_P的作用

差分放大器电路的结构要求左右两边电路完全对称,要实现它在实际上是不可能的。为了解决这个问题,在电路中设置调零电位器 R_P,该电位器的两端分别接两管的发射极,调节 R_P滑动端,可以改变两管的静态工作点,以解决两三极管不可能完全对称的问题。

2. 反馈电阻 R_e 的作用

R_e 为两三极管发射极的公共电阻,该电阻是直流反馈电阻,利用该电阻直流反馈的作用,可稳定两个三极管的静态工作点,R_e 的值越大,静态工作点越稳定。稳定过程如下:$T\uparrow\rightarrow I_{C1}\uparrow\rightarrow I_E\uparrow\rightarrow U_{R_e}\uparrow\rightarrow U_{BE_1}\downarrow\rightarrow I_{B_1}\downarrow\rightarrow I_{C_1}\downarrow$。可见,由于 R_e 上电压增高使每个管子的漂移得到抑制,起到反馈的作用,共模信号的抑制过程与上述一致,所以 R_e 又称共模抑制电阻。在差分放大器中,R_e 对输入信号的影响可分两种情况来讨论。

(1) R_e 对差模输入信号的影响

差分放大器在差模输入信号的激励下,因差模输入信号 $u_{i1}=-u_{i2}$,将使两三极管的电流产生异向的变化,在两管对称性足够好的情况下,R_e 上将流过等值反向的电流,这两个信号电流在 R_e 上的压降为零,即 R_e 对差模信号的作用为零,没有反馈的作用,相当于短路。

(2) R_e 对共模输入信号的影响

差分放大器在共模输入信号的激励下,因共模输入信号 $u_{i1}=u_{i2}$,将使两三极管的电流产生同向的变化,在两管对称性足够好的情况下,R_e 上将流过等值同向的电流,这两个信号电流在 R_e 上的压降为 $2I_{EQ1}R_e$,即 R_e 对共模信号的作用与 R_e 成比例,R_e 越大,共模信号的放大倍数将下降得越多,反映了 R_e 对共模信号的抑制作用越强,所以,R_e 又称为共模反馈电阻。

3. 负电源 V_{EE}的作用

共模反馈电阻 R_e 越大,对共模信号的抑制作用越强,但在直流电源 V_{CC} 值一定的情况下,两三极管 U_{CEQ}的值就越小,这会影响放大器的动态范围。为了解决这个问题,接入负电源

V_{EE}，其目的是补偿 R_e 上的直流压降，将三极管发射极的电位拉低，使放大器既可选用较大的 R_e，又有合适的静态工作点。通常，负电源 V_{EE} 和正电源 V_{CC} 的值相等。

2.9.3　差分放大电路对差模信号的放大

1. 静态分析

因电路中没有电容元件，根据静态工作点的定义，只要将如图 2-55 所示的电路输入端 u_{i1} 短路接地，就可得如图 2-56 所示的直流通路。图中，电路的供电电源有两个，V_{CC} 和 $-V_{EE}$。电路的左右两边结构对称，元件特性与参数完全相同；R_P 调零电位器计算静态工作点时，将 R_P 的滑动端调在中点，较小，估算时可忽略。由此可得，三极管 T_1 和 T_2 在同一直流电源供电的情况下，具有相同的静态工作点，所以只要计算单管的静态工作点即可。

在 T_1 管的输入端，选回路循行方向，如图 2-56 所示，根据 KVL 可得

$$I_{BQ}R_b + U_{BEQ} + 2I_{EQ}R_e = V_{EE}$$

前两项比第三项小得多，可略去，有

$$I_{CQ} \approx I_{EQ} \approx \frac{V_{EE}}{2R_e}$$

$$V_E \approx 0$$

$$I_{BQ} = \frac{I_{CQ}}{\beta} \approx \frac{V_{EE}}{2\beta R_e}$$

$$U_{CEQ} \approx V_{CC} - I_{CQ}R_c \approx V_{CC} - \frac{V_{EE}R_c}{2R_e}$$

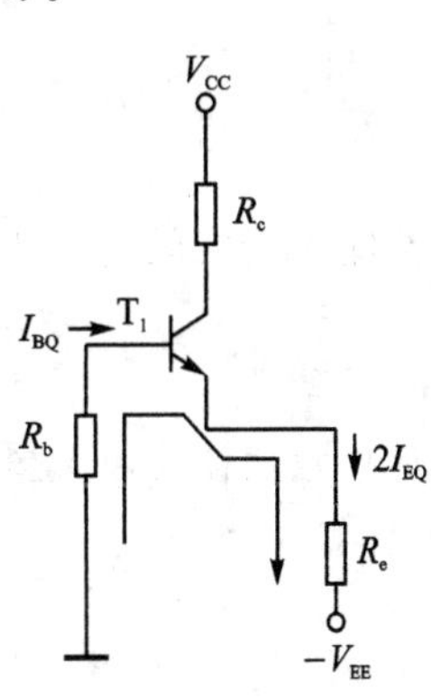

图 2-56　单管直流通路

2. 动态分析

因差模信号 $u_{i1} = -u_{i2}$，所以差模信号在发射极电阻 R_e 上所激励的电压大小相等，位相相反，互相抵消，相当于 R_e 对差模信号没有作用，根据这个特点，可得差分放大器对差模输入信号的交流通路如图 2-57 所示。单管微变等效电路如图 2-58 所示，由图可得出单管差模电压放大倍数为

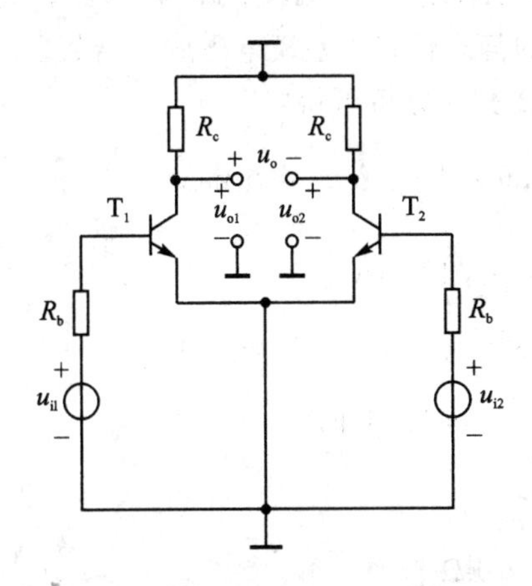

图 2-57　差分放大器对差模输入信号的交流通路

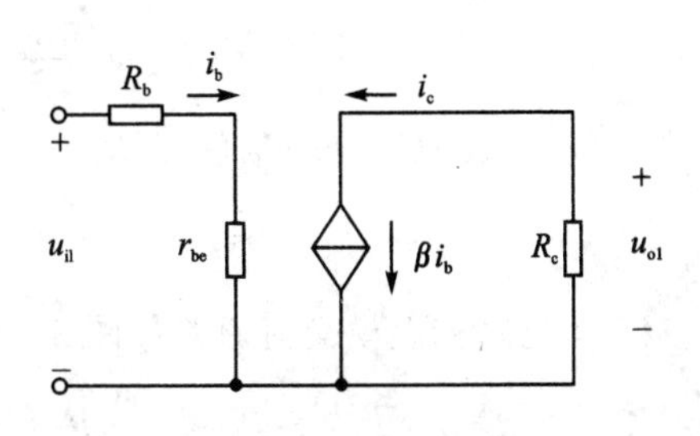

图 2-58　单管微变等效电路

$$A_{d1}=\frac{u_{o1}}{u_{i1}}=\frac{-\beta i_b R_c}{i_b(R_b+r_{be})}=-\frac{\beta R_c}{R_b+r_{be}}$$

$$A_{d2}=\frac{u_{o2}}{u_{i2}}=-\frac{\beta R_c}{R_b+r_{be}}=A_{d1}$$

双端输出电压为

$$u_o=u_{o1}-u_{o2}=A_{d1}u_{i1}-A_{d2}u_{i2}=A_{d1}(u_{i1}-u_{i2})$$

双端输入-双端输出差动电路的差模电压放大倍数为

$$A_d=\frac{u_o}{u_{i1}-u_{i2}}=A_{d1}=-\frac{\beta R_c}{R_b+r_{be}}$$

当输出端接有负载电阻 R_L 时，其中点相当于交流接地，两管各带一半负载

$$A_d=-\frac{\beta R_{L'}}{R_b+r_{be}}$$

$$R'_L=R_c \mathbin{/\!/} \frac{R_L}{2}$$

两输入端之间的差模输入电阻和输出电阻分别为

$$r_i=2\ (R_b+r_{be})$$

$$r_o\approx 2R_c$$

如果双端输入单端输出，则从 T_1 输出和从 T_2 输出分别为

$$A_d=\frac{u_{o1}}{u_{i1}-u_{i2}}=\frac{u_{o1}}{2u_{i1}}=-\frac{1}{2}\ \frac{\beta R_c}{R_b+r_{be}}\text{(反向输出端)}$$

$$A_d=\frac{u_{o2}}{u_{i1}-u_{i2}}=-\frac{u_{o2}}{2u_{i2}}=\frac{1}{2}\ \frac{\beta R_c}{R_b+r_{be}}\text{(同向输出端)}$$

当采用单端输出方式时，设把 T_1 的集电极作为输出端，由于 T_1 基极的电压相位和输出端的电压相位相反，因此，T_1 的基极就为反相输入端，T_2 的基极为同相输入端。

通过分析电路，可以看出，采用单端输入，由于电路的对称性，使输入电压分成两半，以差模形式加到两端的输入电路上，因此，其工作状态与双端输入时是基本相同的。

【例 2-10】 如图 2-55 所示的双端输入-双端输出的差分放大电路中，已知三极管的放大系数 $\beta=50$，$R_{c1}=R_{c2}=10\ \text{k}\Omega$，$R_P=100\ \Omega$，$R_e=10\ \text{k}\Omega$，$R_b=10\ \text{k}\Omega$，电源为 ± 12 V 电源供电，并在负载端接负载电阻 $R_L=20\ \text{k}\Omega$，试求① 电路的静态值；② 差模电压放大倍数。

【解】 ① R_P 较小，估算时可忽略，由直流通路图 2-56 分析可得

$$I_{CQ}\approx\frac{V_{EE}}{2R_e}=\frac{12}{2\times 10\times 10^3}\ \text{A}=0.6\times 10^{-3}\ \text{A}=0.6\ \text{mA}$$

$$I_{BQ}=\frac{I_C}{\beta}=\frac{0.6}{50}\ \text{mA}=0.012\ \text{mA}$$

$$U_{CE}\approx U_{CC}-I_C R_c=(12-10\times 10^3\times 0.6\times 10^{-3})\ \text{V}=6\ \text{V}$$

$$r_{be}=300\ \Omega+(1+\beta)\ \frac{26\ \text{mA}}{I_E}=2.51\ \text{k}\Omega$$

(2) 电路的差模交流通路如图 2-57 所示，有

$$R'_L=R_c \mathbin{/\!/} \frac{1}{2}R_L=5\ \text{k}\Omega$$

$$A_d=-\frac{\beta R'_L}{R_b+r_{be}}=-\frac{50\times 5}{10+2.51}=-20$$

差分放大器显著的特点是结构对称，有两个输入和两个输出。两个输入、两个输出可组成 4 种输入-输出组态。这 4 种组态分别是：双端输入、双端输出；双端输入、单端输出；单端输入、双端输出；单端输入、单端输出。4 种接法的差分放大电路的比较情况如表 2-2 所列。

表 2-2　4 种接法的差分放大电路的比较

电路接法	双入、双出	双入、单出	单入、双出	单入、单出
差模放大倍数 A_{ud}	$-\dfrac{\beta R_c}{R_b+r_{be}}$	$\pm\dfrac{1}{2}\dfrac{\beta R_c}{R_b+r_{be}}$	$-\dfrac{\beta R_c}{R_b+r_{be}}$	$\pm\dfrac{1}{2}\dfrac{\beta R_c}{R_b+r_{be}}$
共模放大倍数 A_{uc}	0	$\approx\pm\dfrac{R_c /\!/ R_L}{2R_e}$	0	$\approx\dfrac{R_c /\!/ R_L}{R_e}$
差模输入电阻 R_{id}	$2(R_b+r_{be})$			
输出电阻 R_o	$2R_c$	R_c	$2R_c$	R_c

2.9.4　共模抑制比

双端输出时的共模电压放大倍数 A_{uc} 为

$$A_{uc}=\frac{U_{oc}}{U_{ic}}=\frac{U_{oc1}-U_{oc2}}{U_{ic}}=0$$

如果采用双端输入-单端输出的方式，则共模电压放大倍数为

$$A_{uc1}=\frac{U_{oc1}}{U_{ic}}=-\frac{\beta R_c}{R_b+r_{be}+(1+\beta)2R_e}$$

通常 $\beta\gg1, 2\beta R_e\gg R_b+r_{be}$，故上式可简化为

$$A_{uc1}\approx-\frac{R_c}{2R_e}$$

从上述讨论可知，共模电压放大倍数越小，对共模信号的抑制作用就越强，放大器的性能就越好。在电路完全对称的条件下，双端输出的差分放大器对共模信号没有放大能力，完全抑制了零点漂移。若电路完全对称理想

$$A_{uc}=0$$

$$U_o=A_{ud}(U_{i1}-U_{i2})=A_{ud}U_{id}$$

若电路不完全对称则 $A_{uc}\neq0$

$$U_o=A_{uc}U_{ic}+A_{ud}U_{id}$$

共模信号就对输出有影响。实际上，电路不可能完全对称，A_{uc} 并不为零，但由于 R_e 的负反馈作用，对共模信号的抑制能力还是很强的。在 R_e 取值足够大的情况下，即使是单端输出，也能把 A_{uc1} 压得很低。如果电路不对称，则共模放大倍数不为零，所以双端输入-双端输出时的 A_{uc} 应由下式计算得出：

$$A_{uc}=A_{uc1}-A_{uc2}$$

定义： 差模电压放大倍数 A_{ud} 与共模电压放大倍数 A_{uc} 之比，称为差动放大电路的共模抑制比，用 K_{CMR} 表示，即

$$K_{CMR}=\frac{A_d}{A_c}$$

由上式可见，差模电压增益越大，共模电压增益越小，电路抑制共模的能力越强，放大器的性能越好。共模抑制比有时也用分贝数来表示，即

$$K_{CMR}=20\lg\frac{A_d}{A_c}\qquad(单位:dB)$$

共模抑制比说明了差分放大器对共模信号的抑制能力,其值越大,则抑制能力越强,放大器的性能越好。对于单端输出电路,可以得到共模抑制比

$$K_{CMR}=\frac{A_{ud1}}{A_{uc1}}=\frac{\beta R_e}{R_b+r_{be}}$$

上式表明,提高共模抑制比的主要途径是增加 R_e 的阻值。但是 R_e 过大,必然要提高辅助电源的电压,而在集成电路中制作高阻值电阻并不容易,为了在不用提高电源的情况下能够显著地增大 R_e,可用晶体管构成的恒流源来代替 R_e,有关知识可参阅相关书籍。恒流源来替代 R_e,构成采用恒流源的长尾式差动放大电路,对该电路此处不加以讨论。

为帮助学习提供如下差分放大电路的放大作用的电路特点口诀:

"抑共模,含零漂;放大差模,质量好"。

"差分放大质量好,结构对称是关键"。

"差放电路若典型,长尾决定工作点"。

"偏置采用恒流源,放大性能更理想"。

"差放电路巧使用,入出方式很灵活"。

*2.10 场效应管电压放大器

场效应管放大电路与晶体管放大电路一样,也有共源、共栅和共漏三种组态。下面以 N 沟道 MOS 管为例来讨论场效应管放大电路。

N 沟道 MOS 管共源电压放大器的电路组成如图 2-59 所示。由图可见,该电路的结构与工作点稳定的三极管电压放大器很相似。图中,R_{g1} 和 R_{g2} 为偏置电阻,它们的作用与三极管电路中的 R_{b1} 和 R_{b2} 相同,是给电路提供合适的静态工作点;R_{g3} 的作用是提高电路的输入阻抗;R_d、R_S 和 C_S 的作用与三极管电路中的 R_c、R_e 和 C_e 的作用相同。

1. 静态分析

对三极管放大电路进行静态分析的目的是计算电路的静态工作点 $Q(I_{BQ}、I_{CQ}、U_{CEQ})$。对场效应管放大电路进行静态分析的目的,也是计算电路的静态工作点 Q,由于场效应管是压控元件,所以静态工作点 Q 为 U_{GSQ}、I_{DQ} 和 U_{DSQ}。计算静态工作点所用的直流通路如图 2-60 所示。

因场效应管栅-源之间的电阻很大,可当开路处理,根据电路分析的知识,可得计算电路静态工作点的公式为

$$U_g=\frac{R_{g2}}{R_{g1}+R_{g2}}V_{dd}$$

$$I_{DQ}=I_{DO}\left(\frac{U_{GSQ}}{U_{GS(th)}}-1\right)^2$$

$$U_{SQ}=I_{DQ}R_S$$

$$U_{DSQ}=V_{dd}-I_{DQ}(R_D+R_S)$$

$$U_{GSQ}=U_{GQ}-U_{SQ}$$

联立上面 5 个方程式可求得静态工作点 $Q(U_{GSQ}$、I_{DQ} 和 $U_{DSQ})$。

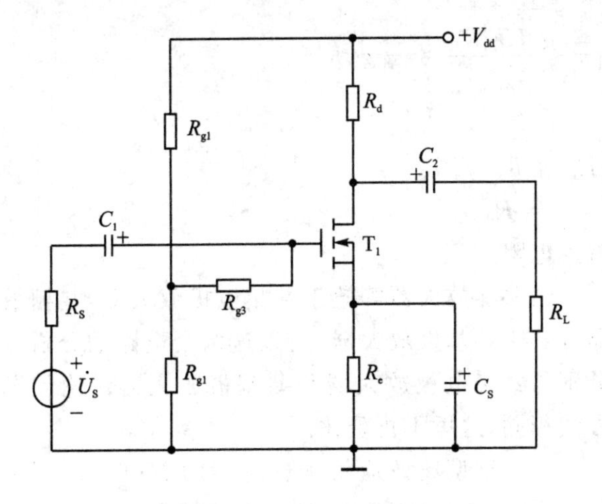

图 2-59　场效应管放大电路

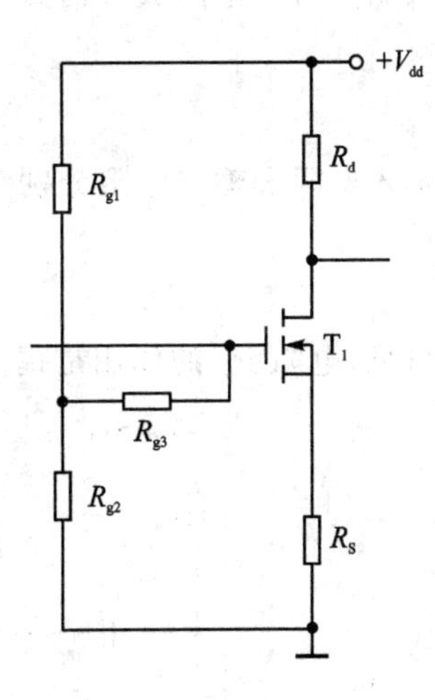

图 2-60　直流通路

2. 动态分析

与三极管放大电路一样,对场效应管放大电路进行动态分析的目的,主要也是计算电路的电压放大倍数、输入电阻和输出电阻。

进行动态分析所用的电路也是微变等效电路,场效应管微变等效电路的模型如图 2-61 所示。图 2-61(a)是低频模型,用于低频小信号的分析;图 2-61(b)是高频模型,用于高频信号和频响特性的分析。

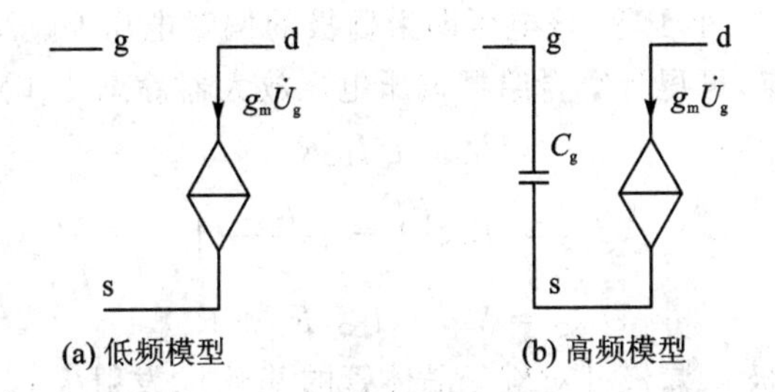

图 2-61　场效应管微变等效电路

场效应管共源电压放大器的微变等效电路如图 2-62 所示。

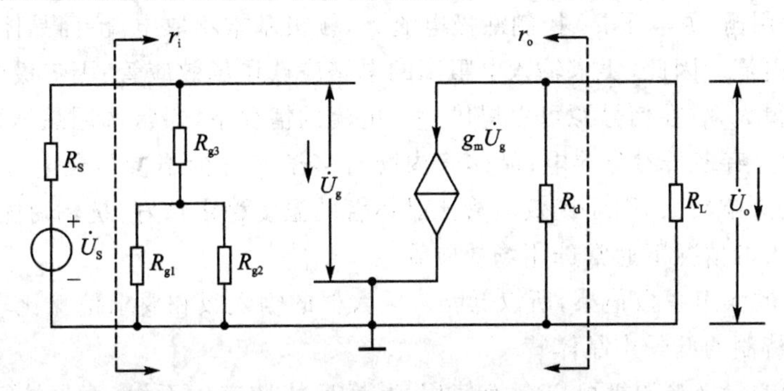

图 2-62　共源电压放大器的微变等效电路

根据图可得电压放大倍数为

$$\dot{A}_u = \frac{\dot{U}_o}{\dot{U}_i} = -\frac{g_m \dot{U}_{GS} R'_L}{\dot{U}_{GS}} = -g_m R'_L$$

输入电阻和输出电阻分别为

$$r_i = R_{g3} + R_{g1} \mathbin{/\!/} R_{g2}$$

$$r_o = R_d$$

可见,电阻 R_{g3} 的作用是提高电路的输入电阻。

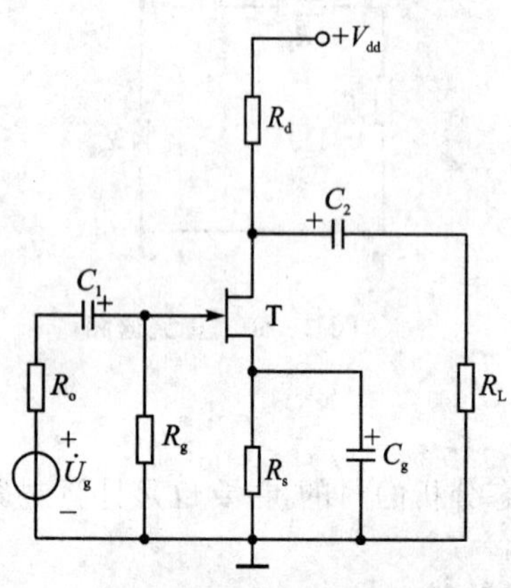

图 2-63 自给栅偏压场效应管的电压放大器

因共漏放大器等效于共集电极放大器,共栅放大器等效于共基极放大器,所以这两个电路的分析方法分别与共集电极放大器和共基极放大器讨论问题的方法相同,这里不再赘述。

对于结型场效应管和耗尽型的 MOS 管,因为在栅-源之间不加电压时,管子内部就有导电沟道的存在,所以可采用自给栅偏压的方法来组成场效应管电压放大器。下面以 N 沟道结型场效应管为例,讨论自给栅偏压场效应管的电压放大器。自给栅偏压场效应管电压放大器的电路组成如图 2-63 所示。该电路产生偏压的原理是:在静态时,由于场效应管的栅极电流为零,所以,电阻 R_g 上的电流也为零,栅极电位 U_{GQ} 也等于零,但场效应管的漏极电流 I_{DQ} 不等于零,I_{DQ} 在源极电阻 R_S 上的电压值 $U_G = I_{DQ}R_S$ 大于零,使得栅-源电压 U_{GS} 小于零,该电压即为栅极的偏置电压 U_{GSQ},即栅偏压是由 $I_{DQ}R_S$ 自给产生的。根据这一特点,可得计算自给栅偏压电压放大器静态工作点的公式为

$$U_{GSQ} = I_{DQ} R_s$$

$$I_{DQ} = I_{DSS}\left(1 - \frac{u_{GS}}{U_{GS(th)}}\right)^2$$

$$U_{DSQ} = V_{dd} - I_{DQ}(R_d + R_s)$$

场效应管的栅 g、源极 s、漏极 d 对应于晶体管的基极 b、发射极 e、集电极 c,它们的作用相类似。

场效应管和三极管的主要差别如下:

① 场效应管用栅-源电压 u_{GS} 控制漏极电流 i_D,栅极基本不取电流;而晶体管工作时,基极总要索取一定的电流。因此,要求输入电阻高的电路应选用场效应管;因三极管的电压放大倍数比场效应管来得大,故在信号源可以提供一定电流的情况下,通常选用晶体管。

② 场效应管只有多子参与导电;晶体管内既有多子又有少子参与导电,而少子数目受温度、辐射等因素的影响较大,因而场效应管比晶体管的温度稳定性好,抗辐射能力强。因此,在环境条件变化很大的情况下通常选用场效应管。

③ 场效应管的噪声系数很小,所以低噪声放大器的输入级和要求信噪比较高的电路通常选用场效应管或特制的低噪声晶体管。

④ 场效应管的漏极与源极可以互换使用,互换后特性变化不大;而晶体管的发射极与集电极互换后特性差异很大,因此只在特殊需要时才互换。

⑤ 场效应管比晶体管的种类多，特别是耗尽型 MOS 管，栅-源电压 u_{GS} 可正、可负、可零，均能控制漏极电流。因而在组成电路时场效应管比晶体管有更大的灵活性。

⑥ 场效应管和晶体管均可用于放大电路和开关电路，它们构成了品种繁多的集成电路。但由于场效应管集成工艺更简单，且具有耗电省、工作电源电压范围宽等优点，因此场效应管被广泛用在集成电路的制造中。

*2.11　功率放大器

功率放大器简称功放，它和其他放大电路一样，实际上也是一种能量转换电路，这一点它和前面学的电压放大电路没有本质区别。但是它们的任务是不相同的，电压放大电路属小信号放大电路，主要用于增强电压或电流的幅度，而功率放大器的主要任务是为了获得一定的不失真的输出功率，一般在大信号状态下工作。放大电路的最后级电路一般都是功率放大级，输出信号去驱动负载，如：驱动扬声器，使之发出声音；驱动电机伺服电路，驱动显示设备的偏转线圈；控制电机运动状态等。

2.11.1　功率放大器的特点及分类

为了实现尽量大的输出功率，要求功放管的电压和电流都要有足够大的输出幅度，因此，三极管往往工作在极限的状态下。工作在大信号极限状态下的三极管，不可避免地会产生非线性失真，且同一个三极管，输出功率越大，非线性失真越严重，功放管的非线性失真和输出功率是一对矛盾。在不同的应用场合，处理这对矛盾的方法各不相同。例如，在音响系统中，要求在输出功率一定时，非线性失真要尽量小；而在工业控制系统中，通常对非线性失真不要求，只要求功放的输出功率足够大。在功率放大器中，因功放管的集电极电流较大，所以，功放管的集电极将消耗大量的功率，使功放管的集电极温度升高。为了保护功放管不会因温度太高而损坏，必须采用适当的措施对功放管进行散热。另外，在功率放大电路中，为了输出较大的信号功率，功放管往往工作在大电流和高电压的情况下，功放管损坏的概率比较大，采取措施保护功放管也是功放电路要考虑的问题。此外，在分析方法上，功放电路也不能采用前面介绍的微变等效电路分析法，而必须采用图解分析法。

尽量提高功率转换的效率，放大器在信号作用下向负载提供的输出功率是由直流电源转换来的，在转换时，管子和电路中的耗能元件均要消耗功率，设放大器的输出功率为 P_o，电源消耗的功率为 P_E，则功放电路的效率为

$$\eta = \frac{P_o}{P_E}$$

按照输入信号频率的不同，功率放大器可分为低频功率放大器和高频功率放大器。低频功率放大器常常又可以按照以下几种方式分类。

按照功率放大器与负载之间的耦合方式不同，可分为：

① 变压器耦合功率放大器；

② 电容耦合功率放大器，也称为无输出变压器功率放大器，即 OTL 功率放大器；

③ 直接耦合功率放大器，也称为无输出电容功率放大器，即 OCL 功率放大器；

④ 桥接式功率放大器，即 BTL 功率放大器。

按照三极管静态工作点选择的不同可分为：

① 甲类功率放大器。三极管工作在正常放大区，且 Q 点在交流负载线的中点附近；输入信号的整个周期都被同一个晶体管放大，所以静态时管耗较大，效率低(最高效率也只能达到50%)。前面学习的晶体管放大电路基本上都属于这一类。

② 乙类功率放大器。工作在三极管的截止区与放大区的交界处，且 Q 点为交流负载线和 $i_b=0$ 的输出特性曲线的交点。输入信号的一个周期内，只有半个周期的信号被晶体管放大，因此，需要放大一个周期的信号时，必须采用两个晶体管分别对信号的正负半周放大。在理想状态下，静态管耗为零，效率很高。

③ 甲乙类功率放大器。工作状态介于甲类和乙类之间，Q 点在交流负载线的下方，靠近截止区的位置。输入信号的一个周期内，有半个多周期的信号被晶体管放大，晶体管的导通时间大于半个周期小于一个周期。甲乙类功率放大器也需要两个互补类型的晶体管交替工作，才能完成对整个信号周期的放大。

此外，按照 Q 点不同，还有一种丙类功放，它的工作点在截止区。晶体管的导通时间小于半个周期，它属于高频功放，多用于通信电路中对高频信号的放大，本章不作介绍。

另外，根据功放电路是否集成，还可分为：分立元件式和集成功放。

2.11.2 乙类互补对称功率放大器

工作在乙类状态下的放大电路，虽然管耗小，效率高，但输入信号的半个波形被削掉了，产生了严重的失真现象。解决失真问题的方法是，用两个工作在乙类状态下的放大器，分别放大输入的正、负半周信号，同时采取措施，使放大后的正、负半周信号能加在负载上面，在负载上获得一个完整的波形。利用这种方式工作的功放电路称为乙类互补对称电路，也称为推挽功率放大电路。

推挽功率放大电路有单电源和双电源两种类型。单电源的电路通常称为OTL(无输出变压器)功率放大器，双电源的电路通常称为OCL(无输出电容)功率放大器，下面以OCL电路为例，来讨论功率放大器的工作原理。

1. OCL功放电路的组成

OCL功率放大器的电路组成如图2-64所示。由图可见，OCL功率放大器有两个供电电源，且采用NPN和PNP组成的共集电极对称电路来实现对正、负半周输入信号的放大。

该电路的工作原理是：当输入信号为正半周时，三极管 T_2 因反向偏置而截止，三极管 T_1 因正向偏置而导通，三极管 T_1 对输入的正半周信号实施放大，在负载电阻上得到放大后的正半周输出信号。当输入信号为负半周时，三极管 T_1 因反向偏置而截止，三极管 T_2 因正向偏置而导通，三极管 T_2 对输入的负半周信号实施放大，在负载电阻上得到放大后的负半周输出信号。虽然正、负半周信号分别是由两个三极管放大的，但两三极管的输出电路都是负载电阻 R_L，输出的正、负半周信号将在负载电阻 R_L 上合成一个完整的输出信号，如图2-64所示。

OCL电路为了使合成后的波形不产生失真，要求两个不同类型三极管的参数要对称。

2. 交越失真的消除方法

工作在乙类状态下的放大电路，因发射结"死区"电压的存在，在输入信号的绝对值小于"死区"电压时，因两个三极管均不导电，输出信号电压为零，产生信号交接的失真，这种失真称为交越失真，如图 2-65 所示。

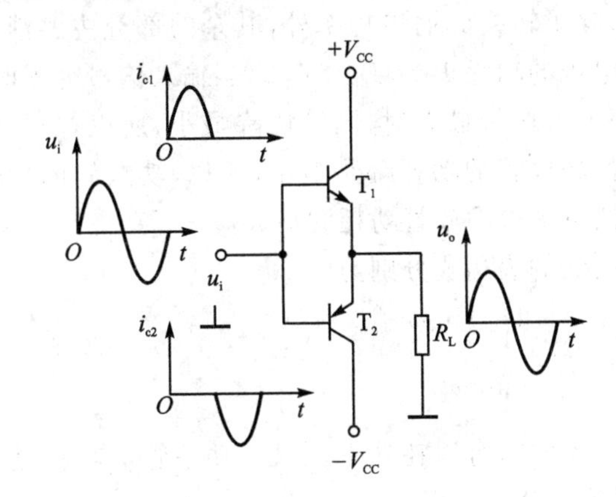

图 2-64　OCL 功率放大器

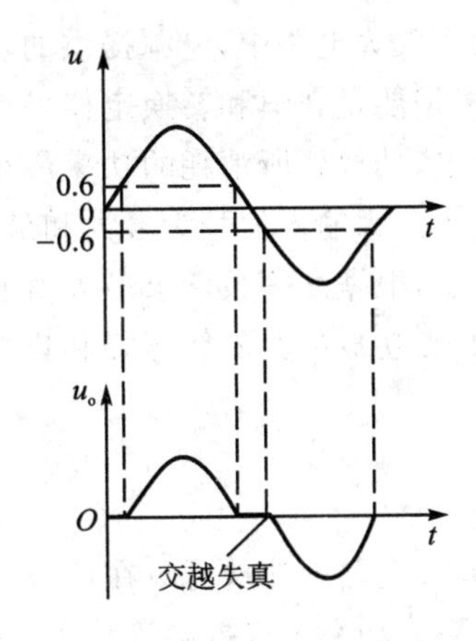

图 2-65　OCL 功率放大器输出波形

消除交越失真的方法是：让两个三极管工作在甲乙类的状态下。处在甲乙类状态下工作的三极管，其静态工作点的正向偏置电压很小，两个管子在静态时处在微导通的状态，当输入信号输入时，管子即进入放大区对输入信号进行放大。处在甲乙类状态下工作的 OCL 功放电路如图 2-66 所示。图中，电阻 R_1 和 R_2，二极管 D_1 和 D_2 分别组成三极管 T_1 和 T_2 的偏置电路，用来消除交越失真。

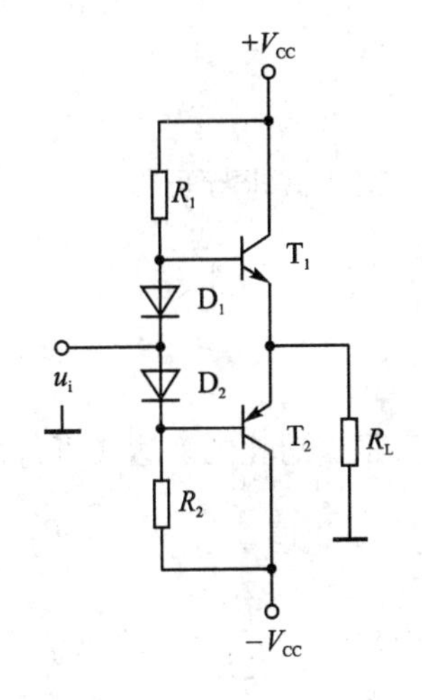

图 2-66　消除交越失真电路

3. OCL 功放电路晶体管的选择

在功放电路中，为了保证功放管的安全运行，功放管所承受的最大管压降、集电极最大电流和最大功耗等参数应满足电路的要求。这些参数是选择功放管的依据，下面来介绍 OCL 功放电路晶体管选择的原则。

(1) 最大管压降

从 OCL 功放电路的工作原理可知，在两只功放管中，处在截止状态的那只三极管将承受更大的管压降。

设输入信号为正半周时，三极管 T_1 因正向偏置而导通，三极管 T_2 因反向偏置而截止。当 u_i 从零逐渐增大到最大值时，两三极管的发射极电位也从零逐渐增大到最大值

$$V_{CC}-U_{CES}\approx V_{CC}$$

因此，T_2 管的管压降为

$$U_{EC2}=V_{E2}-V_{C2}=V_{CC}-(-V_{CC})=2V_{CC}$$

即功放管的最大管压降为功放管供电电源电压的两倍。

(2) 集电极最大电流

由 OCL 功放电路的工作原理可得，功放管集电极的最大电流等于负载电流的最大值，因负载电阻上的最大电压约等于电源电压 V_{CC}，所以，功放管集电极电流的最大值为

$$I_{C,\max}=\frac{V_{CC}}{R_L}$$

(3) 集电极最大功耗

在功率放大电路中,电源提供的功率,除了转换成输出功率外,其余的部分主要消耗在功放管上,根据能量守恒和转换定律可得集电极的功耗 $P_T \approx P_E - P_O$。当输入信号为零时,因功放管不导电,功放管所消耗的功率最小;当输入信号最大时,因管压降最小,所以,功放管的功耗也是最小。因输入信号为最大和最小时,功放管的功耗都是最小,所以,功放管的功耗存在着最大值点,根据高等数学求最大值的方法可求得功放管功耗的最大值。

设 OCL 功放电路的管压降和集电极电流的表达式分别为

$$u_{ce} = V_{CC} - U_{cm} \sin \omega t$$

$$i_c = \frac{U_{cm}}{R_L} \sin \omega t$$

因 OCL 电路中功放管只在信号的半个周期内有消耗功率,所以,功放管的功耗是功放管所消耗的平均功率。根据高等数学求平均值的公式可得

$$P_T = \frac{1}{T}\int_0^{\frac{T}{2}} u_{ce} i_c \mathrm{d}t = \frac{1}{T}\int_0^{\frac{T}{2}} (V_{CC} - U_{cm} \sin \omega t) \frac{U_{cm}}{R_L} \sin \omega t \mathrm{d}t = \frac{1}{R_L}\left(\frac{V_{CC}U_{cm}}{\pi} - \frac{U_{cm}^2}{4}\right)$$

对上式求导可得

$$\frac{\mathrm{d}P_T}{\mathrm{d}U_{cm}} = \frac{1}{R_L}\left(\frac{V_{CC}}{\pi} - \frac{2U_{cm}}{4}\right) = 0$$

$$U_{cm} = \frac{2}{\pi} V_{CC} \approx 0.6 V_{CC}$$

根据功耗的表达式可得最大功耗为

$$P_{TM} = \frac{U_{cm}^2}{R_L} = \frac{4V_{CC}^2}{\pi^2 R_L} = \frac{2}{\pi^2} P_{OM} \approx 0.2 P_{OM}$$

式中,$P_{OM} = \frac{U_{cm}^2}{2R_L}$是输出信号功率的最大值,该值为每个三极管输出信号功率最大值的两倍。功放管集电极的最大功耗仅为输出功率最大值的 1/5,在具体选择管子时应注意留有一定的余量。

功放电路中所使用的功放管在参数上除了要满足上述公式的要求外,还要注意功放管的散热问题。功放管常用的散热片结构如图 2-67 所示。

散热片通常由铝片组成,表面纯化涂黑,有利于热辐射。为利于通风,功放管的散热片通常垂直安装在电路中,在条件许可的情况下,利用电风扇强制通风,可获得更大的耗散功率。

4. OTL 功放电路的组成和工作原理

(1) 电路的组成

OCL 功放电路需要双电源供电,在只有单电源供电的电子设备中不适用。在单电源供电的电子设备中,功放电路采用 OTL 电路,该电路的组成如图 2-68 所示。

由图可见,OTL 电路和 OCL 电路的组成基本相同,主要差别除了单电源供电外,负载电阻 R_L通过大容量的电容器 C 与 OTL 电路的输出端相连。

(2) 工作原理

该电路的工作原理是:当正半周信号输入时,功放管 T_1 导通,T_2 截止,T_1通过 C 输出正半

周放大信号的同时，电源也对大容量电容器 C 充电。充电电流如图中的 i_1 所示；当负半周信号输入时，功放管 T_2 导通，T_1 截止，电容 C 通过 T_2 放电的同时输出负半周放大信号，放电电流如图中的 i_2 所示。

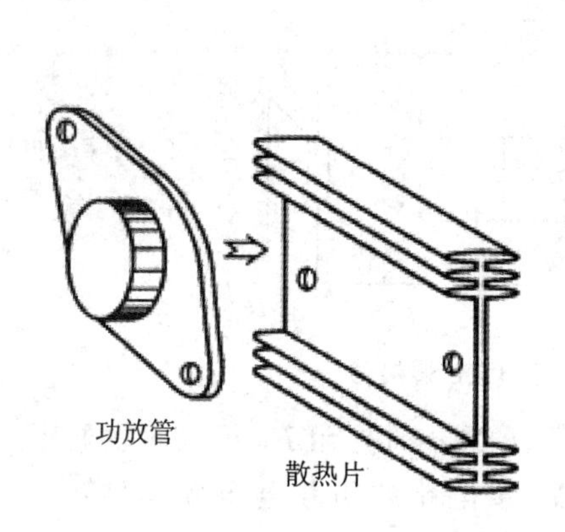

图 2-67 常用功放管散热片结构

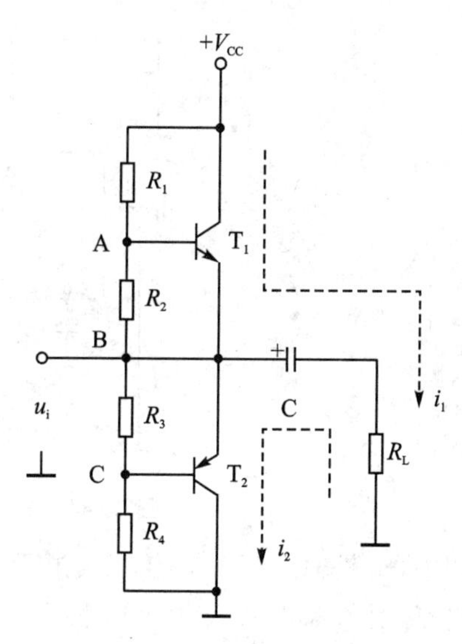

图 2-68 OTL 电路

由上面的讨论可见，电路中大容量的电容器 C 除了是交流信号的耦合电容外，还是功放管 T_2 的供电电源。

【例 2-11】 设如图 2-68 所示电路的 $R_1=R_4=120\ \Omega$，$R_2=R_3=100\ \Omega$，电源电压 $V_{CC}=3\ V$，负载电阻 $R_L=8\ \Omega$，求静态时 A、B、C 各点的电位值；在理想情况下，输出信号功率的最大值 P_{OM} 和电路的转换效率 η。

【解】 因静态时，两个功放管均处在导通边缘的截止状态，电源电压通过电阻分压电路对电容器 C 充电，根据电路对称性的特点可得，电容器 C 上的电压值为电源电压的一半，所以静态时 B 点的电位值为 1.5 V，A 点的电位值为 2.2 V，C 点的电位值为 0.8 V。因 B 点的电位值为 1/2 的电源电压值，所以，输出交流信号的最大值也是电源电压值的一半，即

$$U_{Om}=\frac{V_{CC}}{2}$$

可得

$$P_{OM}=\frac{U_O^2}{R_L}=\frac{\left(\frac{V_{CC}}{2\sqrt{2}}\right)^2}{R_L}=\frac{V_{CC}^2}{8R_L}=0.14$$

$$\eta=\frac{P_o}{P_E}=\frac{\pi}{4}=78.5\%$$

为了克服 OTL 电路中的电容器 C 对功放电路低频特性的影响，还可采用 BTL 电路桥式推挽功率放大电路，详细内容参阅有关书籍。

2.11.3 集成功率放大电路

随着集成电路技术的发展，集成功率放大电路的产品越来越多，下面以 DG4100 型集成功

率放大电路为例,来讨论集成功率放大电路的使用方法。

DG4100 型集成功率放大器共有 14 个引脚,组成 OTL 电路的典型连接方法如图 2-69 所示。

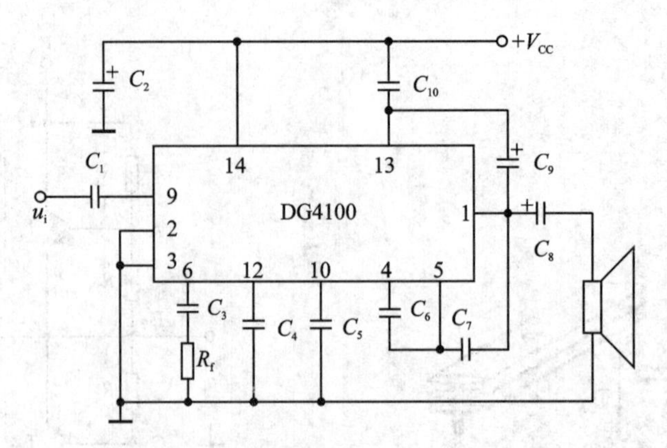

图 2-69 DG4100 电路的典型 OTL 连接图

图中,C_1是输入耦合电容,C_2是电源滤波电容;C_3、R_f和内部电阻 R_{11}组成串联电压交流负反馈电路,引入深度负反馈来改善电路的交流性能,该电路的闭环电压放大倍数为 $A_{uf}=1+\frac{R_{11}}{R_f}$;$C_4$是滤波电容,$C_5$是去耦电容,用来保证 T_1管偏置电流的稳定;C_6和 C_7是消振电容,用来消除电路的寄生振荡;C_8是输出电容,C_9是"自举电容",该电容的作用是将输出端的信号电位反馈到 T_7的集电极,使 T_7集电极的电位随输出端信号电位的变化而变化,以加大 T_7管的动态范围,提高功放电路输出信号的幅度;C_{10}的作用是高频衰减,以改善电路的音质。

【本章小结】

本章编写上主要由易于理解的常用放大器事例引入问题,引导思考相关概念、性能指标的具体物理意义。通过本章学习应重点理解下列内容:

① 放大电路是一个由非线性器件(晶体三极管、场效应管)组成的非线性电路,工作时各点的电压和电流都是既有交流又有直流,放大器中的信号是交、直流共存的并且各负其责。交流信号是被放大的量,且信号并非单频正弦波,而是具有很复杂的频率成分;直流信号的作用是使放大器工作在放大状态,且有合适的静态工作点,以保证不失真地放大交流信号。

② 若要使放大器正常的放大交流信号,则必须设置好直流工作状态及工作点,因此首先需要进行直流量的计算;若要了解放大器的交流性能,则需要进行交流量的计算。直流量与交流量的计算均可采用模型分析法,并且分别独立进行,切不可将两种信号混为一谈。放大器的直流等效电路用于直流量的分析;交流小信号等效电路用于交流量的分析。BJT 是非线性器件,不便直接参与电路的计算。在放大器交流小信号等效电路中,采用 BJT 的交流小信号模型。要注意,BJT 的交流小信号模型尽管属于交流模型,但其参数却与直流工作点有关,比如 r_{be}的值是由静态电流 I_{CQ}来决定的。

③ 图解法和小信号模型分析方法是分析放大电路的两种方法。图解法的方法是:先根据放大电路直流通路的直流负载线方程作出直流负载线,并确定静态工作点 Q,再根据交流负载线的斜率为 $-1/R'_L$及过 Q 点的特点,作出交流负载线,并对应画出输入信号、输出信号(电压、电流)的波形,分析动态工作情况。图解法可以充分考虑器件的非线性,但图解法依赖曲线,且

求解麻烦、数据不准，而且较复杂的电路图解法无法求解，因此图解法一般用于大信号(如功率放大电路)的分析以及其他方法不能适用的情况。放大电路基本分析方法应为微变等效电路法。在输入信号很小时，非线性器件可以看作是线性的，可以用一个线性模型代替非线性的晶体三极管，这就是微变等效电路分析法(场效应管放大电路有类似分析)。等效电路是一种线性电路，因此一切线性定理、定律均可使用，如欧姆定律、KCL、KVL、诺顿定理、戴维南定理和叠加原理等。这就给分析计算带来很大方便，使电路的分析计算简化，且很容易计算出电压放大倍数、电流放大倍数、输入电阻和输出电阻等，而且对复杂电路可以求解。

习　　题

2.1.1　放大电路的输入电阻与输出电阻的含义是什么？为什么说放大电路的输入电阻可以用来表示放大电路对信号源电压的衰减程度？为什么说放大电路的输出电阻可以用来表示放大电路带负载的能力？

2.1.2　有两个电压放大倍数相同的放大器 A 和 B，它们的输入电阻不同。若在它们的输入端分别加同一个具有内阻的信号源，在负载开路的条件下，测得 A 的输出电压小，这说明什么？为什么会出现这样的情况？

2.2.1　画出如图 2-70 所示电路的直流通路和交流通路。设所有电容对交流信号均可视为短路。

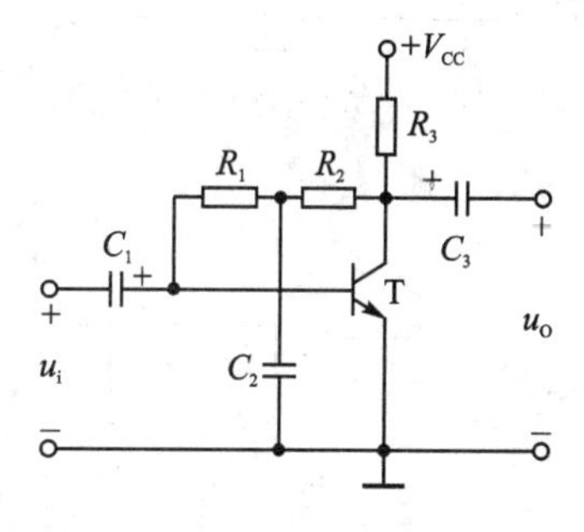

图 2-70　题 2.2.1 图

2.3.1　什么是静态工作点？如何设置静态工作点？若静态工作点设置不当会出现什么问题？估算静态工作点时，应根据放大电路的直流通路还是交流通路？

2.3.2　放大电路的组成原则有哪些？试分析图 2-71 中各电路能否放大，并说明理由。

2.3.3　电路如图 2-72(a)所示，特性曲线如图 2-72(b)所示，若 $V_{CC}=12$ V，$R_c=3$ kΩ，$R_b=200$ kΩ，$U_{BE}=0.7$ V。试求：(1) 用图解法确定静态工作点 I_{BQ}、I_{CQ} 和 U_{CEQ}。(2) R_c 变为 4 kΩ，Q 点移至何处？(3) 若 R_c 为 3 kΩ 不变，R_b 从 200 kΩ 变为 150 kΩ，Q 点将有何变化？

2.3.4　电路如图 2-72(a)所示，BJT 的 $\beta=50$，$U_{BE}=0.7$ V，$V_{CC}=12$ V，$R_b=45$ kΩ，$R_c=3$ kΩ。试求：(1) 电路处于什么工作状态(饱和、放大、截止)？(2) 要使电路工作到放大区，可以调整电路中的哪几个参数？(3) 在 $V_{CC}=12$ V 的前提下，如果 R_c 不变，应使 R_b 为多大，才能保证 $U_{CEQ}=6$ V？

2.4.1　电路如图 2-72(a)所示，设耦合电容的容量均足够大，对交流信号可视为短路，$V_{CC}=12$ V，$R_b=300$ kΩ，$R_c=3$ kΩ，$R_L=\infty$，$U_{BE}=0.7$ V，$\beta=50$，$r'_{bb}=300$ Ω。试求：(1) 画出直流通路，分析静态工作点；(2) 画出微变等效电路并计算该电路的放大倍数 A_u，r_i，r_o。

2.4.2　用示波器分别测得某 NPN 型管的共射极基本放大电路的三种不正常输出电压波形如图 2-73 所示。试分析各属于何种失真？如何调整电路参数来消除失真？

2.4.3　电路如图 2-74(a)所示，图 2-74(b)是晶体管的输出特性，静态时 $U_{BEQ}=0.7$ V。利用图解法分别求出 $R_L=\infty$ 和 $R_L=3$ kΩ 时的静态工作点和最大不失真输出电压 U_{om}(有效值)。

2.4.4　在图 2-74(a)电路中，调整 R_b 的大小，使 $U_{CEQ}=5$ V，如果不考虑 BJT 的反向饱

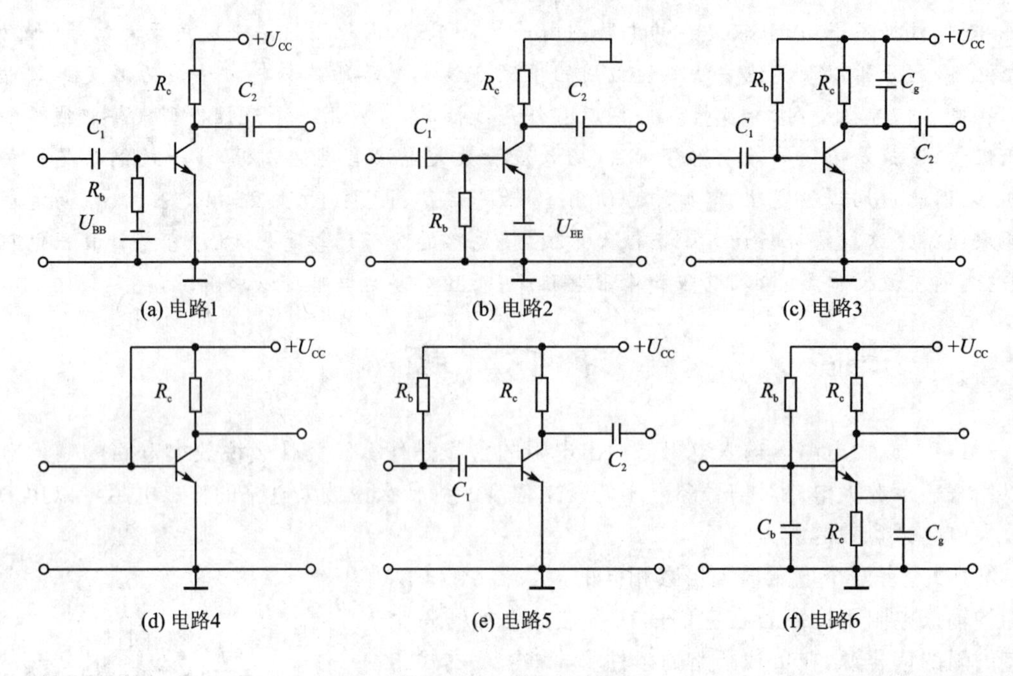

图 2-71　题 2.3.2 图

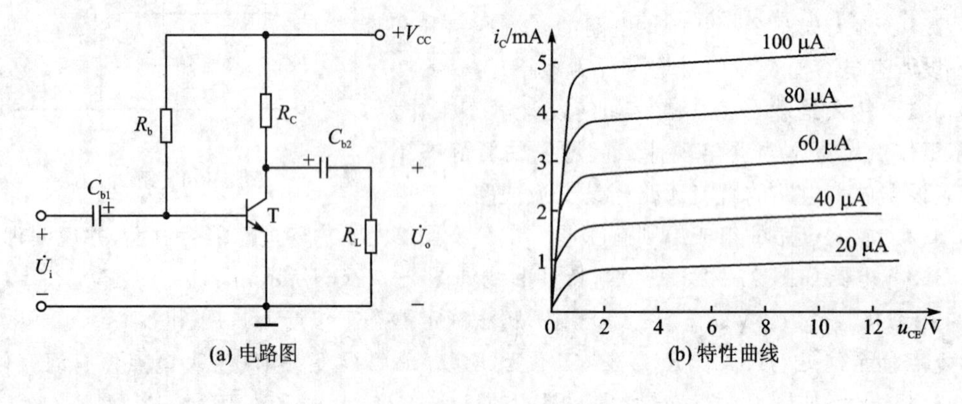

图 2-72　题 2.3.3 图

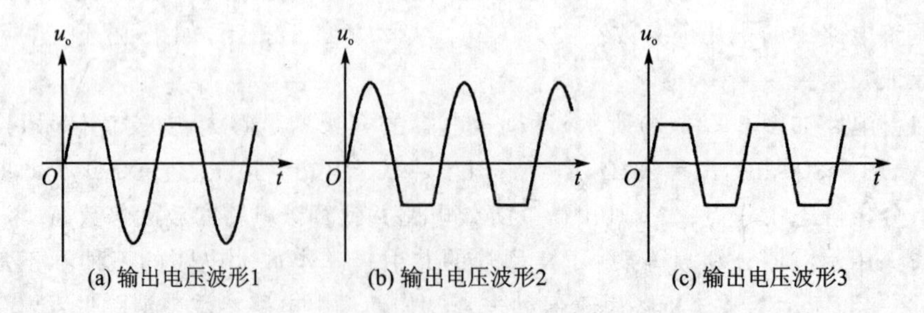

图 2-73　题 2.4.2 图

和电流 I_{CEO} 和饱和压降 U_{CES}，当输入信号 U_i 的幅度逐渐加大时，最先出现的是饱和失真还是截止失真？电路可以得到的最大不失真输出电压的峰值是多大？

2.5.1　如图 2-75 所示电路中，$V_{CC}=15\ \text{V}$，$R_{b1}=60\ \text{k}\Omega$，$R_{b2}=30\ \text{k}\Omega$，$R_e=2\ \text{k}\Omega$，$R_c=$

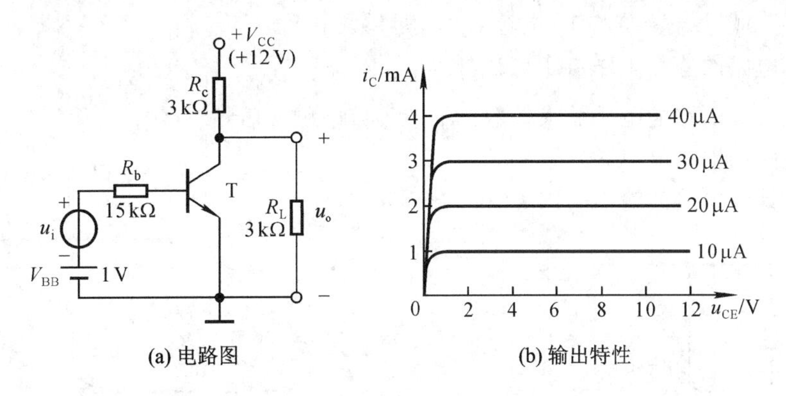

图 2-74 题 2.4.3 图

3 kΩ，R_L=3 kΩ，β=60，$r_{bb'}$=300 Ω，U_{BE}=0.7 V。试求：(1) 电路的静态工作点 I_{BQ}、I_{CQ}和 U_{CEQ}。(2) 画出电路的微变等效电路。(3) 计算电路的电压放大倍数 A_u、输入电阻 r_i和输出电阻 r_o。

2.5.2 在图 2-75 所示电路中，若信号源内阻 R_S=750 Ω，信号源电压 U_S=40 mV，试求电路的输出电压 U_o。

2.5.3 在图 2-75 中，如将其发射极旁路电容除去，(1) 试问静态值有无变化？(2) 画出微变等效电路。(3) 计算此时电路的电压放大倍数、输入电阻和输出电阻。此时动态参数发生了怎样的变化？

2.5.4 放大电路如图 2-76 所示，已知 r_{be}=0.79 kΩ，β=37.5，R_{b1}=20 kΩ，R_{b2}=10 kΩ，R_c=2 kΩ，R_f=200 Ω，R_e=1.8 kΩ，V_{CC}=+12 V，试求：(1) 静态工作点。(2) 电压放大倍数 A_u。(3) 当输出端并联一个 R_L=2 kΩ 的负载时，求电压放大倍数、输入电阻和输出电阻。

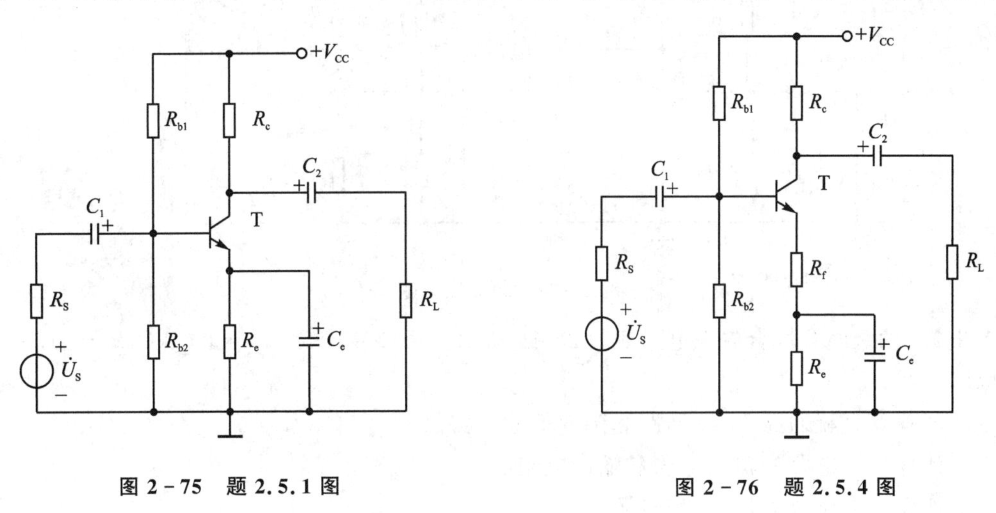

图 2-75 题 2.5.1 图　　**图 2-76 题 2.5.4 图**

2.6.1 放大电路在高频信号作用时，放大倍数数值下降的原因是什么？在低频信号作用时，放大倍数数值下降的原因是什么？

2.7.1 射极输出器如图 2-77 所示，若输入端信号源内阻 R_S=50 Ω，试求电压放大倍数及输入电阻 r_i和输出电阻 r_o。

2.7.2 电路如图 2-78 所示，如果 V_{CC}=+12 V，R_{b1}=30 kΩ，R_{b2}=15 kΩ，R_c=3.3 kΩ，

$R_e=3\ \text{k}\Omega$，$\beta=100$，$U_{BEQ}=0.7\ \text{V}$，电容 C_1、C_2 足够大。

(1) 计算电路的静态工作点 I_{BQ}、I_{CQ} 和 U_{CEQ}。

(2) 分别计算电路的电压放大倍数 $\dot{A}_{u1}=\dot{U}_{o1}/\dot{U}_i$ 和 $\dot{A}_{u2}=\dot{U}_{o2}/\dot{U}_i$。

(3) 求电路的输入电阻 r_i。

(4) 分别计算电路的输出电阻 r_{o1} 和 r_{o2}。($R_s=0$)

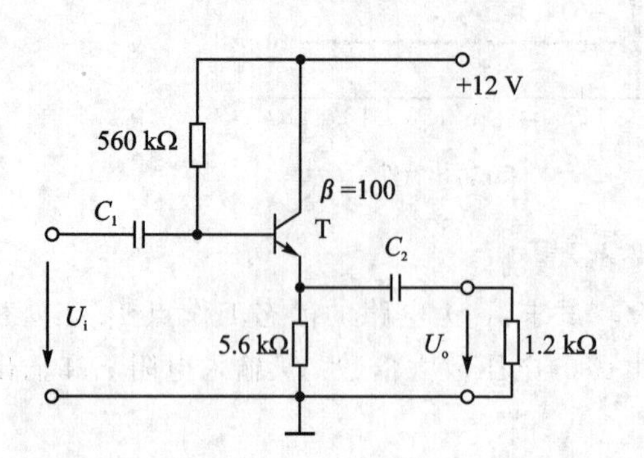

图 2-77 题 2.7.1 图

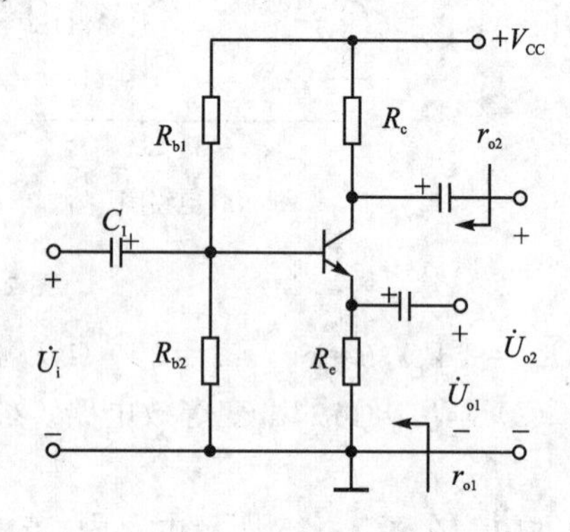

图 2-78 题 2.7.2 图

2.8.1 在如图 2-79 所示的两级放大电路中，$V_{CC}=6\ \text{V}$，$R_{c1}=R_{c2}=R_L=3\ \text{k}\Omega$，$R_{b4}=22\ \text{k}\Omega$，$R_{b3}=56\ \text{k}\Omega$，$R_{e2}=1\ \text{k}\Omega$，两晶体管特性相同，$\beta_1=\beta_2=50$，$U_{BE1}=U_{BE2}=0.7\ \text{V}$。设 $U_{CEQ1}=3\ \text{V}$。(1) 求各级电压放大倍数和总电压放大倍数；(2) 若 $R_S=500\ \Omega$，$U_S=1.5\ \text{mV}$，求 U_o 是多大？

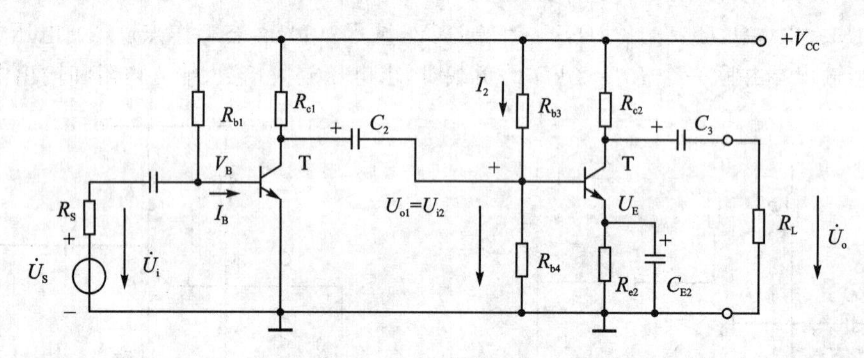

图 2-79 题 2.8.1 图

2.8.2 两级阻容耦合放大电路如图 2-80 所示。已知 $\beta_1=40$，$r_{be1}=1.3\ \text{k}\Omega$，$\beta_2=40$，$r_{be2}=0.9\ \text{k}\Omega$。

(1) 试画其直流通路、交流通路和微变等效电路。

(2) 计算整个电路的输入电阻和输出电阻。

(3) 计算总电压放大倍数(信号源内阻 $R_S=0$)。

(4) 当信号源内阻 $R_S=600\ \Omega$，电压 $U_S=1\ \text{mV}$(有效值)时，放大器的输出电压 U_{O2} 为多大？

2.8.3 基本放大电路如图 2-81(a)和图 2-81(b)所示，图 2-81(a)虚线框内为电路Ⅰ，图 2-81(b)虚线框内为电路Ⅱ。由电路Ⅰ、Ⅱ组成的多级放大电路如图 2-81(c)、图 2-81(d)和图 2-81(e)所示，它们均正常工作。试说明图 2-81(c)、图 2-81(d)和图 2-81(e)所示

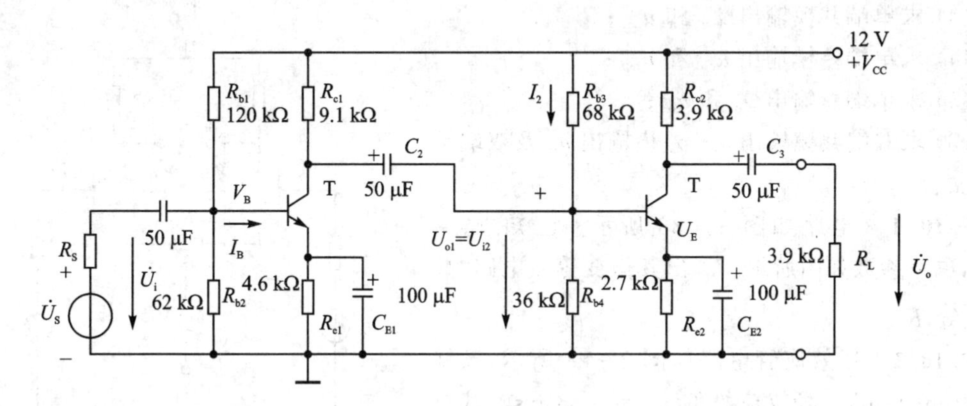

图 2－80　题 2.8.2 图

电路中：(1) 哪些电路的输入电阻比较大；(2) 哪些电路的输出电阻比较小；(3) 哪个电路的 $|\dot{A}_{us}|=|\dot{U}_o/\dot{U}_s|$ 最大。

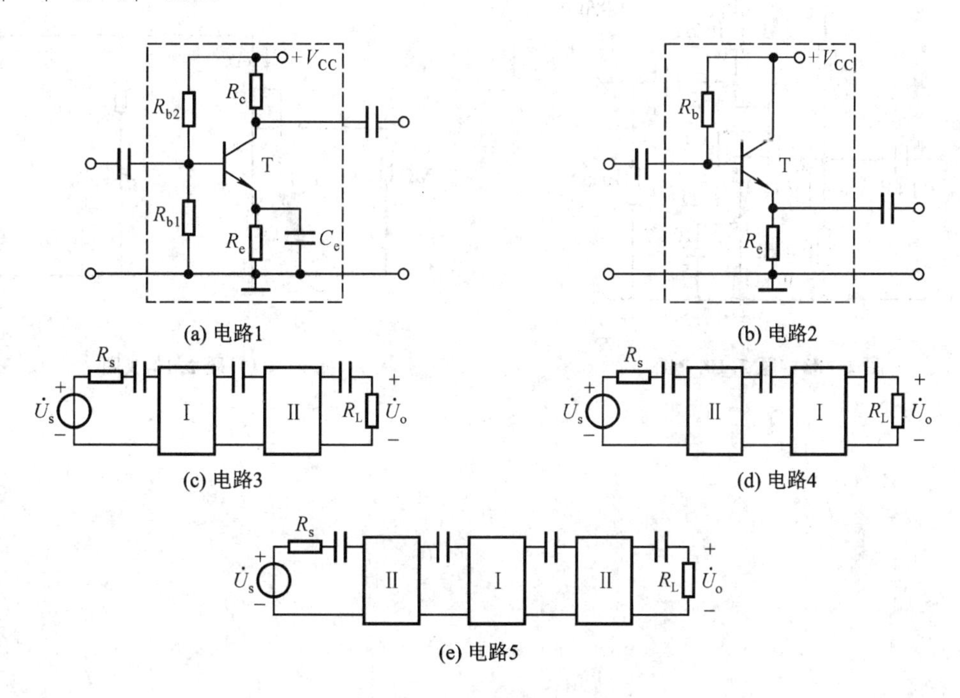

图 2－81　题 2.8.3 图

2.9.1　如图 2－82 所示电路，参数理想对称，$\beta_1=\beta_2=\beta$，$r_{be1}=r_{be2}=r_{be}$。试问：

(1) $|A_{ud}|=100$，$|A_{uc}|=0$，$u_{i1}=10$ mV，$u_{i2}=5$ mV，则 $|u_o|$ 有多大？

(2) 若 $A_{ud}=-20$，$A_{uc}=-0.2$，$u_{i1}=0.49$ V，$u_{i2}=0.51$ V，则 u_o 变为多少？

2.9.2　如图 2－82 所示，T_1 管和 T_2 管的 β 均为 50，$U_{BEQ}\approx 0.7$ V，$R_b=10$ kΩ，$R_c=5.1$ kΩ，$R_e=5.1$ kΩ，R_p 忽略，$V_{EE}=V_{CC}=6$ V。若输入信号 $u_{I1}=7$ mV，$u_{I2}=3$ mV：

(1) 试计算 R_P 滑动端在中点时 T_1 管和 T_2 管的静态电流 I_{BQ} 和 I_{CQ} 及各电极电位 V_E，V_C 和 V_B；

(2) 把输入电压分解为共模输入信号 u_{ic1} 和 u_{ic2}，把输入电压分解为差模信号 u_{id1} 和 u_{id2}；

(3) 求单端共模输出 u_{oc1} 和 u_{oc2};

(4) 求单端差模输出 u_{od1} 和 u_{od2};

(5) 求单端总输出 u_{o1} 和 u_{o2};

(6) 求双端共模输出 u_{oc},差模输出 u_{od} 及双端总输出 u_o。

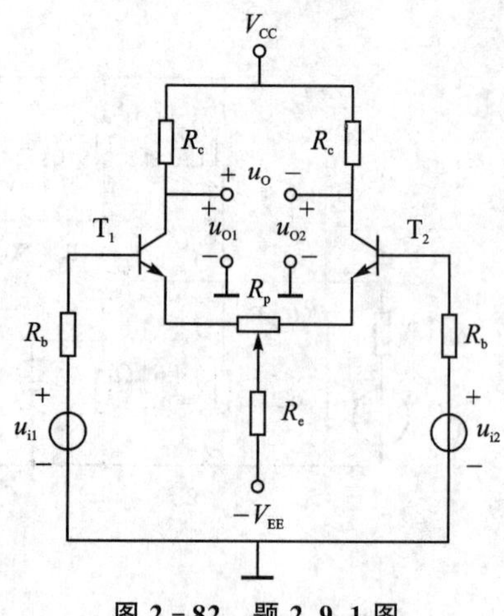

图 2-82 题 2.9.1 图

2.10.1 电路如图 2-83 所示。已知 $g_m=1$ ms,电路参数如图所示。画出其微变等效电路,并计算 $\dot{A}_u$,R_i。

2.10.2 场效应管电路如图 2-84 所示,已知 $u_i=20\sin\omega t$(mV),场效应管的 $g_m=0.58$ ms。试求该电路的交流输出电压 u_o的大小。

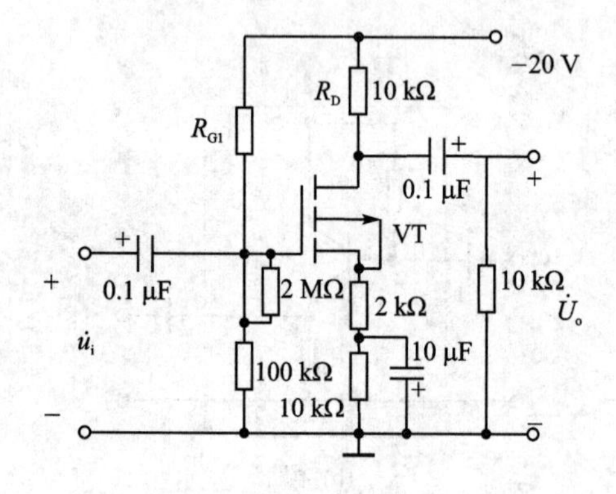

图 2-83 题 2.10.1 图

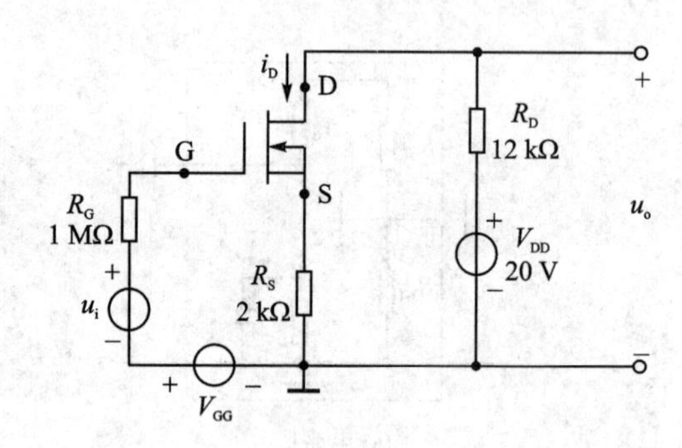

图 2-84 题 2.10.2 图

第3章　集成运算放大器及反馈

【引　言】

由单个电子元件(如三极管、二极管、电阻和电容等)连接而成的电子线路称为分立元件电子线路。在半导体制造工艺的基础上,将整个电子电路中的元器件及其连接制作在一块硅基片上,构成特定功能的电子电路,称为集成电路。集成电路按功能可分为模拟集成电路和数字集成电路。模拟集成电路的种类很多,其中集成运算放大器是模拟集成电路的主要代表器件。这种放大器早期主要用来进行模拟计算机中的某种数学运算,故称为运算放大器。集成运算放大器(简称集成运放)实质是一个高增益的直接耦合多级放大电路,具有体积小、性能好、外围电路简单和应用领域广泛的特点。目前,它的应用已远远超过了模拟计算的范围,在信号处理、信号测量、波形转换和自动控制等领域都有广泛的应用。

集成运算放大器工作区间有线性放大区和饱和区,如果想利用其线性放大特性,那么在电路构成中往往需要引入负反馈才能使集成运放工作在线性区。在电子电路中反馈的应用极为广泛,前面章节中已有涉及,基本放大电路中为稳定静态工作点引入负反馈作用的元件,在控制系统中引入负反馈能使系统更加稳定。本章重点介绍反馈的基本概念、不同类型的负反馈电路、判断方法及反馈的具体意义。

【学习目标与要求】

① 了解集成运算放大器的基本组成及主要参数的意义。

② 理解运算放大器的电压传输特性。

③ 掌握负反馈类型的分析判断方法。

④ 理解负反馈对放大性能的影响,掌握自激振荡电路的分析方法。

【重点内容提要】

集成运放的概念、工作区间、特性及主要技术指标,负反馈概念及其作用、反馈类型判断分析。

3.1　集成运算放大器概述

3.1.1　集成运算放大器的特点

集成运放中单个元件精度不高,受温度影响也大,但元器件的性能参数比较一致,对称性好,适合采用差动电路。集成电路中阻值太高或太低的电阻不易制造,常用有源器件取代电阻。大电容和电感不易制造,因此多级放大电路都用直接耦合。在集成电路中,为了不使工艺复杂,尽量采用单一类型的管子,元件种类也要少。因此,集成电路和分立元件电路有很大的差别。

1. 集成运放的结构

集成运算放大器是一种电压放大倍数很高的直接耦合的多级放大电路。基本结构如

图 3-1 所示(实际电路要更复杂),由输入级、中间级和输出级三个基本部分组成。

输入级:一般采用带恒流源的双端输入差动放大电路构成,具有输入电阻高、差模放大倍数高、抑制共模信号能力强、静态电流小的特点。差模输入电阻可达 $10^5 \sim 10^6\ \Omega$。

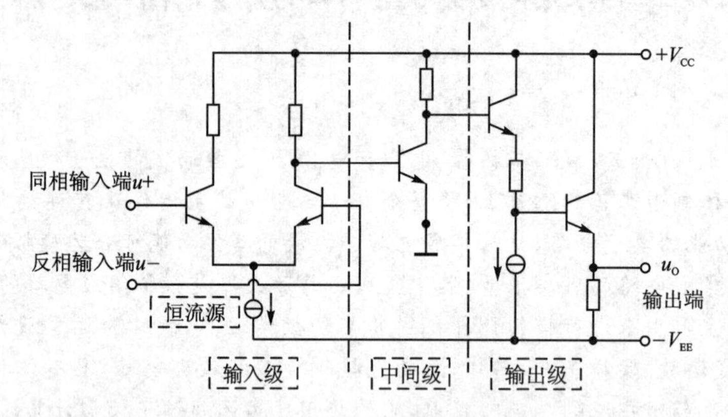

图 3-1 集成运算放大器的结构简图

中间级:通常采用带恒流源的多级共发射极放大电路构成,可以获得较高的电压放大倍数。集成运放的电压放大倍数可高达 $10^4 \sim 10^6$ 倍。

输出级:直接与负载相接,带负载能力要强,因此要求输出电阻低,一般由互补对称电路或射极输出器(共集放大电路)构成。输出电阻一般只有几十欧至几百欧,因而带负载的能力强,能输出足够大的电压和电流。

偏置电路:一般由恒流源电路组成,作用是为上述各级电路提供稳定、合适的偏置电流,决定各级的静态工作点。

因此,集成运放具有电压放大倍数高、输入电阻大、输出电阻小、零点漂移小、抗干扰能力强、可靠性高、体积小和耗电少的特点。图 3-2 是集成运放的组成框图。

图 3-3 为 μA741 通用集成运放的外形图与接线原理图。

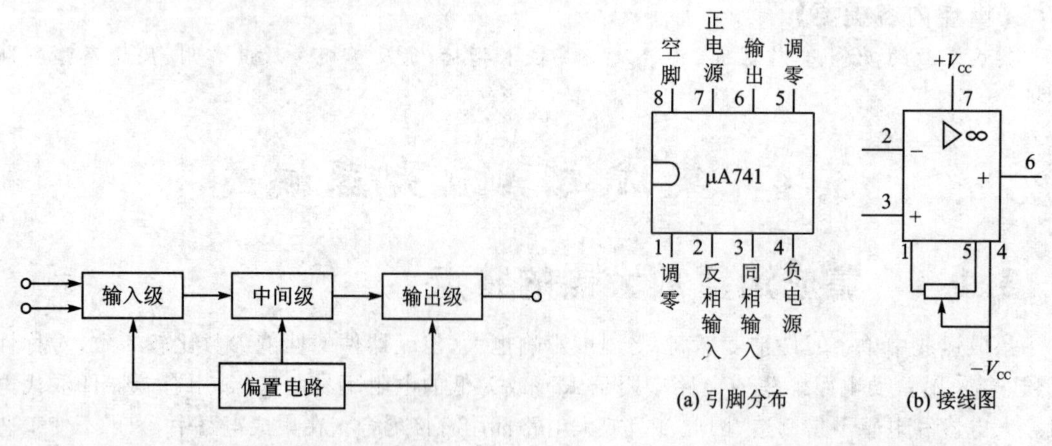

图 3-2 集成运放的组成框图

图 3-3 μA741 通用集成运放的引脚分布及接线图

图中,引脚 1、5——外接调零电位器(通常为 10 kΩ);2——反相输入端,由此端接输入信号,则输出信号和输入信号是反相的(即两者极性相反);3——同相输入端,由此端接输入信号，则输出信号和输入信号是同相的（即两者极性相同）；4——负电源端；6——输出端；7——正电源端；8——空脚。

集成运放的电路符号如图3-4所示，有两种常用的画法。运算放大器有两个输入端，标"+"的输入端称为同相输入端，输入信号由此端输入时，输出信号与输入信号相位相同（相位差为0°）；标"−"的输入端称为反相输入端，输入信号由此端输入时，输出信号与输入信号相位相反。三角符号表示放大器，A_{uo}表示开环电压放大倍数。

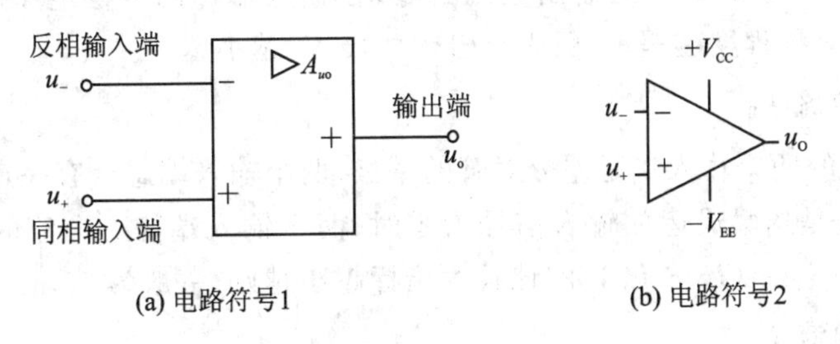

(a) 电路符号1　　(b) 电路符号2

图3-4　运算放大器的电路符号

***2. 集成运放产品分类**

(1) 通用型

通用型集成运放的特点是：性能指标适合一般性使用，其特点是电源电压适应范围广，允许有较大的输入电压等，如μA741、F007等。

(2) 特殊型

特殊型集成运放的特点是突出某项性能指标。

① 高输入阻抗型。主要用于测量放大器、模拟调节器、有源滤波器及采样保持电路等。

② 高精度型。能保证组成的电路对微弱信号检测的准确性，主要用于精密测量、精密模拟计算、自控仪表和人体信息检测等。

③ 低功耗型。一般用于遥感、遥测、生物医学和空间技术研究等要求能源消耗有限制的场合。

④ 高速型。有较高的转换速率，主要用于D/A转换和A/D转换、有源滤波器、锁相环、高速采样和保持电路以及视频放大器等要求输出对输入响应迅速的场合。

另外还有宽带型、高压型等。

特殊型集成运放性能较好，但价格较高，而且特殊型集成运放仅在某方面有优异性能，而其他性能参数不一定高，所以在使用时，应根据电路的要求，查找集成运放手册中的有关参数，作为选择、使用的依据。

3.1.2 集成电路运算放大器的主要参数

1. 最大输出电压 $U_{o(sat)}$

使输出电压和输入电压保持不失真关系的最大输出电压，称为运算放大器的最大输出电压。

2. 开环差模电压增益 A_{uo}

在没有外接反馈电路时所测出的差模电压增益。A_{uo}与输出电压的大小有关。通常是在规定的输出电压幅度(如 $V_o=\pm10$ V)测得的值。A_{uo}又与频率有关,频率超出规定数值后,A_{uo}的数值会下降。

3. 输入失调电压 U_{io}

理想集成运算放大器,当输入电压为零时,输出电压也应为零。但其差分输入级难以完全对称,通常在输入电压为零时,会存在一定的输出电压。在室温(25 ℃)及标准电源电压下,当输入电压为零时,为使集成运放的输出电压为零,在输入端加的补偿电压叫做失调电压 U_{io}。U_{io}值越大,电路的对称程度越差,一般为±(1~10)mV,越小越好。

4. 输入偏置电流 I_{IB}

BJT 集成运放的两个输入端是差分对管的基极,两个输入端总会有一定的输入电流 I_{B1}和 I_{B2}。输入偏置电流是指集成运放输入信号为零时,两个输入端静态电流的平均值。当 $V_o=0$ V时,偏置电流为 $I_{IB}=(I_{B1}+I_{B2})/2$,该技术指标越小越好,一般为 10 nA~1 μA。

5. 输入失调电流 I_{io}

在 BJT 集成电路运放中,当输入信号为零时,流入放大器两输入端的静态基极电流之差称为输入失调电流 I_{io},即 $I_{io}=|I_{B1}-I_{B2}|$,由于信号源内阻的存在,I_{Io}会引起一个输入电压,破坏放大器的平衡,使放大器输出电压不为零。I_{Io}反映了输入级差分对管的不对称程度,越小越好,一般约为 1 nA~0.1 μA。

6. 最大差模输入电压 $U_{d,max}$

最大差模输入电压是集成运放的反相与同相输入端所能承受的最大电压值。超过这个电压值,运放输入级某一侧的 BJT 发射结将可能反向击穿,而使运放的性能变差,甚至造成永久性损坏。

7. 最大输出电流 $I_{o,max}$

运放所能输出的正向或负向的峰值电流称为运放的最大输出电流 $I_{o,max}$。通常给出输出端短路的电流。

8. 共模抑制比 K_{CMR}

共模抑制比是衡量放大器抗干扰能力的指标。其含义是差模放大倍数与共模放大倍数的比值,即 $K_{CMR}=\left|\dfrac{A_{ud}}{A_{uc}}\right|$。

其他运算放大器的参数还有:开环带宽、单位增益带宽和转换速率温度漂移等。

*3.1.3 集成运算放大器中的电流源

集成运算放大器中的偏置电路一般是由电流源提供的。电流源的输出电流具有恒流特性,即端口电流不随负载的变化而变化,是模拟集成电路中重要的功能电路。电流源的等效交流电阻大,既可以为放大电路提供稳定的偏置电流,稳定电路的静态工作点;又可以作为放大电路的有源负载,提高放大电路的增益。

1. 三极管电流源

用三极管 BJT 构成电流源时,只要使基极电流 I_B保持不变,输出集电极电流 I_C也将保持恒定,如图 3-5 所示。

2. 镜像电流源

镜像电流源由三极管电流源变化而来，如图 3－6 所示。T_1和 T_2的发射结并联在一起，当 T_1、T_2的特性相同时，T_1对 T_2有很好的温度补偿作用，从而增强了电流源的温度稳定性。

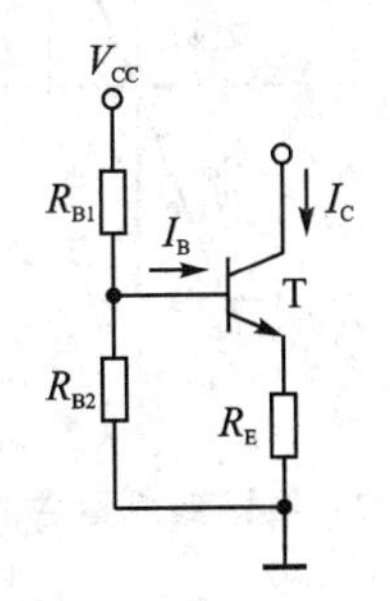

图 3－5　三极管电流源

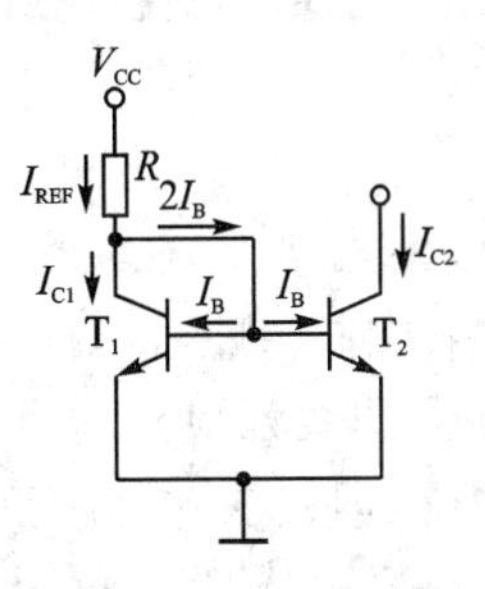

图 3－6　镜像电流

由于两管的 V_{BE}相同，所以它们的发射极电流和集电极电流均相等。电流源的输出电流，即 T_2的集电极电流为

$$I_{C2}=I_{C1}=I_{REF}-\frac{2I_C}{\beta}=\frac{V_{CC}-V_{BE}}{R}-\frac{2I_C}{\beta}$$

当 $\beta\gg 1$ 时，$2I_C/\beta$ 可以忽略，则 R 和 V_{CC}确定后，基准电流 I_{REF}也就确定了，I_{C2}也随之而定。把 I_{REF}看作是 I_{C2}的镜像，所以称为镜像电流源。

当 β 较小时，I_{C2}与 I_{REF}会存在一定的误差。可以对电路进行一定的改进来减小镜像误差。方法是在两管的基极回路增加一个三极管电路。

镜像电流源电路适用于较大工作电流（毫安数量级）的场合，若需要减小 I_{C2}的值（如微安级），可采用微电流源电路。在镜像电流源电路中的 T_2发射极串入一个电阻，即构成微电流源。

3. 电流源用作有源负载

由于电流源具有交流电阻大的特点，所以在模拟集成电路中被广泛用作放大电路的负载。这种由有源器件及其电路作为放大电路的负载称为有源负载。在集成电路中，负载一般都由电流源构成。

3.1.4　集成运算放大器及其工作特性

为便于对运放电路进行分析和计算，需要将实际运放模型化，即把实际运放视为理想器件。在理想运放中，放大倍数、输入电阻和共模抑制比等指标视为无穷大，输出电阻等一些参数如 V_{IO}、I_{IO}、I_{IB}等视为零，即：① 开环电压放大倍数 $A_{uo}\to\infty$；② 差模输入电阻 $r_d\to\infty$；③ 开环输出电阻 $r_o\to 0$；④ $K_{CMR}\to\infty$。

早期集成运放的性能指标与理想参数相差很大，但随着现代集成电路制造工艺的发展，已经生产出各类接近理想参数的集成电路运算放大器。

1. 实际集成运放线性区电压传输特性

集成运放的输出电压 u_o与输入电压 u_d之间的关系 $u_o=f(u_d)$称为集成运放的电压传输特性。它包括线性区和饱和区两部分，如图 3－7 所示。在线性区内，u_o与 u_d成正比关系，即

$$u_o = A_{uo} u_d = A_{uo}(u_+ - u_-)$$

线性区的斜率取决于 A_{uo} 的大小。

由于受电源电压的限制，u_o 不能随 u_d 的增加而无限制增加，因此，当 u_o 增加到一定值后，便进入了正、负饱和区，此时有

$$u_o = \pm U_{OM}$$

式中：U_{OM} 的大小主要受正、负电源电压限制。

集成运放工作于线性区，称为运放的线性应用；工作于饱和区，称为非线性应用。由于集成运放的 A_{uo} 非常大，线性区很陡，即使输入电压很小，输出电压也很快进入饱和区。需要引入深度负反馈来使运放工作在线性区。

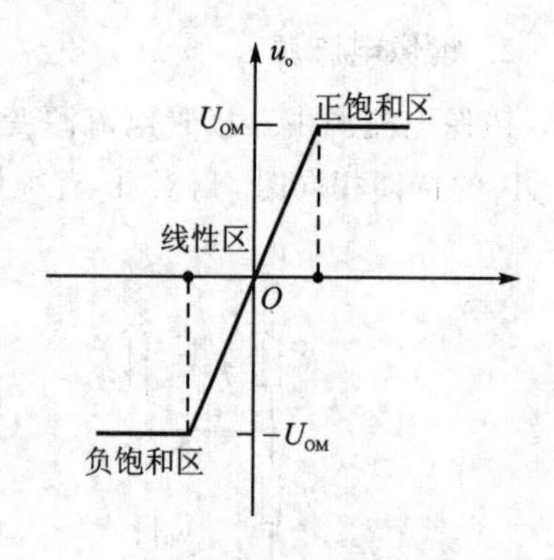

图 3-7 实际集成运放的电压传输特性

2. 理想集成运放电压传输特性

由于理想运放的 $A_{uo} \to \infty$，集成运放的线性区几乎与纵坐标重合，如图 3-8 所示，不加负反馈时，放大器净输入电压 u_d 值很小时，放大器即进入饱和区。

理想运放的图形符号见图 3-9，只需把原理图中的 A_{uo} 改为∞(即认为放大倍数为∞)。图中，u_-、u_+、i_-、i_+ 分别表示反相与同相输入端的输入电压与电流。

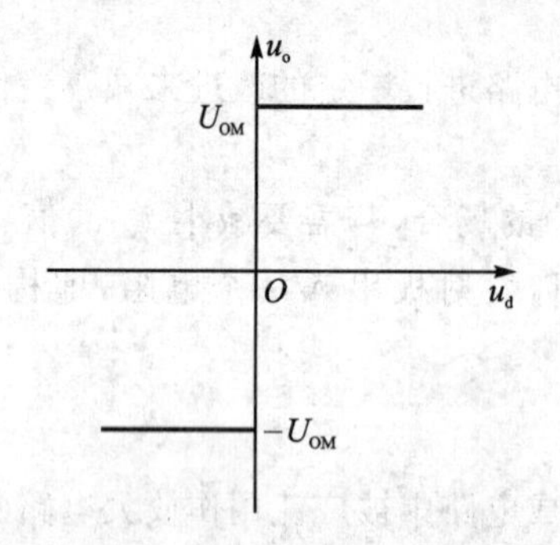

图 3-8 理想集成运放的电压传输特性

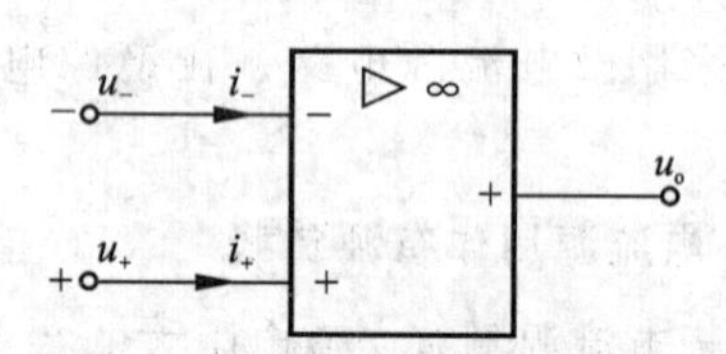

图 3-9 理想运放的图形符号

在非线性区，同相输入端电压与反相输入端电压之差，决定了输出电压的正负值。若 $u_+ - u_- > 0$，则 $u_o > 0$，输出电压为 $+U_{OM}$；若 $u_+ - u_- < 0$，则 $u_o < 0$，输出电压为 $-U_{OM}$。

运算放大器的输出电压受电源电压的影响，饱和输出时，输出电压的极限值接近电源电压值，即有

$$u_+ > u_- \text{ 时}, \quad u_o = +U_{OM} \approx +V_{CC}$$
$$u_+ < u_- \text{ 时}, \quad u_o = -U_{OM} \approx -V_{CC}$$

***3. 分贝表示的放大倍数**

放大倍数是放大器最常用的技术指标，直接用数字表示时，读写都非常烦琐，因此经常采用“分贝”表示放大倍数。当使用“分贝”做单位时，放大倍数称为增益。分贝与放大倍数的转换关系为

$$A_{uo}(\text{dB}) = 20\lg(u_o/u_i) \quad （电压增益）$$
$$A_p(\text{dB}) = 10\lg(p_o/p_i) \quad （功率增益）$$

电压增益和功率增益的公式不同，是因为功率与电压的关系是 $p=u^2/R$。两者的关系可以推导如下

$$10\lg(p_o/p_i) = 10\lg[(u_o^2/R)/(u_i^2/R)] = 20\lg(u_o/u_i)$$

所以，电压增益和功率增益表达的是同一个物理量。

使用分贝做单位主要有以下好处：

① 数值变小，读写方便。电子系统的总放大倍数常常是几千、几万甚至几十万，一个收音机从天线接收无线信号至喇叭放音输出，一共要放大 2 万倍左右。取对数用分贝表示，数值就小得多。

② 运算方便。放大器级联时，总的放大倍数是各级相乘。用分贝做单位时，总增益就是相加。例如，某功放前级是 100 倍（20 dB），后级是 20 倍（13 dB），那么总功率放大倍数是 100×20=2 000 倍，总增益为 20 dB+13 dB=33 dB。

③ 符合听感。人的听力与功率有关。例如，当电功率从 0.1 W 增长到 1.1 W（功率增加 11 倍）时，听到的声音就响了很多；而从 1 W 增强到 2 W（功率增加 2 倍）时，响度就差不太多；再从 10 W 增强到 11 W（功率增加 1.1 倍）时，没有人能听出响度的差别来。它们的功率增加值都是 1 W，而用增益表示的放大倍数增加值分别为 $10\lg(1.1/0.1)=10.4$ dB，$10\lg(2/1)=3$ dB 和 $10\lg(11/10)=0.4$ dB，这就能比较一致地反映出人耳听到的响度差别了。

音响功放上的音量旋钮刻度往往标识为分贝，调节音量时与听力的关系更直观些。分贝数值中，−3 dB 称为半功率点，这时输出功率是正常时的一半。

【例 3－1】 一个集成运算放大器的正、负电源电压为±15 V，已知其开环差模增益 A_{uo} 为 100 dB，输出最大电压（即 $\pm U_{O(sat)}$）为±13.2 V。在放大器的输入端分别加下列输入电压时，求输出电压及其极性。

① $u_+ = +15\ \mu V$，　$u_- = -10\ \mu V$；

② $u_+ = -5\ \mu V$，　$u_- = +10\ \mu V$；

③ $u_+ = 0\ V$，　$u_- = +4\ mV$；

④ $u_+ = 6\ mV$，　$u_- = 0\ V$。

【解】 由集成运放的开环差模增益，可求出开环放大倍数：

$$20\lg A_{uo} = 100\ \text{dB}, \quad A_{uo} = 10^5$$

根据
$$u_o = A_{uo} u_d = A_{uo}(u_+ - u_-)$$

所以
$$u_+ - u_- = u_o / A_{uo}$$

当 $u_+ - u_- = u_o/A_{uo} = \pm 13.2/10^5\ V = \pm 132\ \mu V$ 时，即两个输入端之间的电压差绝对值超过 132 μV，输出电压就达到正饱和或负饱和值。

① $u_o = 10^5 \times (15-(-10)) \times 10^{-6}\ V = +2.5\ V$。

② $u_o = 1\times 10^5 \times (-5-10) \times 10^{-6}\ V = -1.5\ V$。

③ 因为 $u_+ - u_- = (0-4)\times 10^{-3}\ V = -4\ mV < -132\ \mu V$，所以 $u_o = -13.2\ V$。

④ 因为 $u_+ - u_- = (6-0)\times 10^{-3}\ V = 6\ mV > +132\ \mu V$，所以 $u_o = +13.2\ V$。

3.2 运算放大器电路中的负反馈

3.2.1 反馈的概念与类型

由于运算放大器的放大倍数很高,在实用的集成运算放大器电路中往往需要引入负反馈才能使放大器工作在线性区。因此,在讨论集成运放的线性应用之前,先介绍反馈的基本概念及应用。

1. 反馈的概念

在电子系统中,把放大电路的输出量(电压或电流)的一部分或全部,通过某些元件或网络(称为反馈网络)反送到输入回路中参与控制,从而构成一个闭环系统,这样使放大电路的输入量不仅受到输入信号的控制,而且受到放大电路输出量的控制,这种连接方式称为反馈。

反馈电路示意框图如图 3-10 所示。图中,放大电路 A 可由分立元件放大电路或集成运算放大器等电路构成。反馈电路 F(也称反馈网络、反馈回路)将输出端信号 x_o的一部分或全部送回放大电路的输入端,构成反馈回路。

x_i是电路的输入信号,x_f是电路的反馈信号,x_d是输入信号与反馈信号的差值,是基本放大电路 A 的净输入信号,$x_d = x_i - x_f$。x 表示这些信号可以是电压信号也可以是电流信号。

没有反馈回路的电路称为开环电路,具有反馈回路的电路称为闭环电路。

2. 反馈类型

根据从电路输出端取回反馈信号的类型、反馈信号作用在输入端的方式以及反馈信号的极性等不同,将反馈分为如下几类:

(1) 直流反馈与交流反馈

送回到输入端的反馈信号中如只含有直流分量,则称为直流反馈。直流反馈影响电路的直流(静态)性能。送回到输入端的反馈信号中如只含有交流分量,则称为交流反馈。交流反馈影响电路的交流(动态)性能。送回到输入端的反馈信号中如既含有直流分量又含有交流分量的反馈称为交直流反馈。通过电阻、电容、电感元件在电路中的串并联关系,来取得直流反馈或交流反馈,如图 3-11 所示。

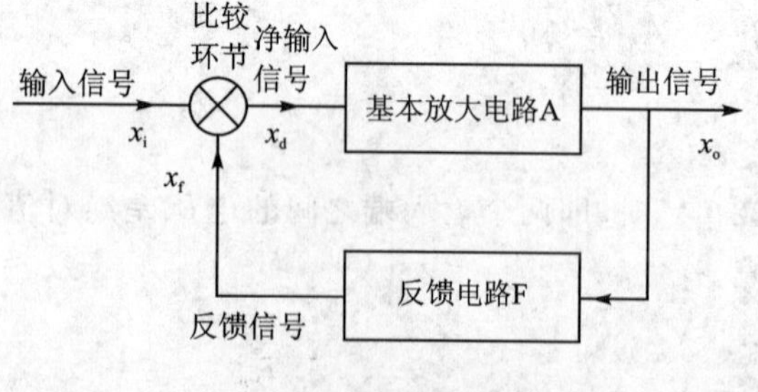

图 3-10 反馈示意框图

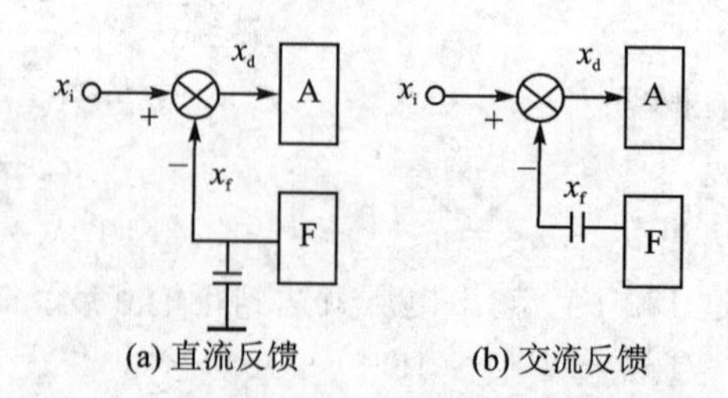

图 3-11 直流反馈与交流反馈(电路局部示意)

(2) 串联反馈与并联反馈

在放大电路的输入回路中,若引入的反馈信号和输入信号串联连接,因回路要遵守 KVL 定律,因此由于反馈元件的引入会引起回路中各部分电压的变化,容易判断净输入电压信号的变化情况，这种以电压形式相比较的连接形式，则为串联反馈；若引入的反馈信号和原输入信号连接在同一输入端，则输入端就增加了节点，因此由于反馈支路的引入就会引起净输入电流信号的变化，由 KCL 定律可判断各支路电流的变化情况，这种以电流形式相比较的连接形式，则为并联反馈。

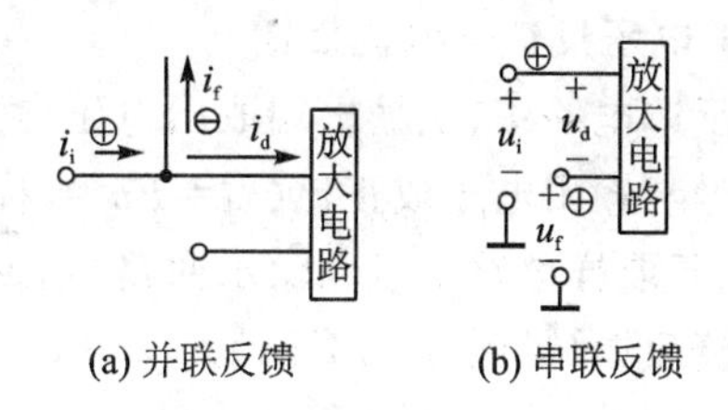

(a) 并联反馈　(b) 串联反馈

图 3-12　并联反馈与串联反馈（电路局部示意）

通常以反馈信号和输入信号的连接位置来判断串联反馈和并联反馈，如图 3-12 所示。方法是：若反馈信号与输入信号接在放大电路的同一输入端，则为并联反馈（此时输入信号和反馈信号比较电流）；若反馈信号与输入信号接在放大电路的不同输入端，则为串联反馈（此时输入信号和反馈信号比较电压）。

（3）负反馈与正反馈

如果送回输入端的反馈信号和原输入信号比较使净输入信号减小，因而输出信号也减小，则引入的反馈为负反馈；如果送回输入端的反馈信号和原输入信号比较，反馈信号使得净输入信号增大，因而输出信号也增大，则这种反馈是正反馈。

通常用“瞬时极性法”来判断正、负反馈。其方法是：

假设输入信号的瞬时极性为“⊕”，输入信号从放大器的输入端出发，沿放大回路、反馈回路循行一周，返回输入端的反馈信号为“⊕”且和原输入信号接在放大器的不同输入端，则为负反馈（见图 3-13(a)）；如果反馈信号为“⊖”，且和原输入信号接在不同输入端则为正反馈（见图 3-13(b)）；如果返回输入端的反馈信号如为“⊖”，并和原输入信号接在放大器的同一输入端，则为负反馈（见图 3-14(a)）；如果反馈信号为“⊕”并和原输入信号接在放大器的同一端，则为正反馈（见图 3-14(b)）。

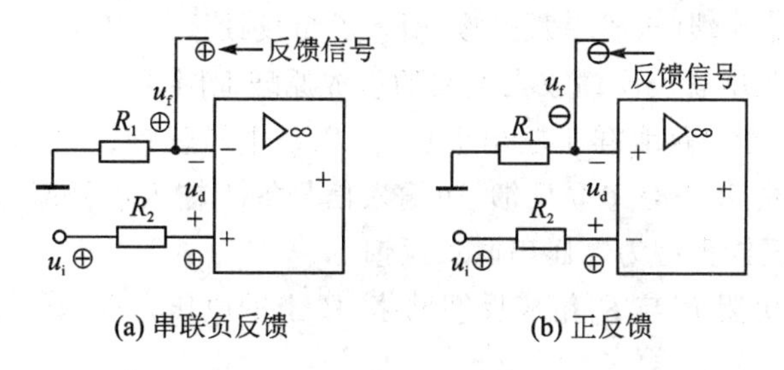

(a) 串联负反馈　(b) 正反馈

图 3-13　串联负反馈与正反馈举例（电路局部示意）

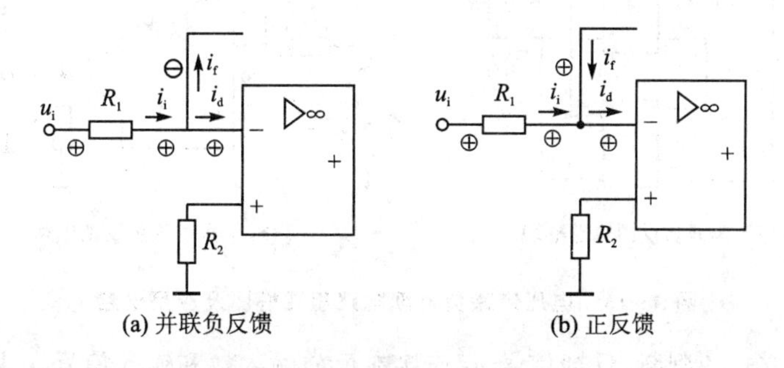

(a) 并联负反馈　(b) 正反馈

图 3-14　并联负反馈与正反馈示意（电路局部示意）

(4) 电压反馈与电流反馈

在反馈电路中,从输出端取出电压信号(相当于取样电路并联到输出回路)送回输入端,即反馈信号与输出电压成正比($x_f=Fu_o$),称为电压反馈(见图 3-15(a));从输出端取出电流信号(相当于取样电路串联到输出回路)送回输入端,即反馈信号与输出电流成正比($x_f=Fi_o$),称为电流反馈(见图 3-15(b))。

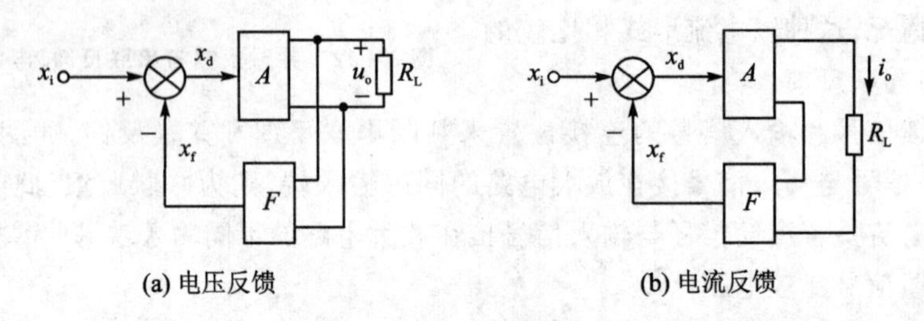

图 3-15 电压反馈与电流反馈示意

通常用"负载短路法"来判断电压或电流反馈,即将输出回路中的负载短路($R_L=0$),此时输出电压 $u_o=0$ V。若反馈信号为 0,则为电压反馈;若反馈信号不为 0,则为电流反馈。

3.2.2 负反馈组态判断及分析举例

由于负反馈电路在放大电路输出端的取样方式有电压和电流两种信号,在放大电路输入端有串联和并联两种方式,因此可以构成 4 种组态(或称类型)的负反馈放大电路:电压串联负反馈、电压并联负反馈、电流串联负反馈和电流并联负反馈。

1. 电压串联负反馈放大电路

电压串联负反馈是反馈支路从放大电路输出端取样电压信号,反馈在输入端并与输入信号接在放大器的不同输入端(构成串联连接)引入的负反馈。

图 3-16(a)是电压串联负反馈放大电路的组成原理框图,图 3-16(b)是它的一个应用电路。图 3-16(a)中,反馈回路取样于输出电压,所以是电压反馈;在输入端,反馈信号与输入信号接放大器的不同端,所以是串联反馈;净输入信号等于输入信号减去反馈信号,所以是负反馈。故整个电路的反馈类型为电压串联负反馈。

图 3-16(b)中的电阻 R_f 与 R_1 组成反馈网络,R_1 上的电压是反馈信号。

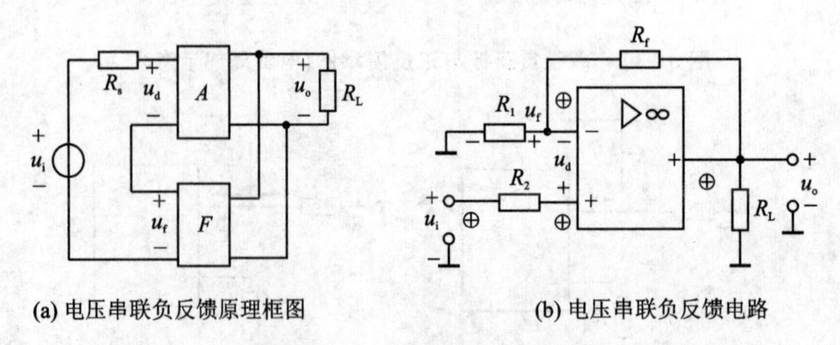

图 3-16 电压串联负反馈电路组成框图及应用电路

① 输入连接方式的判断:反馈信号 u_f 连接在反向输入端和输入信号 u_i 接在同相输入端,u_i、u_f、u_d 串联于输入回路中,三者串联连接引起输入电压信号的变化,遵守 KVL 定理 $u_d=$

$u_i - u_f$，因而是串联反馈。

② 反馈极性判断：用瞬时极性法判断反馈极性。令 u_i 在某一瞬时的极性为⊕，接在放大电路的同相输入端，经放大电路放大后，u_o 为⊕，u_f 与 u_o 成正比，极性相同也为⊕，回路中电压参数实际极性与图中参考方向一致，于是该放大电路的净输入电压 $u_d = u_i - u_f$，比没有反馈时减小了 $u_d < u_i$，由于反馈信号 u_f 的引入，输入信号被减弱了，所以是负反馈。

③ 输出取样参数判断：分析法判断是电压或电流反馈，因虚断 $u_f = \frac{R_1}{R_1 + R_f} u_o$ 与输出电压有关，所以是电压反馈；也可用负载短路法判断是电压或电流反馈。当 R_L 短路时，$u_o = 0$，反馈信号也为 0，即负载短路时，没有反馈信号送回输入端，所以是电压反馈。

因此，电路 3－16(b)的反馈类型为串联电压负反馈，具有稳定输出电压的作用：当某种原因使得输出电压 u_o 升高时，反馈信号 u_f 增大，净输入量 $u_d = u_i - u_f$ 减小，经放大器放大后，u_o 减小，从而稳定了输出电压。并且从上式可以看出，输出电压只与反馈回路电阻的参数有关，可见十分稳定，所以电压反馈使输出电压稳定。

2. 电压并联负反馈放大电路

电压并联负反馈放大电路的原理框图如图 3－17(a)所示，图 3－17(b)是它的一个应用电路。

图 3－17(a)中，反馈回路取样于输出电压，所以是电压反馈；在输入端，反馈信号与输入信号接放大器的相同端，所以是并联反馈；净输入信号等于输入信号减去反馈信号，所以是负反馈。故整个电路的反馈类型为电压并联负反馈。

图 3－17(b)中，R_f 为反馈元件。流过 R_f 的电流 i_f 为反馈信号。

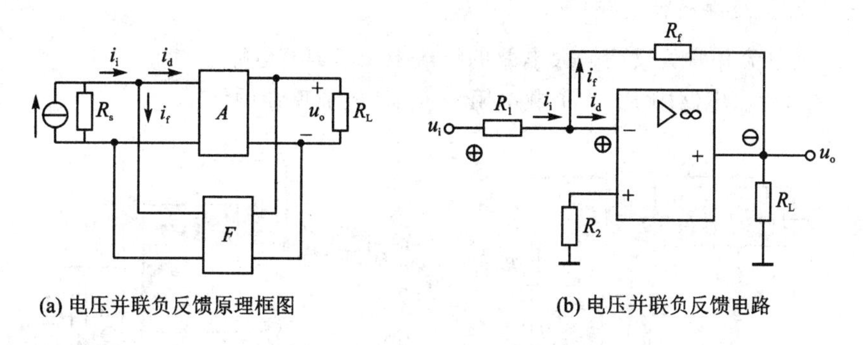

(a) 电压并联负反馈原理框图　　(b) 电压并联负反馈电路

图 3－17　电压并联负反馈电路组成框图及应用电路

① 在放大电路的输入端，反馈信号与输入信号接于同一输入端，由 KCL 定理净输入电流 $i_d = i_i - i_f$，因此是并联反馈。

② 应用瞬时极性法判断反馈极性。设 u_i 在某一瞬时的极性为⊕，加在放大电路的反相端，经反相放大后，输出电压 u_o 为⊖，i_f 实际流向与参考方向一致，由于反馈支路的引入实际产生一个流出的电流 i_f，使 $i_d < i_f$ 净输入信号被削弱，故为负反馈。

③ 反馈信号 $i_f = -\frac{u_o}{R_f}$ 正比于 u_o，所以是电压反馈。也可用负载短路法判断是电压或电流反馈。当 R_L 被短路时，$u_o = 0$，$i_f = 0$，反馈信号为 0，即反馈信号不存在，故为电压反馈。

电路分析可以参照上例(在第 4 章反相比例运算电路有分析计算)。

因此，图 3－17(b)的反馈类型是电压并联负反馈。该电路也具有稳定输出电压的作用。

3. 电流串联负反馈放大电路

图 3-18(a)是电流串联负反馈放大电路的组成框图。图 3-18(b)是它的一个典型电路。

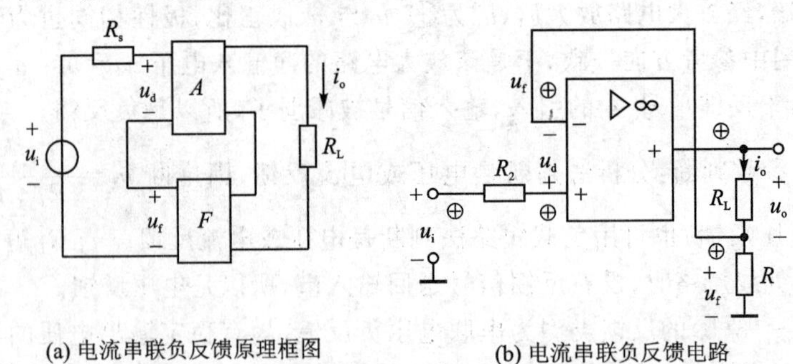

(a) 电流串联负反馈原理框图　　(b) 电流串联负反馈电路

图 3-18　电流串联负反馈电路组成框图及应用电路

① 反馈信号和输入信号接在放大器的不同输入端,因而属于串联反馈,在 u_i、u_d、u_f 串联回路中由 KVL 净输入电压 $u_d=u_i-u_f$。

② 应用瞬时极性法判断反馈极性。当设 u_i 的瞬时极性为⊕时,经 A 同相放大后,u_o 及 u_f 也为⊕,实际性与图中参考方向相同,所以 $u_d<u_i$ 净输入信号减小,是负反馈。

③ 判断是电压或电流反馈。$u_f=R\cdot i_o$,u_f 和 i_o 有关是电流反馈,如用负载短路法判断,设 $R_L=0$,此时 $u_o=0$ V,但 R 上仍有取样信号存在 $u_f=Ri_o$,反馈信号不为 0,所以电路引入电流反馈。

因此,图 3-18(b)是电流串联负反馈放大电路。电流负反馈可以使输出电流基本恒定。

4. 电流并联负反馈放大电路

图 3-19 是电流并联负反馈放大电路的组成框图和典型电路。

图 3-19(b)所示电路中 R_L 为负载电阻和 R_f、R 构成反馈网络。

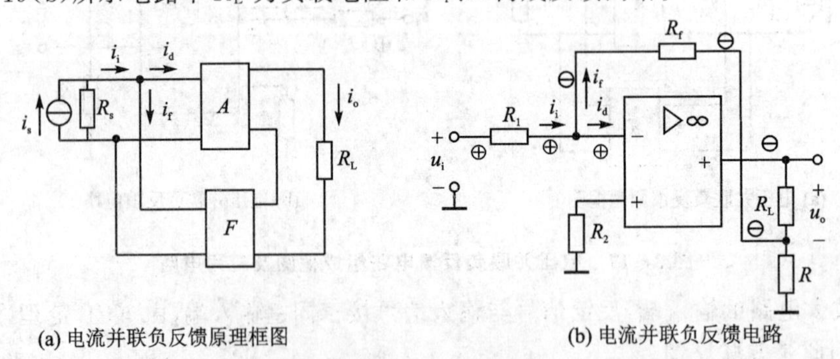

(a) 电流并联负反馈原理框图　　(b) 电流并联负反馈电路

图 3-19　电流并联负反馈电路组成框图及应用电路

① 在电路的输入回路中,反馈信号 i_f 与输入信号 i_i 接至同一输入端,故为并联反馈。

② 应用瞬时极性法判断反馈极性。设放大电路反相输入端交流输入电压的瞬时极性为⊕,则输出端的电压极性应为⊖,则 i_f 实际流向与参考方向一致,$i_d=i_i-i_f$,净输入信号减小,故为负反馈。

③ 判断是电压或电流反馈,由于 u_- 很小接近零(虚地),运放反馈输入端与电阻 R 的下端视为同电位,R_f 与 R 相当于并联,$i_f\approx\dfrac{R}{R+R_f}i_o$,显示反馈参数 i_f 取样 i_o 与输出电流直接相

关，为电流反馈。如用负载短路法判断，当 R_L 被短路时，$u_o=0$，但仍有 $i_f \neq 0$，有反馈信号送回输入端，所以是电流反馈。

因此，这是一个电流并联负反馈电路。它可以稳定输出电流。

【例 3－2】 判断图 3－20 电路中引入了什么级间反馈类型(组态)。

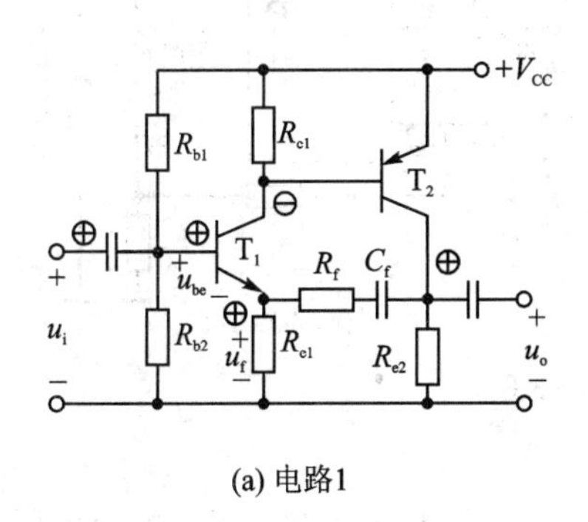

(a) 电路1

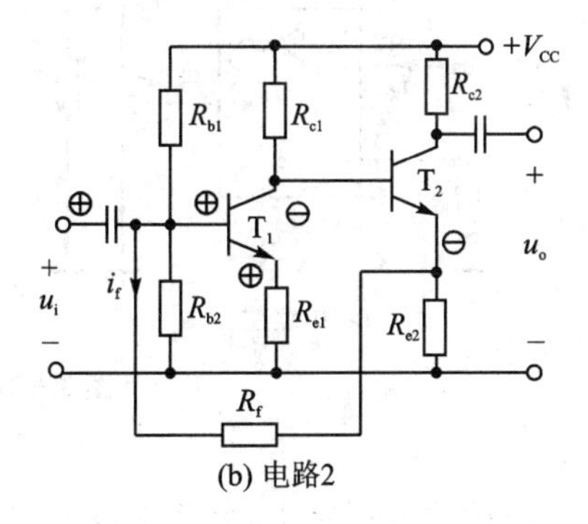

(b) 电路2

图 3－20　[例 3－2]图

【解】 在图 3－20(a)中：

① u_i 和 u_f 分别加在基极和发射极两个极性端，u_i、u_{be}、u_f 串联连接为串联反馈。

② 利用瞬时极性法判断反馈极性。设三极管 T_1 基极所加的电压 u_i 瞬时极性为 u_1⊕→u_{C1}⊖→u_{C2}⊕→u_{E1}⊕，实际极性与图中参考极性相同，$u_{be}=u_i-u_f$，T_1 管的净输入电压 u_{be} 减小，所以引入交流串联负反馈。

③ 在输出端，利用负载短路法。$u_f=\dfrac{R_{e1}}{R_f+R_{e1}}\times u_o$，将输出端 u_o 短接，则无反馈信号送回输入端，所以为电压反馈。

结论：反馈类型为电压串联负反馈。

在图 3－20(b)图中：

① 利用瞬时极性法判断反馈极性。设三极管 T_1 基极所加的电压 u_i 瞬时极性为 ⊕→u_{C1}⊖→u_{e2}⊖，反馈信号为⊖极性并和输入信号都连在同一个基极上，由于反馈支路的连接，产生一个流出的电流 i_f 使 T1 管基极电流 i_b 减小，T_1 管的净输入电压 u_{be} 减小，所以引入并联负反馈。

② 在输出端，利用负载短路法。将输出端 u_o 短接，仍有反馈信号送回输入端，所以为电流反馈。

结论：反馈类型为电流并联负反馈。

【例 3－3】 分析图 3－21 所示电路中各引入了什么样的级间反馈类型。

【解】 在图 3－21(a)中：

① 在电路的输入回路中，反馈信号 i_f 与输入信号 i_i 接至同一输入端，故为并联反馈。

② 应用瞬时极性法判断反馈极性。设放大电路反相输入端交流输入电压的瞬时极性为⊕，则输出端的电压极性应为⊖，三极管射极跟随器的输出 u_o 为⊖，通过电阻 R_f 在放大器输入端与反馈信号接在同一输入端，实际上由于反馈支路的引入产生一个流出的电流 i_f，使净输入法电流 i_d 减小了，故为负反馈。

③ 用负载短路法判断是电压或电流反馈。当 R_L 被短路时，$u_o=0$，没有反馈信号送回输入端，所以是电压反馈。

因此,图 3-21 所示电路的反馈类型为电压并联负反馈。

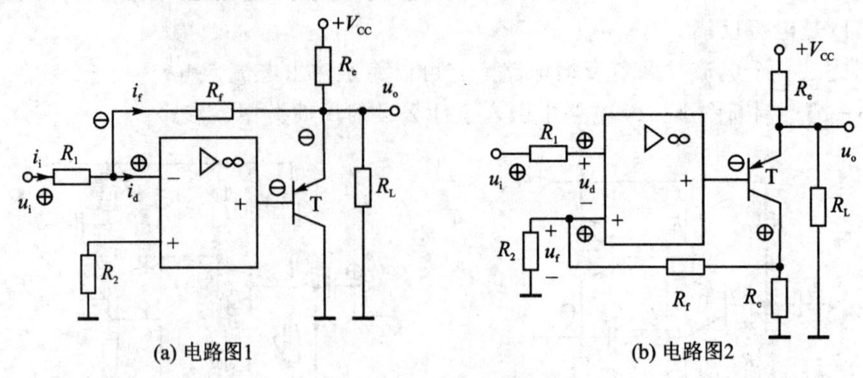

图 3-21 例 3-3 图

在图 3-21(b)中:

① 在电路的输入回路中,反馈信号 u_f 与输入信号 u_i 接至不同输入端,故为串联反馈。由 KVL:$u_d=u_i-u_f$。

② 应用瞬时极性法判断反馈极性。设放大电路反相输入端交流输入电压的瞬时极性为⊕,则输出端的电压极性应为⊖,三极管的集电极输出 u_c 为⊕,通过电阻 R_f、R_2 组成的反馈支路连接在放大器同相输入端,实际极性与图中标示的参考方向一致、净输入电压信号被削弱了,故为负反馈。

③ 用负载短路法判断是电压或电流反馈。当 R_L 被短路时,u_f 不为 0,有反馈信号送回输入端,所以是电流反馈。

因此,图 3-21 所示电路的反馈类型为电流串联负反馈。

对于分立元件三极管构成放大电路中,反馈极性仍用瞬时极性法判断,反馈类型判断和前述方法相同,一般有以下判断口诀:

(1) 共发射极电路

集出为压,射出为流(集电极引出电压反馈,发射极引出电流反馈);

基入为并,射入为串(反馈引入基极是并联反馈,反馈引入发射极为串联反馈)。

(2) 共集电极电路

反馈类型为电压串联负反馈。

【例 3-4】 判断图 3-22(a)和图 3-22(b)两个两级放大电路中从运算放大器 A2 输出端引至 A1 输入端的大环反馈各级间反馈是何种反馈类型的电路?

【解】 在图 3-22(a)中,设 u_i 为正,则 u_{o1} 为负,u_o 为正。反馈电压极性为正,使净输入电压 $u_{id}=u_i-u_f$ 减小,故为负反馈;反馈电路从 A2 的输出端引出,用负载短路法,将 R_L 短接后,反馈信号为 0,故为电压反馈;反馈信号 u_f 和输入信号 u_i 分别加在 A1 的同相和反相两个输入端,故为串联反馈。

因此,图 3-22(a)所示电路从运算放大器 A2 输出端引至 A1 同相输入端的大环反馈类型是串联电压负反馈。

在图 3-22(b)中,设 u_i 为正,则 u_{o1} 为正,u_o 为负,反馈信号为负,反馈后和输入信号接在一起,使净输入电流 $i_{id}=i_i-i_f$ 减小,且反馈信号和输入信号加在 A1 的同一个输入端,所以为并联负反馈;将负载电阻 R_L 短接,仍有信号返回输入端,故为电流反馈。

因此，图 3 - 22(b)所示电路的大环反馈类型为并联电流负反馈。

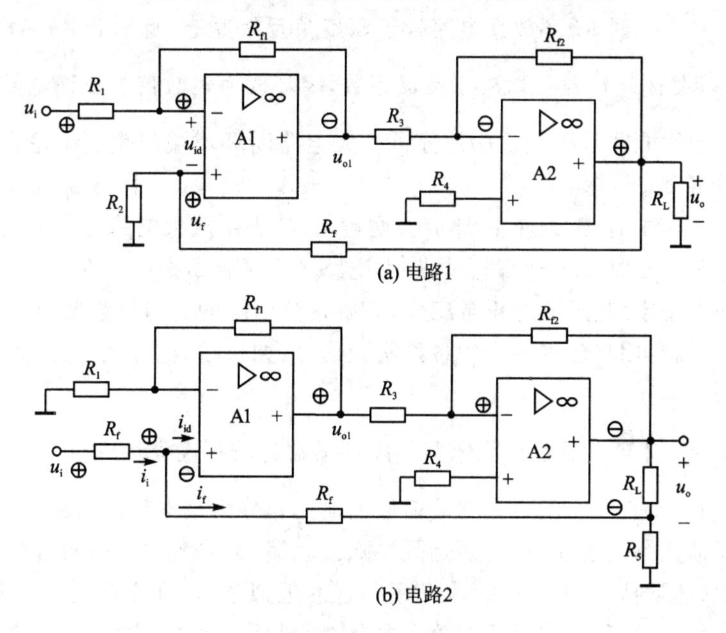

图 3 - 22 [例 3 - 4]图

3.2.3 负反馈放大电路增益的一般表达式

在电子线路中，负反馈的引入往往可以改善电路的性能，是大多数电子线路要采用的技术措施。下面先讨论负反馈放大电路的增益(放大倍数)的一般表达式，然后就负反馈对放大电路的影响作一些分析。

图 3 - 23 是负反馈放大电路组成框图的简化形式。图中，A 是放大器的开环增益，F 是反馈环节的反馈系数，符号⊗表示输入信号和反馈信号相比较的比较环节，+、- 表示输入信号 x_i 与反馈信号 x_f 的相位相反，x_o 表示输出量。

放大电路的净输入信号为

$$x_d = x_i - x_f \tag{3-1}$$

基本放大电路的增益(开环增益)为

$$A = x_o / x_d \tag{3-2}$$

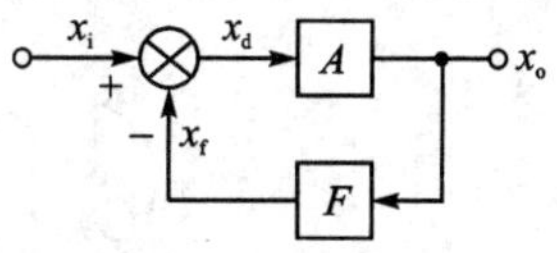

图 3 - 23 反馈放大电路框图

反馈系数为

$$F = x_f / x_o \tag{3-3}$$

负反馈放大电路的增益(闭环增益)为

$$A_f = x_o / x_i \tag{3-4}$$

将式(3 - 1)～式(3 - 3)代入式(3 - 4)，可得

$$A_f = \frac{x_o}{x_i} = \frac{x_o}{x_d + x_f} = \frac{x_o}{\dfrac{x_o}{A} + F x_o} = \frac{A}{1 + AF} \tag{3-5}$$

式(3 - 5)为负反馈放大电路增益的一般表达式。该式表明引入负反馈后，放大电路的闭环增益 A_f 为开环增益 A 的$\dfrac{1}{1+AF}$倍。$1+AF$ 越大，闭环增益下降得越多。通常把$|1+AF|$

称为反馈深度。下面对反馈深度进行讨论：

① 当$|1+AF|\gg1$时，闭环放大电路处于深度负反馈状态，此时，$|1+AF|\approx|AF|$，即有$A_f\approx\frac{1}{|F|}$。这表明，闭环增益只取决于反馈系数，闭环放大倍数仅与反馈电路的参数有关，这时放大电路的工作性能非常稳定。这是分析放大电路闭环增益的重要结论。一般认为$|AF|\geqslant10$就是深度负反馈。

② 当$|1+AF|<1$时，$A_f>A$，闭环放大增益增强，表明放大电路处于正反馈状态。

③ 当$|1+AF|=0$时，$A_f\to\infty$，此时，放大电路产生了自激振荡。在放大电路中，自激振荡现象使放大电路不稳定，甚至不能正常工作，是要设法消除的。但自激振荡在信号产生电路中有其重要用途，可以利用自激振荡产生各种实验信号，如正弦波、方波、三角波和锯齿波等实验波形(见第4章)。

用$A_f=\frac{A}{1+AF}$计算负反馈放大电路的闭环增益比较精确但较麻烦。因为要先求得放大电路的开环增益和反馈系数，就要先把反馈放大电路划分为基本放大电路和反馈网络，但这不是简单地断开反馈网络就能完成的，而是既要除去反馈，又要考虑反馈网络对基本放大电路的负载作用。所以，通常从工程实际出发，利用一定的近似条件，即在深度反馈条件下对闭环增益进行估算。一般情况下，大多数反馈放大电路，特别是由集成运放组成的放大电路都能满足深度负反馈的条件。

3.2.4 负反馈对放大电路的影响

引入负反馈会导致放大电路闭环增益下降，但却使放大电路的许多性能得到改善，如可以提高增益的稳定性，扩展通频带，减小非线性失真，改变输入电阻和输出电阻等。

1. 降低了放大倍数但提高了放大倍数的稳定性能

由前面导出的式子$A_f=\frac{A}{1+AF}$看出，引入负反馈后，放大电路的增益下降了$\frac{1}{1+AF}$倍，即放大倍数降低了。该式对A求导得

$$\frac{dA_f}{dA}=\frac{1}{(1+AF)^2} \tag{3-6}$$

$$\frac{dA_f}{A_f}=\frac{dA}{A_f(1+AF)^2}=\frac{dA}{(1+AF)A}=\frac{1}{1+AF}\frac{dA}{A} \tag{3-7}$$

由式(3－7)可见，加入负反馈后，闭环增益的相对变化量为开环增益相对变化量的$\frac{1}{1+AF}$，即闭环增益的相对稳定度提高了。

【例3－5】 当$1+AF=100$时，A变化了10%，则A_f变化了多少？

【解】 由于 $$\frac{dA_f}{A_f}=\frac{1}{1+AF}\frac{dA}{A}=\frac{1}{100}\times10\%=0.1\%$$

所以，当A变化了10%，则A_f变化了0.1%，可见，闭环增益比开环增益稳定。

2. 负反馈可扩展通频带

放大电路的频带宽度由放大电路对不同频率的信号呈现出的放大倍数的稳定性决定。由于集成运放采用直接耦合方式进行信号传输，因而低频信号都可以得到放大。而负反馈对于

中频信号的放大倍数降低幅度较大但稳定性增强，对高频信号的放大倍数降低的幅度小于中频段，从而扩展了闭环增益的频率。理论推导得出的结论是，引入负反馈后，放大器的通频带扩展了 $1+AF$ 倍，如图3-24所示。

3. 负反馈可减小非线性失真

集成运放电路由三极管、场效应管等非线性器件组成，因此其电压传输特性也是非线性的，如图3-25(a)所示。引入负反馈环节能发送波形的失真如图3-25(b)所示。

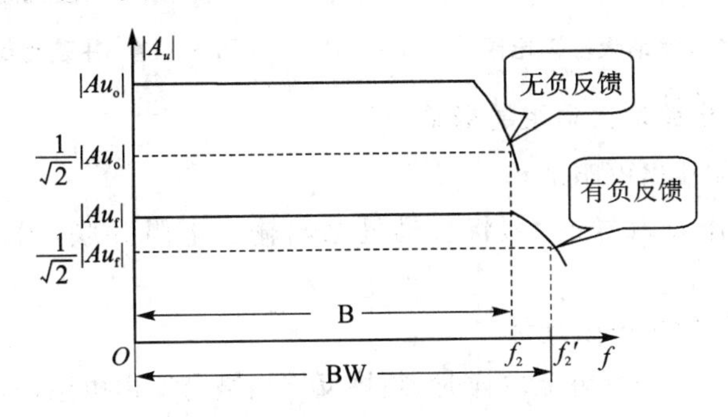

图3-24 负反馈扩展通频带图

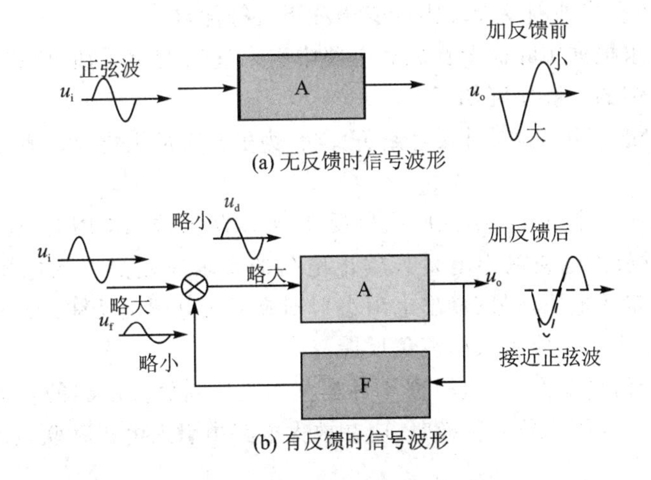

图3-25 负反馈减小非线性失真

引入负反馈后，运放电路的闭环增益降低，同样的输入信号幅度时，将大大改善输出失真现象。

当然，负反馈只能减小反馈环内产生的非线性失真，如果输入信号本身就存在失真，负反馈则无能为力。

4. 负反馈对放大电路输入电阻的影响

(1) 串联负反馈使输入电阻增大

如图3-26所示，在串联负反馈电路中，反馈电路相当于串接于输入电路中，因而，放大电路的输入电阻将会增大。

(2) 并联负反馈使输入电阻减小

如图3-27所示，并联负反馈放大电路中，反馈网络的电阻与基本放大电路的输入电阻相当于并联，因此，闭环输入电阻将减小。

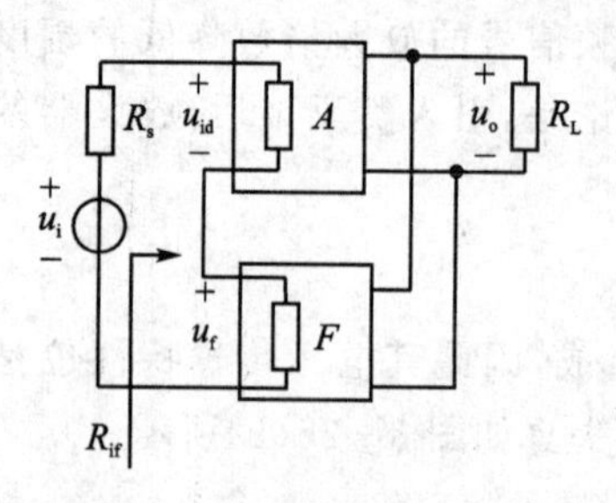

图 3-26 串联负反馈增大输入电阻

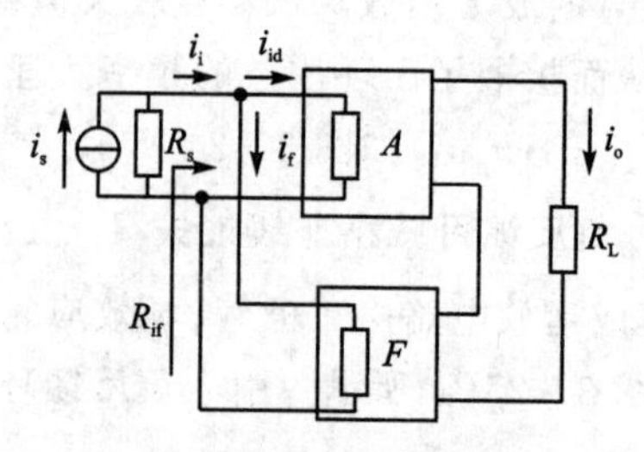

图 3-27 并联负反馈减小输入电阻

5. 负反馈对放大电路输出电阻的影响

(1) 电压负反馈使输出电阻减小

电压负反馈从输出端取样时,须将反馈网络与输出电阻并联,因而将造成输出电阻的减小。

(2) 电流负反馈使输出电阻增加

电流负反馈从输出端进行电流取样时,须将反馈网络与输出电阻串联,因而将造成输出电阻的增加。

另外,负反馈还有能抑制反馈环内的噪声和干扰等优点。

工程中往往要求根据实际需要在放大电路中引入适当的负反馈,以提高电路或电子系统的性能。引入负反馈的一般原则如下:

① 为了稳定静态工作点,应引入直流负反馈;为了改善放大电路的动态性能,应引入交流负反馈。

② 要求提高输入电阻时,应引入串联负反馈;要求降低输入电阻时,应引入并联负反馈。

③ 根据负载对放大电路输出电量或输出电阻的要求决定是引入电压还是电流负反馈。若负载要求提供稳定的电压信号(输出电阻小),则应引入电压负反馈;若负载要求提供稳定的电流信号(输出电阻大),则应引入电流负反馈。

④ 在需要进行信号变换时,应根据 4 种类型的负反馈放大电路的功能选择合适的组态。例如,要求实现电流-电压信号的转换时,应在放大电路中引入电压并联负反馈。

3.3 自激振荡及分析

如前面章节所述放大电路引入负反馈环节能改善放大电路的多个性能指标,但要注意在带有反馈环节放大电路各个环节中可能会引入附加的相位移动,累加后可能使负反馈转变成正反馈,从而影响放大电路的稳定性,尤其是如果达到自激振荡的条件会严重破坏放大电路的稳定性能,这是要避免的。但是在振荡电路中,可以利用正反馈特点,使电路满足自激振荡的条件,从而使电路产生人们需要的各种波形。

3.3.1 自激振荡

自激振荡是指电路通电后,在没有输入信号的情况下,电路输出端有规则的波形信号输出。

负反馈放大电路增益的一般表达式为

$$A_f = \frac{A}{1+AF}$$

如果闭环放大电路的输入信号为正弦波，则表达式写成相量形式为

$$\dot{A}_f = \frac{\dot{A}}{1+\dot{A}\dot{F}}$$

当 $1+\dot{A}\dot{F}=0$，即 $\dot{A}\dot{F}=-1$ 时，信号的幅度值 $|\dot{A}\dot{F}|=1$，相位移 $\phi_A+\phi_F=(2n+1)\pi$，此时，放大器 A 与反馈环节 F 的信号相位移之和为 180°，如图 3-28(a)所示；由于净输入量为输入信号与反馈信号之差，即 $x_{id}=x_i-(-x_f)=x_i+x_f$，如图 3-28(b)所示；净输入量增大，电路实质上变为正反馈。如果满足 $|\dot{A}\dot{F}|=1$ 的幅度条件，即反馈信号的幅度足够大，则去掉输入信号后，放大电路还有输出信号，此时电路本身能够维持信号的输出，称电路产生了自激振荡，如图 3-28(c)所示。

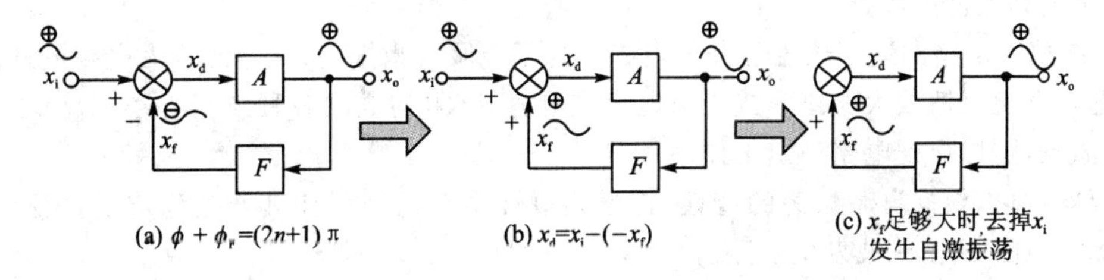

图 3-28　自激振荡的产生

上述过程也可以描述如下：在放大电路中，在没有输入信号时，某个频率的扰动信号(如电源合闸通电产生的诸多正弦频率中的一个)，放大环节和反馈环节对该信号共产生了 180°的附加相位移，从而产生输出信号 x_o。x_o 经过反馈网络和比较环节后，得到净输入信号 $x_i=0-x_f=-Fx_o$，送到基本放大电路后再放大，得到一个增强了的 AFx_o，x_o 将不断增大。最终，当电路达到动态平衡，即反馈信号维持着输入信号，而输出信号又维持着反馈信号时，称电路产生了自激振荡。可见，负反馈放大电路产生自激振荡的根本原因之一是 AF 的附加相移。

产生自激振荡的电路必须是附加相位移为 $\phi_A+\phi_F=(2n+1)\pi$ 的负反馈电路或直接具有正反馈的闭环电路。

负反馈放大电路中由于反馈信号产生了足够的附加相移，从而使负反馈变成了正反馈，可以产生自激振荡；而在振荡电路中直接加正反馈，无须附加相位移也可以产生自激振荡。

因此，正反馈是产生自激振荡的先决条件，如果放大电路引入了正反馈，则具备了产生自激振荡的条件。

对于负反馈电路来说，要产生自激振荡，必须同时满足自激振荡的幅度和相位条件，即

$$\dot{A}\dot{F}=-1$$

幅值条件：
$$|\dot{A}\dot{F}|=1$$

相位条件：
$$\phi_A+\phi_F=(2n+1)\pi \qquad (n=1,2,\cdots)$$

如果是直接引入正反馈，则相位条件变为

$$\phi_A+\phi_F=2n\pi \qquad (n=1,2,\cdots)$$

电路在起振(从振幅很小到完全振荡)过程中，$|x_o|$ 有一个从小到大的过程，故起振条件为 $|\dot{A}\dot{F}|>1$。

放大电路的级数越多,引入的负反馈越深,附加相位移越大,产生自激振荡的可能性越大。

*3.3.2 负反馈放大电路自激振荡的消除方法

通过以上分析可知,要保证负反馈放大电路稳定工作,必须破坏自激条件。通常是在相位条件满足,即反馈为正时,破坏振幅条件,使反馈信号幅值不满足原输入量;或者在振幅条件满足,反馈量足够大时,破坏相位条件,使反馈无法构成正反馈。根据这两个原则,克服自激振荡的方法有:

① 减小反馈环内放大电路的级数。因为级数越多,级间耦合电容和半导体器件的电容效应所引起的附加相移越大,负反馈越容易过渡成正反馈。

② 减小反馈深度。当负反馈放大电路的附加相移达到±180°,满足自激振荡的相位条件时,能够防止电路自激的唯一方法是不再让它满足振幅条件,即限制反馈深度,但这种方法会影响放大电路性能的改善。

③ 在放大电路的适当位置加补偿电路。为了克服自激振荡,又不使放大电路的性能受到影响,通常在负反馈放大电路中接入由电容或电容、电阻构成的各种校正补偿电路,来破坏电路的自激条件,以保证电路稳定工作。

当然也可以根据自激振荡的特性,在电路设计中加以利用让其产生稳定的正弦波形,在4.3节将详细介绍正弦波发生电路。

【本章小结】

集成运算放大器是一种直接耦合的高放大倍数的集成电路,一般由4部分构成。输入级采用差分放大形式以抑制零漂,提高输入电阻。中间级主要是提高电压放大倍数。输出级采用射极输出器以提高带负载的能力。为扩大线性工作范围,集成运算放大器在使用中常引入反馈电路。

反馈是本章的重要概念,是指通过电路或元件,将放大电路输出信号(电压或电流)的部分或全部,送回输入回路中的过程。反馈信号削弱净输入信号为负反馈;若是增强了净输入信号,则为正反馈。引入交流负反馈的目的是改善放大电路的性能;引入直流负反馈的目的是稳定放大电路的静态工作点。通过本章的学习,应掌握具体电路中反馈类型的判断方法以及其对放大电路的性能有何改变。通过介绍电压串联负反馈、电压并联负反馈、电流串联负反馈及电流并联负反馈4种负反馈放大电路,重点阐述了反馈极性的判断方法(瞬时极性法);电压、电流反馈的判断方法(分析法、输出短路法);串联、并联反馈的判断方法(求和方式判断法、回路KVL和节点KCL)等重要内容。

电压负反馈能稳定输出电压,电流负反馈能稳定输出电流。为了使负反馈的效果更好,当信号源内阻较小时,宜采用串联负反馈;当信号源内阻较大时,宜采用并联负反馈。由于串联负反馈要用内阻较小的信号源即电压源提供输入信号,并联负反馈要用内阻较大的信号源即电流源提供输入信号,电压负反馈能稳定输出电压(近似于恒压输出),电流负反馈能稳定输出电流(近似于恒流输出),因此,上述4种组态负反馈放大电路又常被对应称为压控电压源电路、流控电压源电路、压控电流源电路和流控电流源电路。

引入负反馈后,虽然使放大电路的闭环增益减小,但是放大电路的许多性能指标却得到了改善,如提高了电路增益的稳定性,减小了非线性失真,抑制了干扰和噪声,扩展了通频带。串联负反馈使输入电阻提高,并联负反馈使输入电阻下降,电压负反馈降低了输出电阻,电流负反馈使输出电阻增加。所有性能的改善程度都与反馈深度有关。

引入负反馈越深，放大电路的性能改善越显著。但由于电路中有电容、电感等元件存在，它们的阻抗随信号频率而变化，因而使信号的大小和相位都随频率而变化，当幅值与相位同时满足特定条件时，电路就会从原来的负反馈变成正反馈，从而产生自激振荡。通常放大电路中用频率补偿法来消除自激现象。

习　题

3.1.1　设集成运算放大器的开环放大电路输入信号电压为 1 mV 时，输出电压为 1 V；加入负反馈后，为达到同样输出时需要的输入信号为 10 mV，求该电路的反馈系数和反馈深度。

3.1.2　既然在深度负反馈的条件下，闭环放大倍数 $A_F \approx 1/F$，与放大器件的参数无关，那么放大器件的参数就没有什么实用意义了，随便取一个管子或组件，只要反馈系数 $F=1/A_F$，就可以获得恒定的闭环放大倍数 A_F。这种说法对吗？为什么？

3.1.3　(1) 一个放大器的电压放大倍数为 60 dB，相当于把电压信号放大多少倍？(2)一个放大器的电压放大倍数为 20 000，问以分贝表示时是多少？(3)某放大器由三级组成，已知每级电压放大倍数为 15 dB，问总的电压放大倍数为多少分贝？相当于把信号放大了多少倍？

3.1.4　多路电流源电路如图 3-29 所示，已知所有晶体管的特性均相同，U_{BE} 均为0.7 V。试求 I_{C1}、I_{C2} 各为多少？

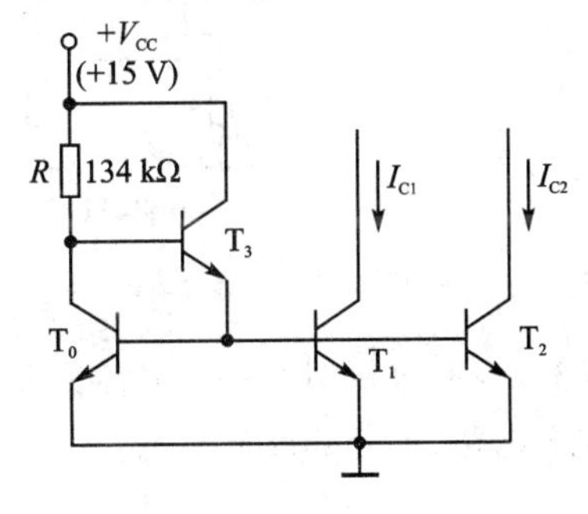

图 3-29　题 3.1.4 图

3.1.5　已知一个负反馈放大电路的 $A=10^5$，$F=2\times10^{-3}$。(1) $A_F=$？(2) 若 A 的相对变化率为 20%，则 A_f 的相对变化率为多少？

3.1.6　已知一个放大电路的电压闭环放大倍数 $A_{uf}=20$，其基本放大电路的电压放大倍数 A_u 的相对变化率为 10%，A_{uf} 的相对变化率为 0.1%，试问 F 和 A_u 各为多少？

3.2.1　分析图 3-30 中电路是否存在反馈；若存在，请指出是正反馈还是负反馈、是电压反馈还是电流反馈、是串联反馈还是并联反馈。

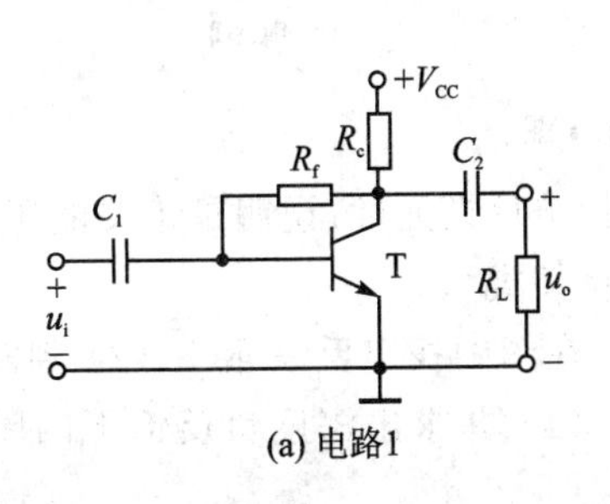

(a) 电路1

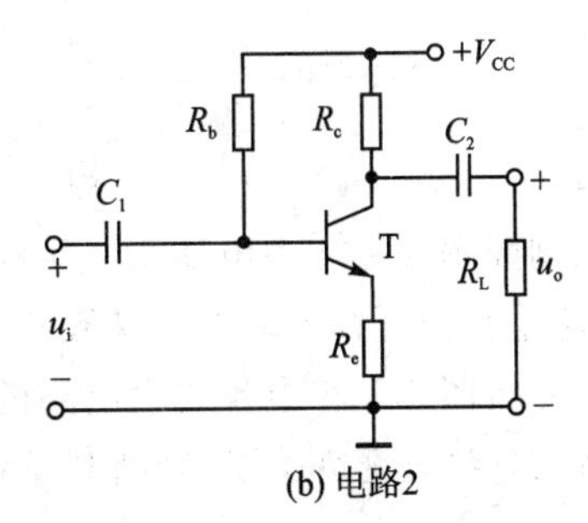

(b) 电路2

图 3-30　题 3.2.1 图

3.2.2　用瞬时极性法分析图 3-31 中各电路存在什么类型的反馈。

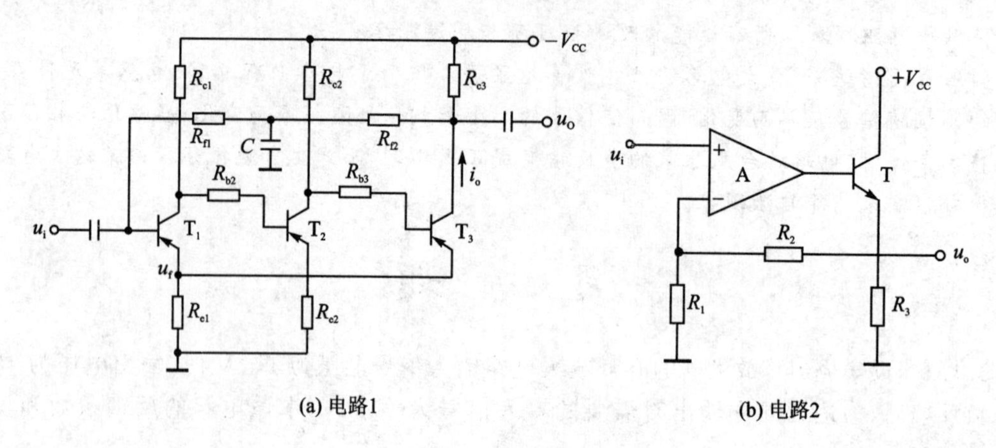

(a) 电路1　　(b) 电路2

图 3－31　题 3.2.2 图

3.2.3　分析图 3－32 中各电路是否存在反馈；若存在，请指出是电压反馈还是电流反馈、是串联反馈还是并联反馈、是正反馈还是负反馈。

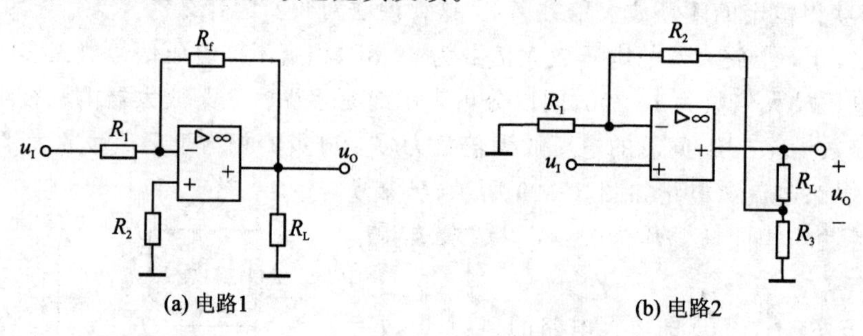

(a) 电路1　　(b) 电路2

图 3－32　题 3.2.3 图

3.2.4　分析图 3－33 中各放大电路的反馈。(1) 判断是正反馈还是负反馈；(2) 对负反馈放大电路，判断其反馈组态。

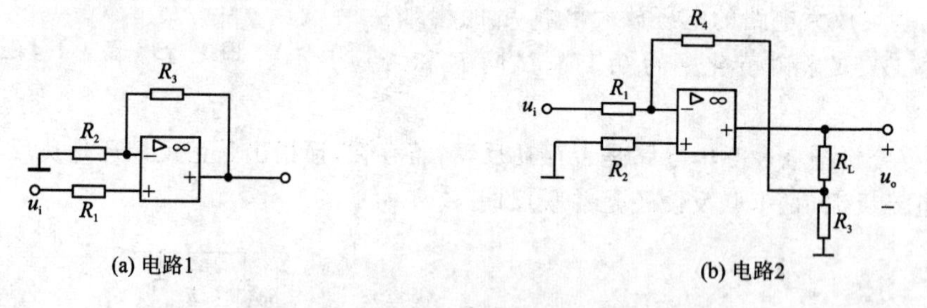

(a) 电路1　　(b) 电路2

图 3－33　题 3.2.4 图

3.2.5　判断图 3－34 中电路引入了哪些反馈；指出反馈元件，说明是正反馈还是负反馈？是直流反馈还是交流反馈？若为交流反馈则请说明反馈类型。

3.2.6　分析图 3－35 中各放大电路的反馈：(1) 在图中找出反馈元件；(2) 判断是正反馈还是负反馈；(3) 对交流负反馈，判断其反馈组态。*(4) 并求出深度负反馈下的闭环电压放大倍数。

3.3.1　分别标出如图 3－36 所示各电路中变压器的同名端，使之满足正弦波振荡的相位条件。

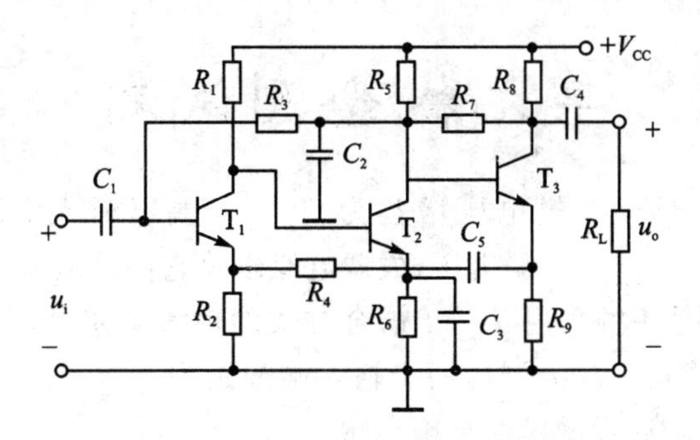

图 3-34　题 3.2.5 图

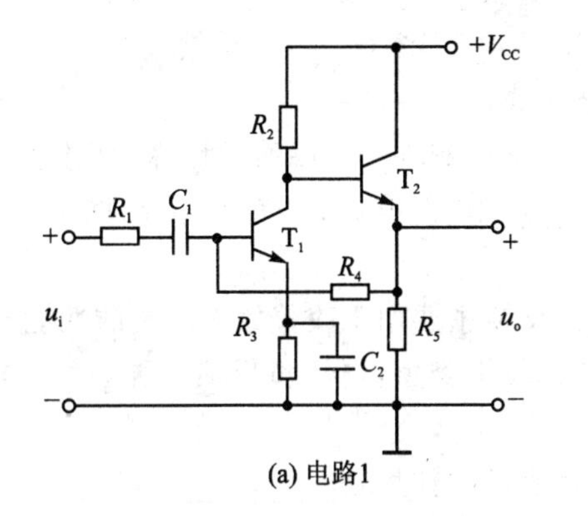

(a) 电路1

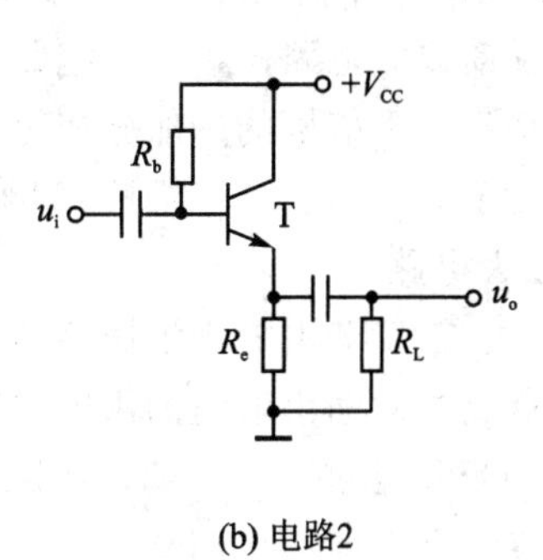

(b) 电路2

图 3-35　题 3.2.6 图

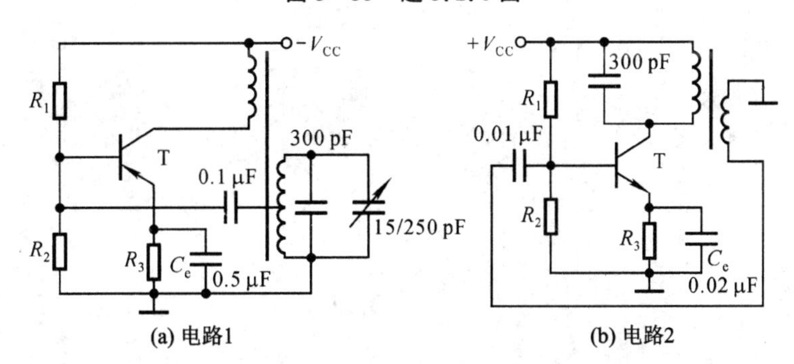

(a) 电路1　　(b) 电路2

图 3-36　题 3.3.1 图

* **3.3.2**　判断如图 3-37 所示两电路是否具备产生自激振荡的相位条件。

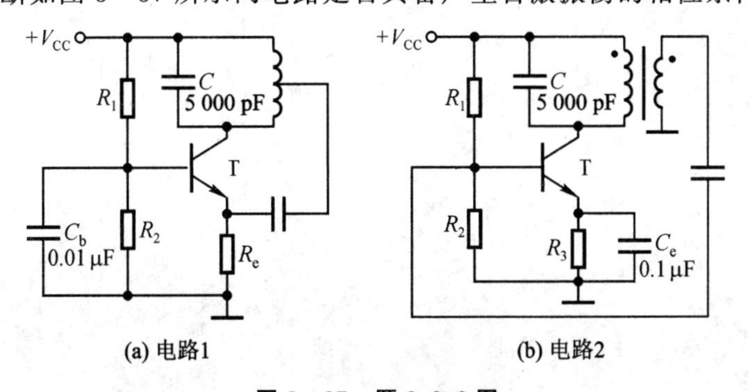

(a) 电路1　　(b) 电路2

图 3-37　题 3.3.2 图

单元概念测试题

1. 理想集成运放的开环差模电压增益为______,差模输入电阻为______,输出电阻为______,共模抑制比为______,失调电压、失调电流以及它们的温度系数均为______。

2. 集成运算放大器是一种采用______耦合方式的放大电路,因此低频性能______,最常见的问题是______。集成运算放大器的两个输入端分别为______输入端和______输入端,前者的极性与输出端______,后者的极性与输出端______。

3. 根据反馈信号在输出端的取样方式不同,可分为______反馈和______反馈 ,根据反馈信号和输入信号在输入端的比较方式不同,可分为______反馈和______反馈 。

4. 反馈放大电路由______电路和______网络组成。

5. 将______信号的一部分或全部通过某种电路反馈到______端的过程称为反馈。

6. 对于放大电路,若无反馈网络,则称为______放大电路;若存在反馈网络,则称为______放大电路。

7. ______反馈主要用于振荡等电路中,______反馈主要用于改善放大电路的性能。

8. 负反馈对输出电阻的影响取决于______端的反馈类型,电压负反馈能够______输出电阻,电流负反馈能够______输出电阻。

9. 直流负反馈的作用是____________,交流负反馈的作用是____________。

第4章　集成运算放大器应用电路

【引　言】

集成运算放大器外接深度负反馈电路后，工作在线性区可组成比例、加减、微分和积分、对数与反对数等运算电路，这是集成运放电路线性应用的一部分，常用到虚短、虚断两个概念分析电路。通过这一部分的分析可以看出，理想运放外接负反馈电路后，其输出电压与输入电压之间的关系只与外接电路的参数有关，而与集成运放本身的参数无关。当集成运算放大器工作在饱和区或引入正反馈，此时运放具备信号处理功能。文中对电压比较器和有源滤波电路作了简单的分析，讨论了正弦波振荡电路和其他类型的信号产生电路。

【学习目标与要求】

① 掌握由集成运放组成的比例、加减、微分和积分运算电路构成；

② 掌握运算放大器电路的基本分析方法；

③ 了解电压比较器的工作原理和应用，熟悉一阶滤波器的电路结构、工作原理；

④ 掌握 RC 正弦波发生电路的工作原理和计算方法；

⑤ 了解其他波形发生电路的结构和工作原理；

⑥ 了解集成运算放大器在实际应用中的一些注意事项。

【重点内容提要】

集成运放在线性和非线性区间领域都有应用，重点掌握线性工作区间的电路分析与计算，和正反馈波形发生器电路构成及分析。

4.1　基本运算电路

负反馈放大电路的分析依据：在放大电路中引入深度负反馈后，由于放大器输出电压 u_o 是有限值、放大器放大倍数 A_{uo} 很高、放大器的输入电阻 r_i 很高等条件的存在，可得到以下结论：

① 由于 $u_d=u_+-u_-$，而 $u_d=u_o/A_{uo}\approx 0$，所以 $u_+\approx u_-$，即两个输入端之间的电压差很小，近似于短路，但实际并不短路，故称为“虚短”；

② 由于放大器净输入电压 u_d 很小，而输入电阻 r_i 很高，所以 $i_+=-i_-=u_d/r_i\approx 0$，即两个输入端之间流过的电流很小，相当于断路，但实际并不断路，故称为“虚断”。

以上两点是分析理想运算放大器在负反馈条件下工作的基本依据。运用这两点结论可使分析计算工作大为简化。

4.1.1　比例运算电路

1. 反相比例运算电路

电路如图 4-1 所示，输入信号 u_i 加在反相端，可以判断电路引入了电压并联负反馈。由于“虚断”，$i_+=i_-=0$，$i_f=i_1$，$u_+=0$；由于“虚短”，$u_-=u_+$，所以，反相端“虚地”(相当于接地)，可得

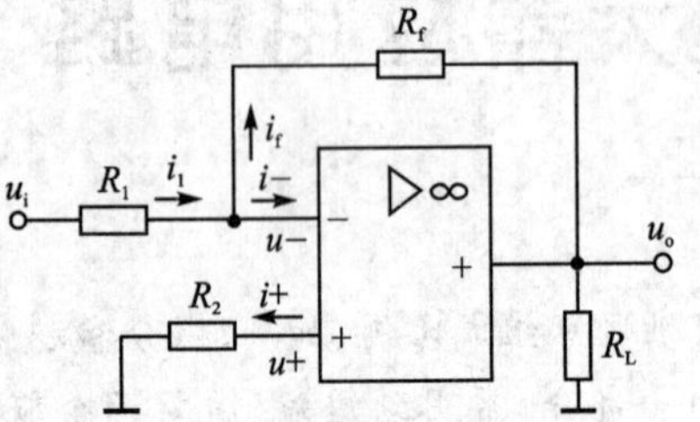

$$i_1=\frac{u_i-u_-}{R_1}=\frac{u_i-0}{R_1}=\frac{u_i}{R_1}$$

$$i_f=\frac{u_--u_o}{R_f}=-\frac{u_o}{R_f}$$

因为

$$i_f\approx i_1$$

推导得

$$u_o=-\frac{R_f}{R_1}u_i$$

图 4-1　反相比例运算电路

电压放大倍数

$$A_{uf}=\frac{u_o}{u_i}=-\frac{R_f}{R_1}$$

可见，放大电路的输入电压得到了反相放大，放大倍数与运放本身参数无关，只取决于外接电阻 R_1 和 R_f 的大小。当 $R_1=R_f$ 时，$u_o=-(R_f/R_1)u_i=-u_i$，电路为一个反相器。

电路中的电阻 R_2 称为平衡电阻，作用是消除静态基极电流对输出电压的影响，$R_2=R_1/\!/R_f$。

反相放大电路的主要特点：

① 存在“虚地”；

② 放大电路的共模输入信号小，对运放的共模抑制比没有特殊要求；

③ 电路的输入电阻约为 R_1，输出电阻很低，为十几欧姆至几十欧姆。

2. 同相比例运算电路

电路如图 4-2 所示，可以判断电路引入了电压串联负反馈。信号 u_i 从同相端输入，利用“虚断”，可得 $i_-=i_+=0$，$i_f=i$；由于“虚短”，$u_-=u_+$，所以，$u_-=u_+=u_i$，因此

$$i_1=\frac{0-u_+}{R_1}=-\frac{u_i}{R_1}$$

$$i_f=\frac{u_--u_o}{R_f}=\frac{u_i-u_o}{R_f}$$

因为，$i_1=i_f$，推导得

$$u_o=\left(1+\frac{R_f}{R_1}\right)u_i$$

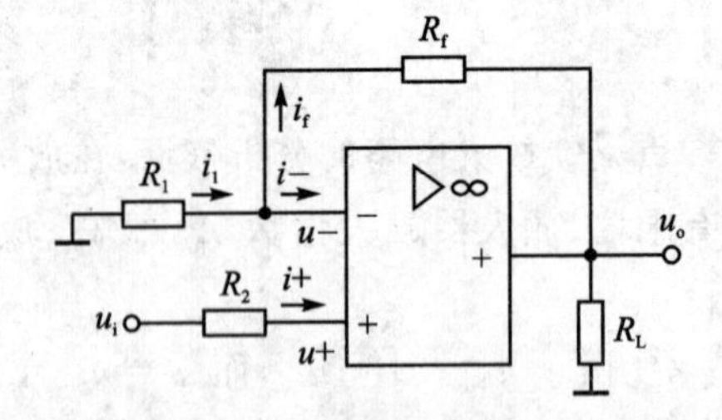

图 4-2　同相比例运算电路

可见，输出电压与输入电压成正比，电路的闭环电压放大倍数为

$$A_{uf}=\frac{u_o}{u_i}=1+\frac{R_f}{R_1}$$

同相比例运算电路的特点如下：

① 没有“虚地”；

② 输入电阻高，输出电阻低；

③ 存在共模输入信号，要求运放有较高的共模抑制比，平衡电阻 $R_2=R_1/\!/R_f$。

当 $R_f\rightarrow 0$ 或 $R_1\rightarrow\infty$ 时(见图 4-3)，这时 $u_o=u_i$，输出电压与输入电压大小相等，相位相

同，所以称为电压跟随器。与三极管射极跟随器（共集电极电路）相比，集成同相比例放大器的电路性能更好。

【例 4-1】 分析如图 4-4 所示电路中输出电压与输入电压的关系，并说明电路的作用。

【解】 如图 4-4 所示电路中，反相输入端未接电阻 R_1，即 $R_1=\infty$，稳压管电压 U_Z 作为输入信号 u_i 加到同相输入端，该电路形式为同相电压跟随器。

$$u_o = u_i = U_Z$$

此电路可作为基准电压源，且可以提供较大输出电流。

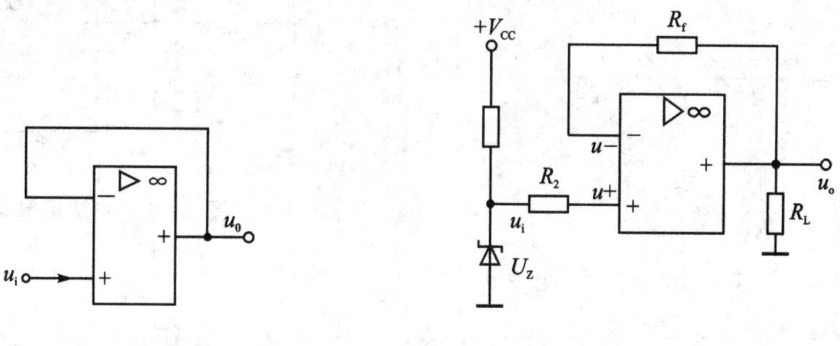

图 4-3　电压跟随器　　　图 4-4　[例 4-1]图

【例 4-2】 在如图 4-5 所示电路中，已知 $R_1=100\ \text{k}\Omega$，$R_2=100\ \text{k}\Omega$，$R_3=200\ \text{k}\Omega$，$R_f=200\ \text{k}\Omega$，$u_i=1.5\ \text{V}$，求输出电压 u_o。

【解】 根据"虚断"，由图可得

$$u_- = \frac{R_1}{R_1+R_f}u_o,\qquad u_+ = \frac{R_3}{R_2+R_3}u_i$$

又根据"虚短"，有

$$u_- \approx u_+$$

所以

$$\frac{R_1}{R_1+R_f}u_o \approx \frac{R_3}{R_2+R_3}u_i$$

$$u_o \approx \left(1+\frac{R_f}{R_1}\right)\frac{R_3}{R_2+R_3}u_i$$

可见图 4-5 所示电路也是一种同相输入比例运算电路。代入数据得

$$u_o = \left(1+\frac{200}{100}\right)\times\frac{200}{100+200}\times 1.5\ \text{V} = 3\ \text{V}$$

【例 4-3】 试计算如图 4-6 所示电路中 u_o 的大小。

【解】 图 4-6 所示电路是一电压跟随器，电源 +15 V，经两个 15 kΩ 的电阻分压后在同相输入端得到 +7.5 V 的输入电压，故 $u_o=+7.5\ \text{V}$。

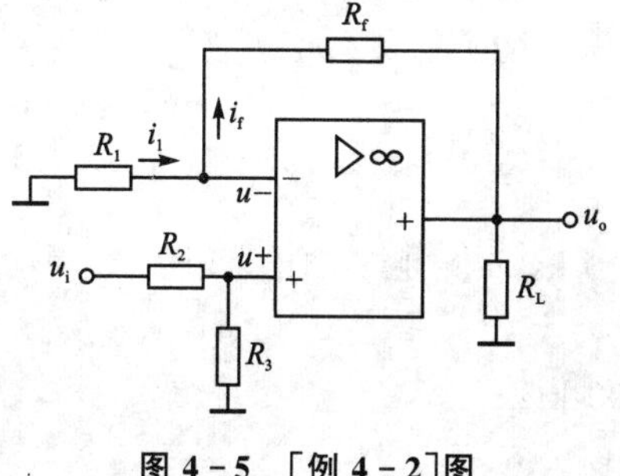

图 4-5　[例 4-2]图

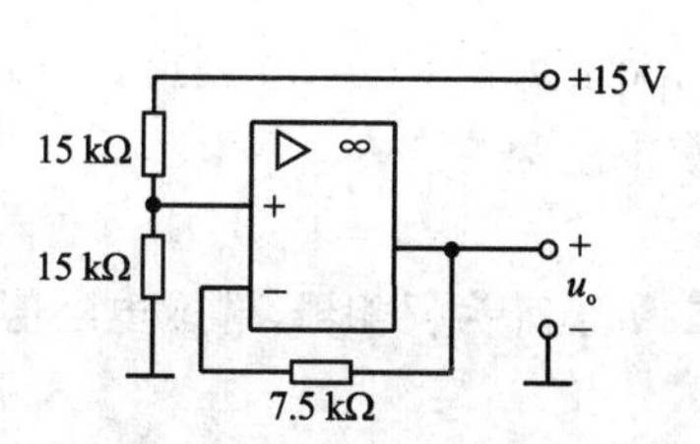

图 4-6　[例 4-3]图

4.1.2 加法运算电路

如图 4-7 所示,电路引入了电压并联负反馈。

利用“虚短”、“虚断”,$i_+ = i_- = 0$,$u_- = u_+ = 0$,所以反相端“虚地”,则

$$i_1 = \frac{u_{i1} - u_-}{R_{i1}} = \frac{u_{i1}}{R_{i1}}$$

$$i_2 = \frac{u_{i2} - u_-}{R_{i2}} = \frac{u_{i2}}{R_{i2}}$$

$$i_f = \frac{u_- - u_o}{R_f} = -\frac{u_o}{R_f}$$

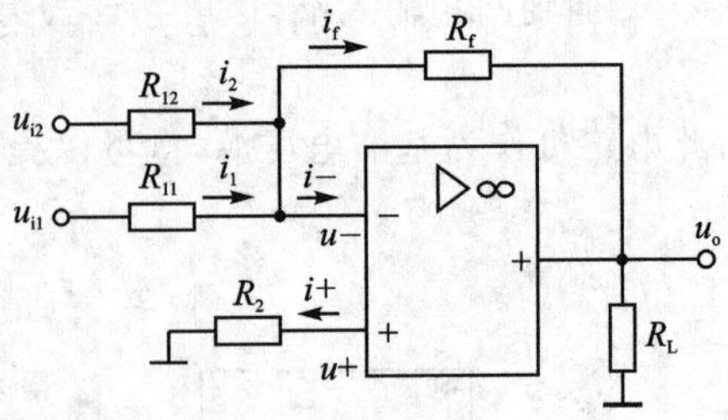

图 4-7 加法运算电路

根据 KCL,$i_f = i_1 + i_2$,整理得

$$u_o = -\frac{R_f}{R_{11}}u_{i1} - \frac{R_f}{R_{12}}u_{i2}$$

若取 $R_{11} = R_{12} = R_f$,则 $u_o = -(u_{i1} + u_{i2})$。

平衡电阻 $R_2 = R_{11} /\!/ R_{12} /\!/ R_f$。

可以看出,输出电压与两输入电压之和成正比,得到反相放大。如果有更多个输入端,也可以得到多个信号相加的加法电路。

输入信号之和和输出信号为反相放大,若再接一级反相电路,则可消去负号,实现算术加法。

【例 4-4】 设计一个实现加法的放大电路,可以实现 $u_o = 2.5u_{i1} + 2u_{i2}$。假定反馈电阻均为 $R_F = 100\ \text{k}\Omega$,求各电阻值。

【解】 输入信号为相加关系,采用加法电路。第一级若采用反相端输入的加法电路,则输出有一负号,须再加一个反相器。取 $R_{f1} = R_{f2} = R_F = 100\ \text{k}\Omega$,设计电路如图 4-8 所示。

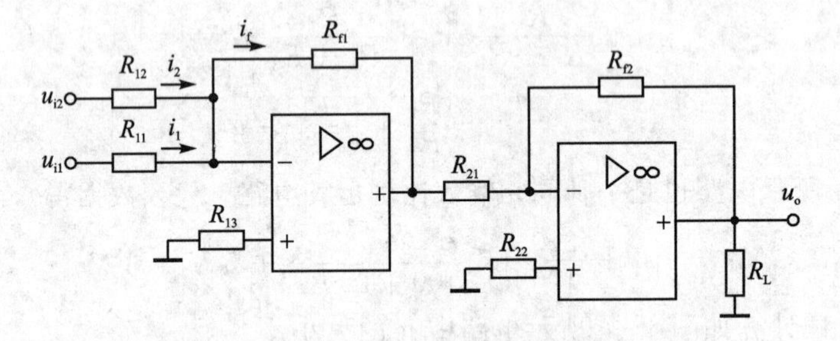

图 4-8 加法运算电路

求解第一级电路各电阻阻值:

由于
$$u_o = -\left(\frac{R_F}{R_{11}}u_{i1} + \frac{R_F}{R_{12}}u_{i2}\right) = -(2.5u_{i1} + 2u_{i2})$$

而 $R_F = 100\ \text{k}\Omega$,则 $R_{11} = 40\ \text{k}\Omega$,$R_{12} = 50\ \text{k}\Omega$。

平衡电阻为

$$R_{13} = R_{11} /\!/ R_{12} /\!/ R_F = 100\ \text{k}\Omega /\!/ 40\ \text{k}\Omega /\!/ 50\ \text{k}\Omega = 18.2\ \text{k}\Omega$$

第二级设计为反相器,选取电阻值为

$$R_{21} = R_F = 100\ \text{k}\Omega$$

平衡电阻为

$$R_{22}=R_{21}/\!/R_{f2}=100\ \text{k}\Omega/\!/100\ \text{k}\Omega=50\ \text{k}\Omega$$

4.1.3　减法运算电路

如图 4-9 所示电路，对输入信号 u_{i1} 引入了电压并联负反馈，对 u_{i2} 引入了电压串联负反馈，电路中存在“虚短”和“虚断”。根据“虚断”，有 $i_-=i_+=0$；根据“虚短”，有 $u_-=u_+$。根据分压公式有

$$u_+=\frac{R_3}{R_2+R_3}u_{i2}=u_-$$

所以在反相输入端

$$i_1=\frac{u_{i1}-u_-}{R_1},\qquad i_f=\frac{u_--u_o}{R_f},\qquad i_1=i_f$$

则

$$\frac{u_{i1}-u_-}{R_1}=\frac{u_--u_o}{R_f}$$

推导得

$$u_o=\left(1+\frac{R_f}{R_1}\right)\frac{R_3/R_2}{1+R_3/R_2}u_{i2}-\frac{R_f}{R_1}u_{i1}$$

若取

$$\frac{R_3}{R_2}=\frac{R_f}{R_1}$$

可得

$$u_o=\frac{R_f}{R_1}(u_{i2}-u_{i1})$$

即输出电压正比于两输入电压之差。

该电路的输入信号加在两个反相输入端上，故称为差分式减法运算电路。

【例 4-5】　求图 4-10 所示放大电路的输出电压 u_o 与输入电压 u_{i1}、u_{i2} 的关系。

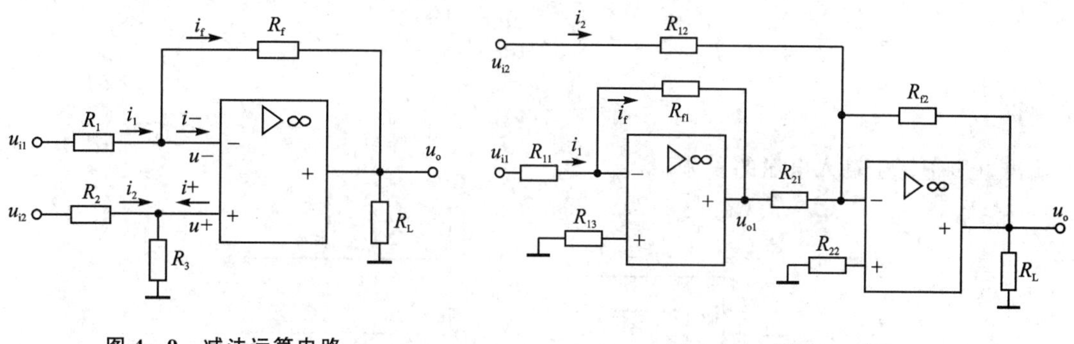

图 4-9　减法运算电路

图 4-10　[例 4-5]图

【解】　图 4-10 中，第一级是反相比例运算电路，所以

$$u_{o1}=-\frac{R_{f1}}{R_{11}}u_{i1}$$

第二级电路为反相加法运算电路，所以

$$u_o=-\left(\frac{R_{f2}}{R_{21}}u_{o1}+\frac{R_{f2}}{R_{12}}u_{i2}\right)=-\left(-\frac{R_{f2}}{R_{21}}\ \frac{R_{f1}}{R_{11}}u_{i1}+\frac{R_{f2}}{R_{12}}u_{i2}\right)=\frac{R_{f2}}{R_{21}}\ \frac{R_{f1}}{R_{11}}u_{i1}-\frac{R_{f2}}{R_{12}}u_{i2}$$

若取 $R_{11}=R_{f1}$，$R_{21}=R_{12}=R_{f2}$，则 $u_o=u_{i1}-u_{i2}$，构成减法运算电路，称为反相求和式减法电路。

4.1.4 微分运算电路

电路如图 4-11(a)所示,利用"虚短"、"虚断",$u_- = u_+ = 0$,反相端"虚地",可得

$$u_o = -R_f i_f, \qquad u_i = u_C$$

$$i_f = i_1 = C\frac{du_C}{dt} = C\frac{du_i}{dt}$$

$$u_o = -R_f C\frac{du_i}{dt}$$

即输出电压正比于输入电压的微分。

若输入电压 u_i 为阶跃信号,则在 $t=0$ 时,电容器 C 开始充电,存在输出电压 u_o,随着 C 充电电压逐渐增高,电流逐渐减小,u_o 也逐渐地衰减,最后趋近于零,如图 4-11(b)所示。

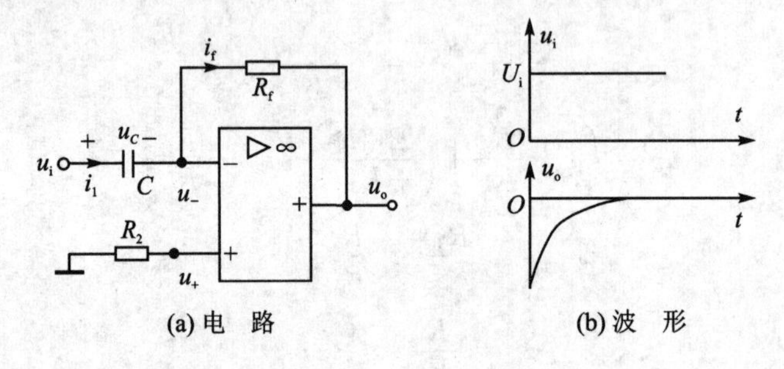

图 4-11 微分运算电路及其阶跃响应

4.1.5 积分运算电路

电路如图 4-12(a)所示,根据"虚短"、"虚断",$u_- = u_+ = 0$,反相输入端"虚地",所以

$$i_1 = \frac{u_i - u_-}{R_1} = \frac{u_i}{R_1}, \qquad i_f = C\frac{du_C}{dt}, \qquad u_C = -u_o, \qquad i_f = i_1$$

推导得

$$u_o = -\frac{1}{R_1 C}\int u_i dt$$

即输出电压正比于输入电压的积分。

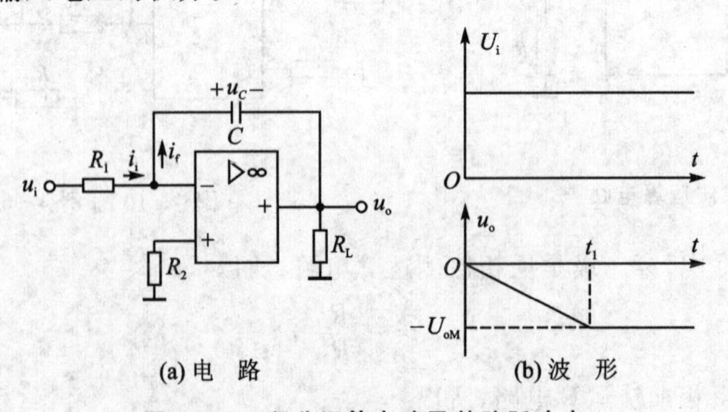

图 4-12 积分运算电路及其阶跃响应

当电容上电压初始值不为零时,以上积分在时间 $t_0 \sim t_1$ 之间的定积分方程表示为

$$u_o = -\frac{1}{R_1 C}\int_{t_0}^{t_1} u_i dt + u_o(t_0)$$

设输入信号 u_i 是阶跃信号 U_i，电容 C 初始电压为零，则当时间 $t \geqslant 0$ 时：

$$u_o = -\frac{1}{R_1 C}\int u_i \mathrm{d}t = -\frac{U_i}{R_1 C}t$$

上式表明积分电路的阶跃响应输出电压 u_o 与时间 t 呈线性关系。当 $t>0$ 时，u_o 随时间线性增大，直到 $u_o = -U_{om}$，运放输出达到最大值，进入饱和状态，积分停止，波形如图 4-12(b)所示。

【例 4-6】 在图 4-13(a)所示电路中，已知输入电压 u_i 的波形如图 4-13(b)所示，当 $t=0$ 时，$u_o=0$。试画出输出电压 u_o 的波形。

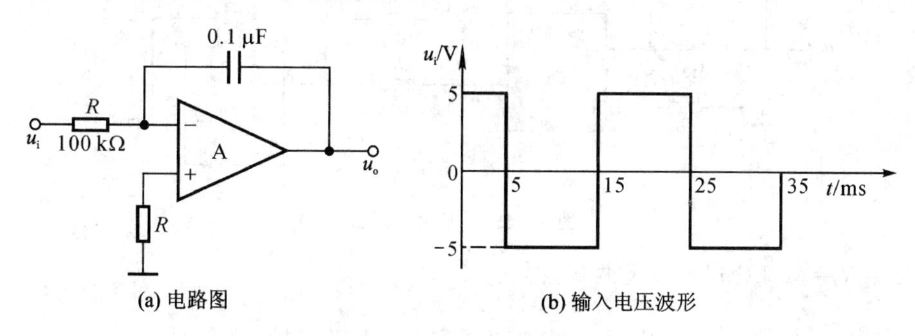

(a) 电路图

(b) 输入电压波形

图 4-13 [例 4-6]图

【解】 输出电压的表达式为

$$u_o = -\frac{1}{RC}\int_{t_0}^{t_1} u_i \mathrm{d}t + u_o(t_0)$$

当 u_i 为常量时：

$$u_o = -\frac{1}{RC}u_i(t_1 - t_0) + u_o(t_0) = -\frac{1}{10^5 \times 10^{-7}}u_i(t_1 - t_0) + u_o(t_0) =$$

$$-100u_i(t_1 - t_0) + u_o(t_0)$$

当 $t=0$ 时，$u_o=0$，则

① 当 $t=5$ ms 时：

$$u_o = -100 \times 5 \times 5 \times 10^{-3}\ \mathrm{V} = -2.5\ \mathrm{V}$$

② 当 $t=15$ ms 时：

$$u_o = [-100 \times (-5) \times 10 \times 10^{-3} + (-2.5)]\ \mathrm{V} = 2.5\ \mathrm{V}$$

因此输出波形如图 4-14 所示。

积分电路应用很广，除了积分运算外，还可用于方波-三角波转换、示波器显示和扫描、模/数转换和波形发生等。图 4-14 是积分电路用于方波-三角波转换时的输入电压 u_i（方波）和输出电压 u_o（三角波）的波形。

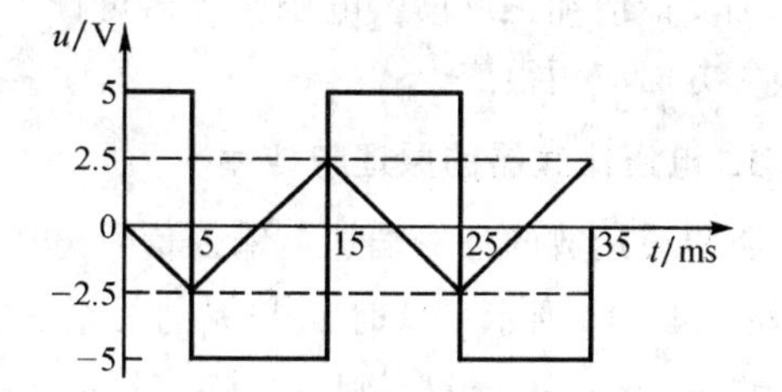

图 4-14 [例 4-6]解图

【例 4-7】 在如图 4-15 所示电路中，① 写出输出电压 u_o 与输入电压 u_i 的运算关系。② 若输入电压 $u_i=1$ V，电容器两端的初始电压 $u_C=0$ V，求输出电压 u_o 变为 0 V 所需要的时间。

【解】 ① 由图 4-15 可知,运放 A_1 构成积分电路,A_2 构成加法电路,输入电压 u_i 经积分电路积分后再与 u_i 通过加法电路进行加法运算。由图可得

$$u_{o1}=-\frac{1}{RC}\int u_i\mathrm{d}t$$

$$u_o=-\frac{R_f}{R_3}u_{o1}-\frac{R_f}{R_2}u_i$$

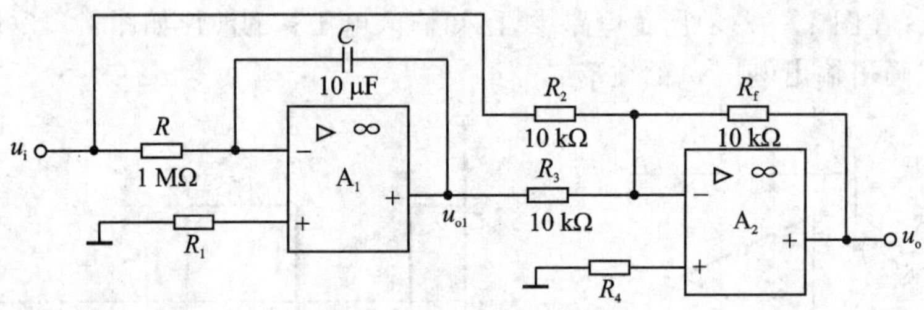

图 4-15 [例 4-7]图

将 $R_2=R_3=R_f=10\ \mathrm{k\Omega}$ 代入以上两式,得

$$u_o=-u_{o1}-u_i=\frac{1}{RC}\int u_i\mathrm{d}t-u_i$$

② 因 $u_C=0$ V,$u_i=1$ V,当 u_o 变为 0 V 时,有

$$u_o=\frac{u_i}{RC}t-u_i=0$$

解得 $$t=RC=1\times10^6\times10\times10^{-6}\ \mathrm{s}=10\ \mathrm{s}$$

故须经过 $t=10$ s,输出电压 u_o 变为 0 V。

4.2 信号处理电路

4.2.1 电压比较器

电压比较器的用途是对输入电压和参考电压的大小进行比较,在输出端得出比较结果。此时,集成运放工作于电压传输特性的饱和区,属于集成运放的非线性应用。工作时,集成运放不加反馈或加正反馈。电压比较器可作为模拟和数字电路的接口电路,在测量、通信和波形变换等方面应用很广。

1. 电压比较器的原理与应用

将集成运放的任一端加上输入信号电压 u_i,另一端加上参考电压 U_R,就组成了电压比较器,如图 4-16 所示。这时 u_o与 u_i的关系曲线称为电压比较器的电压传输特性。

设 $u_+=u_i$,$u_-=U_R$,则 $u_i>U_R$ 时,$u_o=+U_{oM}$,$u_i<U_R$ 时,$u_o=-U_{oM}$,见图 4-16(b)。

当 $U_R=0$ 时,构成的比较器称为过零比较器。如图 4-17 所示,设 $u_+=U_R=0$,$u_-=u_i$,则 $u_i>0$ 时,$u_o=-U_{oM}$,$u_i<0$ 时,$u_o=+U_{oM}$。这种输出跃变所对应的输入电压叫阈值电压或门限电平。

当输入端信号为正弦波时,比较器可以将正弦波转换为方波,如图 4-18 所示。

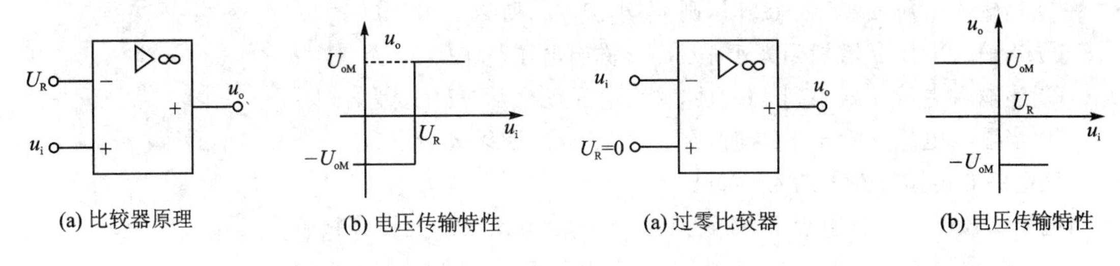

(a) 比较器原理　(b) 电压传输特性　(a) 过零比较器　(b) 电压传输特性

图 4-16　电压比较器　　图 4-17　过零比较器原理图

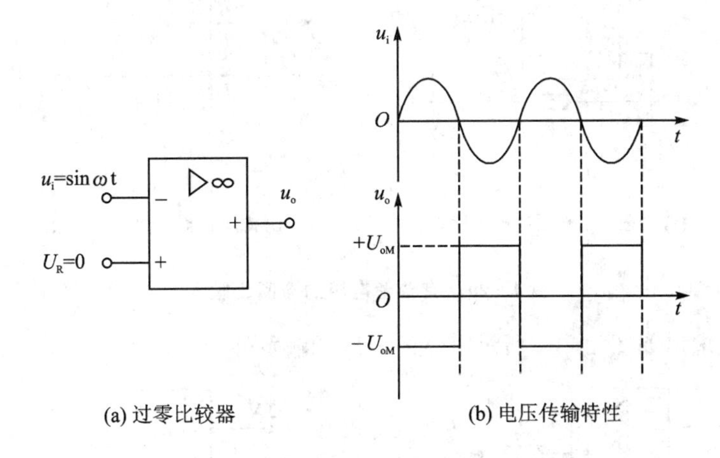

(a) 过零比较器　(b) 电压传输特性

图 4-18　过零比较器将方波变化为正弦波

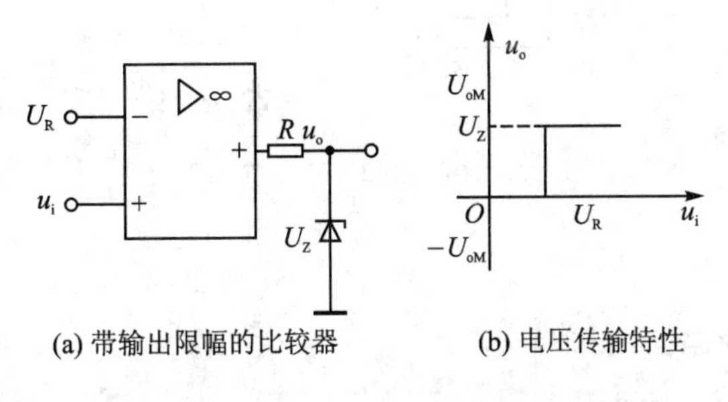

(a) 带输出限幅的比较器　(b) 电压传输特性

图 4-19　输出电压幅度受稳压管限制

为了限制输出电压 u_o 的大小，以便和输出端负载电平相配合，可在输出端用稳压管进行限幅，如图 4-19 所示。图中，稳压管的稳定电压为 U_Z，忽略正向导通电压，当 $u_i<U_R$ 时，稳压管正向导通，$u_o=0$；当 $u_i>U_R$ 时，输出正电压，稳压管工作，$u_o=U_z$，输出电压幅度被限制。电压传输特性如图 4-19(b)所示。将图中的稳压管换成双向稳压二极管，可以得到双向限幅比较器，输出电压的正负幅度都将受到限制。

***2. 滞回比较器**

电路如图 4-20 所示，输入信号加在放大器的反相端输入端。电路中引入了正反馈。由于存在双向的限幅电路，所以 $u_o=\pm U_z$。

集成运放反相输入端电位 $u_-=u_i$，同相端的电位为

$$u_+=\pm\frac{R_1}{R_1+R_f}U_z$$

阈值电压(参考电压)

$$U_T=\pm\frac{R_1}{R_1+R_f}U_Z$$

① 当输入电压 u_i小于$-U_T$时，则 u_- 小于 u_+，所以 $u_o=+U_z$；

② 当输入电压 u_i增加到大于$+U_T$后，输出电压从$+U_z$ 变为$-U_z$；

③ 当输入电压 u_i减小到$-U_T$后，输出电压就会从$-U_z$ 变为$+U_z$；

④ 当输入电压 u_i大于$+U_T$时，则 u_- 大于 u_+，所以 $u_o=-U_z$。

该电路的传输特性见图 4-20(b)。

电压比较器广泛应用于模/数转换器、电平检测及波形变换等领域。

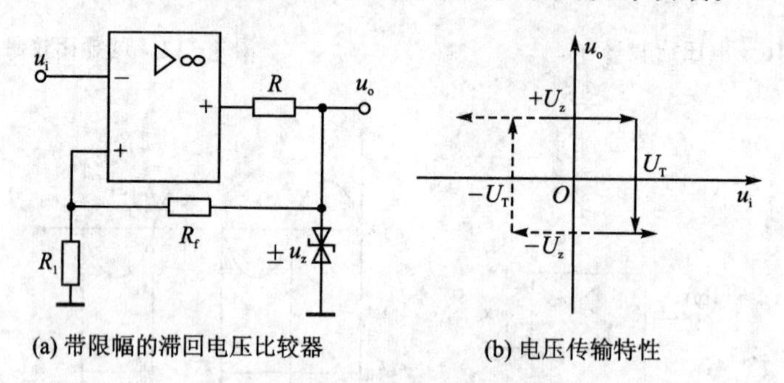

(a) 带限幅的滞回电压比较器　　(b) 电压传输特性

图 4-20　有参考电压的滞回比较器

【例 4-8】 求出如图 4-21 所示电路的电压传输特性。

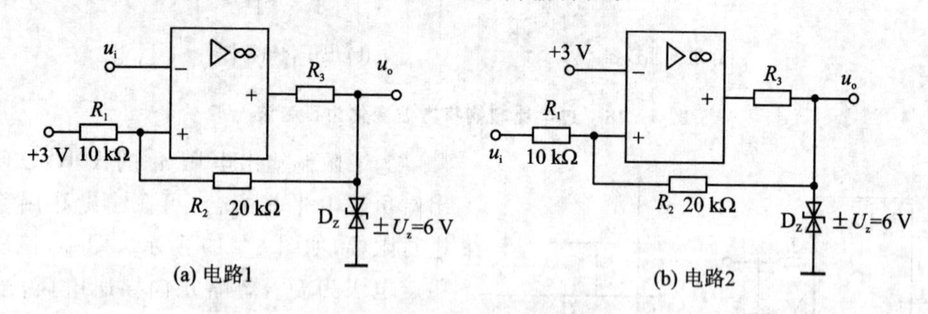

(a) 电路1　　(b) 电路2

图 4-21　[例 4-8]图

【解】 图 4-21(a)所示电路为反相输入的滞回比较器

$$u_o=\pm U_Z=\pm 6\ \text{V}$$

$$U_T=U_+=\pm\frac{R_1}{R_1+R_2}U_Z+\frac{R_2}{R_1+R_2}U_R=\left(\pm\frac{1}{3}\times 6+\frac{2}{3}\times 3\right)\ \text{V}=(\pm 2+2)\ \text{V}$$

求出阈值电压

$$U_{T1}=0\ \text{V},\qquad U_{T2}=4\ \text{V}$$

① 当输出电压为$+6$ V 时，$U_T=4$ V。当 u_i大于 4 V 时，$u_o=-6$ V，当 u_i小于 4 V 时，$u_o=+6$ V；

② 当输出电压为-6 V 时，$U_T=0$ V。当 u_i大于 0 V 时，$u_o=-6$ V，当 u_i小于 0 V 时，$u_o=+6$ V。

其电压传输特性如图 4-22(a)所示。

图 4-21(b)所示电路为同相输入的滞回比较器

$$u_o=\pm U_Z=\pm 6\ \text{V}$$

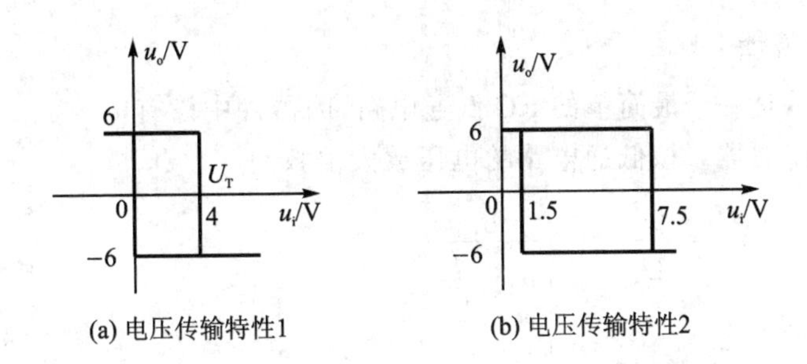

(a) 电压传输特性1　　(b) 电压传输特性2

图 4-22　[例 4-8]图

$$u_+ = \frac{R_2}{R_1+R_2}u_i \pm \frac{R_1}{R_1+R_2}U_Z = \frac{2}{3}u_i \pm \frac{1}{3}\times 6 = \frac{2}{3}u_i \pm 2 = 3\ \text{V}$$

得出
$$u_{i1}=1.5\ \text{V},\quad u_{i2}=7.5\ \text{V}$$

阈值电压
$$U_T=3\ \text{V}$$

(1) 当输出电压为+6 V时

① $u_i>1.5$ V时，则 $u_+>3$ V，u_o维持+6 V；

② $u_i<1.5$ V时，则 $u_+<3$ V，u_o变为−6 V。

(2) 当输出电压为−6 V时

① $u_i>7.5$ V时，则 $u_+>3$ V，u_o变为+6 V；

② $u_i<7.5$ V时，则 $u_+<3$ V，u_o维持−6 V。

其电压传输特性如图 4-22(b)所示。

*4.2.2　有源滤波器

1. 滤波电路的作用和分类

滤波电路允许某一部分频率的信号通过，而使其他部分频率的信号急剧衰减。在无线电通信、自动测量及控制系统中，常常利用滤波电路进行模拟信号的处理，如用于数据传送、抑制干扰等。

根据工作频率范围不同，滤波器可以分为 4 大类，即低通滤波器(LPF)、高通滤波器(HPF)、带通滤波器(BPF)和带阻滤波器(BEF)。

低通滤波器是低频信号能够通过，高频信号不能通过的滤波器；高通滤波器是高频信号能通过，低频信号不能通过；带通滤波器是频率在某一个频带范围内的信号能通过，在频带范围之外的信号不能通过；带阻滤波器是某个频带范围内的信号被阻断，但允许在此频带范围之外的信号通过，上述各种滤波器的传输特性如图 4-23 所示。

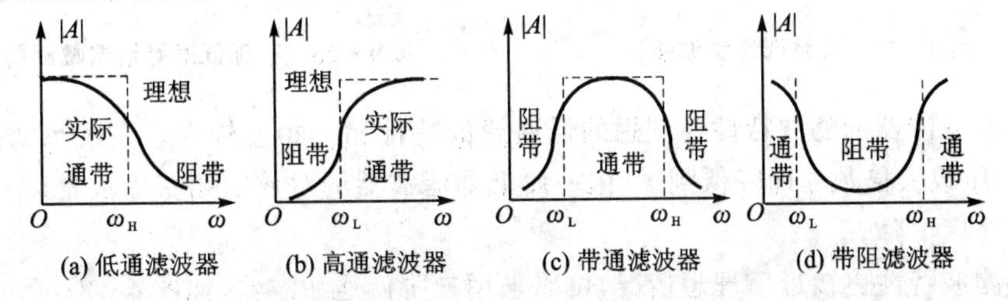

(a) 低通滤波器　(b) 高通滤波器　(c) 带通滤波器　(d) 带阻滤波器

图 4-23　滤波器的分类

2. 有源低通滤波器

如图 4-24 所示是一个最简单的 RC 低通电路,因器件中没有电源故称为无源低通滤波器。该低通电路的电压放大倍数为

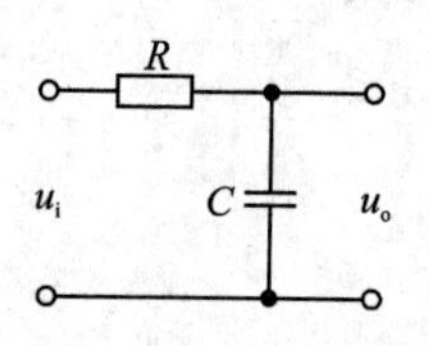

图 4-24 无源低通滤波器

$$\dot{A}_u=\frac{\dot{U}_o}{\dot{U}_i}=\frac{1}{1+j\frac{f}{f_0}}$$

其中
$$f_0=\frac{1}{2\pi RC}$$

f_0 称为低通滤波器的通带截止频度。当频率高于 f_0 后,随着频率的升高,电压放大倍数将降低,因此电路具有"低通"的特性。

无源 RC 低通滤波器的主要缺点是电压放大倍数低。由 $\dot{A}_u$ 的表达式可知,通带电压最大放大倍数只有 1。同时带负载能力差,若在输出端并联一个负载电阻,则除了使电压放大倍数降低以外,还将影响通带截止频率 f_0 的值。

利用集成运放与 RC 低通电路一起,可以组成有源低通滤波器。图 4-25 给出了一阶低通有源滤波器的电路图。

根据"虚短"和"虚断"的特点,可求得图 4-25 电路的电压放大倍数为

$$\dot{A}_u=\frac{\dot{U}_o}{\dot{U}_i}=\frac{1+\frac{R_f}{R_1}}{1+j\frac{f}{f_0}}=\frac{A_{uf}}{1+j\frac{f}{f_0}}$$

其中
$$\dot{A}_{uf}=1+\frac{R_f}{R_1},\qquad f_0=\frac{1}{2\pi RC}$$

$\dot{A}_u$ 和 f_0 分别称为通带电压放大倍数和通带截止频率。与无源低通滤波器相比,一阶低通有源滤波器的通带截止频率不变,仍与 RC 的乘积成反比,但引入集成运放以后,通带电压放大倍和带负载能力得到了提高。图 4-26 是一阶低通滤波器的幅频特性,其中 $\omega_0=2\pi f_0$。

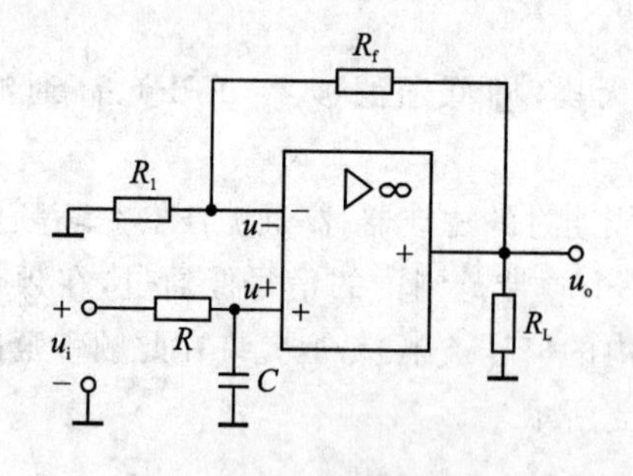

图 4-25 有源低通滤波器

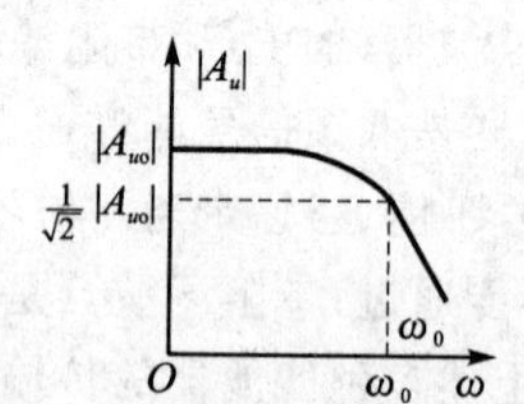

图 4-26 有源低通滤波器幅频特性

一阶低通滤波器的滤波特性与理想的低通滤波特性相比相差较大。在理想情况下,希望 $f>f_0$ 时,电压放大倍数立即降低到零,但一阶低通滤波器的对数幅频特性只是以 -20 dB/十倍频的缓慢速度下降。

为了使滤波特性更接近于理想情况,可以采用二阶低通滤波器,如图 4-27 所示。

由图 4-27 可见,输入电压 u_i 经过两级 RC 低通电路以后,再接到集成运放的同相输入

端。因此，在高频段，对数幅频特性将以－40 dB/十倍频的速度下降，与一阶低通滤波器相比，下降的速度提高了一倍，使滤波特性比较接近于理想情况，如图 4－28 所示。

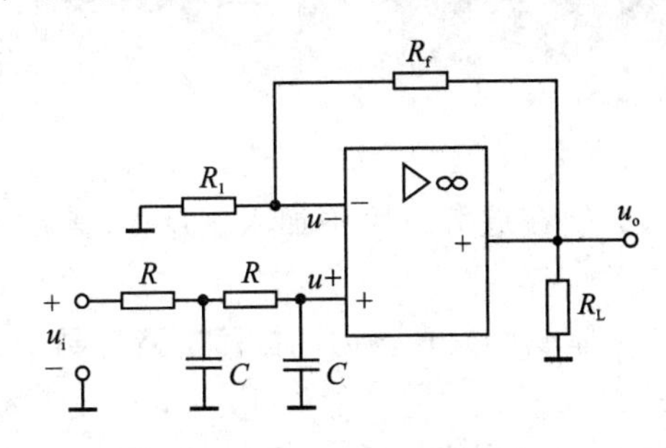

图 4－27　二阶有源低通滤波器

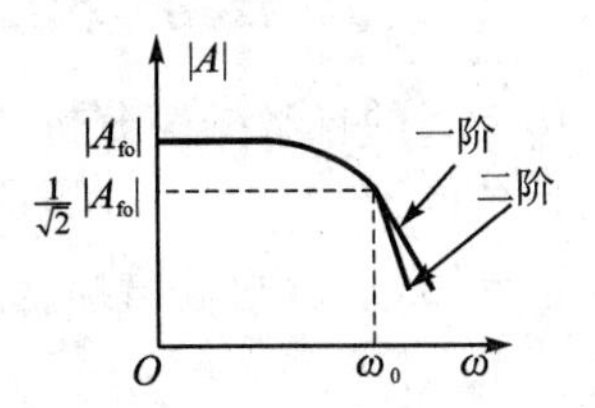

图 4－28　二阶有源低通滤波器传输特性

3. 高通滤波器

将低通滤波器中起滤波作用的电阻和电容的位置互换，即可组成相应的高通滤波器，如图 4－29 和图 4－30 所示。

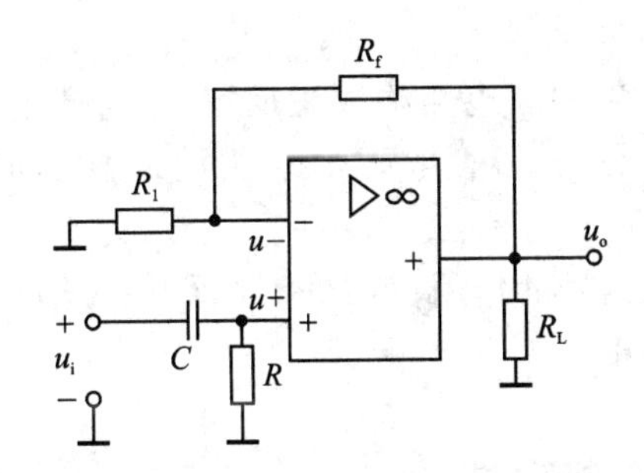

图 4－29　一阶有源高通滤波器

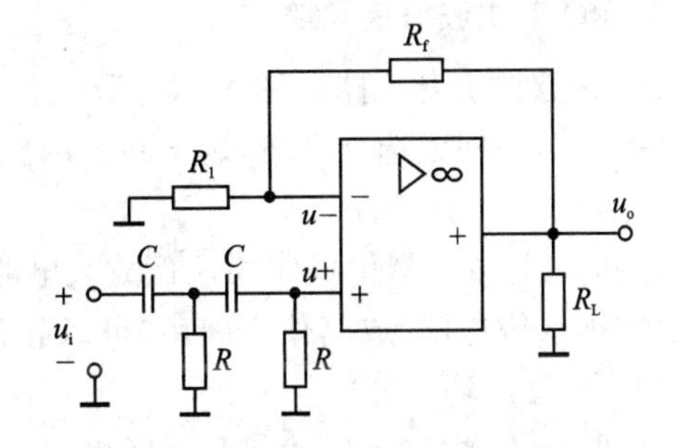

图 4－30　二阶有源高通滤波器

① 一阶高通滤波器的通带电压放大倍数为

$$\dot{A}_u = \frac{\dot{A}_{uf}}{1 - \mathrm{j}\,\dfrac{f_0}{f}}$$

其中

$$A_{uf} = 1 + \frac{R_f}{R_1}$$

特征频率为

$$f_0 = \frac{1}{2\pi RC}$$

② 二阶高通滤波电路的电压放大倍数为

$$A_u = \frac{\dot{U}_o}{\dot{U}_i} = \frac{(\mathrm{j}\omega RC)^2 A_{uf}}{1 + (3 - A_{uf})\mathrm{j}\omega RC + (\mathrm{j}\omega RC)^2}$$

特征频率为

$$f_0 = \frac{1}{2\pi RC}$$

4.3　由集成运放组成的波形产生电路

4.3.1　正弦波发生器

根据第 3 章的自激振荡分析,为了产生正弦波,必须在放大电路中加入正反馈,满足产生自激振荡的条件。

如果正反馈过大,则输出幅度越来越大,必然产生非线性失真。为此振荡电路需要一个稳幅电路。

要获得单一频率的正弦波输出,应该有选频网络,选频网络由 R、C 和 L、C 等元件组成,目的是产生单一的谐振频率。

因此,正弦波振荡电路由放大电路、正反馈环节、选频网络和稳幅电路组成。

正弦波振荡器的名称一般由选频网络来命名,如 RC 正弦波振荡器和 LC 正弦波振荡器等。

1. RC 正弦波振荡电路

RC 正弦波振荡电路如图 4-31 所示。其中,RC 串并联电路构成正反馈,作为产生自激振荡的条件,并构成选频网络,选出单一的振荡频率。同时,反馈电压 u_+ 作为放大器的同相端输入信号。

R_f 和 R_1 与放大器构成同相比例放大电路,起放大信号的作用;当 R_f 和 R_1 采用一些温度补偿元件(如热敏电阻)或其他措施后,可以起到稳幅作用。

(1) 正反馈环节分析

从图 4-31 中将正反馈部分电路摘出,如图 4-32 所示。其中:

$$Z_1 = R + \frac{1}{j\omega C}$$

$$Z_2 = R \,//\, (1/j\omega C) = \frac{R}{1 + j\omega RC}$$

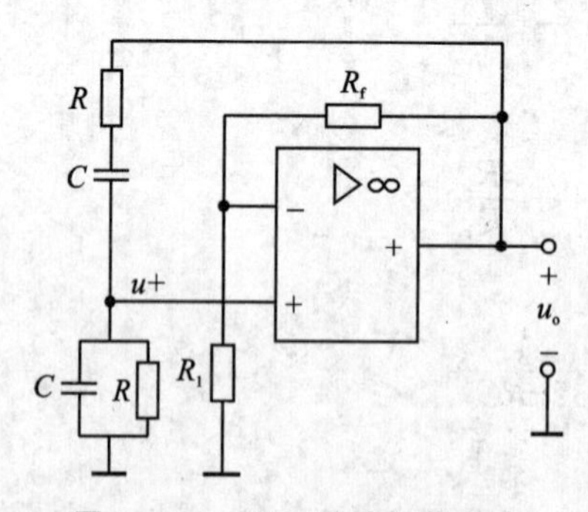

图 4-31　RC 正弦波振荡电路

u_o
Z_1 R C
u+
Z_2 C R

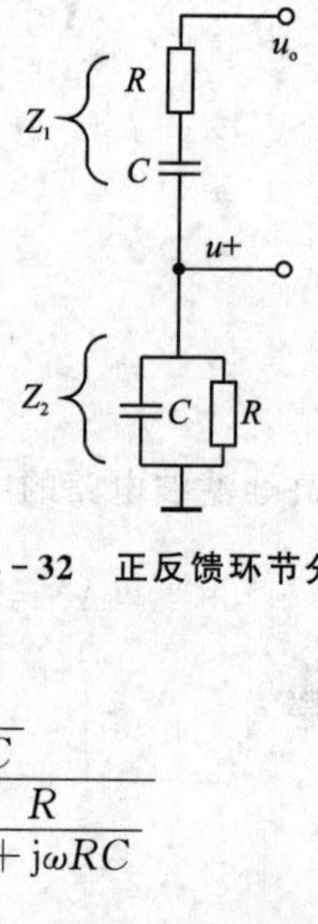

图 4-32　正反馈环节分析

设正反馈系数为 $\dot{F}$,则

$$\dot{F} = \frac{\dot{U}_+}{\dot{U}_o} = \frac{Z_2}{Z_1 + Z_2} = \frac{\dfrac{R}{1 + j\omega RC}}{R + \dfrac{1}{j\omega C} + \dfrac{R}{1 + j\omega RC}}$$

令 $\omega_0=\dfrac{1}{RC}$，则

$$\dot{F}=\frac{1}{3+\mathrm{j}\left(\dfrac{\omega}{\omega_0}-\dfrac{\omega_0}{\omega}\right)^2}$$

当 $\omega=\omega_0$ 时，$|F|=\dfrac{1}{3}$，达到最大值。

所以，正反馈加在同相输入端的信号最大值为输出值的 1/3。

(2) 放大器放大倍数的要求

同相比例运算电路的闭环增益为

$$A_{uf}=1+\frac{R_f}{R_1}$$

根据自激振荡的产生条件 $|AF|=1$，当 $|F|=\dfrac{1}{3}$ 时，则 $|A|=3$，所以

$$|A|=A_{uf}=1+\frac{R_f}{R_1}=3$$

则

$$R_f=2R_1$$

即当 $R_f=2R_1$ 时，电路具备发生自激振荡的幅度条件，可以产生正弦波。

(3) 振荡频率的确定

当 $\omega=\omega_0$ 时，电路可以发生谐振，此时 $\omega=\omega_0=\dfrac{1}{RC}$，而 $\omega_0=2\pi f_0$，所以振荡频率为

$$f_0=\frac{\omega_0}{2\pi}=\frac{1}{2\pi RC}$$

2. 带稳幅环节的 RC 振荡电路

要使 RC 振荡电路能够建立振荡，需要在输出信号较小时，满足 $|AF|>1$。由于 $|F|=\dfrac{1}{3}$ 是确定值，要求 $A>3$，即 $R_f>2R_1$。这就需要对电路进行改进，增加稳幅环节。常用的带稳幅环节的 RC 振荡电路如图 4－33 所示。

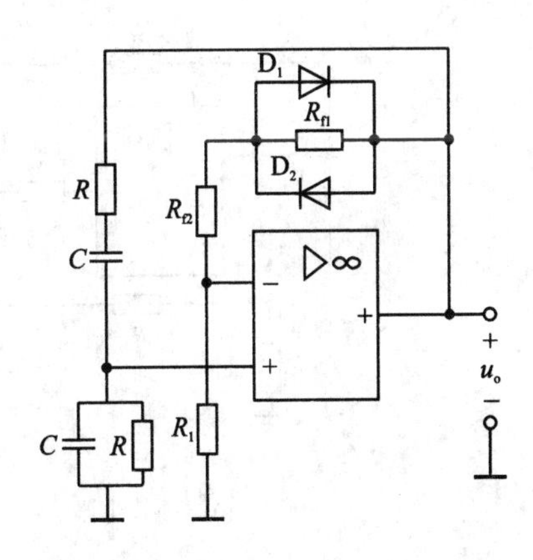

图 4－33　带稳幅环节的 RC 振荡电路

其稳幅过程如下：

① 当输出电压较低时，二极管 D_1、D_2 均达不到导通电压，均不导通。此时，只要保证 $A_{uf}=1+\dfrac{R_{f1}+R_{f2}}{R_1}>3$，振荡电路即可建立振荡。

② 当输出电压达到一定幅度，输出电压为正信号或负信号时，二极管 D_1、D_2 中的一个可以达到导通条件(设二极管的导通电阻为 r_D)，此时，$A_{uf}=1+\dfrac{R_{f1}/\!/r_D+R_{f2}}{R_1}=3$，使得振荡电路稳定输出正弦波。

*4.3.2 方波发生器

方波发生器能够直接产生方波信号。由于方波中包含有极丰富的谐波,因此,方波发生器又称为多谐振荡器。图 4-34(a)是由运算放大器与 R_1、R_2 构成的正反馈滞回比较器和 R、C 负反馈电路共同组成的带限幅的方波发生器。输出电压为$\pm U_z$。

比较器输出值的正负由电容上的电压 u_C 和 u_o 在电阻 R_1 上的分压 u_{R_1} 决定,当 $u_C > u_{R_1}$ 时,$u_o = -U_Z$,当 $u_C < u_{R_1}$ 时,$u_o = +U_Z$。其中:

$$u_{R_1} = \pm \frac{R_1}{R_1 + R_2} U_Z$$

方波发生器的工作原理是:当接通电源时,设 $u_C = 0$,$u_o = +U_Z$,$u_{R_1} > u_C$,则 $u_{R_1} = +\frac{R_1}{R_1+R_2}U_Z$,电容充电,$u_c$ 上升;当 $u_C > \frac{R_1}{R_1+R_2}U_Z$ 时,u_o 变为$-U_Z$,此时,$u_{R_1} = -\frac{R_1}{R_1+R_2}U_Z$,电容开始放电,$u_C$ 下降;当下降到 $u_C < -\frac{R_1}{R_1+R_2}U_Z$ 时,u_o 变为$+U_Z$。

通过电容的周期性充放电,重复上述过程,在输出端产生方波信号,工作波形图如图 4-34(b)所示。

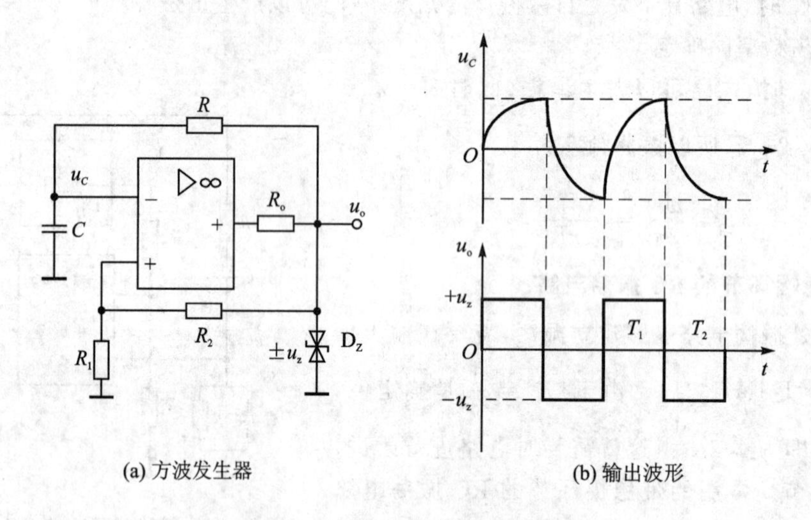

图 4-34 方波发生器及输出波形

方波发生器利用正反馈,使运放的输出在两种状态之间反复翻转,从而输出方波波形。电路中 R、C 元件决定方波周期,设充放电时间分别为 T_1、T_2,则

$$T_1 = T_2 = RC\ln\left(1 + \frac{2R_1}{R_2}\right)$$

方波的周期为

$$T = 2RC\ln\left(1 + \frac{2R_1}{R_2}\right)$$

*4.3.3　三角波发生器

电路如图 4－35 所示，由滞回比较器和反相积分器级联构成。滞回比较器的输出作为反相积分器的输入，反相积分器的输出又作为迟滞比较器的输入。三角波发生器输出波形如图 4－36 所示。

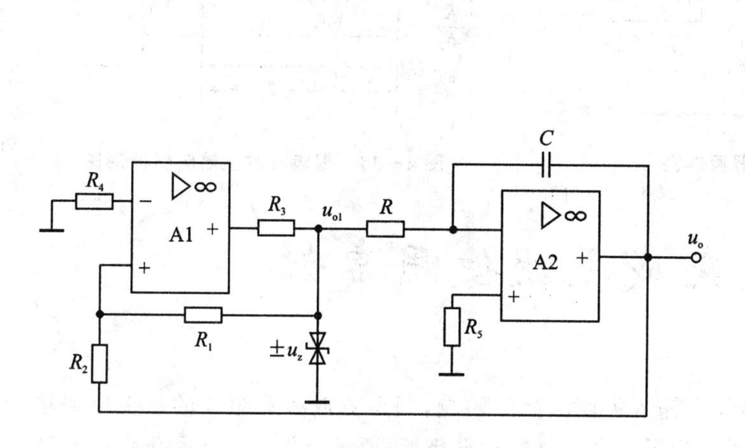

图 4－35　三角波发生器原理图

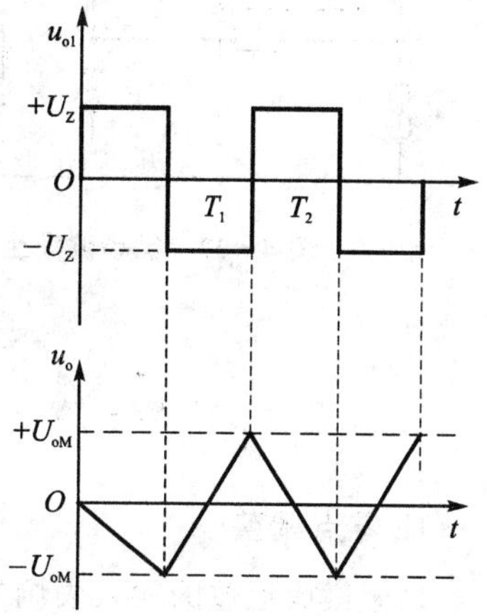

图 4－36　三角波发生器输出波形

当 $u_o=-\dfrac{R_2}{R_1}u_{o1}=-\dfrac{R_2}{R_1}(\pm U_Z)$时，输出 u_{o1} 改变，积分电路的输入、输出电压也随之改变。

① 周期与频率

$$T_1=T_2=2\frac{R_2}{R_1}U_Z\Big/\frac{U_Z}{RC},\qquad f=\frac{1}{T}=\frac{R_1}{4R_2RC}$$

② 改变比较器的输出 u_{o1}、电阻 R_1、R_2 即可改变三角波的幅值。

③ 改变积分常数 RC 即可改变三角波的频率。

*4.3.4　锯齿波发生器

1. 电路结构

锯齿波发生器的电路如图 4－37 所示。为了获得锯齿波，应改变积分器的充、放电时间常数。

2. 工作原理及波形分析

电路工作原理是利用二极管的单向导电性，使积分电路中充电和放电的回路不同。锯齿波电路的输出波形图如图 4－38 所示。

3. 振荡周期 *T*

$$T=T_1+T_2=2\frac{R_1R_5C}{R_2}+\frac{2R_1(R_5\ /\!/\ R_6)C}{R_2}=$$

$$\frac{2R_1R_5C(R_5+2R_6)}{R_2(R_5+R_6)}$$

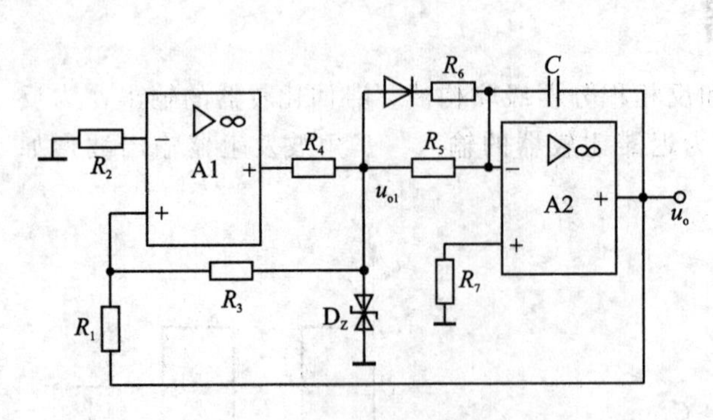

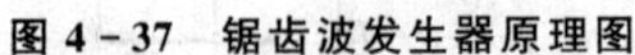
图 4-37 锯齿波发生器原理图

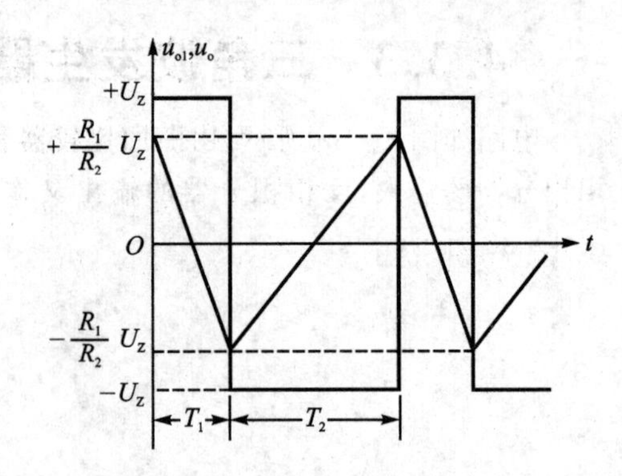

图 4-38 锯齿波发生器输出波形图

4.4 集成运放使用常识

1. 零点调整

由于集成运放的输入失调电压和输入失调电流的影响,当运算放大器组成的线性电路输入信号为零时,输出往往不等于零。为了提高电路的运算精度,要求对失调电压和失调电流造成的误差进行补偿,这就是运算放大器的调零。常用的调零电路如图 4-39 所示,为内部调零。

除了内部调零外,还可以采用外部调零。

***2. 集成运放的自激振荡问题**

运算放大器是一个高放大倍数的多级放大器,在接成深度负反馈条件下,由于产生相位移,容易产生自激振荡。为使放大器能稳定的工作,就需外加一定的频率补偿网络,以消除自激振荡。图 4-40 是相位补偿的实用电路。另外,防止通过电源内阻造成低频振荡或高频振荡,可在集成运放的正、负供电电源的输入端对地分别加入一电解电容(10 μF)和一高频滤波电容(0.01~0.1 μF)。

目前,由于大部分集成运放内部电路的改进,已不需要外加补偿网络。

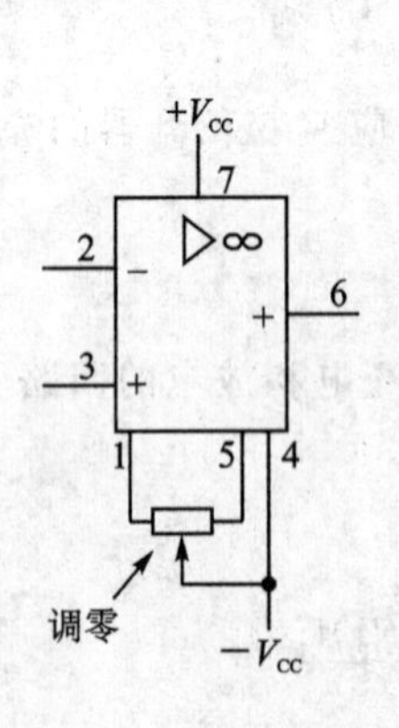

图 4-39 运放调零

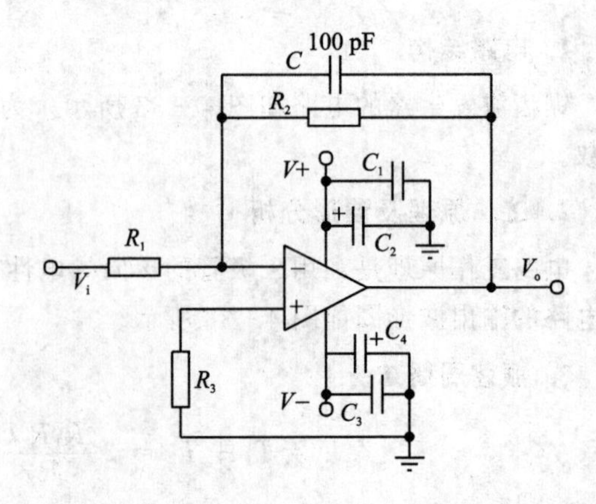

*图 4-40 运算放大器的自激消除

3. 保护电路

(1) 电源保护

利用二极管的单向导电特性防止由于电源极性接反而造成的损坏，如图 4－41 所示。当电源极性错接成上负下正时，两二极管均不导通，等于电源断路，从而起到保护作用。

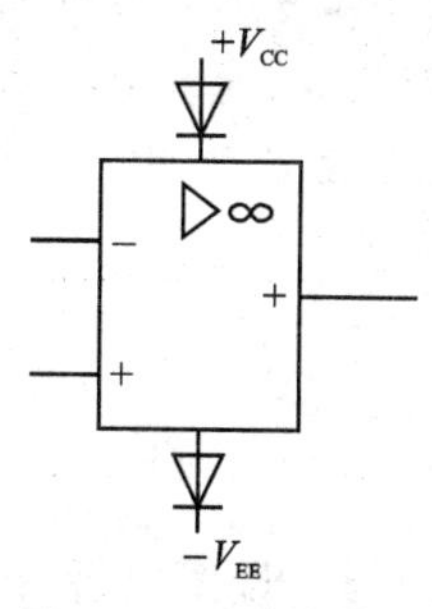

图 4－41　放大器的电源保护

(2) 输入保护

利用二极管的限幅作用对输入信号幅度加以限制，以免输入信号超过额定值损坏集成运放的内部结构，如图 4－42 所示。无论是输入信号的正向电压或负向电压超过二极管导通电压，二极管就会有一个导通，从而限制了输入信号的幅度，起到了保护作用。

(3) 输出保护

将双向稳压二极管接到放大电路的输出端，如图 4－43 所示。若输出端出现过高电压，集成运放输出端电压将受到稳压管稳压值的限制，从而避免了损坏。

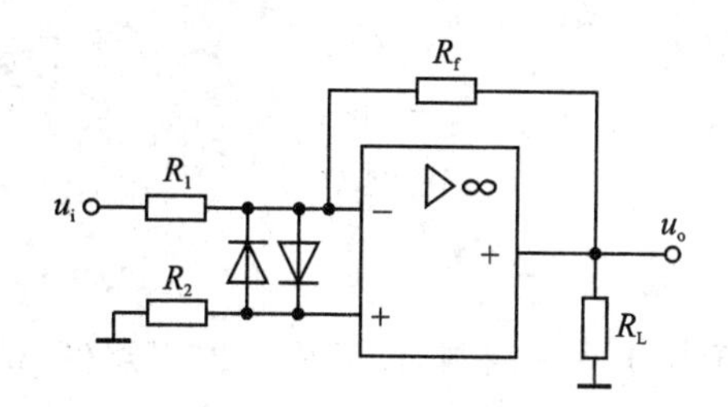

图 4－42　放大器的输入保护

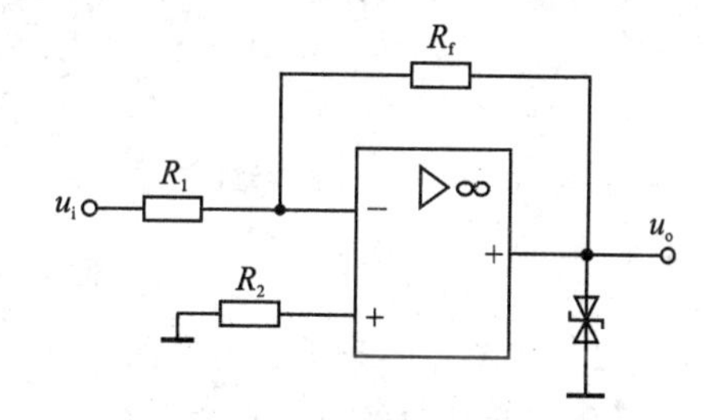

图 4－43　放大器的输出保护

【本章小结】

反相比例运算电路的特点是输入信号从运放反相端输入，通过跨接在集成运放输出端和反相输入端的电阻 R_f 引入电压并联负反馈。反相比例运算电路的输入端电位“虚地”。虚地的存在是反相放大器在闭环工作状态下的重要特性。

同相比例运算电路的特点是输入信号从运放同相端输入，通过跨接在集成运放输出端和反相输入端的电阻 R_f 引入电压串联负反馈。电压跟随器是同相比例运算电路的特殊应用，可以实现输入输出电压的跟随，性能比 BJT 共集电极电路的跟随效果要好。求和运算电路，将多个输入信号同时作用于集成运放的反相输入端或同相输入端，就构成了求和运算电路。加减运算电路，将多个输入信号同时作用于集成运放的反相输入端和同相输入端，就构成了加减运算电路。积分运算电路，电路特点是输入信号从运放反相端输入，通过跨接在集成运放输出端和反相输入端的电容 C 引入电压并联负反馈。由于电容上的电压不能突变，它等于其电流的积分，故形成积分运算电路。

加法、减法、积分和微分等线性应用电路的分析，关键抓住“虚短”、“虚断”的概念，找出 u_o 和 u_i 的关系。

RC 正弦波发生电路由放大电路、反馈网络、选频网络和稳幅环节 4 部分组成。正弦波振荡电路必须存在正反馈，产生振荡的平衡条件包括幅度平衡条件和相位平衡条件。正弦波振

荡电路在满足相位平衡条件的频率下,起振的幅度条件是$|AF|>1$。振荡发生后尚须稳幅环节。

电压比较器在信号处理方面的应用很多。本章介绍了利用集成运放实现信号转换的方波、矩形波、三角波和锯齿波产生电路。

集成运放使用中应该注意其零点调整、自激振荡问题,也要注意其输入、输出电路的保护。

习 题

4.1.1 设图中运放为理想器件,试写出如图 4-44 所示电路的电压放大倍数 A_{uf} 表达式。

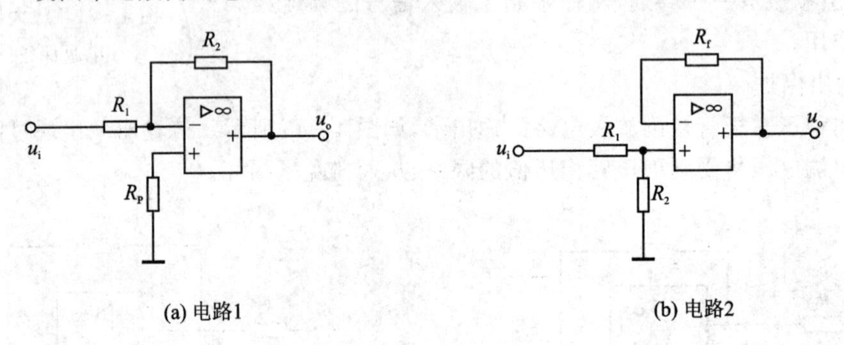

图 4-44 题 4.1.1 图

4.1.2 如图 4-45 所示电路的电压放大倍数可由开关 S 控制,设运放为理想器件,试求开关 S 闭合和断开时的电压放大倍数 A_{uf}。

4.1.3 放大电路如图 4-46 所示,试求:(1) 判断负反馈类型;(2) 指出电路稳定什么量;(3) 计算电压放大倍数 A_{uf}。

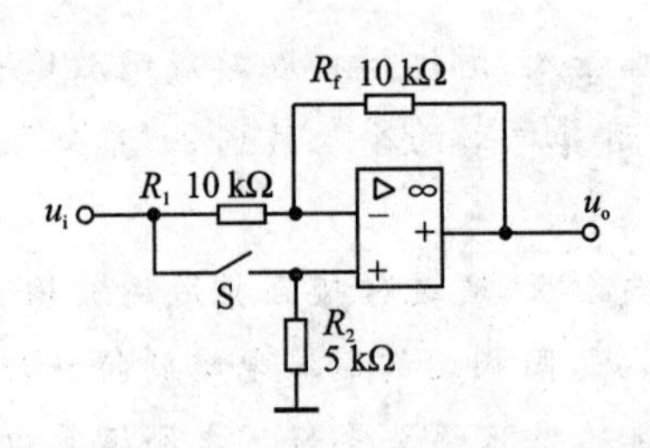

图 4-45 题 4.1.2 图

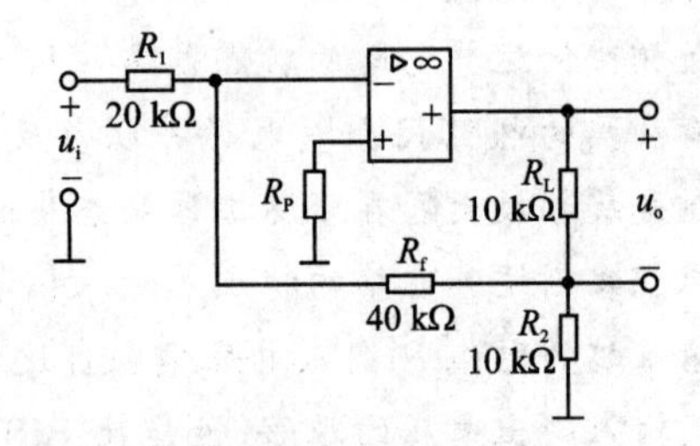

图 4-46 题 4.1.3 图

4.1.4 如图 4-47 所示各电路中,所有运放为理想器件,试求各电路输出电压的大小。

4.1.5 电路如图 4-48 所示,求 U_{o1}、U_{o2}。

4.1.6 电路如图 4-49 所示,求各电路的输出电压 U_o。

4.1.7 输入信号 u_{i1}、u_{i2} 如图 4-50 所示,$R_1=60\ \Omega$,$R_2=30\ \text{k}\Omega$,$R_F=180\ \text{k}\Omega$。试写出 u_o 的表达式,画出对应输出信号 u_o 的波形。

4.1.8 如图 4-51 所示电路是应用运算放大器测量电压的原理电路,共有 0.5 V、1 V、5 V、10 V、50 V 五种量程,试计算电阻 $R_{11}\sim R_{15}$ 的阻值,其中 $R_F=1\ \text{M}\Omega$。输出端接有满量程 5 V、500 μA 的电压表。

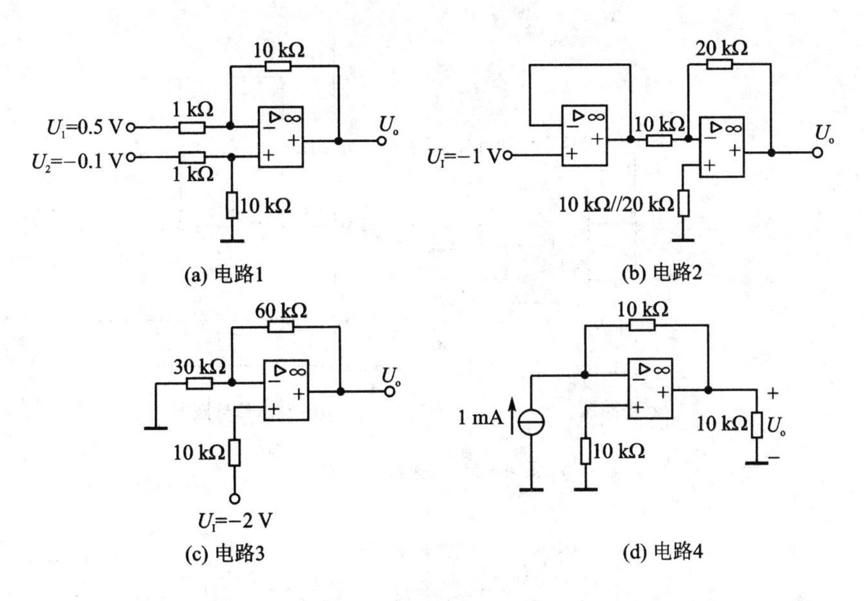

图 4-47　题 4.1.4 图

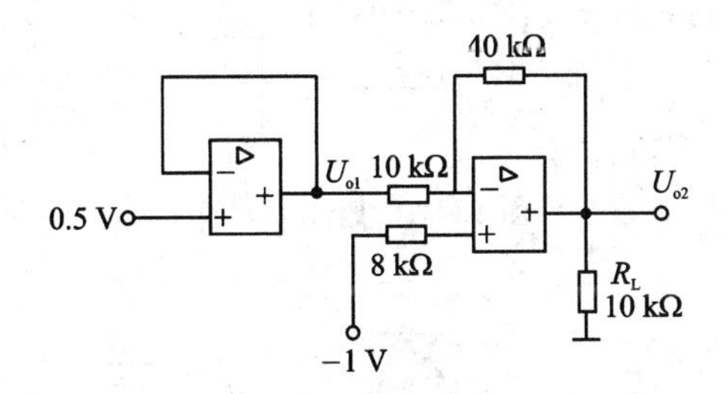

图 4-48　题 4.1.5 图

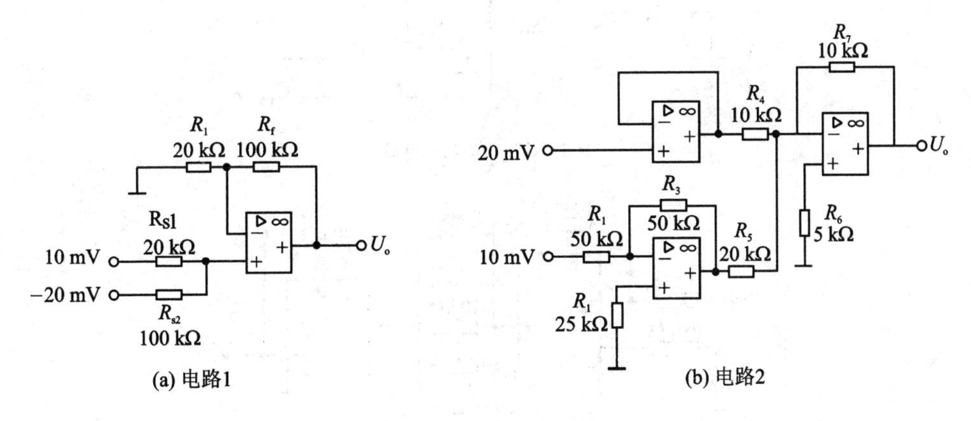

图 4-49　题 4.1.6 图

4.1.9　求如图 4-52 所示电路中 u_o 与 u_i 的运算关系式。

4.1.10　求如图 4-53 所示电路中 u_o 与各输入电压的运算关系。

4.1.11　求如图 4-54 的输出电压 U_o。

4.1.12　求如图 4-55 所示电路中的 u_{o1} 与 u_{o2}。

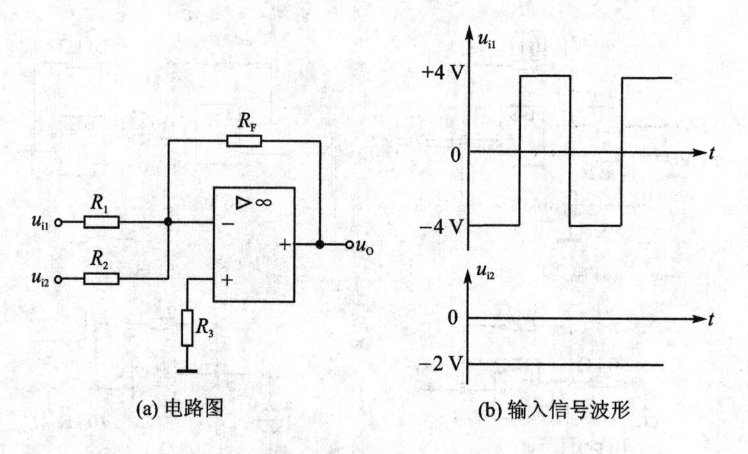

图 4－50　题 4.1.7 图

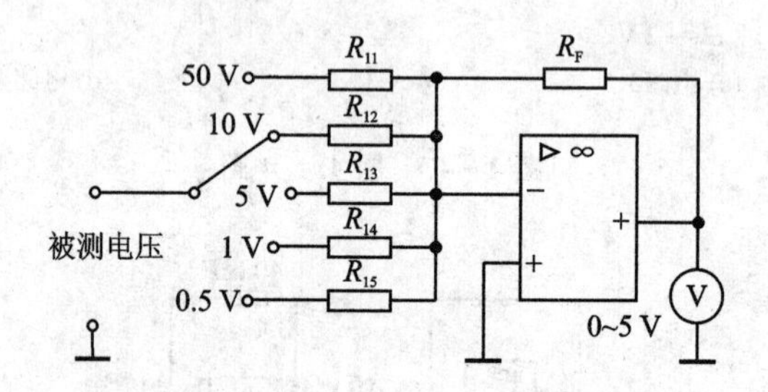

图 4－51　题 4.1.8 图

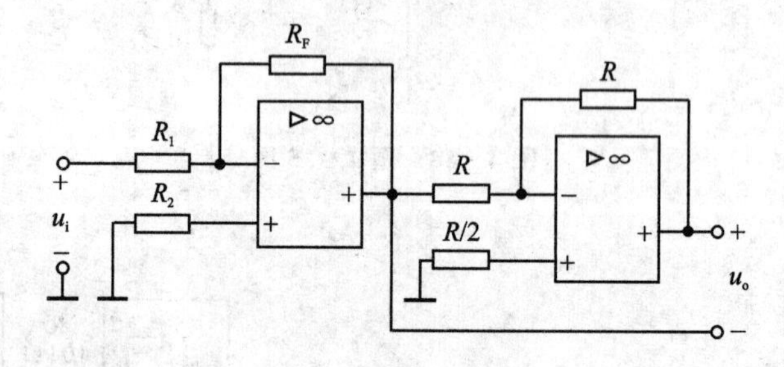

图 4－52　题 4.1.9 图

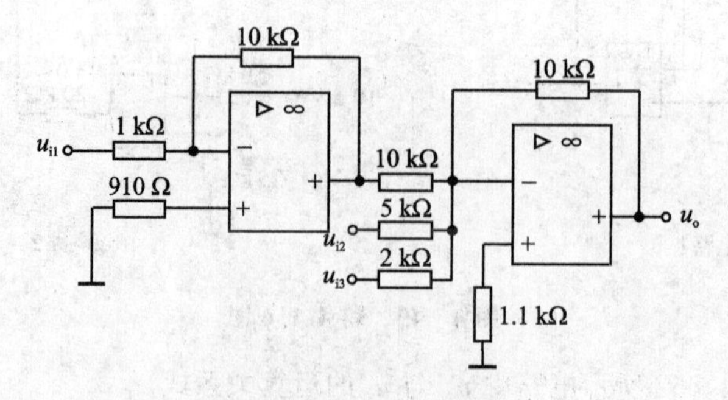

图 4－53　题 4.1.10 图

4.1.13　在如图 4－56(a)所示电路中，若 $R_1=50\ \text{k}\Omega$，$C_F=1\ \mu\text{F}$，u_i如图 4－56(b)所示，方波周期为 40 ms。试画出输出电压 u_o的波形。

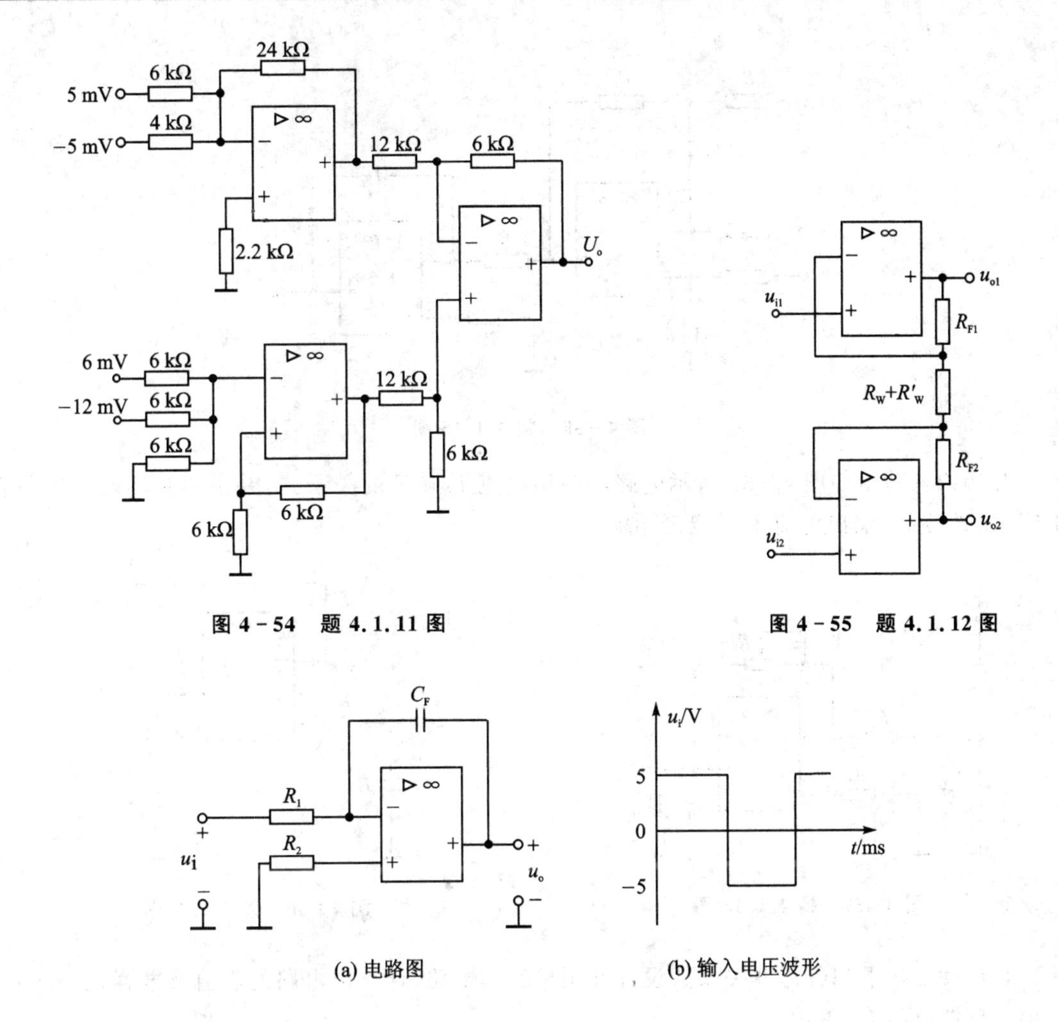

图 4－54　题 4.1.11 图

图 4－55　题 4.1.12 图

(a) 电路图

(b) 输入电压波形

图 4－56　题 4.1.13 图

4.1.14　电路如图 4－57(a)所示，u_i 如图 4－57(b)所示，求 u_o。

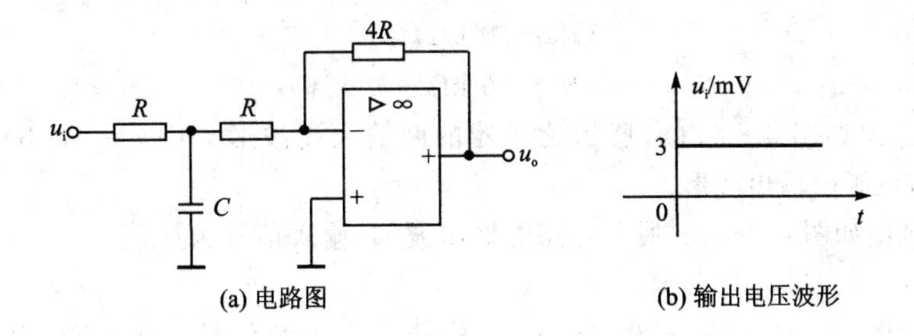

(a) 电路图

(b) 输出电压波形

图 4－57　题 4.1.14 图

4.1.15　在如图 4－58 电路中，已知 $t \leqslant 0$ 时，各输入信号都为零，输出电压也为零，$R_F = 2R$。试写出这个电路 u_o 与 u_i 之间的函数关系式。

4.1.16　写出如图 4－59 所示电路的 u_o 与 U_Z 的关系，并说明其功能，当负载电阻 R_L 改变时，输出电压 u_o 如何变化？

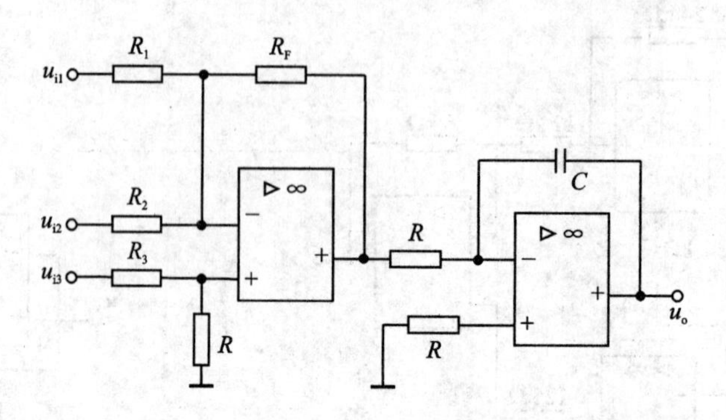

图 4-58 题 4.1.15 图

4.1.17 写出如图 4-60 所示电路的输出电流 I_o与 E 的关系式,并说明其功能。当负载电阻 R_L 改变时,输出电流 I_o 有无变化?

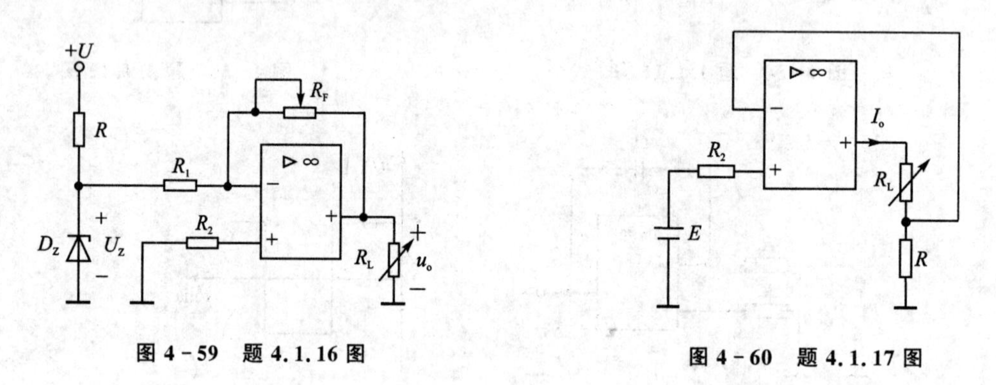

图 4-59 题 4.1.16 图

图 4-60 题 4.1.17 图

4.1.18 按下列各运算关系式设计并画出运算电路,计算出电路的阻值及电容,括号中已给出了反馈电阻 R_F 的值。

① $U_o=-5U_i$ ($R_F=100\ \text{k}\Omega$)

② $U_o=-(u_{i1}+0.3u_{i2})$ ($R_F=50\ \text{k}\Omega$)

③ $U_o=6u_i$ ($R_F=50\ \text{k}\Omega$)

④ $U_o=2u_{i2}-u_{i1}$ ($R_F=30\ \text{k}\Omega$)

4.2.1 已知如图 4-61(a)所示比较器的两输入端波形如图 4-61(b)所示,运放的 $U_{oM}=\pm 10$ V,试画出输出波形。

4.2.2 画出如图 4-62(a)所示电路的输出波形,输入信号为如图 4-62(b)所示的三角波,已知 $U_{oM}=\pm 10$ V, $U_R=4$ V。

4.3.1 如图 4-63 所示电路,运放 A_1 构成一个正弦信号发生电路,已知 $R_1=R_2=0.5\ \text{k}\Omega$,$C_1=C_2=0.1\ \mu\text{F}$,$R_F=2R_f$,运算放大器输出电压 $U_{oM}=\pm 10$ V。① 计算 u_{o1} 的频率;② 画出 u_{01} 和 u_{02} 的波形。

4.3.2 如图 4-64 所示电路是一个三角波发生电路,电阻 $R=10\ \text{k}\Omega$,$R_1=100\ \text{k}\Omega$,$R_f=R_F=10\ \text{k}\Omega$,电容 $C_1=1\ \mu\text{F}$,$C_2=10\ \mu\text{F}$,运放输出电压 $U_{oM}=\pm 10$ V,试画出方波电压 u_{o1}、u_o 的电压波形。

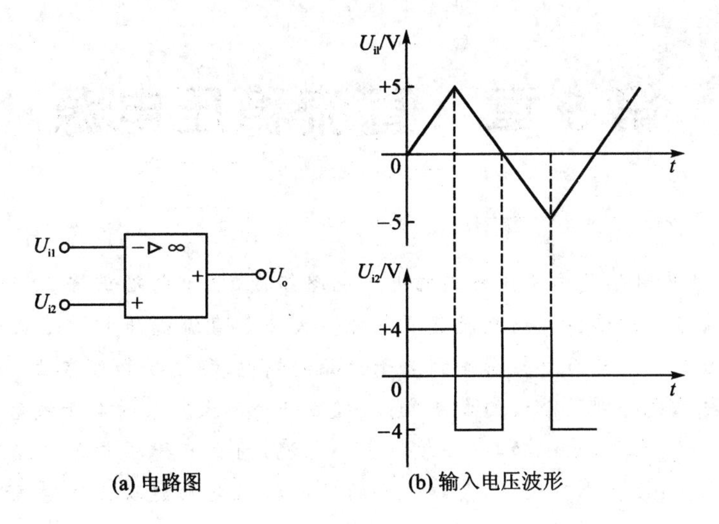

图 4－61　题 4.2.1 图

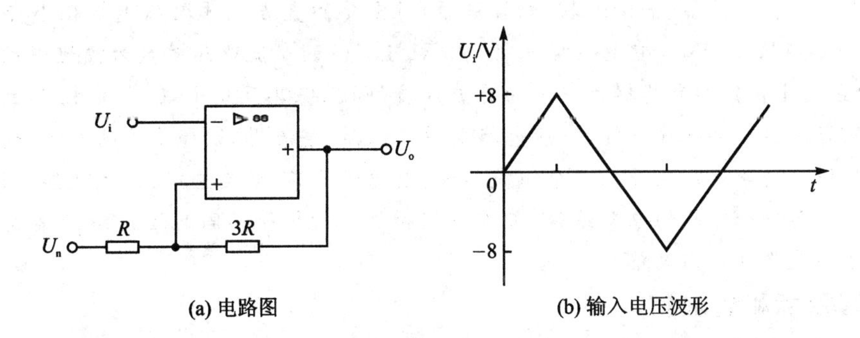

图 4－62　题 4.2.2 图

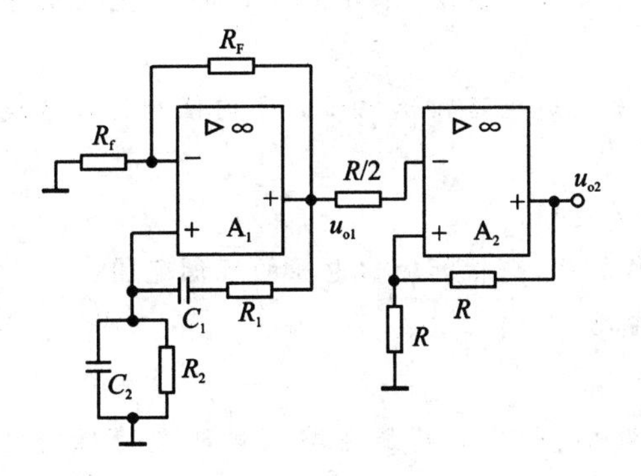

图 4－63　题 4.3.1 图

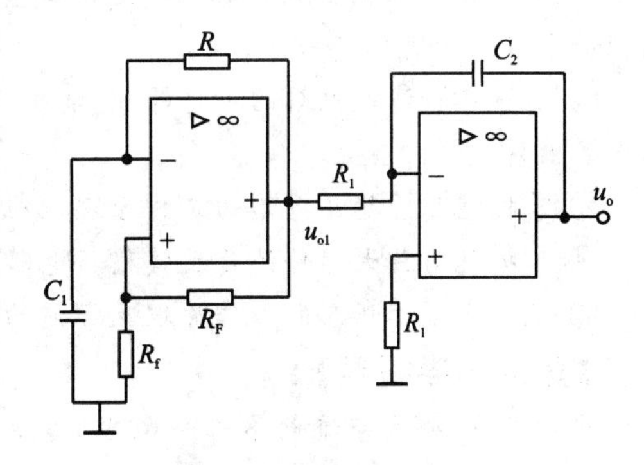

图 4－64　题 4.3.2 图

第5章　直流稳压电源

【引　言】

各种电器设备内部均是由不同种类的电子电路组成,电子电路正常工作时均需要直流电源,为电路提供直流电的设备称为直流稳压电源。大多数直流稳压电源是从电网电压转换而来的,因此它的性能良好与否直接影响到电子产品的精度、稳定性和可靠性。随着电子技术的日益发展,电源技术也得到了很大的发展,它从过去一个不太复杂的电子线路变成今天具有较强功能的模块。一般来讲,中小功率(一般指中小电流)的直流稳压电源仍以三端稳压器来实现,因而电路较简单;大功率(一般指大电流)的直流稳压电源则以三端稳压器为基础并采用扩流技术来实现。

常用电子仪器或设备(如示波器、电视机等)所需要的直流电源均属于单相小功率直流电源(功率在1 000 W以下)。它的任务是将220 V、50 Hz的交流电压转换为幅值稳定的直流电压(如几伏或几十伏),同时能提供一定的直流电流(如几安甚至几十安)。单相小功率直流电源目前广泛采用各种半导体电源,一般包括电源变压器、整流、滤波和稳压电路4个组成部分。本章主要介绍小功率稳压电源的4个组成部分:电源变压器、整流电路、滤波电路和稳压电路,并分别介绍了各部分电路的电路结构、工作原理和性能指标等。同时还介绍了集成三端稳压器的使用方法及常见应用电路。

【学习目标和要求】

① 理解直流稳压电源电路组成及各部分的作用。

② 掌握各种单相整流电路尤其是桥式整流电路的工作原理,会估算输出电压、电流的平均值并会选择合适的二极管。

③ 了解各种滤波电路的工作原理,能够估算电容滤波电路输出电压的平均值并选择合适的电容器件。

④ 掌握稳压管稳压电路的工作原理,会选择限流电阻。

⑤ 掌握具有放大器件的负反馈稳压电路的工作原理,会估算输出电压的可调范围。

⑥ 了解集成稳压器的工作原理及常见的输出电路。

【重点内容提要】

单相半波、桥式整流电路工作原理,电容滤波电路、稳压管稳压电路及串联型稳压电路分析。

半导体直流电源的组成框图如图5-1所示,各部分的功能如下:

1. 工频交流电源变压电路

将频率为50 Hz、幅值为220 V或380 V的交流电网电压转换成需要的电压。目前有些电路不用变压器,而采用其他方法变压。

2. 整流电路

利用具有单向导电性能的整流元件,把方向和大小都变化的交流电变换为方向不变但大

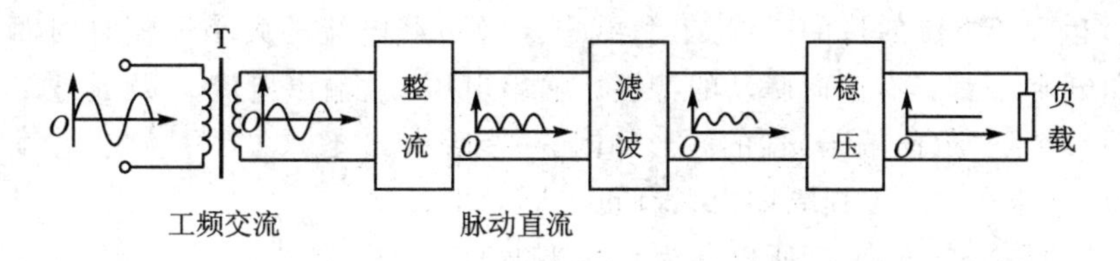

图 5-1　半导体直流电源的组成框图

小仍有脉动的直流电。

3. 滤波电路

利用储能元件电容器 C 两端的电压(或通过电感器 L 的电流)不能突变的性质,把电容 C (或电感 L)与整流电路的负载 R_L 并联(或串联),即可将整流电路输出中的交流成分大部分加以滤除,从而得到比较平滑的直流电。

对于稳定性要求不高的电子电路,经过前三步转换后就可以作为供电电源了。

4. 稳压电路

使输出直流电压基本不受电网电压波动或负载变化的影响,提高输出的稳定性。

接下来介绍直流稳压电源的各个组成部分,包括电路结构、工作原理、性能指标及元器件的选择等。

5.1　整流电路

利用二极管的单向导电性组成整流电路,可将交流电压变为单向脉动电压。本章为便于分析整流电路,把整流二极管当作理想元件,即认为它的正向导通电阻为零,而反向电阻为无穷大。但在实际应用中,应考虑到二极管有内阻,整流后所得波形其输出幅度会减小 0.6～1 V,当整流电路输入电压大时,这部分压降可以忽略。

根据所需功率的大小要求不同,在直流电源电路中,常见的整流电路有单相半波、全波、桥式和三相整流电路等。

5.1.1　单相半波整流电路

单相半波整流电路是最简单的电路,其结构如图 5-2 所示,它是由电源、变压器、整流二极管 D 和负载电阻 R_L 组成。变压器把市电电压 u_1(多为 220 V)变换为所需要的交变电压 u_2,D 再把交流电变换为脉动直流电。

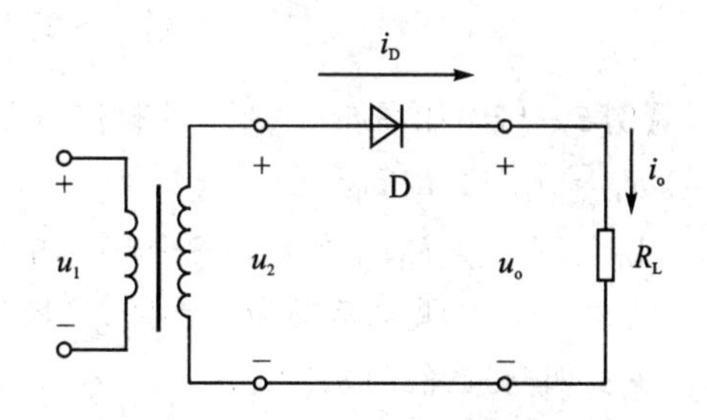

图 5-2　单相半波整流电路

1. 工作原理

设变压器副边电压为 $u_2=\sqrt{2}U_2\sin\omega t$。在 u_2 为正的半个周期内,二极管 D 正向偏置,处于导通状态,此时,有电流 $i_o=i_D$ 产生,经过负载电阻 R_L 回到负极,且 $u_o=u_2$。在 u_2 的负半周,二极管 D 因承受反向偏压而截止,负载电阻 R_L 的电压和电流都为 0。下一个正弦波到来时,又重复刚才的正半周和负半周的工作情况。这样反复下去,交流电的负半周就被“削”掉了,只有正半周通过,达到了整流的目的。但是,负载电压及负载电流的大小还随时间而变化,即 R_L 的电压 u_o 和电流 i_o 都具有单向脉动的特性。输出电压 u_o、输出电流 i_o 及通过二极管的电流 i_D 和二极管两端承受反向偏压 u_{DR} 的波形如图 5-3 所示。

由于输出电压在一个工频周期内只有正半周导电,在负载上得到的是半个正弦波,所以称为单相半波整流电路。

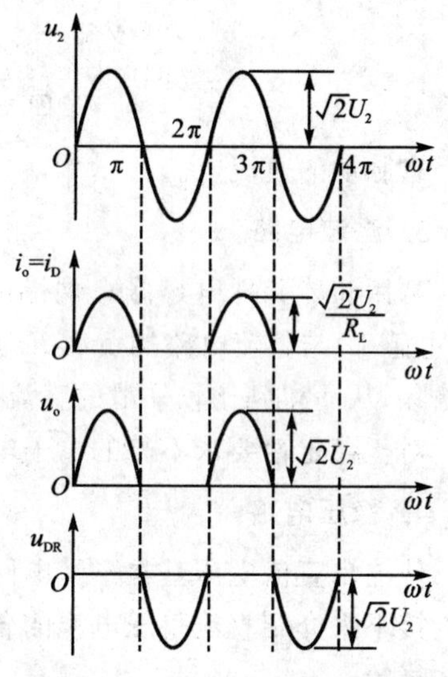

图 5-3　单相半波整流电路的电压、电流的波形

2. 主要参数的计算及元件的选择

输出电压平均值就是负载电阻电压的平均值。由如图 5-3 所示波形可得

$$U_o=\frac{1}{2\pi}\int_0^{2\pi}u_o\,d(\omega t)=\frac{1}{2\pi}\int_0^{\pi}\sqrt{2}U_2\sin\omega t\,d(\omega t)=\frac{\sqrt{2}}{\pi}U_2=0.45U_2$$

由此得出输出电流的平均值 I_o 及通过二极管整流电流的平均值 I_D 为

$$I_o=I_D=\frac{U_o}{R_L}=0.45\frac{U_2}{R_L}$$

当变压器的副边电压及负载确定后,对二极管的要求也就确定了。一般根据流过二极管电流的平均值 I_D 和它所承受的最大反向电压 U_{DRM} 来选择二极管的型号。

二极管所承受的最大反向电压为变压器副边的峰值电压

$$U_{DRM}=\sqrt{2}U_2$$

整流二极管在截止时,它两端承受最大反向电压,选管时应选择耐压值比 U_{DRM} 高的管子,以免发生反向击穿。而一般情况下,电网电压有±10 %的波动,因此通常选取二极管的最高反向偏压 U_{DRM} 及最大整流平均电流 I_{OM} 至少预留 10 %的余量,以保证二极管工作安全,即

$$U_{DRM}>1.1\sqrt{2}U_2$$

$$I_{OM}>1.1I_D=1.1\frac{0.45U_2}{R_L}$$

【例 5-1】 如图 5-2 所示的整流电路中,已知变压器副边电压的有效值 $U_2=30$ V,负载电阻 $R_L=100\ \Omega$,试问:

① 负载电阻 R_L 上的电压平均值和电流平均值各为多少?

② 电网电压波动范围为±10%,二极管承受的最大反向电压和流过的最大电流平均值各为多少?如何选择二极管?

【解】 ① 负载电阻 R_L 上电压平均值为

$$U_o\approx0.45U_2=0.45\times30\text{ V}=13.5\text{ V}$$

流过负载电阻电流的平均值

$$I_o=\frac{U_o}{R_L}\approx\frac{13.5\text{ V}}{100\ \Omega}=0.135\text{ A}$$

② 二极管承受的最大反向偏压

$$U_{DRM} \approx \sqrt{2}U_2 = 1.414 \times 30\ \text{V} \approx 42.4\ \text{V}$$

流过二极管的平均电流

$$I_D = I_o = 0.135\ \text{A}$$

由此可知：考虑电网电压有10%的波动后，选管时最大反向偏压U_{DRM}应大于46.7 V，最大整流平均电流I_{oM}应大于0.15 A，因此查阅附录，二极管D可选择2CZ53B。

单相半波整流电路结构简单，但半波整流是以"牺牲"一半交流为代价而换取整流效果的，所以其缺点是电源利用率低，输出直流电压平均值低，输出波形脉动成分大，电源变压器有直流成分，易饱和，仅适用于要求很低的场合。

5.1.2　单相全波整流电路

单相半波整流电路只采用一个整流二极管，结构简单，但输出波形脉动大，输出电压低，单相全波整流电路可以克服这个缺点。其电路结构如图5-4所示。

单相全波整流电路实质是由两个半波整流电路组合而成，其采用了带中心抽头的变压器，在变压器次级线圈中间按需要引出一个抽头，把次级绕组线圈分成两个对称的绕组，从而形成u_2、D_1与R_L和u_2、D_2与R_L两个通电回路。

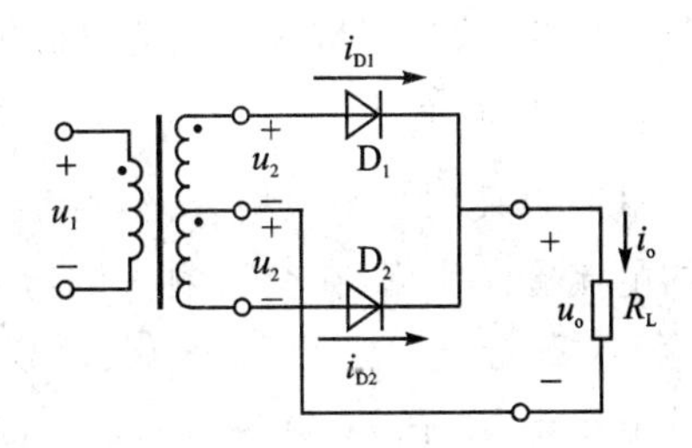

图5-4　单相全波整流电路

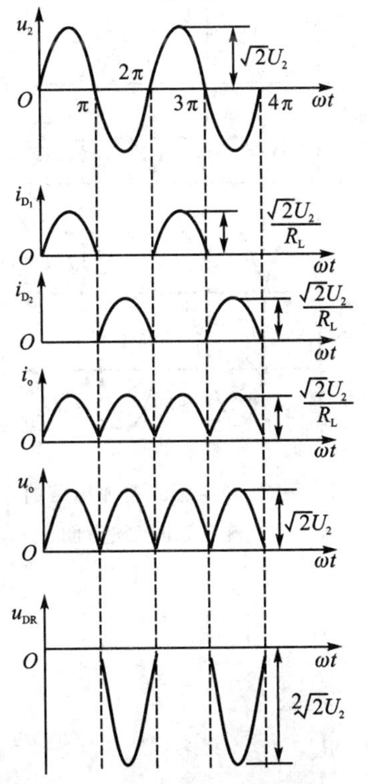

图5-5　全波整流电路的电压、电流波形图

1. 工作原理

u_1正半周，D_1导通，i_{D1}自上而下流过负载R_L；u_1负半周，D_2导通，i_{D2}自上而下流过负载R_L。如此反复，由于两个整流元件D_1、D_2轮流导电，结果负载电阻R_L上在正、负两个半周作用期间，都有同一方向的电流通过，因此称为全波整流。

全波整流不仅利用了正半周，而且还巧妙地利用了负半周，从而大大地提高了电源利用率。其输出波形如图5-5所示。

2. 主要参数的计算

负载上输出平均电压为

$$U_o = \frac{1}{2\pi}\int_0^{2\pi} u_o \mathrm{d}(\omega t) = \frac{1}{\pi}\int_0^{\pi} \sqrt{2}U_2 \sin \omega t \mathrm{d}(\omega t) = \frac{2\sqrt{2}}{\pi}U_2 = 0.9U_2$$

通过负载的平均电流

$$I_o = 2I_D = \frac{2\sqrt{2}U_2}{\pi R_L} = \frac{0.9U_2}{R_L}$$

二极管承受的最大反向偏压

$$U_{DRM} = 2\sqrt{2}U_2$$

如图 5 - 4 所示的全波整流电路，需要变压器有一个使两端对称的次级中心抽头，这给制作上带来很多的麻烦。另外，在这种电路中，每只整流二极管承受的最大反向电压是变压器副边电压最大值的两倍，还须有能承受较高反向电压的二极管。

5.1.3 单相桥式整流电路

单相全波整流电路副边变压器半周不导电，利用率低，因此常使用单相桥式整流电路，其电路如图 5 - 6 所示。与全波整流电路相比，单相全波桥式整流电路中的电源变压器只用一个副边绕组，即可实现全波整流的目的，所以单相桥式整流电路的变压器工作效率较高，在同样的功率容量条件下，体积可以小一些。由于单相桥式整流电路的总体性能优于单相半波和全波整流电路，故广泛应用于直流电源中。

1. 工作原理

电路中采用 4 个二极管，组成桥式结构。利用二极管的电流导向作用，在交流输入电压 u_2 的正半周内，二极管 D_1、D_3 导通，D_2、D_4 截止，在负载 R_L 上得到自上而下的输出电流；在 u_2 负半周内，正好相反，D_1、D_3 截止，D_2、D_4 导通，流过负载 R_L 的电流方向与正半周一致。因此，利用变压器的一个副边绕组和 4 个二极管，使得在交流电源的正、负半周内，整流电路的负载上都有方向不变的脉动电压和电流。由此可见，在 u_2 变化的一个周期内，D_1、D_3 和 D_2、D_4 两对二极管交替导通，在负载 R_L 上得到一个单方向全波脉动电压 u_o 和电流 i_o，其波形如图 5 - 7 所示。

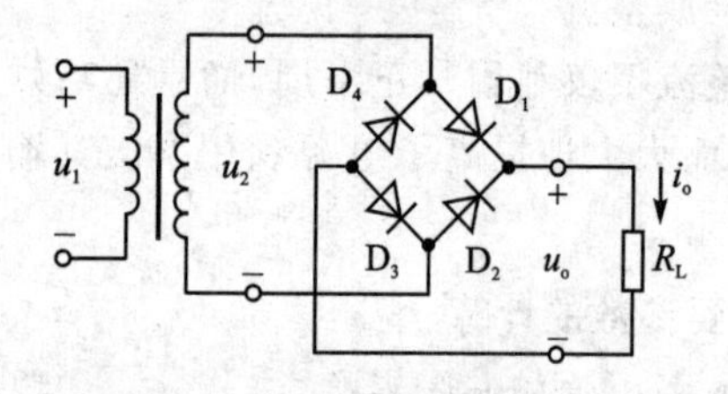

图 5 - 6 单相桥式整流电路

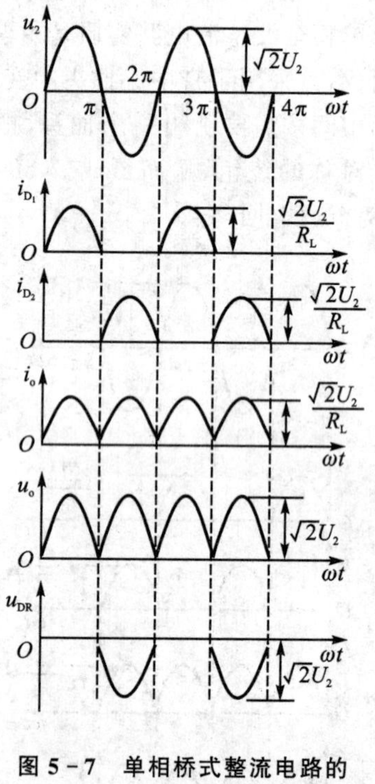

图 5 - 7 单相桥式整流电路的电压、电流波形图

2. 主要参数的计算及二极管的选择

负载电压的平均值

$$U_o = \frac{1}{2\pi}\int_0^{2\pi} u_o \mathrm{d}(\omega t) =$$

$$\frac{1}{\pi}\int_0^{\pi} \sqrt{2}U_2 \sin \omega t \, \mathrm{d}(\omega t) = 0.9U_2$$

负载电流的平均值

$$I_o = \frac{U_o}{R_L} = \frac{0.9U_2}{R_L}$$

每个二极管通过的平均电流为

$$I_D = \frac{1}{2}I_o = \frac{0.45U_2}{R_L}$$

二极管在截止时所承受的最高反向电压

$$U_{DRM} = U_{2M} = \sqrt{2}U_2$$

在实际选择二极管时，还要考虑至少有 10% 的余量，选择最大整流电流和最高反向工作电压满足

$$I_{OM} > 1.1I_D = 1.1\,\frac{\sqrt{2}U_2}{\pi R_L}$$

$$U_{DRM} > 1.1\sqrt{2}U_2$$

需要特别指出的是，二极管作为整流元件，要根据上面几种不同的整流方式和负载大小加以选择。如选择不当，则或者不能安全工作，烧了管子；或者大材小用，造成浪费。

综上所述，单相桥式整流电路具有输出电压高，纹波电压小，脉动小，变压器利用率高等优点，因此，这种电路在半导体整流电路中得到了广泛的应用。目前，很多工厂已经生产出桥式整流的组合器件——硅整流组合管，又称桥堆。图 5-8 给出了部分 QL 系列全桥堆的连接方式及电路符号。表 5-1 列出了部分桥堆的型号和参数。

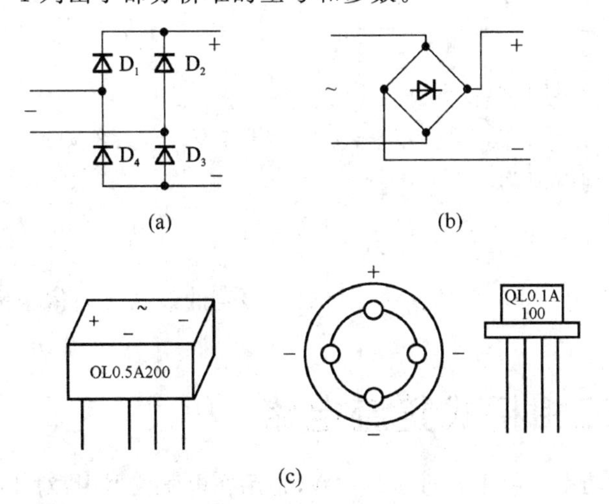

图 5-8　QL 系列桥堆连接方式及电路符号

表 5-1　几种硅整流桥堆的主要参数

<table>
<tr><th rowspan="2">参　数
型　号</th><th>最大整流电流</th><th>最高反向偏压</th><th>反向电流</th><th>反向压降</th></tr>
<tr><th>I_{oM}/A</th><th>U_{DRM}/V</th><th>I_R/μA</th><th>U_F/V</th></tr>
<tr><td>QL_1</td><td>0.05</td><td rowspan="4">25～1 000</td><td rowspan="3">≤10</td><td rowspan="4">≤1.2</td></tr>
<tr><td>QL_3</td><td>0.2</td></tr>
<tr><td>QL_5</td><td>0.5</td></tr>
<tr><td>QL_9</td><td>5</td><td>≤20</td></tr>
</table>

【例 5-2】 一桥式整流电路,已知负载电阻 $R_L=240\ \Omega$,负载所需直流电压为 12 V,电源变压器初级电压 $U_1=220$ V。试求该电路正常工作时的负载电流 I_o、二极管平均电流 I_D 和变压器的变压比 k。

【解】 负载通过的直流电流

$$I_o=\frac{U_o}{R_L}=\frac{12\ \text{V}}{240\ \Omega}=0.05\ \text{A}$$

二极管通过的平均电流

$$I_D=\frac{1}{2}I_o=0.025\ \text{A}$$

变压器的次级电压

$$U_2=\frac{U_o}{0.9}=13.33\ \text{V}$$

变压器的变压比

$$k=\frac{U_1}{U_2}=\frac{220\ \text{V}}{13.33\ \text{V}}=16.5$$

【例 5-3】 有一单相桥式整流电路,要求输出 40 V 的直流电压和 2 A 的直流电流,交流电源电压为 220V。试选择整流二极管。

【解】 变压器副边电压有效值

$$U_2=\frac{U_o}{0.9}=\frac{40\ \text{V}}{0.9}=44.4\ \text{V}$$

二极管承受的最高反向偏压为

$$U_{DRM}=\sqrt{2}U_2=\sqrt{2}\times 44.4\ \text{V}=62.8\ \text{V}$$

二极管通过的平均电流为

$$I_D=\frac{1}{2}I_o=\frac{1}{2}\times 2\ \text{A}=1\ \text{A}$$

查阅附录,可选用 2CZ56C 型硅整流二极管。该管的最高反向偏压为 100 V,最大整流电流为 3 A。

*5.1.4 三相桥式整流电路

单相整流电路的功率一般不超过 1 000 W,常用在电子仪器中;对于大功率的整流电路则需要采用三相整流电路,因为大功率的交流电源是三相供电形式。图 5-9 是一个电阻负载三相桥式整流电路,它有 6 个二极管,D_1、D_3 和 D_5 组成一组接成共阴极形式,共阴极用 P 表示;D_2、D_4 和 D_6 组成一组接成共阳极形式,共阳极用 M 表示。

1. 工作原理

三相整流电路导电的基本原则仍然是二极管的阳极电位高于阴极电位时二极管导通,反之不导通。因三相电比单相电复杂,在图 5-10 中根据各相波形相交的情况,按 30°为一段进行时间段的划分,在图的最下方用 1,2,3,4,5,6,7…表示。

先看时间段 1:此时间段 A 相电位最高,B 相电位最低,因此跨接在 A 相 B 相间的二极管 D_1、D_4 导通。电流从 A 相流出,经 D_1、负载电阻、D_4,回到 B 相,此段时间内其他 4 个二极管

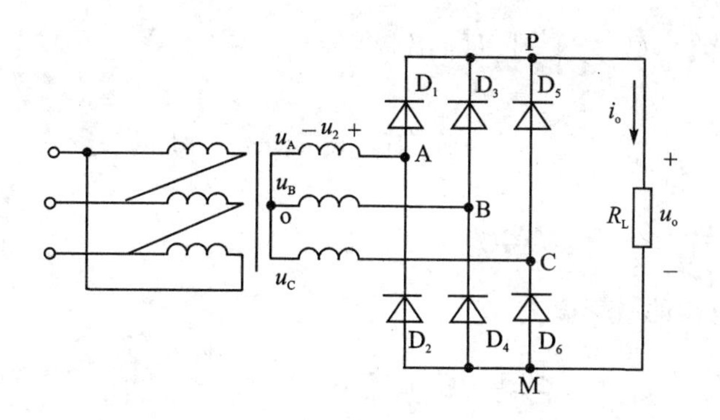

图5-9　电阻负载三相桥式整流电路

均承受反向电压而截止。因为D_4导通，B相电压最低，且加到D_2、D_6的阳极，故D_2、D_6截止；而D_1导通，A相电压最高，且加到D_3、D_5的阴极，故D_3、D_5截止，如图5-10所示。

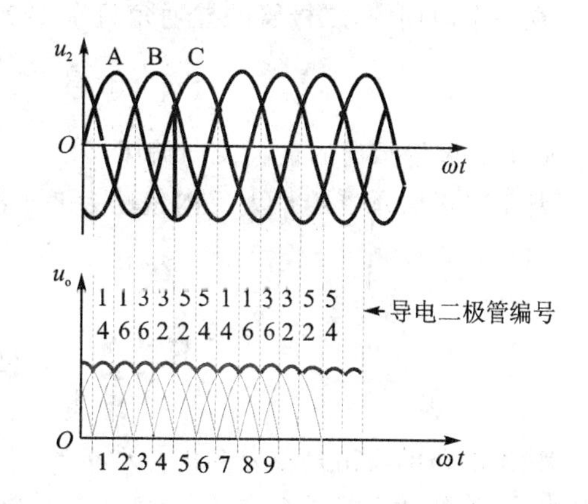

图5-10　电阻负载三相桥式整流电路的波形图

其余各段情况如下：

时间段2：此时间段A相电位最高，C相电位最低，因此跨接在A相C相间的二极管D_1、D_6导通。

时间段3：此时间段B相电位最高，C相电位最低，因此跨接在A相C相间的二极管D_3、D_6导通。

时间段4：此时间段B相电位最高，A相电位最低，因此跨接在B相A相间的二极管D_3、D_2导通。

时间段5：此时间段C相电位最高，A相电位最低，因此跨接在C相A相间的二极管D_5、D_2导通。

时间段6：此时间段C相电位最高，B相电位最低，因此跨接在C相B相间的二极管D_5、D_4导通。

时间段7：此时间段又变成A相电位最高，B相电位最低，因此跨接在A相B相间的二极管D_1、D_4导通。电路状态不断重复。

三相桥式电阻负载整流电路的输出电压波形见图5-10。

2. 主要性能参数的计算

(1) 负载得到的输出电压平均值U_o。

三相桥式电阻负载整流电路的输出电压是由相应时间段导电二极管所对应的两相电压之差得到的。由于输出电压是以共阳极线M为参考地电位，对于其中时间段1，可由A相和B相电压之差得到；同理可得其他时间段的输出波形。这样，在一个工频周期内，输出电压有6个波头，相当于300 Hz，这有利于提高输出电压的平均值，同时有利于滤波，减小输出的波纹。

求输出电压的平均值可以求输出电压一个波头的平均值再乘以6，积分从$\frac{\pi}{6}\sim\frac{\pi}{2}$。

$$U_o = \frac{6}{2\pi}\int_{\frac{\pi}{6}}^{\frac{\pi}{2}} U_{AB}\,d(\omega t) =$$

$$\frac{6}{2\pi}\int_{\frac{\pi}{6}}^{\frac{\pi}{2}} \sqrt{2}\sqrt{3}U_2 \sin\left(\omega t+\frac{\pi}{6}\right)d(\omega t) =$$

$$\frac{3\sqrt{6}}{\pi}U_2 = 2.34U_2$$

(2) 负载输出电流的平均值 I_o

$$I_o = \frac{3\sqrt{6}U_2}{\pi R_L} \approx 2.34\frac{U_2}{R_L}$$

(3) 二极管流过的电流平均值 I_D

在一个周期中,二极管的导通角只有 120°,因此流过二极管的平均电流为

$$I_D = \frac{I_o}{3} \approx 0.78\frac{U_2}{R_L}$$

(4) 二极管承受的最大反向偏压

每个二极管承受的最大反向偏压为变压器副边电压的幅值

$$U_{DRM} = \sqrt{3}\times\sqrt{2}U_2 = 2.45U_2$$

5.2 滤波电路

整流电路的输出是单方向的脉动电压,其谐波成分较大,在有些设备(如电镀、蓄电池充电等)中,这种脉动方式是允许的,但在大多数电子设备中,均须把脉动的直流电压变为平滑的直流电压,即进行滤波处理。

常见的滤波电路有无源滤波和有源滤波两大类。无源滤波的形式主要有电容滤波、电感滤波和复式滤波;有源滤波的形式主要有 RC 滤波。

无源滤波电路的滤波原理主要是利用电抗性元件对交、直流信号阻抗的不同,实现滤波。电容器 C 对直流开路,对交流阻抗小,所以 C 应该并联在负载两端。电感器 L 对直流阻抗小,对交流阻抗大,因此 L 应与负载串联。经过滤波电路后,既可保留直流分量,又可滤掉一部分交流分量,改变了交直流成分的比例,减小了电路的脉动系数,改善了直流电压的质量。

5.2.1 电容滤波电路

电容滤波电路是最简单的一种滤波电路,其在整流电路的输出端(即负载 R_L 两端)并联一个电容 C,C 容量较大,一般采用电解电容。图 5-11 是接有电容 C 的单相半波整流滤波电路。

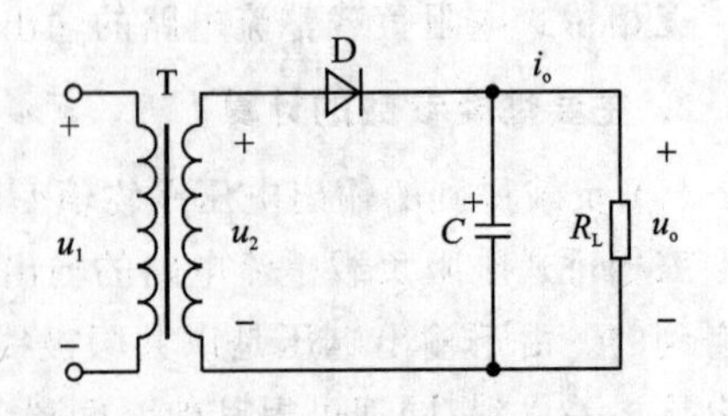

图 5-11 单相半波整流电容滤波电路

1. 滤波原理

设电容初始电压 u_C 为 0,且 $\omega t=0$ 时接通电源,由于二极管 D 是理想的,则 u_2 通过 R_L 和 D 向电容 C 充电,且充电电压 u_C 与 u_2 的变化趋势一致,即当 u_2 达到最大值时,u_C 也达到最大值;

当 u_2 按正弦规律从最大值开始下降且达到 $u_2<u_C$ 时，二极管 D 因承受反向偏压而截止，电容 C 通过负载 R_L 放电，放电快慢取决于 $\tau_d=R_LC$。当 u_2 上升到再次满足 $u_2>u_C$ 时，二极管 D 再次导通，对电容 C 进行充电，依次重复前述过程，其波形图如图 5－12 所示。因为输出电压 u_o 等于电容两端电压 u_C，可见此时输出电压 u_o 的脉动相对较小，且输出电压的平均值较高，但此时二极管 D 上所承受的反向电压的最大值为 $U_{DRM}=2\sqrt{2}U_2$。

电容滤波电路常采用桥式整流滤波电路，其结构如图 5－13 所示。

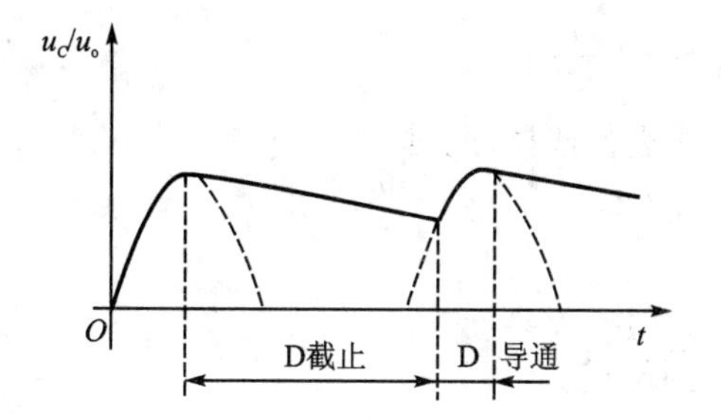

图 5－12　单相半波整流电容滤波电路的输出

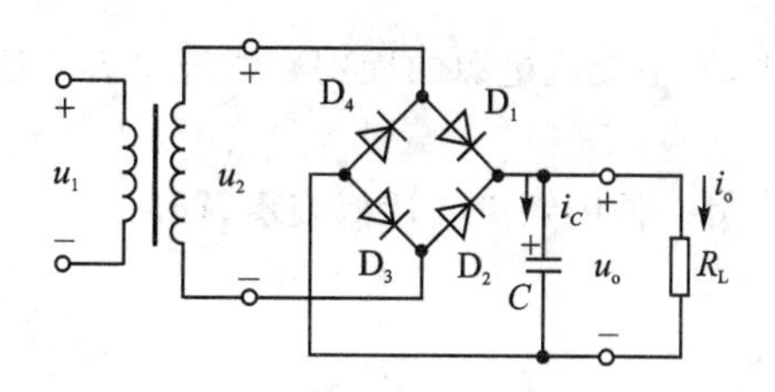

图 5－13　单相桥式整流电容滤波电路

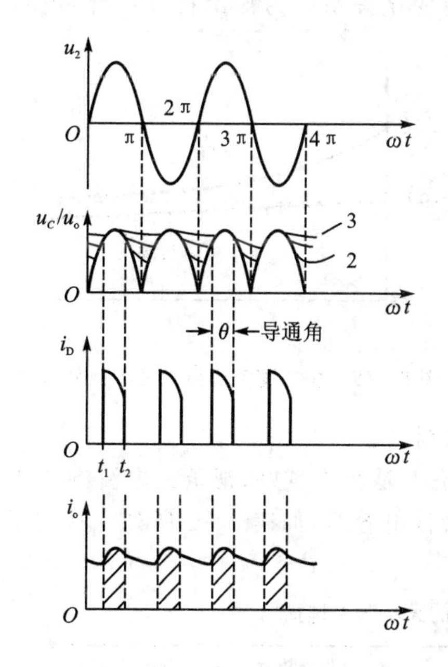

图 5－14　单相桥式整流滤波电路的电压、电流的波形

设 $\omega t=0$ 时接通电源，且此时电容 C 已经有一定电压 u_C。

在 u_2 的正半周，显然只有当 u_2 上升到 $u_2>u_C$ 时，二极管 D_1、D_3 导通，u_2 对电容 C 进行充电，在负载 R_L 中形成电流。$u_C=u_o$，且在很短的时间内使 $u_C=u_{2m}$。由于 u_2 上升到峰值后开始下降，当 $u_2<u_C$ 时，电容 C 通过负载 R_L 放电，使 D_1、D_3 因承受反向偏压而截止。由于放电时间常数 $\tau_d=R_LC$ 较大，当 $\omega t=\pi$ 时，$u_2=0$，u_C 仍在缓慢下降。在 u_2 的负半周，当 $|u_2|<|u_C|$ 时，电容 C 通过 R_L 继续放电；当 $|u_2|\geqslant u_C$ 时，二极管 D_2、D_4 导通，再次通过电容 C 进行充电，且 u_C 很快又达到 u_2 的最大值，然后 u_2 又从峰值下降，C 通过 R_L 放电重复前述过程。

u_C、u_o 的波形如图 5－14 所示。显然 $u_C=u_o$ 的脉动情况比不接电容 C 以前有明显的改善，当放电时间常数 $\tau_d=R_LC$ 增加时，t_1 点右移，t_2 点左移，二极管导通时间缩短，导通角减小，见曲线 3；反之，R_LC 减少时，导通角增加。也就是说，当 R_L 很小时，电容滤波的效果不好，见滤波曲线 2。反之，当 R_L 很大时，尽管 C 较小，R_LC 仍很大，电容滤波的效果也很好，见滤波曲线 3。因此，电容滤波适合输出电流较小的场合。

由于电容上的电压不能突变，所以在二极管导通的时间段内，由于整流电路的内阻很小，二极管会通过很大的整流电流，且导通时间越短，冲击越大，因此在选择整流二极管时，最大整流电流 I_{oM} 要留有充分的余地，通常要应为无滤波电容时的 2～3 倍。但若电流过大，如 2 A 以上，一般选管比较困难，只有采取电感滤波电路了。

通过以上分析可知,在桥式整流电容滤波电路中,流过变压器二次绕组的电流是非正弦波,其有效值一般可按下面的公式进行估算,即

$$I_2 = (1.5 \sim 2)I_o$$

2. 电容元件的选择

电容滤波的计算比较复杂,因为决定输出电压的因素较多。为了获得良好的滤波效果,一种是根据工程要求放电时间常数

$$\tau_d = R_L C = (3 \sim 5)\frac{T}{2}$$

式中,T 是交流电源的周期。滤波电容一般根据上式进行选择,此时

$$U_o = (1.1 \sim 1.2)U_2$$

另一种用锯齿波近似表示,即

$$U_o = \sqrt{2}U_2\left(1 - \frac{T}{4R_L C}\right)$$

3. 外特性

整流滤波电路中负载直流电压随负载电流之间的变化关系称为输出特性或外特性,即 $U_o = f(I_o)$。以桥式为例,该曲线如图 5-15 所示。

显然 C 值一定,当 $R_L = \infty$,即空载时,$U_o = \sqrt{2}U_2$;当 $C=0$,即无电容时,$U_o = 0.9U_2$。在整流电路的内阻不太大(几欧)和放电时间常数满足 $R_L C = (3\sim5)\frac{T}{2}$ 时,电容滤波电路的负载电压 U_o 和 U_2 的关系为 $U_o = (1.1\sim1.2)U_2$。

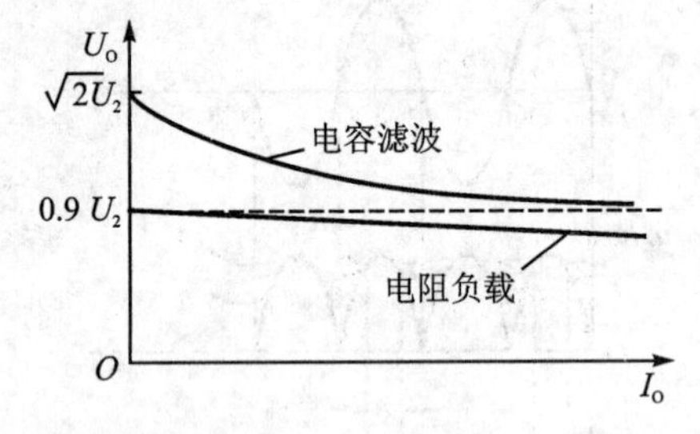

图 5-15 桥式整流滤波电路的外特性

总之,电容滤波电路结构简单,负载上得到的直流电压也较高,输出波动也较小;缺点是输出特性较差。该电路适合于负载电压较高,负载变动不大的场合。

滤波电容的数值一般在几十微法至几千微法,但也不是越大越好,视负载电流的大小而定。通常,根据负载电流和输出电压的大小大致选择最佳电容量,如表 5-2 所列。其耐压值应大于输出电压的最大值,一般用极性电容器。

表 5-2 负载电流大小与电容器的大小关系选择

输出电流	2 A 左右	1 A 左右	1~0.5 A	0.5~0.1 A	100~50 mA	50 mA 左右
滤波电容/μF	4 000	2 000	1 000	500	500~200	200 左右

【例 5-4】 有一单相桥式整流电容滤波电路,如图 5-13 所示。已知交流电源为市电,负载电阻 R_L 为 200 Ω,要求直流输出电压 U_o 为 30 V,试选择整流二极管和滤波电容器。

【解】 流过二极管的电流

$$I_D = \frac{1}{2}I_o = \frac{1}{2}\times\frac{U_o}{R_L} = \frac{1}{2}\times\frac{30\ \text{V}}{200\ \Omega} = 0.075\ \text{A}$$

取 $U_o = 1.2U_2$,即

$$U_2 = \frac{U_o}{1.2} = \frac{30\ \text{V}}{1.2} = 25\ \text{V}$$

二极管承受的最高反向偏压为

$$U_{\mathrm{DRM}}=\sqrt{2}U_2=\sqrt{2}\times 25\ \mathrm{V}=35\ \mathrm{V}$$

查阅附录，可以选择整流二极管 2CZ53C，其最大整流电流为 0.1 A，反向峰值电压为 50 V。

取 $R_{\mathrm{L}}C=4\times\frac{\mathrm{T}}{2}$，则

$$R_{\mathrm{L}}C=4\times\frac{T}{2}=4\times\frac{\frac{1}{50}\mathrm{s}}{2}=0.04\ \mathrm{s}$$

所以
$$C=\frac{0.04\ \mathrm{s}}{R_{\mathrm{L}}}=\frac{0.04\ \mathrm{s}}{200\ \Omega}=200\ \mu\mathrm{F}$$

因此，可选择 C=220 μF、耐压为 50 V 的极性电容器。

5.2.2　电感滤波电路

电感滤波电路主要利用电感中的电流不能突变的特点，用带铁芯的线圈做成滤波器，使输出电流趋于平滑，从而使输出电压也比较平滑。

电感滤波电路的结构如图 5-16 所示，其中电感 L 与负载电阻 R_{L} 串联。

当 u_2 正半周时，D_1、D_3 导电，电感中的电流将滞后 u_2。当 u_2 负半周时，电感中的电流将更换经由 D_2、D_4 提供。因桥式电路的对称性和电感中电流的连续性，4 个二极管 D_1、D_3、D_2 和 D_4 的导电角 θ 都是 180°。

由于电感 L 的直流电阻 $X_L=\omega L=0$，而交流电阻 $X_L=\omega L$ 则较大，且随输入信号频率 f 的增加而加大，所以整流电压中的直流分量经过电感 L 后基本上没有损失，交流分量却大多降落在电感 L 两端，这样就减小了输出电流及电压的脉动成分。其输出电压和电流的波形如图 5-17 所示。

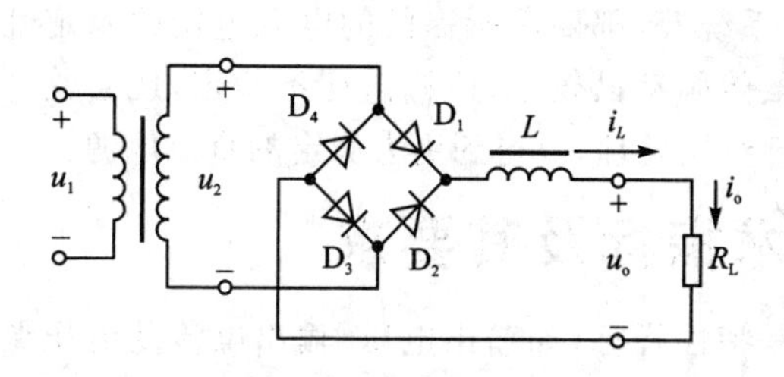

图 5-16　电感滤波电路

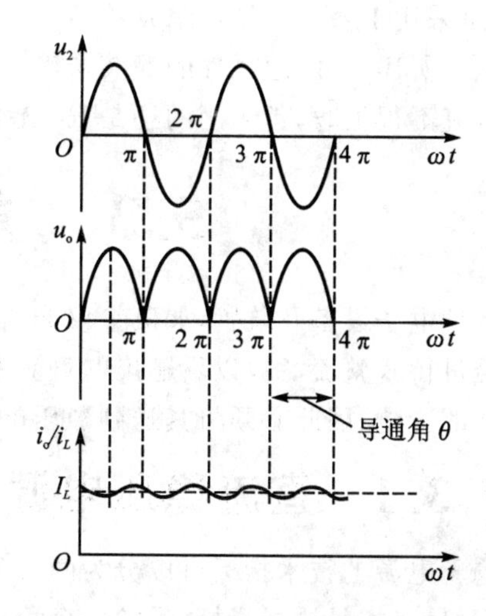

图 5-17　电感滤波电路的电压电流的波形图

显然 ωL 越大，R_{L} 越小，输出电压的交流分量越小，滤波效果越好，因此电感滤波电路适用于负载电流比较大且负载变化较大的场合。

各种整流滤波电路的输出电压、电流的大小如表 5-3 所列。

表 5-3 各种整流、滤波电路的输出电压、电流比较

名 称	U_o(空载)	U_o(带载)	二极管反向最大电压	每管平均电流
半波整流、电容滤波	$\sqrt{2}U_2$	$1.0U_2$	$2\sqrt{2}U_2$	I_o
全波整流、电容滤波	$\sqrt{2}U_2$	$1.2U_2$	$2\sqrt{2}U_2$	$0.5I_o$
桥式整流、电容滤波	$\sqrt{2}U_2$	$1.2U_2$	$\sqrt{2}U_2$	$0.5I_o$
桥式整流、电感滤波	$\sqrt{2}U_2$	$0.9U_2$	$\sqrt{2}U_2$	$0.5I_o$

5.2.3 复式滤波电路

为了进一步提高滤波的效果,常将电容和电感组合起来构成复式滤波电路。它是把电容接在负载并联支路,把电感或电阻接在负载串联支路,常见的有 π 型 RC、π 型 LC 及 Γ 型 LC 复式滤波电路。其电路结构如图 5-18 所示。

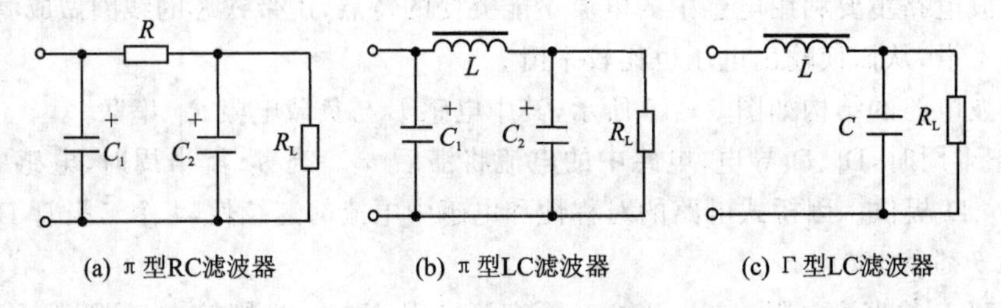

图 5-18 复式滤波电路

π 型 RC 滤波器适用于负载电流较小且要求输出电压脉动很小的场合;π 型 LC 滤波器适用于电流较大且要求输出电压脉动很小的场合,用于高频时更合适;如要求输出电压的脉动更小,则可采用 Γ 型 LC 复合滤波器。

综上所述,含电感元件的滤波器输出脉动成分减小,但电感器的体积较大,在要求不高或输出直流不很大时,常采用的还是 RC 滤波电路。

5.3 直流稳压电路

各种电子设备及装置,如测量仪器、自动控制系统等,都要求所提供的电源电压的稳定性好。经过桥式整流滤波以后输出的直流电压 U,虽然脉动已较小,但幅值还不稳定,还会受外界因素的影响,因此必须将其送到稳压电路中进行稳压处理,以得到更为稳定的直流电源。

5.3.1 直流稳压电源的技术指标及其要求

稳压电源的技术指标可以分为两大类:一类是特性指标,如输出电压、输出电流及电压调节范围;另一类是质量指标,反映一个稳压电源的优劣,包括稳定度、等效内阻(输出电阻)、纹波电压及温度系数等。对稳压电源的性能,主要有以下 4 个方面的要求。

1. 稳定性好

当输入电压 U_i(整流、滤波的输出电压)在规定范围内变动时,输出电压 U_o 的变化应该很小，一般要求$\frac{\Delta U_o}{U_o} \leqslant 1\ \%$。

2. 输出电阻 R_o 小

输出电阻定义为输入电压 U_I 不变时，输出电压变化量与负载电流变化量之比，即

$$R_o = -\frac{\Delta U_o}{\Delta I_o}\bigg|_{\Delta U_i = 0}$$

按直流稳压电源性能指标的要求，当负载变化(从空载到满载)时，输出电压 U_o 应基本保持不变，即要求稳压电路的输出电阻小。

3. 电压温度系数小

当环境温度变化时，会引起输出电压的漂移。良好的稳压电源，应在环境温度变化时，有效地抑制输出电压的漂移，保持输出电压稳定。

4. 输出电压纹波小

所谓纹波电压，是指输出电压中 50 Hz 或 100 Hz 的交流分量，通常用有效值或峰值表示。经过稳压作用，可以使整流滤波后的波纹电压大大降低。

5.3.2 稳压管稳压电路

1. 稳压原理

最简单的稳压管稳压电路是采用硅稳压管来进行稳压。其整体电路结构如图 5－19 所示。

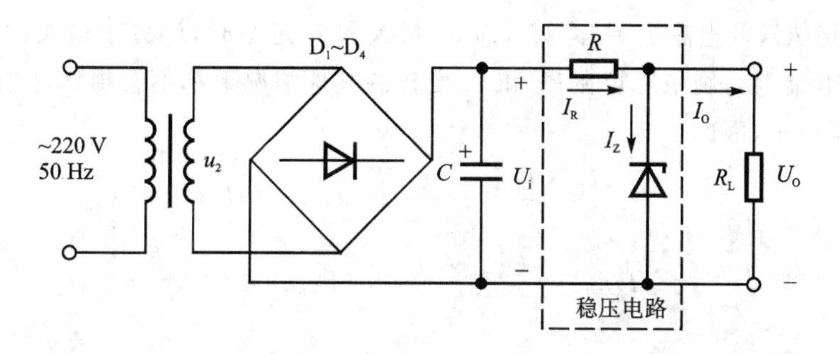

图 5－19　稳压管稳压电路

图 5－19 中，整流滤波后的输出即为稳压电路的输入 U_i，稳压管 D_Z 的稳定电压 U_Z 也就是稳压电路的输出电压 U_o，R 是限流电阻。

引起输出电压变化的原因是负载电流的变化及输入电压的变化，负载电流的变化会在整流电源的内阻上产生压降，从而引起输出电压的变化，即 $U_o = f(U_i, I_o)$。下面分别分析当输入电压 U_i 波动及 U_i 不变而 R_L 变化时稳压管是怎样起到稳定输出电压 U_o 的作用的。

当输入电压 U_i 因电网电压波动而变化时，例如 U_i 增加时，设负载 R_L 不变，则输出电压 U_o 增大，而 $U_o(U_Z)$ 的微小增加将会使通过稳压管的工作电流 I_Z 有较大增加，从而使流过 R 的电流 I_R 增大，致使 U_R 增大，后者补偿了 U_i 的增大，使 U_o 趋于稳定，如图 5－20 所示。

设 U_i 不变，当 R_L 变化，例如 R_L 减小时，I_o 将增大，$U_o(U_Z)$ 有减小的趋势，但 U_Z 减小不多却能使 I_Z 有较大的减小，补偿了 I_o 的增大，使流过 R 的电流 I_R 不变，从而使输出 U_o 保持

$$U_i \uparrow \to U_o \uparrow \to U_Z \uparrow \to I_Z \uparrow \to I_R \uparrow \to U_R \uparrow \to U_o \downarrow$$

图 5-20 U_i 波动时 U_o 的稳定情况

稳定,如图 5-21 所示。

$$I_o \uparrow \to I_R \uparrow \to U_R \uparrow \to U_Z \downarrow (U_o \downarrow) \to I_Z \downarrow \to I_R \downarrow \to U_R \downarrow \to U_o \uparrow$$

图 5-21 U_i 不变,R_L 变化时,U_o 的稳定情况

由此可见,稳压管起着电流的自动调节作用,而限流电阻起着电压调整作用。稳压管的动态电阻越小,限流电阻越大,输出电压的稳定性越好。

由于调整元件稳压管和负载电阻是并联关系,因此此稳压电路又称为并联型稳压电路。

实际使用选择稳压管时,一般取

$$U_Z = U_o$$
$$I_{ZM} = (1.5 \sim 3) I_{OM}$$
$$U_i = (2 \sim 3) U_o$$

2. 限流电阻 *R* 的选取

在如图 5-19 所示的稳压管稳压电路中,限流电阻 R 起着重要的作用,但 R 必须选择合适才能正常工作,因为若其值太大,则稳压管会因电流过小而不工作在稳压状态;若阻值过小,则稳压管会因电流过大而损坏。

由图可知稳压管的电流 $I_Z = I_R - I_o$,而 U_i 最大和 I_o 最小时,I_Z 处于最大;此时若 I_Z 小于稳压管的稳定电流 I_{ZM},则稳压管在 U_i 和 I_o 变化的其他情况下都不会损坏。当 U_i 最小和 I_o 最大时,I_Z 处于最小,因此

$$I_{Z,\max} = \frac{U_{i,\max} - U_Z}{R} - I_{o,\min} < I_{ZM}$$

$$I_{Z,\min} = \frac{U_{i,\min} - U_Z}{R} - I_{o,\max} > I_Z$$

整理得

$$\frac{U_{i,\max} - U_Z}{I_{Z,\max} + I_{o,\min}} < R < \frac{U_{i,\min} - U_Z}{I_{Z,\min} + I_{o,\max}}$$

图 5-19 所示电路简单可靠,但是稳定电压不能调整,负载电流变化范围太小,为 $I_{ZM} - I_Z$,输出电阻大,约几欧至几十欧,一般多用作电路前级的稳压和其他电源的参考电压 。

【例 5-5】 有一硅稳压管稳压电路,结构如图 5-19 所示。负载电阻 R_L 为 3 kΩ,整流滤波电路的输出 U_i=45 V,要求输出电压 U_o=15 V,试选择稳压管 D_Z。

【解】 负载通过电流的最大值为

$$I_{OM} = \frac{U_o}{R_L} = \frac{15\ \text{V}}{3 \times 10^3\ \Omega} = 5\ \text{mA}$$

查阅手册,可选择稳压管 2CW20,其稳定电压 U_Z=(13.5~17) V,稳定电流 I_Z=5 mA,最大稳定电流 I_{Zm}=15 mA。

5.3.3　具有放大器件的负反馈稳压电路

稳压管稳压电路输出电压不可调,不能满足很多场合下的要求;而输出电压的变化量ΔU_o又是很微弱的,它对调整器件的控制作用也很弱,因此稳压效果不够好,常使用带有效放大环节的负反馈稳压电路。带有放大环节的稳压电源,就是在电路中增加一个直流放大器,把微弱的输出电压变化量先加以放大,增大负载电流,且在电路中引入深度电压负反馈去控制调整管,从而提高对调整管的控制作用,使稳压电源的稳定性能得到改善。由于反馈网络的参数可调,从而输出电压可调。其组成框图如图5-22所示。

图5-23是由集成运算放大器和稳压管构成的恒压源电路。

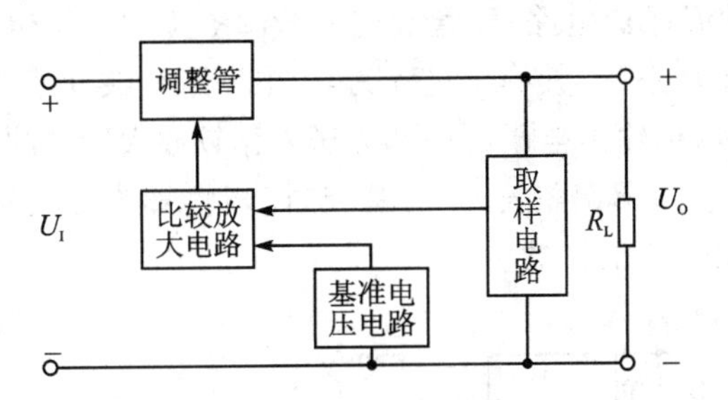

图5-22　具有放大环节的负反馈稳压电路的组成框图

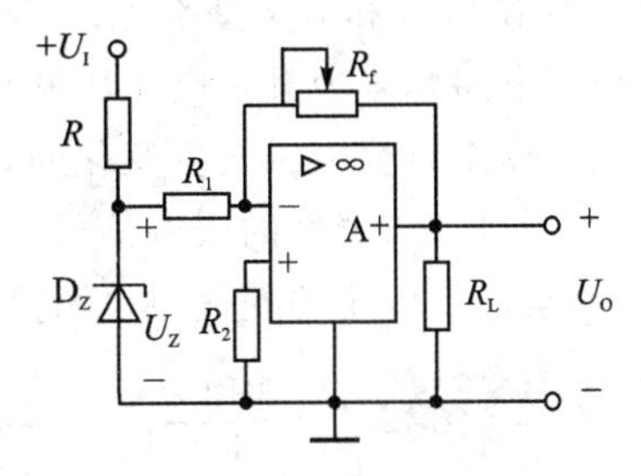

图5-23　恒压源电路

整流滤波之后的输出电压U_i,经过电阻R分压后作为基准电压U_Z。根据运放的特点,显然恒压源的输出电压为$U_o=-\frac{R_f}{R_1}U_Z$,调节R_f就可以调节输出电压的大小。

图5-24显示的是集成运算放大器构成的具有负反馈功能的串联型稳压电路。

图5-24中,U_i为整流滤波电路的输出电压,A为比较放大器件,U_Z为基准电压,它由稳压管D_Z与限流电阻R_Z串联所构成的简单稳压电路获得,通过与运放A的反相输入端电位U_-进行比较放大输出来控制三极管T的基极电位从而调整输出U_o,因此T为调整管,R_1、R_2与R_3组成反馈网络,是用来反映输出电压U_o变化的取样环节。该图中要求取样电阻中的电流I_R远小于负载电流I_o,因此调整管T和负载电阻R_L相当于串联。

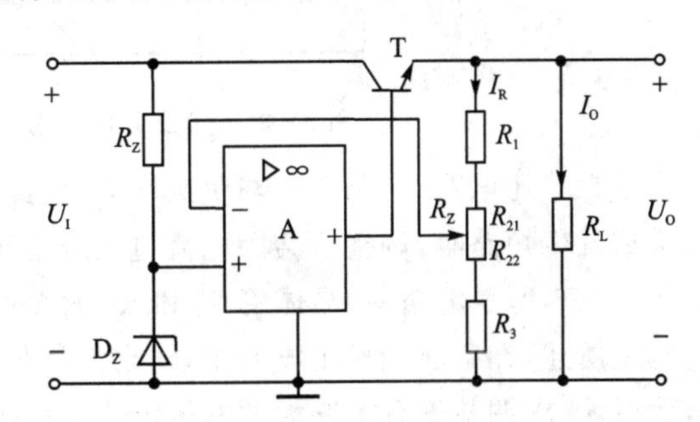

图5-24　集成运放的组成的负反馈稳压电路

由电路图可知,运算放大器反相端的电位为

$$U_-=\frac{R_3+R_{22}}{R_1+R_2+R_3}U_o$$

电路的稳压过程如下:

当某种原因使输出电压U_o升高(降低)时,加在运放反相端的电位U_-也升高(降低),并与同相端的电位$U_+=U_Z$进行比较。由于三极管T的基极电位降低(升高),所以输出电压U_o必然降低(升高),使输出U_o得到稳定。

由分析可知,图中调节过程实质就是一负反馈过程,移动电位器的触头就可调节反馈电压

U_{-},反馈越深,调整作用越强,输出电压 U_o 也越稳定。

其中,输出电压 U_o 的表达式为

$$U_o = \frac{R_1 + R_2 + R_3}{R_3 + R_{22}} U_Z = \left(1 + \frac{R_1 + R_{21}}{R_{22} + R_3}\right) U_Z$$

值得注意的是,调整管 T 的调整作用是依靠 U_{-} 和 U_Z 之间的偏差来实现的,必须有偏差才能调整。如果 U_o 绝对不变,调整管的基极电位也绝对不变,那么电路也就不能起调整作用了。因此,U_o 不可能达到绝对稳定,只能是基本稳定。

图 5-25 是由分立元件组成的串联型稳压电源的电路图。其整流部分为单相桥式整流和电容滤波电路。稳压部分为串联型稳压电路,它由调整元件(晶体管 T_1),比较放大器 T_2、R_7,取样电路 R_1、R_2 和 R_P,基准电压 D_P、R_5 和过流保护电路 T_3 管及电阻 R_4、R_5 和 R_6 等组成。整个稳压电路是一个具有电压串联负反馈的闭环系统,其稳压过程为:当电网电压波动或负载变动引起输出直流电压发生变化时,取样电路取出输出电压的一部分送入比较放大器,并与基准电压进行比较,产生的误差信号经 T_2 放大后,送至调整管 T_1 的基极,使调整管改变其管压降,以补偿输出电压的变化,从而达到稳定输出电压的目的。

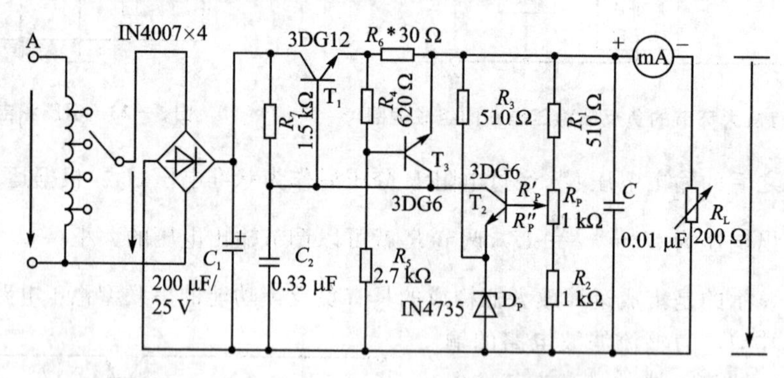

图 5-25 分立元件组成的串联负反馈稳压电源

由于在稳压电路中,调整管与负载串联,因此流过它的电流与负载电流一样大。当输出电流过大或发生短路时,调整管会因电流过大或电压过高而损坏,所以需要对调整管加以保护。在如图 5-25 所示电路中,晶体管 T_3 和 R_4、R_5、R_6 组成减流型保护电路。

综上所述,在串联型稳压电源中,输出的负载电流基本等于流过调整管的电流,当负载电流较大时,要求调整管有足够大的基极电流。稳压电源精度的高低主要与基准电压有直接关系。比较放大器的作用是把取样电压与基准电压加以比较,并将误差信号放大,送到调整管的基极,推动调整管工作。为了提高稳压电路性能,比较放大器应具有较高的增益和温度稳定度。

【例 5-6】 电路如图 5-24 所示,已知输入电压 U_I 的波动范围为±10%,调整管 T 的饱和压降 $U_{CES}=2$ V,输出电压 U_o 的调节范围为 5~20 V,$R_1=R_3=20\ \Omega$。试问:

① 稳压管的稳定电压 U_Z 和 R_2 的取值各为多少?

② 为使调整管正常工作,在电网电压为 220 V 时,U_I 的值至少应为多少?

【解】 ① 输出电压最小值为

$$U_{o,\min} = \frac{R_1 + R_2 + R_3}{R_2 + R_3} U_Z$$

最大值为

$$U_{o,max}=\frac{R_1+R_2+R_3}{R_3}U_Z$$

代入已知值得

$$R_2=600\ \Omega,\qquad U_Z=4\ \text{V}$$

② 要使调整管正常工作，即要求在输入电压波动和输出电压变化时，调整管应始终工作在放大状态。由电路工作情况可知：在输入电压最低且输出电压最高时，管压降最小，若此时管压降大于饱和管压降，则在其他情况下，管子一定会工作在放大区，即

$$U_{CE,min}=U_{i,min}-U_{o,max}>U_{CES}$$

得

$$U_{CE,min}=U_{i,min}-U_{o,max}>U_{CES}$$

代入数据得 $U_I>24.7$ V，故至少应取 25 V。

5.3.4 集成稳压电源

集成稳压电源具有体积小、外围元件少、性能稳定可靠和便于调节等优点，目前得到了广泛应用，如应用于各种仪器仪表及电子设备电路。

集成稳压器按输出端子多少和使用情况大致可以分为：多端可调式、三端固定式、三端可调式和单片开关式等。多端可调式是早期集成稳压器产品，其输出功率小，输出端多，使用不太方便，但精度较高，价格便宜。三端固定式集成稳压器是将取样电阻、补偿电容、保护电路和大功率调整管等都集成在同一芯片上，使整个集成电路块只有输入、输出和公共三个引出端，使用非常方便，因此应用广泛。开关式集成稳压器是最近几年发展起来的一种稳压电源，其效率特别高。它是由直流变交流（高频）再变直流的变换器，通常有脉宽调制和脉冲调制两种，输出电压也可调，目前广泛应用在电视机和测量仪器等设备中。

集成稳压电路按输出电压分为固定式和可调式。最简单的集成稳压电源只有三个引线端，即输入端、输出端和公共地端，称为“三端集成稳压器”。

固定式三端集成稳压器主要有 W7800 正稳压及 W7900 负稳压系列，型号中最后两位表示输出电压的稳定值，有 5 V、6 V、9 V、12 V、15 V、18 V 和 24 V 等几个等级。例如 W7805，表示输出电压的稳定值为+5 V；W7915 表示输出电压的稳定值为－15 V。输出电流均为 1.5 A。

固定式三端集成稳压器的外形如图 5－26(a)和图 5－26(b)所示，W7800 系列的方框图如图 5－26(c)所示，W7900 系列的引脚位置与 W7800 不同。在使用时只须从产品手册查到与该型号对应的有关参数、性能指标和外形尺寸，再配上适当的散热片，就可以按所需的输出直流电压组成电路。

可调式集成稳压器是实现输出电压可调的稳压电路。三端可调式集成稳压器只须外接两只电阻即可获得各种输出电压。三端可调稳压器的输出电压可调，稳压精度高，输出纹波小，一般输出电压为 1.2～37 V 或－1.2～－37 V。典型的产品有 LM317、LM117 和 LM337、LM137 等，其中 LM317、LM117 为可调正电压输出稳压器，LM337、LM137 为可调负电压输出稳压器。这种稳压器有三个引子端，即电压输入端、电压输出端和调节端，它没有公共接地端，接地端往往通过接电阻再接到地。LM317 的封装和引脚功能如图 5－27 所示，1—调节端，2—输出端，3—输入端。

三端输出可调稳压器的输出电压为 1.2～37 V。每一类中按其输出电流又分为 0.1 A、

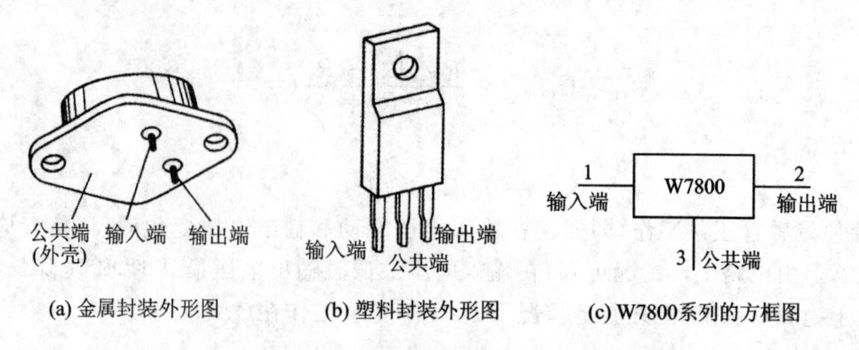

(a) 金属封装外形图　(b) 塑料封装外形图　(c) W7800系列的方框图

图 5-26　固定式三端集成稳压器的外形及方框图

0.5 A、1 A、1.5 A 和 10 A 等。例如 LM317L 输出电压为 1.2～37 V，输出电流为 0.1 A；LM317H 输出电压为 1.2～37 V，输出电流为 0.5 A；LM317 输出电压为 1.2～37 V，输出电流为 1.5 A 等。

图 5-27　LM317 外形及引脚配置

下面分别是三端集成稳压器的基本单元及其构成的应用电路。

1. W7800 系列和 W7900 系列的接线图

W7800 系列和 W7900 系列的接线图如图 5-28 所示。

图 5-28 中，电容 C_1 和 C_2 是用于频率补偿的，其中 C_1 一般容量较小，通常小于 1 μF，当输入线较长时，可以抵消电感效应，以防止电路产生自激振荡；而 C_2 用于消除输出电压中的高频噪声，可取小于 1 μF 的电容，也可取几 μF 至几十 μF 的电容，以便输出较大的脉冲电流。C_2 具有抑制瞬时增减负载时引起的输出电压波动的作用。

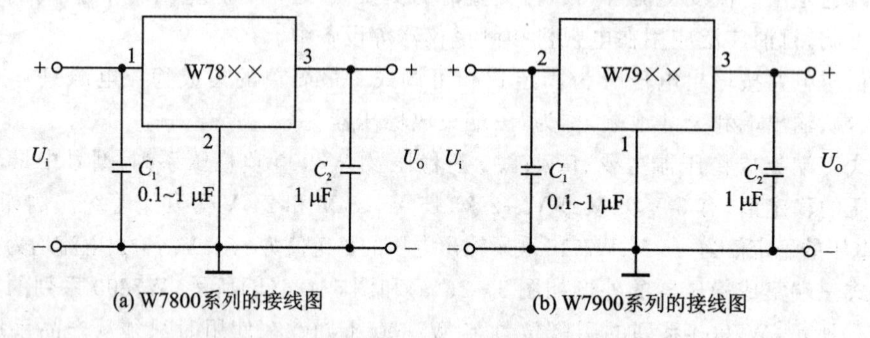

(a) W7800系列的接线图　(b) W7900系列的接线图

图 5-28　W7800 系列和 W7900 系列的接线图

2. 固定式三端集成稳压器 W78 系列和 W79 系列构成的应用电路

(1) 正、负电压同时输出的电路

正、负电压同时输出的电路，如图 5-29 所示。

(2) 扩大输出电压的电路

如图 5-30 所示，输出电压 $U_o = U_{\times\times} + U_Z$，其中 $U_{\times\times}$ 为 7805 的输出电压，U_Z 为稳压管两端的电压。

(3) 扩大输出电流的电路

三端集成稳压器的最大输出电流只有 1.5 A，如须进一步扩大输出电流，可采用如图 5-31 所示的电路。

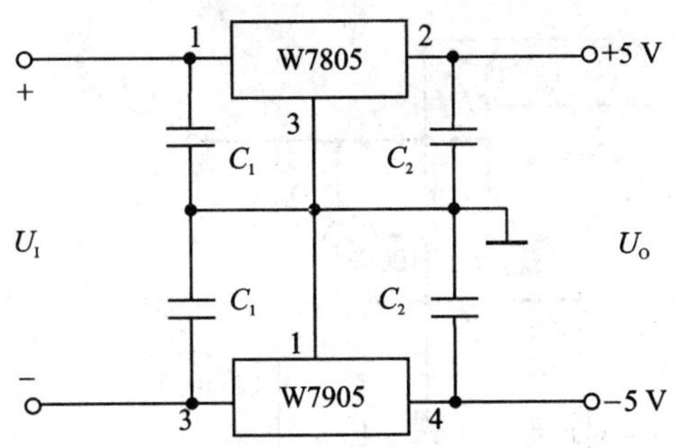

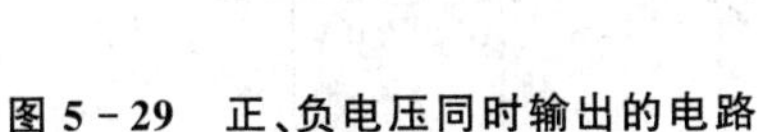
图 5-29　正、负电压同时输出的电路

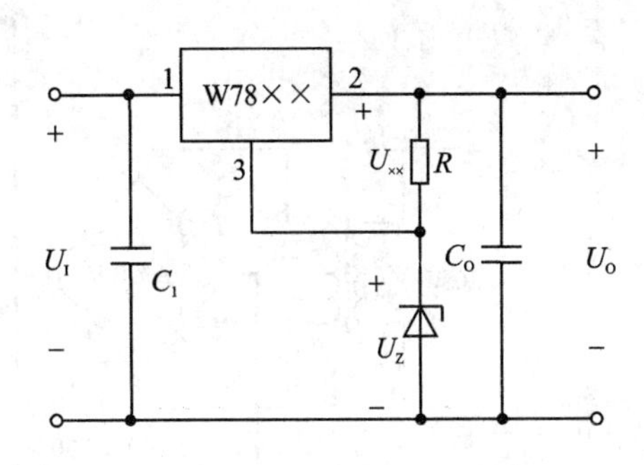

图 5-30　扩大输出电压的电路

图 5-31 中，R_S、T_2为短路保护环节。正常情况下，$I_{C1}R_S$ 小于 T_2的阈值电压，T_2截止，则输出电流 $I_o=I_{O××}+I_{C1}$，$I_{O××}$为 W7800 的输出电流。当过载或短路时，T_2导通，则 $U_{CE2}\approx I_{C1}R_S+U_{BE1}$。由于 I_{C1}增大，U_{BE2}也增大，使 U_{CE2}减小，致使 U_{BE1}减小，限制了 T_1的电流。

3. 可调式三端集成稳压器构成的应用电路

可调式三端稳压器的外接取样电阻是稳压电路不可缺少的部分。下面介绍几种典型的应用电路。

(1) LM317 构成的正电压输出电路

由 LM317 构成的基本的正电压输出电路如图 5-32 所示。

图 5-32 中，输出端与调整端之间的电压是非常稳定的，为 1.25 V，输出电流可达 1.5 A，输出电压 $U_o=1.25\times\left(\frac{R_P}{R_1}\right)$，调节 R_P 即可调节输出电压大小。

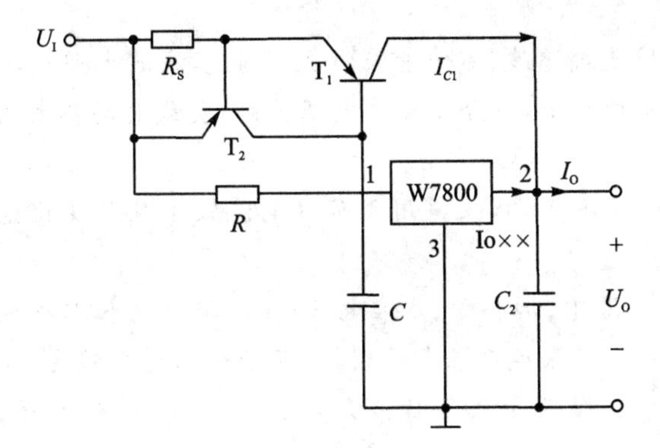

图 5-31　扩大输出电流的电路

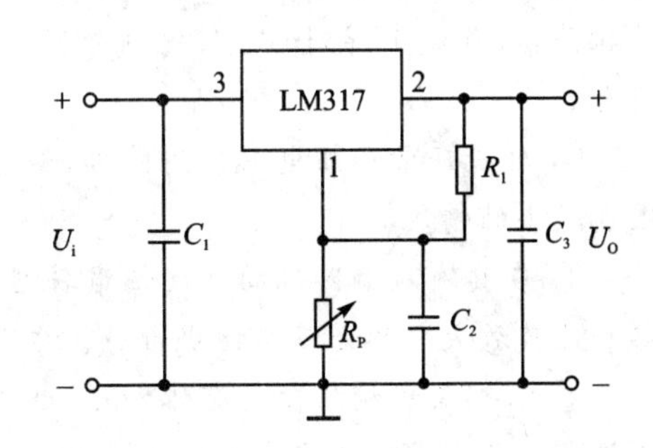

图 5-32　LM317 构成的正电压输出电路

(2) LM317 构成的另外一种正电压输出电路

如图 5-33 所示，LM317 输出电流为 1.5 A，输出电压可在 1.25～37 V 之间连续调节，其输出电压由两只外接电阻 R_1、R_P 决定，输出端和调整端之间的电压差为 1.25 V，这个电压将产生几毫安的电流，经 R_1、R_P 到地，在 R_P 上分得的电压加到调整端，通过改变 R_P 就能改变输出电压。

注意：为了得到稳定的输出电压，流经 R_1 的电流小于 3.5 mA。VD_1为保护二极管，防止稳压器输出端短路而损坏 IC，VD_2用于防止输入短路而损坏集成电路。

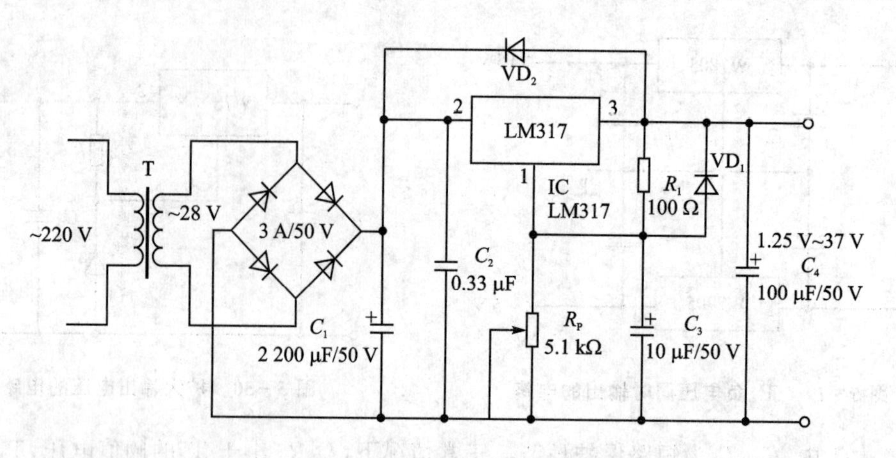

图 5-33　LM317 构成的直流稳压电路

【本章小结】

本章介绍了直流稳压电源的组成,各部分电路的工作原理和各种不同类型的结构及工作特点、性能指标等。主要内容归纳如下:

① 直流稳压电源由电源变压电路、整流电路、滤波电路和稳压电路组成。整流电路将交流电压变为脉动的直流电压,滤波电路可减小脉动使直流电压平滑,稳压电路的作用是在电网电压波动或负载电流变化时,保持输出电压基本不变。

② 整流电路有半波和全波两种,最常用的是单相桥式整流电路。分析整流电路时,应分别判断在变压器副边电压正、负半周两种情况下,二极管导通与否的工作状态,从而得到负载两端电压、二极管端电压及其电流波形并由此得到输出电压和电流的平均值,以及二极管的最大整流平均电流和所能承受的最高反向电压。

③ 滤波电路通常有电容滤波、电感滤波和复式滤波,本章重点介绍了电容滤波电路。其结构简单,负载上得到的直流电压较高,输出波动较小,适合于负载电压较高,负载变动不大的场合。

④ 硅稳压管稳压电路结构简单,但输出电压不可调,仅适用于负载电流较小且其变化范围也较小的情况。

⑤ 在具有放大器件的负反馈串联型稳压电源中,调整管、基准电压电路、输出电压取样电路和比较放大电路是基本组成部分。电路中引入了深度电压负反馈,从而使输出电压稳定。

⑥ 三端集成稳压器具有体积小、性能可靠和使用方便等优点,因此得到了广泛的应用。三端集成稳压器有固定式和可调式两类,而它们又分正电压输出和负电压输出两种。W7800 系列为固定正电压输出,W7900 系列为固定负电压输出,LM117、LM317 系列为可调式正电压输出,LM137、LM337 系列为可调式负电压输出。

习　题

5.1.1　电路如图 5-34 所示。(1) 分别标出 u_{o1}、u_{o2}对地的极性;(2) u_{o1}、u_{o2}分别是半波整流还是全波整流?(3) 当$U_{21}=U_{22}=20$ V时,u_{o1}和 u_{o2}各为多少?(4) 当 $u_{21}=18$ V,$u_{22}=22$ V时,画出 u_{o1}、u_{o2}的波形。

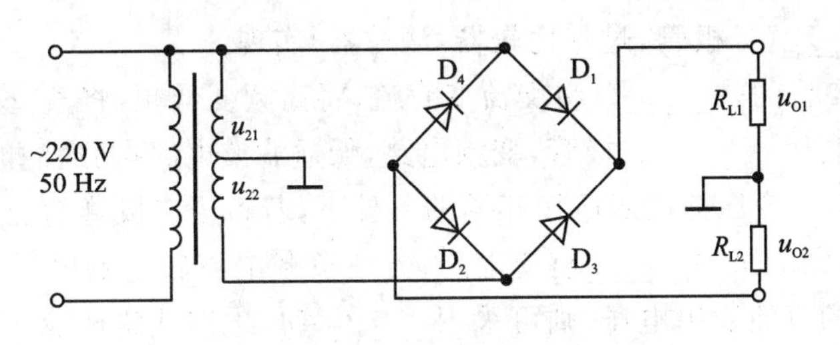

图 5-34　题 5.1.1 图

5.1.2　在图 5-2 中，已知 $R_L = 80\ \Omega$，其两端电压的有效值为 110 V，二极管是理想二极管。试求：(1) 通过负载直流电流的平均值；(2) 整流电流的最大值；(3) 变压器副边电压的有效值。

5.1.3　有一单相半波整流电路，其结构同图 5-2。已知负载电阻 $R_L = 75\ \Omega$，变压器副边电压 $U_2 = 20$ V，试求 U_o 和 I_o，并选择合适的二极管。

5.1.4　单相半波整流电路如图 5-2 所示。已知变压器副边电压 $u_2 = 18\sqrt{2}\sin\omega t$ (V)。试回答下列问题：(1) 负载 R_L 上的直流电压平均值 $U_{o(AV)}$ 约为多少伏？(2) 若负载 R_L 的变化范围为 100～300 Ω，则选用的整流二极管正向平均电流 I_F 和反向耐压 U_{DRM} 各为多少？

5.1.5　在图 5-6 所示的单相桥式整流电路中，已知输出电压的平均值 $U_o = 15$ V，负载电流的平均值 $I_o = 100$ mA。求：(1) 变压器副边电压的有效值 $U_2 = ?$ (2)设电网电压波动范围为±10%，如何选择整流二极管？

5.1.6　在如图 5-6 所示的单相桥式整流电路中，若整流二极管任一只出现下列故障：(1) D_1 开路；(2) D_1 接反；(3) D_1 短路；(4) 负载 R_L 短路，试分析输出电压 U_o 的变化。

5.1.7　证明：单相桥式整流时变压器副边电流的有效值 $I_2 = 1.11 I_o$。

5.1.8　判断如下说法是否正确：

(1) 直流电源是一种将正弦信号转换为直流信号的波形变化电路。

(2) 直流电源是一种能量转换电路，它将交流能量转换成直流能量。

(3) 在变压器副边电压和负载电阻相同的情况下，桥式整流电路的输出电流是半波整流电路输出电流的 2 倍。

(4) 若 U_2 为变压器副边电压的有效值，则半波整流电容滤波电路和全波整流滤波电路在空载时的输出电压均为 $\sqrt{2}U_2$。

(5) 整流电路可将正弦电压变为脉动的直流电压。

(6) 整流的目的是将高频电流变为低频电流。

(7) 在单项桥式整流电容滤波电路中，若有一只整流管断开，则输出电压平均值变为原来的一半。

(8) 直流稳压电源中滤波电路的目的是将交流变为直流。

(9) 直流电源电路是一种负反馈放大电路，使输出电压稳定。

(10) 当输入电压 U_I 和负载电流 I_L 变化时，稳压电路的输出电压是绝对不变的。

(11) 电容滤波电路适用于小负载电流，而电感滤波电路适用于大负载电流。

5.1.9　在括号内选择合适的内容填空：

(1) 整流的主要目的是______(将交流变直流，将正弦波变成方波，将高频信号变成低频),主要是利用______(二极管,过零比较器,滤波器)实现。

(2) 滤波的主要目的是______(将交流变直流,将高频变低频,将直、交流混合量中的交流成分去掉),因此可利用______(二极管,变频电路,低通滤波电路,高通滤波电路)实现。

(3) 在直流电源中变压器次级电压相同的条件下,若希望二极管承受的反向电压较小,而输出直流电压较高,则应采用______整流电路;若在负载电流较小的电子设备中,为了得到稳定的但不需要调节的直流输出电压,则可采用______稳压电路或集成稳压器电路;为了适应电网电压和负载电流变化较大的情况,且要求输出电压可调,则可采用______晶体管稳压电路或可调的集成稳压器电路。(半波,桥式,电容型,电感型,稳压管,串联型)

5.1.10 设一半波整流电路和一桥式整流电路的输出电压平均值和所带负载的大小完全相同,均不加滤波,试问两个整流电路中整流二极管的电流平均值和最高反向电压是否相同?

5.1.11 带中心抽头变压器的全波整流电路如图 5-4 所示,试说明它的工作原理,并计算 $U_{o(AV)}/U_2$、U_{DRM}/U_2、I_{D_1}/I_o 的值。

5.1.12 简单说明三相桥式整流电路的组成和工作原理。

5.2.1 单相桥式电容滤波电路如图 5-13 所示,用交流电压表测得变压器副边电压 $U_2=20$ V,$R_L=40$ Ω,$C=1\,000$ pF。试问:(1) 正常时 $U_o=$? (2) 如果电路中有一个二极管开路,那么 U_o 是否为正常值的一半? (3) 如果测得的 U_o 为下列数值,那么可能出了什么故障? 并指出原因。

A. $U_o=28$ V B. $U_o=18$ V C. $U_o=9$ V

5.2.2 桥式整流电容滤波电路如图 5-13 所示。设滤波电容 $C=100$ μF,交流电压频率 $f=50$ Hz,$R_L=1$ kΩ,问:

(1) 要求输出 $U_o=8$ V,U_2 需要多少伏?

(2) 该电路在工作过程中,若 R_L 增大,则输出直流电压 U_o 是增加还是减小? 二极管的导电角是增大还是减小?

(3) 该电路在工作过程中,若电容 C 脱焊(相当于把 C 去掉),此时 U_o 是升高还是降低? 二极管的导电角是增大还是减小?

5.2.3 桥式整流、电容滤波电路如图 5-13 所示,已知交流电源电压 $U_1=220$ V,频率为 50 Hz,$R_L=75$ Ω,要求输出直流电压 $U_o=24$ V,纹波较小。(1) 选择整流二极管的型号;(2) 选择滤波电容器;(3) 确定电源变压器副边的电压和电流。

5.2.4 如图 5-13 所示桥式整流、电容滤波电路中,变压器副边电压 $U_2=20$ V。试问:(1) 电路中 R_L 和 C 增大时,输出电压 U_o 是增大还是减小? (2) 在 $R_LC=(3\sim5)\dfrac{T}{2}$ 时,输出电压 U_o 与 U_2 的近似关系如何? (3) 若将负载 R 断开,对 U_o 有什么影响? (4) 若将电容 C 断开,$U_o=$?

5.2.5 在如图 5-18(a)所示的 π 型 RC 整流滤波电路中,已知 $U_2=6$ V,要求负载输出电压 $U_o=6$ V,负载电流的平均值 $I_o=100$ mA,计算滤波电阻 R 的大小。

5.2.6 桥式整流 π 型滤波电路如图 5-35 所示,要求 $U_o=6$ V,$I_o=50$ mA。设允许降在 R 上的直流电压为 2 V,试选择整流二极管,并计算 C_1、C_2、R 及 U_2、I_2。

5.2.7 单相桥式整流电容滤波电路,若要求 $U_o=20$ V,$I_o=100$ mA,试求:(1) 变压器副边电压有效值 U_2、整流二极管参数 I_D 和 U_{DRM};(2) 滤波电容容量和耐压;(3) 电容开路时输出电压的平均值；(4) 负载电阻开路时输出电压的大小。

5.2.8　有一倍压整流电路如图 5-36 所示，假设图中负载电阻很大，可视为开路，变压器副边电压的有效值 $U_2=100$ V。试求：(1) 各个电容器上的直流电压；(2) 负载电阻两端的电压；(3) 每个二极管所承受的反向电压。

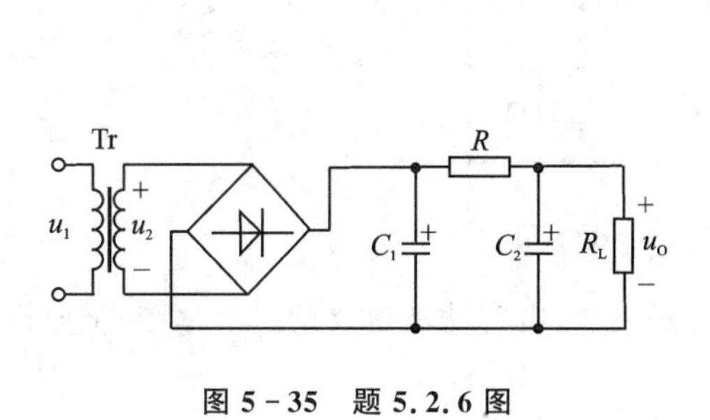

图 5-35　题 5.2.6 图

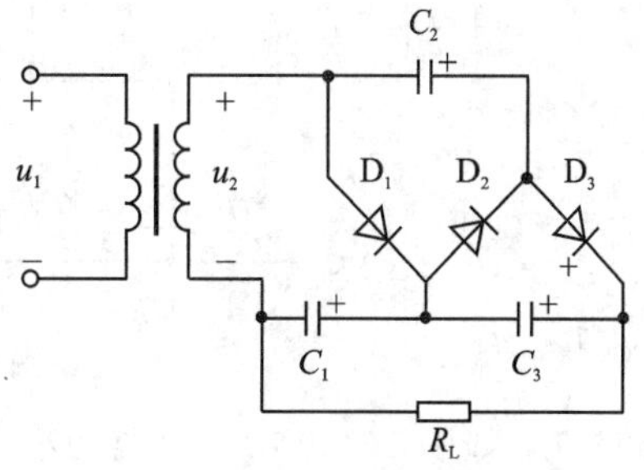

图 5-36　题 5.2.8 图

5.3.1　某稳压电源如图 5-37 所示，试问：(1) 输出电压 U_o 的极性和大小如何？(2) 电容器 C_1 和 C_2 的极性如何？它们的耐压应选多高？(3) 负载电阻 R_L 的最小值约为多少？(4) 如将稳压管 D_Z 接反，后果如何？(5) 如 $R=0$，又将如何？

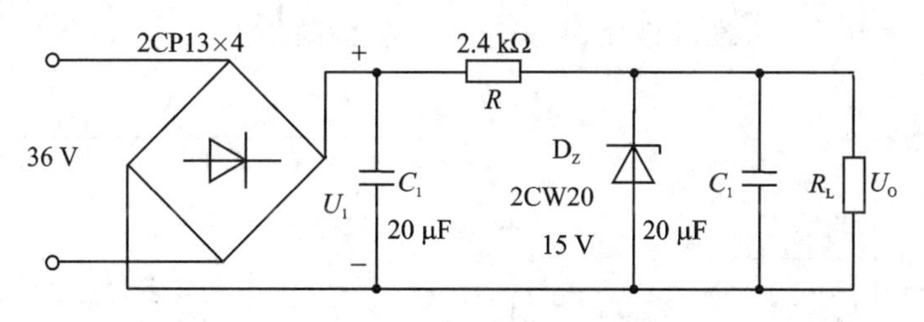

图 5-37　题 5.3.1 图

5.3.2　硅稳压管稳压电路如图 5-19 所示。已知电源变压器副边电压 $U_2=18$ V，D_Z(2CW54)的稳压值 $U_Z=6$ V，负载电流 I_o 在 10～30 mA 变化。若电网电压变化±10%，$I_Z=5$ mA，$I_{Zm}=38$ mA。试求所需限流电阻 R 的阻值范围。

5.3.3　硅稳压管并联型稳压电路如图 5-19 所示，若 $U_I=22$ V，硅稳压管稳压值 $U_Z=5$ V，负载电流 I_L 变化范围为 10～30 mA。设电网电压 U_I 不变，试估算 I_Z 不小于 5 mA 时所需要的 R 值是多少？在选定 R 后 I_Z 的最大值是多少？

5.3.4　硅稳压管稳压电路如图 5-19 所示，已知 $U_I=16$ V(变化范围±10%)，V_Z 的稳压值 $U_Z=10$ V，电流 I_Z 的范围为 10～50 mA，负载电阻变化范围为 500 kΩ～1 kΩ。试估算限流电阻 R 的取值范围。

5.3.5　硅稳压管稳压电路如图 5-19 所示，$U_I=30$ V，$R=1$ kΩ，$R_L=2$ kΩ，稳压管的稳定电压为 $U_Z=10$ V，稳定电流的范围：$I_{Z,max}=20$ mA，$I_{Z,min}=5$ mA，试分析当 U_I 波动±10%时，电路能否正常工作？如果 U_i 波动±30%，电路能否正常工作？

5.3.6　用集成运放组成的稳压电路如图 5-38 所示。(1) 已知 $U_I=24$～30 V，试估算输出电压 U_o；(2) 分析其稳压过程；(3) 若调整管 T 的饱和压降 $U_{CE(sat)}=1$ V，则最小输入电压为多大？

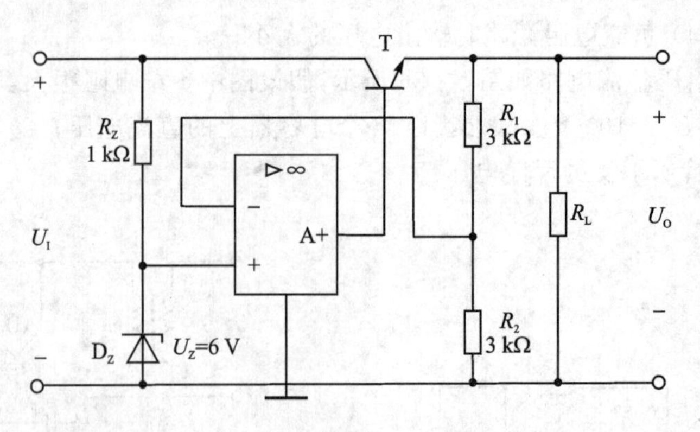

图 5-38 题 5.3.6 图

5.3.7 如图 5-39 所示电路为小功率单相桥式整流、电容滤波电路的组成框图,试分析:

(1) 画出模块Ⅰ、Ⅱ的具体电路;

(2) 已知 U_2 的有效值为 20 V,试估算输出电压 U_o 的值;

(3) 求电容 C 开路时 U_o 的均值;

(4) 求电阻 R_L 开路时 U_o 的值;

5.3.8 电路如图 5-40 所示,已知 $R_P=1\ \text{k}\Omega$,$U_Z=9$ V,输出电压 U_o 为 12～18 V 可调,试正确标出运算放大器输入端的极性,并确定 R_1、R_2 的阻值。

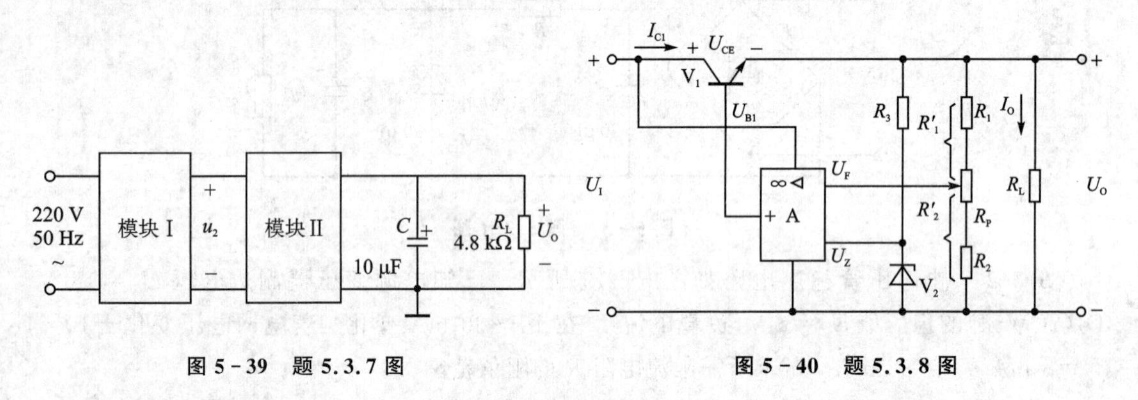

图 5-39 题 5.3.7 图

图 5-40 题 5.3.8 图

5.3.9 由分立元件晶体管组成的串联型稳压电路如图 5-41 所示,已知晶体管参数 $U_{BE}=0.7$ V,试回答下列问题:

(1) 画出稳压电路的方框图,将构成各环节的元器件标在方框内。

(2) 若 $R_1=R_2=R_P=300\ \Omega$,试计算 U_o 的可调范围。

(3) 若 R_1 改为 600 Ω,则调节 R_P 时,U_o 的最大值是多少?

5.3.10 已知在如图 5-40 所示电路中,若 $R_1=500\ \Omega$,$R_2=1\ \text{k}\Omega$,$R_P=1\ \text{k}\Omega$,$R_L=100\ \Omega$,$U_Z=6$ V,$U_I=18$ V,试求输出电压的调节范围及输出电压最小时调整管所承受的功耗。

5.3.11 电路如图 5-42 所示,(1) 当 $U_Z=6$ V 时,求 I_L 的值;(2) 该电路具有什么功能?并分析当 R_L 变化时 I_L 的稳定过程。

5.3.12 电路如图 5-43 所示,计算输出电压的可调范围。

5.3.13 串联型稳压电路如图 5-44 所示。已知稳压管 D_Z 的稳定电压 $U_Z=6$ V,负载 $R_L=20\ \Omega$。

（1）标出运算放大器 A 的同相和反相输入端。

（2）试求输出电压 U_o 的调整范围。

（3）为了使调整管的 $U_{CE}>3$ V，试求输入电压 U_i 的值。

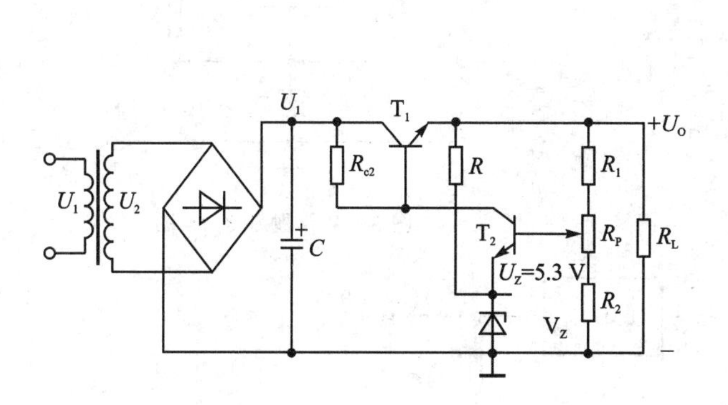

图 5－41　题 5.3.9 图

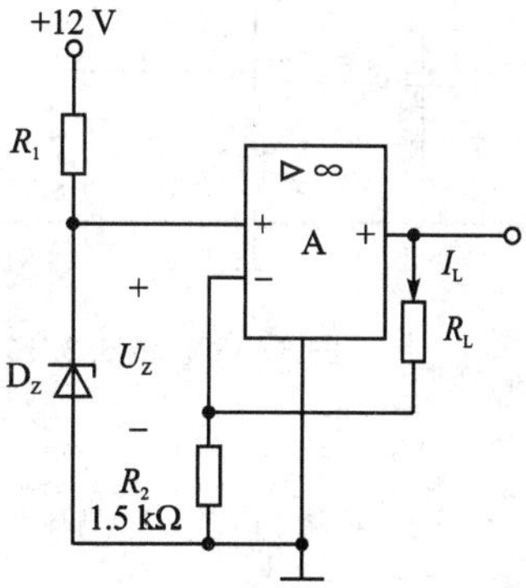

图 5－42　题 5.3.11 图

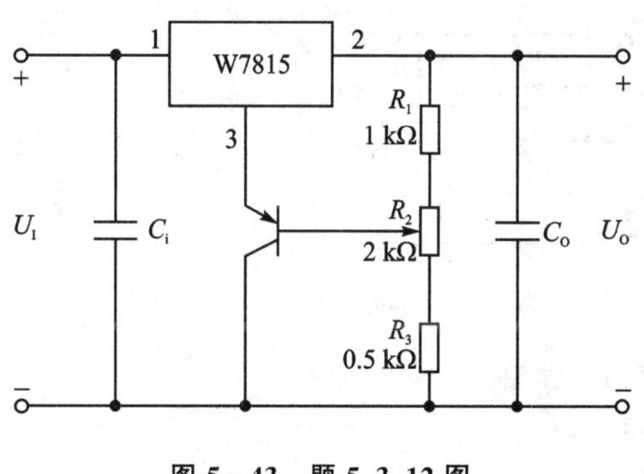

图 5－43　题 5.3.12 图

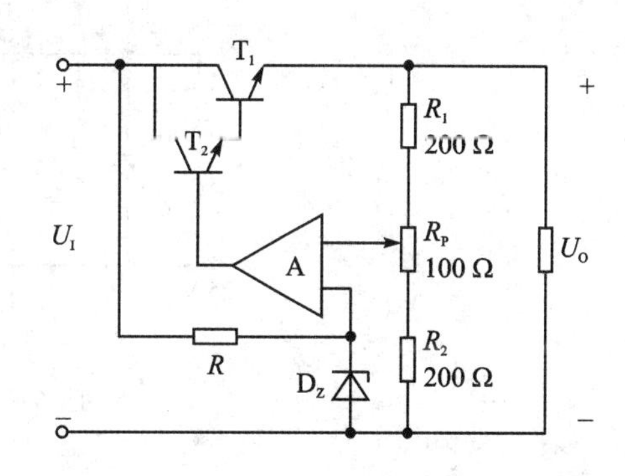

图 5－44　题 5.3.13 图

5.3.14　电路如图 5－45 所示。合理连线，构成 5 V 的直流电源。

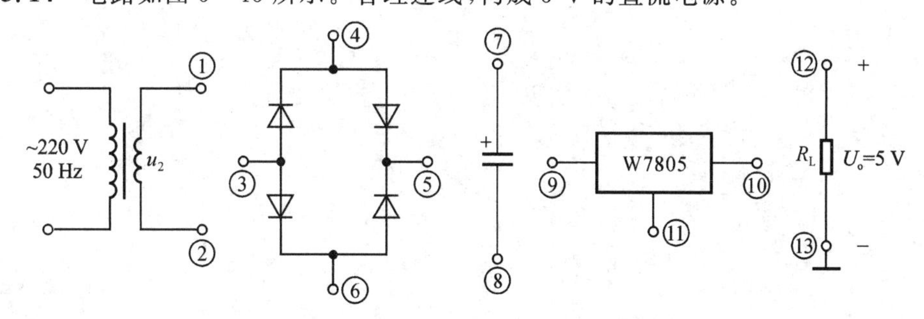

图 5－45　题 5.3.14 图

5.3.15　在图 5－46 所示电路中，$R_1=240\ \Omega$，$R_2=3\ \mathrm{k\Omega}$；LM117 输入端和输出端电压允许范围为 3～40 V，输出端和调整端之间的电压为 1.25 V。试求解：

（1）输出电压的调节范围；

（2）输入电压允许的范围。

5.3.16　试求出如图 5－47 所示电路输出电压的表达式。

5.3.17 试分析如图 5-48 所示电路是什么电路。

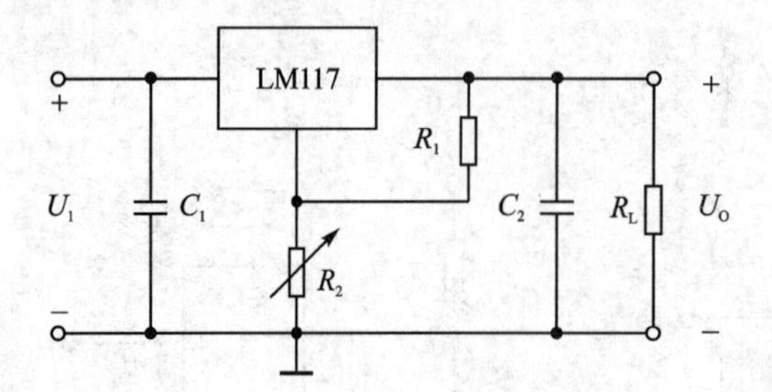

图 5-46 题 5.3.15 图

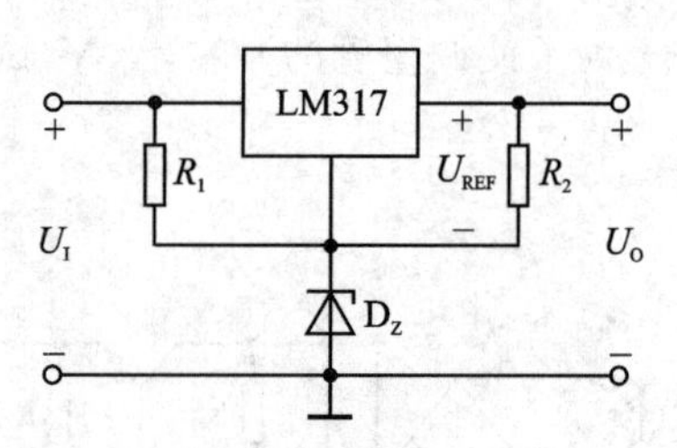

图 5-47 题 5.3.16 图

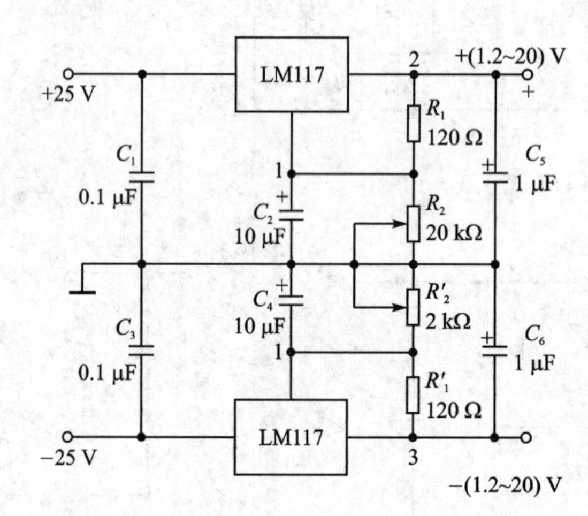

图 5-48 题 5.3.17 图

*第 6 章　晶闸管及其可控电路

【引　言】

晶体二极管组成的整流电路，当输入的交流电压不变时，输出的直流电压值也是固定的，不能任意控制和改变，因此这种整流电路通常称为不可控整流电路。然而在实际工作中，有时希望整流器的输出直流电压能够根据需要进行调节。例如，交、直流电动机的调速、随动系统和变频电源等。这种情况下需要采用可控整流电路，而晶闸管正是可以实现这一要求的可控整流元件。

晶闸管是最基本的电力电子器件，又称可控硅，是一种“以小控大”的功率（电流）型器件。从控制的观点看，它可以用几十至一二百毫安电流或两至三伏的电压控制几十安、千余伏的工作电流电压。换句话说，它的功率放大倍数可以达到数十万倍以上。由于元件的功率增益可以做得很大，所以在许多晶体管放大器功率达不到的场合，它可以发挥作用。从电能的变化与调节方面看，它可以实现交流—直流、直流—交流、交流—交流、直流—直流以及变频等各种电能的变换和大小的控制。

晶闸管近年来发展极为迅速，由第一代以晶闸管为主体的半控型器件现已进入第二代全控型（自关断）器件，再发展到第三代的功率集成电路，它把功率开关器件、驱动、缓冲、保护、检测和传感器等电路集成于一体，体积小、重量轻、耐压高、控制灵敏、使用寿命长，缺点是过载能力和抗干扰能力差，控制电路比较复杂。

本章主要介绍晶闸管的结构、工作原理和主要参数，研究由晶闸管构成的单相可控半波和桥式整流电路的工作原理和主要电路参数计算，以及晶闸管常用的触发电路——单结晶体管触发电路。

【学习目标和要求】

① 了解晶闸管的基本构造、工作原理、特性曲线和主要参数。

② 掌握单相可控整流电路的可控原理，能够计算在电阻性负载和电感性负载时的输出电压、输出电流以及各元件所通过的平均电流和承受的最大正、反向电压。

③ 了解单结晶体管及其触发电路的作用原理。

【重点内容提要】

可控整流电路及元件和触发电路。

6.1　晶闸管

6.1.1　晶闸管的结构和工作原理

1. 晶闸管的结构

晶闸管是一种 4 层功率半导体器件，具有 3 个 PN 结，其内部的构造、外形和电路符号如

图 6-1 所示。其中,最外层的 P 区和 N 区分别引出两个电极,称为阳极 A 和阴极 K,中间的 P 区引出控制极(或称门极)。

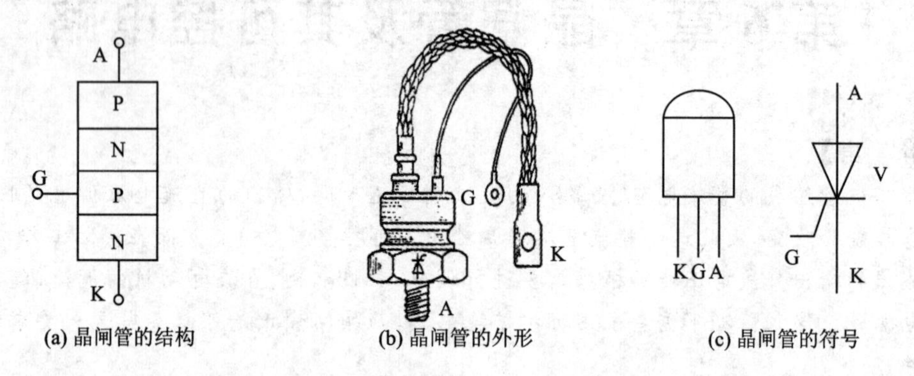

(a) 晶闸管的结构 (b) 晶闸管的外形 (c) 晶闸管的符号

图 6-1 晶闸管的构造、外形和符号

2. 晶闸管的工作原理

晶闸管组成的实际电路如图 6-2 所示。

为了说明晶闸管的工作原理,可将其看成 NPN 和 PNP 两个三极管相连,用三极管的符号来表示晶闸管的等效电路,如图 6-3 所示。

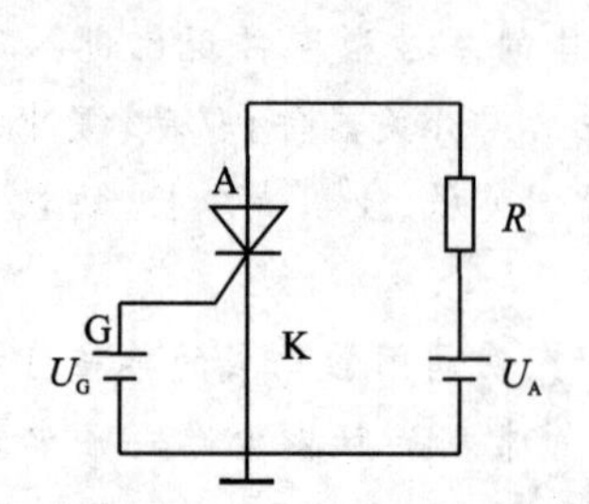

图 6-2 晶闸管组成的实际电路

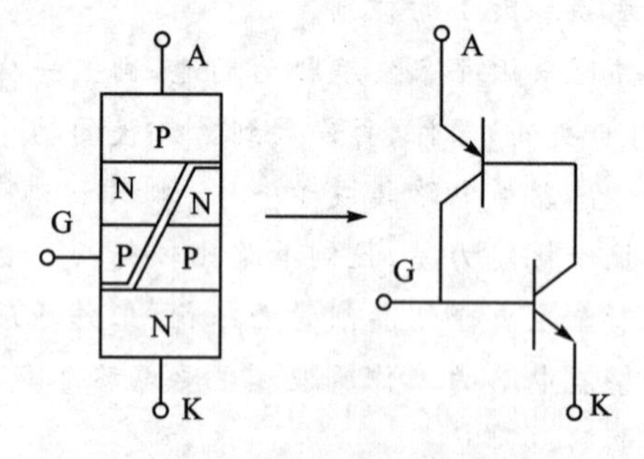

图 6-3 晶闸管的等效电路

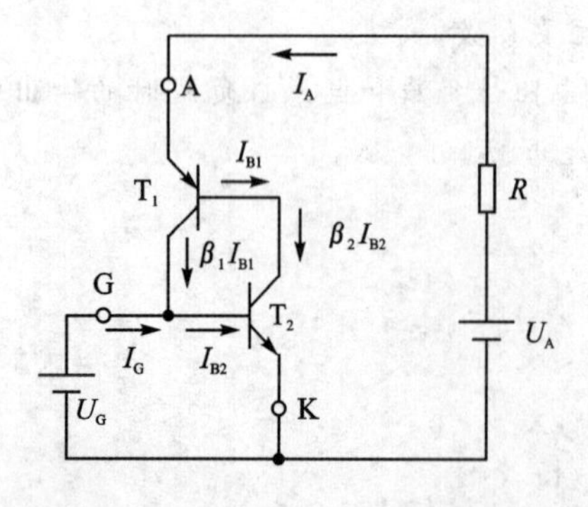

图 6-4 晶闸管的工作原理示意图

晶闸管的工作过程如图 6-4 所示。

当晶闸管的阳极 A 和阴极 K 之间加正向电压 U_Z 而控制极 K 不加电压时,中间的 PN 结处于反向偏置,管子不导通,处于关断状态。

当晶闸管的阳极 A 和阴极 K 之间加正向电压 U_A,且控制极 G 和阴极 K 之间也加正向电压 U_G 时,外层靠下的 PN 结处于导通状态。若 T_2 管的基极电流为 I_{B2},则集电极电流 I_{C2} 为 $\beta_2 I_{B2}$,T_1 管的基极电流 I_{B1} 等于 T_2 管的集电极电流,因而 T_1 的集电极电流 I_{C1} 为 $\beta_1\beta_2 I_{B2}$,该电流又作为 T_2 管的基极电流,再一次进行上述的放大过程,形成正反馈。在很短的时间(一般几微秒)两只二极管均进入饱和状态,使晶闸管完全导通。当晶闸管完全导通后,控制极就失去了控制作用,管子依靠内部的正反馈始终维持导通状态。此时管子压降很小,一般为 0.6～1.2 V,电源电压几乎全部加在负

载电阻 R 上，晶闸管中有电流流过，可达几十至几千安。要想关断晶闸管，必须将阳极电流减小到不能维持正反馈过程，当然也可以将阳极电源断开或者在晶闸管的阳极和阴极之间加一反向电压。

综上所述，可得如下结论：

① 晶闸管与硅整流二极管相似，都具有反向阻断能力，但晶闸管还具有正向阻断能力，即晶闸管正向导通必须具有一定的条件：阳极加正向电压，同时控制极也加正向触发电压（实际工作中，控制极加正触发脉冲信号）。

② 晶闸管一旦导通，控制极即失去控制作用。要使晶闸管重新关断，必须做到以下两点之一：一是将阳极电流减小到小于维持电流 I_H；二是将阳极电压减小到零或使之反向。

6.1.2　晶闸管的伏安特性

晶闸管的导通和截止这两个工作状态是由阳极电压 U、阳极电流 I 及控制极电流 I_G 决定的，而这几个量又是互相有联系的，在实际应用上常用实验曲线来表示它们之间的关系，这就是晶闸管的伏安特性曲线，即 $i=f(u)/I_G$。其伏安特性曲线如图 6-5 所示，可分为正向特性和反向特性曲线两部分。

1. 正向特性

当 $U>0$ 时对应的特性曲线为正向特性。由图 6-5 可知，晶闸管的正向特性分为关断状态 OA 段和导通状态 BC 段。当控制极电流 $I_G=0$ 时，逐渐增加阳极电压 U，观察阳极电流 I 的变化情况。开始时，三个 PN 结只有一个导通，晶闸管处于关断状态，只有很小的正向漏电流。当电压增加到正向转折电压 $U=U_{BO}$ 时，晶闸管突然导通，进入伏安特性的 BC 段。此时晶闸管可通过较大的电流，而管压降很小。在晶闸管导通后，若减小正向电压，则正向电流就逐渐减小。当电流小到某一数值时，晶闸管又从导通状态转为阻断状态，这时所对应的最小电流称为维持电流 I_H。

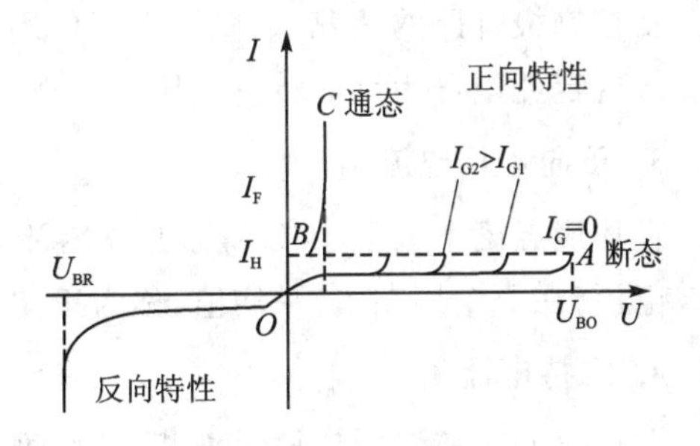

图 6-5　晶闸管的伏安特性曲线

从图 6-5 的晶闸管的正向伏安特性曲线可见，当阳极正向电压高于转折电压时，元件将导通。但是这种导通方法很容易造成晶闸管的不可恢复性击穿而使元件损坏，在正常工作时是不采用的。晶闸管的正常导通受控制极电流 I_G 的控制，为了正确使用晶闸管，必须了解其控制极特性。

当控制极加正向电压时，控制极电路就有电流 I_G，晶闸管容易导通，其正向转折电压降低，特性曲线左移。控制极电流越大，正向转折电压越低，如图 6-5 所示。改变控制极电流 I_G，控制极电流越大（$I_{G1}>I_{G2}>0$），转折电压 U_{BO} 就越低。

实际规定，当晶闸管的阳极与阴极之间加上 6 V 直流电压，能使元件导通的控制极最小电流（电压）称为触发电流（电压）。由于制造工艺上的问题，同一型号的晶闸管的触发电压和触发电流也不尽相同。如果触发电压太低，则晶闸管容易受干扰电压的作用而造成误触发；如果触发电压太高，又会造成触发电路设计上的困难。因此，规定了在常温下各种规格的晶闸管的触发电压和触发电流的范围。例如,对 KP50 型的晶闸管,触发电压和触发电流分别为≤3.5 V 和 8～150 mA。

2. 反向特性

当$U<0$时对应的特性曲线为反向特性。当晶闸管加反向电压时,三个 PN 结中有两个是反向偏置,只有很小的反向漏电流 I_R。反向电压 U 增加到一定数值后,反向电流急剧增加,使晶闸管反向击穿,将这一电压值称为反向转折电压 U_{BR}。此时,晶闸管的工作状态与控制极是否加触发电压无关。但晶闸管一旦反向击穿就永久损坏,在实际应用中应避免出现这种状况。

6.1.3 晶闸管的主要参数

为了正确地选择和使用晶闸管,必须了解它的主要参数。

1. 正向重复峰值电压 U_{FRM}

在控制极开路的情况下,允许重复作用在晶闸管上的最大正向电压称为正向重复峰值电压。按规定此电压为正向转折电压的 80%。

2. 反向重复峰值电压 U_{RRM}

在控制极开路的情况下,允许重复作用在晶闸管上的最大反向电压称为反向重复峰值电压。按规定此电压为反向转折电压的 80%。

3. 正向平均电流 I_F

在环境温度不大于 40℃和标准散热及全导通的条件下,晶闸管可以连续通过的工频正弦半波电流(在一个周期内)平均值,称为正向平均电流。

4. 维持电流 I_H

在规定的环境温度和控制极断路时,维持元件继续导通的最小电流称为维持电流。当晶闸管的正向电流小于这个电流时,晶闸管将自动关断。

5. 正向转折电压 U_{BO}

在额定结温(100 A 以上为 115 ℃;50 A 以下为 100 ℃)和控制极断开条件下,U_{AK}加半波正弦电压,当晶闸管由断开转为导通时所对应的电压峰值称为正向转折电压。

6. 触发电压 U_G 和触发电流 I_G

在室温下,晶闸管加$U=6$ V 的直流电压条件下,使晶闸管从关断到完全导通所需的最小控制极电压和电流称为触发电压和触发电流。

6.1.4 晶闸管的型号命名

目前国产的晶闸管的型号按原机械工业部 JB1144—75 颁发的标准,主要由 4 部分组成。其中,第一部分用“K”表示主称为晶闸管;第二部分用字母表示晶闸管的类别,有 P(普通反向阻断型)、K(快速反向阻断型)和 S(双向型);第三部分用数字表示晶闸管的额定通态电流值;第四部分用数字表示重复峰值电压级数。

例如,KP200－18F 表示额定正向平均电流为 200 A,重复峰值电压为 1 800 V,正向平均管压降为0.8～0.9 V的普通晶闸管。

晶闸管制造技术发展很快，目前已经制造出电流在千安以上、电压高达上万伏的晶闸管，工作频率也已达到几千赫。但在选择晶闸管时要考虑它是半导体型功率器件，对超过极限参数运用很敏感，实际运用时应该注意留有较大电压、电流余量，并应尽量解决好器件的散热问题。

6.2　单相可控整流电路

可控整流电路是应用广泛的电能变换电路，其作用是将交流电变换成大小可调的直流电，作为直流用电设备的电源。

晶闸管构成的可控整流电路也有单相和三相之分，其中单相可控整流电路结构简单、容易调整，缺点是输出电压脉动较大，常用于负载容量较小、对输出电压要求不太高的场合。三相可控整流电路则用在大功率整流电路的场合，其输出电压脉动较小，并且能使三相交流电网负荷平衡，但电路元件太多，线路比较复杂。

下面仅以单相可控整流电路为例来说明其工作原理。

6.2.1　电阻性负载单相可控半波整流电路

把二极管组成的不可控的单相半波整流电路中的二极管换成晶闸管，就成为单相半波可控整流电路，其电路结构如图6-6所示。

1. 工作原理

输入信号u_2正半周时，晶闸管T两端加正向电压，设t_1时刻给其控制极加上触发脉冲u_G，晶闸管导通，负载上有输出电压u_o。当交流电压u_2下降到接近零值时，因流过晶闸管的正向电流小于其维持电流，使其关断。u_2负半周时，晶闸管因承受反向偏压而截止，输出u_o为零。在输入交流电压的第二个正半周内，如果再在t_2时刻加入控制极触发脉冲u_G，晶闸管再次导通，负载上重新得到输出电压u_o。依次类推，输出电压u_o波形及控制极所加电压u_G波形如图6-7所示。

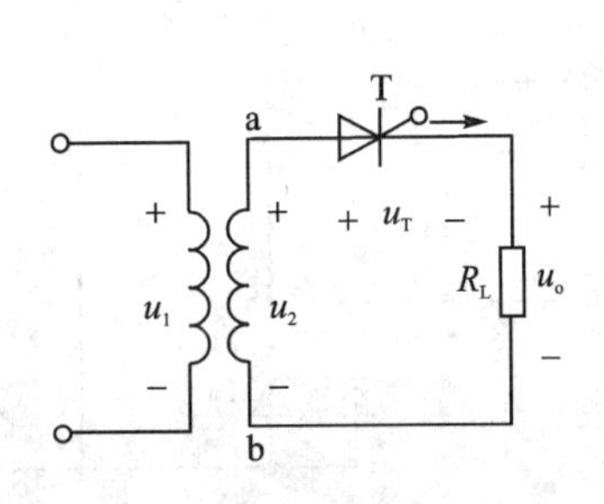

图6-6　单相半波可控整流电路

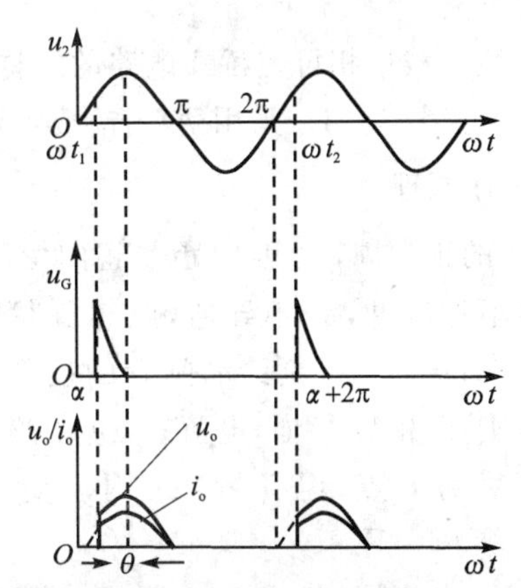

图6-7　单相可控半波整流电路的电压电流的波形

显然,在晶闸管承受正向电压的时间内,改变控制极触发脉冲的输入时间(移相),负载上得到电压的波形就随之改变,由此就控制了负载上输出电压的大小。晶闸管在正向电压下不导通的范围称为控制角(又称移相角),用 α 表示,导通范围称为导通角,用 θ 表示。显然 $\theta=\pi-\alpha$,α 越小,θ 越大,输出电压 U_o 越高。

2. 输出电压 U_o 和输出电流 I_o 的计算

负载 R_L 上输出的平均电压 U_o 为

$$U_o=\frac{1}{2\pi}\int_{\alpha}^{\pi}\sqrt{2}U_2\sin\omega t\,\mathrm{d}\omega t=\frac{\sqrt{2}}{2\pi}U_2(1+\cos\alpha)=0.45U_2\frac{1+\cos\alpha}{2}$$

负载 R_L 上通过的电流 I_o 的平均值为

$$I_o=\frac{U_o}{R_L}=0.45\frac{U_2}{R_L}\frac{1+\cos\alpha}{2}$$

从上式可以看出,当 $\alpha=0(\theta=\pi)$ 时,晶闸管在正半周全导通,$U_o=0.45U_2$;当 $\alpha=\pi(\theta=0)$ 时,晶闸管完全关断。

【例 6-1】 有一单相半波可控流电路,负载电阻为 10 Ω,直接接到交流电源 220 V,要求控制角从 180°~0°可移相。求:控制角 $\alpha=60°$ 时,负载的直流电压、电流。

【解】 负载的直流电压、电流为

$$U_o=0.45U_2\frac{1+\cos\alpha}{2}=0.45\times220\ \text{V}\times\frac{1+\cos60°}{2}=74.4\ \text{V}$$

$$I_o=\frac{U_o}{R_L}=\frac{74.4\ \text{V}}{10\ \Omega}=7.44\ \text{A}$$

6.2.2 单相可控桥式整流电路

单相可控半波整流电路的缺点是整流输出电压脉动大、输出平均电流小,常采用单相可控桥式整流电路。

电阻性负载单相可控桥式电路的结构图如图 6-8 所示,其将二极管组成的桥式整流电路中的两个二极管 D_3、D_4 采用两个晶闸管 T_1、T_2 来替代。

1. 工作原理

在 u_2 的正半周,T_1 和 D_2 承受正向偏压,若晶闸管的控制极不加脉冲,T_1 不导通,此时负载中没有电流流过。如在 $\omega t_1=\alpha$ 时刻给晶闸管的控制极加入触发信号 u_{G1},则 T_1 和 D_2 导通,电流从 a 点出发,经过 $T_1\to R_L\to D_2$,回到 b 点,但 T_2 和 D_1 因承受反向偏压而截止。

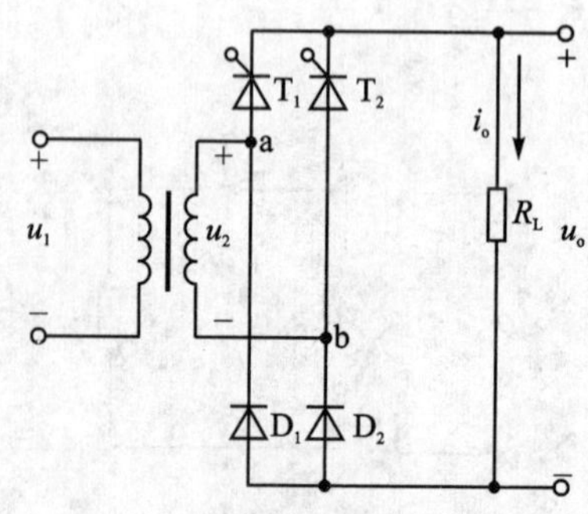

图 6-8 电阻性负载单相可控桥式整流电路

在 u_2 的负半周,T_1 和 D_2 承受反向偏压而截止,但 T_2 和 D_1 承受正向电压,如在时刻 $\omega t_2=\alpha+\pi$ 也给晶闸管的控制极加上触发信号 u_{G2}，则 T_2 和 D_1 也导通，电流从 b 点出发，经过 $T_2 \rightarrow R_L \rightarrow D_1$，回到 a 点。

负载 R_L 上得到的输出电压 u_o 和电流 i_o 的波形如图 6－9 所示，可见负载 R_L 上能得到可控的不完整的全波脉动电压。

2. 输出电压、电流的计算

负载上输出电压的平均值为

$$U_o = 0.9U_2 \frac{1+\cos\alpha}{2}$$

负载上通过电流的平均值为

$$I_o = \frac{U_o}{R_L} = 0.9\frac{U_2}{R_L}\frac{1+\cos\alpha}{2}$$

流过晶闸管和二极管电流的平均值为

$$I_T = I_D = \frac{1}{2}I_o$$

流过晶闸管和二极管电流的有效值为

$$I_t = I_d = \sqrt{\frac{1}{2\pi}\int_\alpha^\pi \left[\frac{\sqrt{2}U_2}{R_L}\sin\omega t\right]^2 \mathrm{d}\omega t} = \frac{U_2}{R_L}\sqrt{\frac{1}{4\pi}\sin 2\alpha + \frac{\pi-\alpha}{2\pi}}$$

晶闸管承受的正、反向偏压的最大值和二极管承受的反向偏压的最大值均为 $\sqrt{2}U_2$。

以上讨论的电路是接纯电阻负载的情况。常见的多为感性负载，如各种电感线圈、电机的励磁绕组等，它们既含有电阻又含有电感。有时负载虽是纯阻性，但串联了电感滤波器后也变成电感性了。负载不同，其工作特性也不同。下面介绍接感性负载的单相可控桥式整流电路，电路结构如图 6－10 所示。图中，与负载并联的二极管 D_3 称为续流二极管，将电感性负载等效成电阻 R_L 和电感 L 两部分。

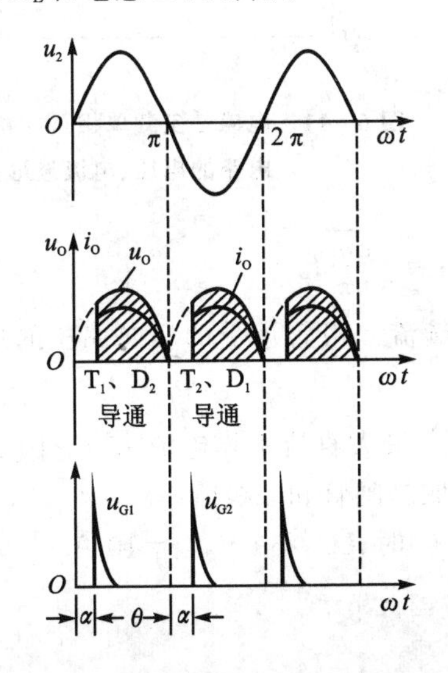

图 6－9　电阻性负载单相可控桥式整流电路的电压、电流波形图

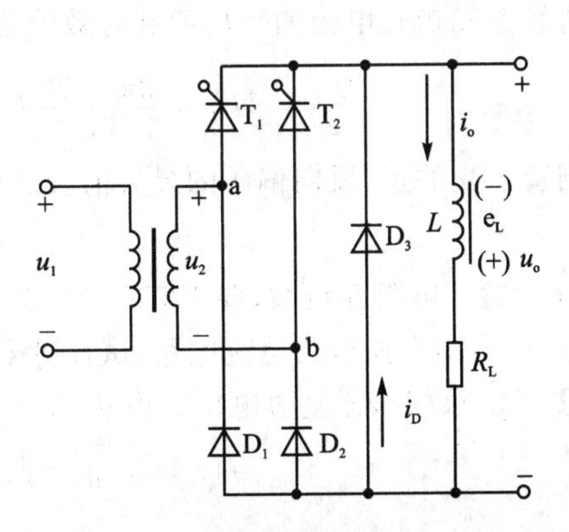

图 6－10　电感性负载单相可控桥式整流电路

3. 工作原理

当 u_2 为正半周时，在 $\omega t=\alpha$ 时加触发脉冲，T_1、D_2 导通，负载上有电流 i_o 流过，在电感中储存磁场能量 $\frac{1}{2}i_o^2L$。因电感 L 较大，输出电压与输入近似相同，流经 T_1、D_2 的电流近似直线。当 $\omega t=\pi$ 时，T_1 和 D_2 截止。

当 u_2 为负半周时，在 $\omega t=\pi\sim\pi+\alpha$ 期间，无触发信号，T_1、T_2 和 D_1、D_2 均截止，但电感上产生的自感应电势极性下正上负，其通过二极管 D_3 向负载释放能量，负载继续有电流 i_o 流过，且 $i_o=i_D$。当 $\omega t=\pi+\alpha$ 时，在触发信号作用下，使 T_2 和 D_1 导通，i_o 方向不变。当 $\omega t=2\pi$ 时，T_2 和 D_1 截止，此时 D_3 的作用与上述相同，使电流 i_o 继续流通。这里把 D_3 称为续流二极管。续流二极管 D_3 还可以防止电路产生失控现象，有 D_3 存在时，在 T_1 管导通期间突然把导通角减小到零或切断控制极回路后，当电源 a 端为正时，D_1 承受反向偏压截止，D_2 导通；而 b 端为正时，D_2 承受反向偏压，D_1 和 T_2 导通，形成续流。应避免出现 T_1 一直导通而 D_1、D_2 轮流导通的情况。

电路的输出电压、电流的波形如图 6-11 所示。

4. 输出电压、电流的计算

负载上输出电压的平均值为

$$U_o = 0.9U_2\,\frac{1+\cos\alpha}{2}$$

负载上通过电流的平均值为

$$I_o = \frac{U_o}{R_L} = 0.9\,\frac{U_2}{R_L}\,\frac{1+\cos\alpha}{2}$$

流过晶闸管和二极管电流的平均值为

$$I_T = I_D = \frac{\theta}{2\pi}I_o$$

流过晶闸管和二极管电流的有效值为

$$I_t = I_d = \sqrt{\frac{\theta}{2\pi}}I_o$$

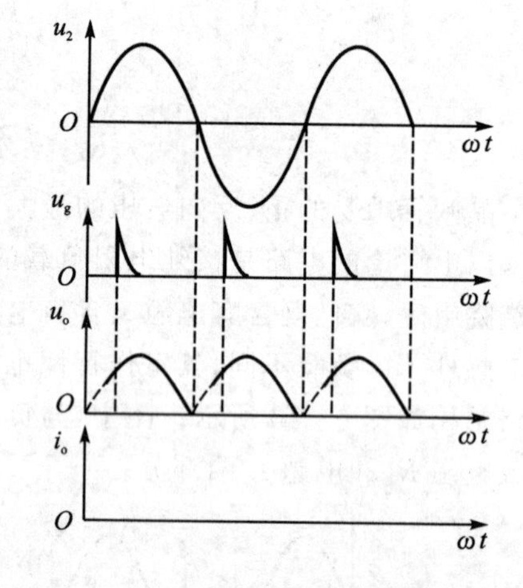

图 6-11 电感性负载单相可控桥式整流电路的电压、电流波形图

流过续流二极管电流的平均值和有效值为

$$I'_D = \frac{2\pi-2\theta}{2\pi}I_o, \qquad I'_d = \sqrt{\frac{\alpha}{\pi}}I_o$$

晶闸管承受的正、反向偏压的最大值及二极管和续流二极管承受的反向偏压的最大值均为 $\sqrt{2}U_2$。

【例 6-2】 电阻性负载，要求 $U_o=0\sim60$ V 可调，最大直流平均电流为 0～10 A，220 V 交流供电，现采用半控桥式整流电路，试计算 U_2 并选取晶闸管和二极管。

【解】 ① 求变压器副边电压。设 $\theta=180°$(即 $\alpha=0$)时，$U_o=60$ V，$I_o=10$ A。

由

$$U_o = 0.9U_2\,\frac{1+\cos\alpha}{2} = 0.9U_2$$

得

$$U_2 = \frac{U_o}{0.9} = \frac{60\ \text{V}}{0.9} = 66.7\ \text{V}$$

② 选整流元件。晶闸管所承受的最高正向电压、最高反向电压和二极管所承受的最高反

向电压都等于

$$U_{FM}=U_{RM}=U_{DRM}=\sqrt{2}U_2=\sqrt{2}\times 66.7\ \text{V}=94\ \text{V}$$

流过晶闸管和二极管的平均电流为

$$I_T=I_D=\frac{1}{2}I_O=\frac{1}{2}\times 10\ \text{A}=5\ \text{A}$$

根据下式选取晶闸管的 U_{FRM} 和 U_{RRM}

$$U_{FRM}=(2\sim 3)U_{FM}=(2\sim 3)\times 94\ \text{V}=(188\sim 282)\ \text{V}$$

$$U_{RRM}=(2\sim 3)U_{RM}=(2\sim 3)\times 94\ \text{V}=(188\sim 282)\ \text{V}$$

根据上面计算,晶闸管可选 10 A、200 V 的;二极管可选 10 A、100 V 的。因为二极管的反向工作峰值电压一般是取反向击穿电压的一半,已有较大的余量,所以选 100 V 已足够。

【例 6-3】 在[例 6-2]中,如果不用变压器,而将整流电路的输出端直接接在 220 V 的交流电源上,试计算输入电流的有效值,并选用整流元件。

【解】 ① 求输入电流的有效值。

先求控制角 α

$$U_o=0.9U_2+\frac{1+\cos\alpha}{2}$$

$$60\ \text{V}=0.9\times 220\ \text{V}\times\frac{1+\cos\alpha}{2}$$

$$\cos\alpha=\frac{60\times 2}{0.9\times 220}-1=-0.394$$

$$\alpha=113.2^\circ$$

于是得出输入电流的有效值为

$$I=\sqrt{\frac{1}{\pi}\int_\alpha^\pi\left(\frac{\sqrt{2}U_2}{R_L}\sin\omega t\right)^2 d(\omega t)}=$$

$$\frac{U_2}{R_L}\sqrt{\frac{1}{2\pi}\sin 2\alpha+\frac{\pi-\alpha}{\pi}}=$$

$$\frac{U_2}{U_o}I_o\sqrt{\frac{1}{2\pi}\sin 2\alpha+\frac{\pi-\alpha}{\pi}}=$$

$$\frac{220^\circ}{60^\circ}\times 10\sqrt{\frac{1}{2\pi}\sin(2\times 113.2^\circ)+\frac{\pi-1.97}{\pi}}=$$

$$18.5\ \text{A}$$

② 选整流元件。

$$U_{FM}=U_{RM}=U_{DRM}=\sqrt{2}U_2=\sqrt{2}\times 220\ \text{V}=310\ \text{V}$$

$$I_T=I_D=\frac{1}{2}I_o=\frac{1}{2}\times 10\ \text{A}=5\ \text{A}$$

故选用 10 A、600 V 的晶闸管,10 A、300 V 的二极管。

6.3　晶闸管触发电路

晶闸管在正常工作时必须给控制极加触发脉冲电压信号,产生触发电压的电路称为晶闸

管的触发电路。触发电路必须满足以下几个条件:

① 触发脉冲发出的时刻,必须与主回路电源电压的相位具有一定对应关系的控制角关系,这称为同步。触发脉冲应有足够的移相范围。

② 触发脉冲信号能提供足够大的电压和电流,应符合晶闸管对触发信号的要求。一般触发电压为4~10 V。

③ 触发脉冲应有足够的宽度,以保证晶闸管触发可靠性。脉宽最好在20~50 μs,一般不小于10 μs。

④ 触发脉冲的上升沿要陡,以保证触发时间的准确性,最好在10 μs以下。

⑤ 没有触发时,触发电压应尽量小,以免误触发。一般应小于0.15 V。

触发电路的种类很多,常用的有单结晶体管触发电路、阻容移相触发电路、集成触发电路以及晶体管触发电路等。本节重点介绍单结晶体管触发电路。

6.3.1 单结晶体管

1. 单结晶体管的结构

单结晶体管又叫双基极二极管,它有三个电极,称为发射极E,第一基极B_1,第二基极B_2。因为只有一个PN结,所以又称为单结晶体管。其外形、符号和等效电路如图6-12所示。

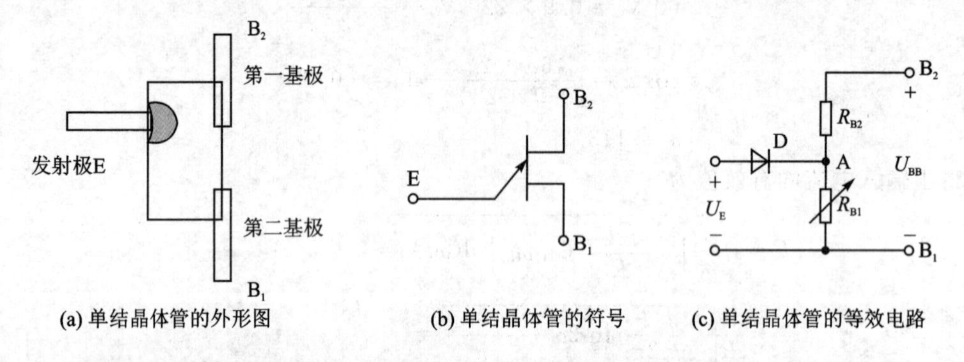

(a) 单结晶体管的外形图　(b) 单结晶体管的符号　(c) 单结晶体管的等效电路

图6-12　单结晶体管的外形、符号和等效电路

图中,发射极箭头指向B_1,表示经PN结的电流只流向B_1极;R_{B1}表示E与B_1之间的等效电阻,它的阻值受E与B_1间电压的控制,所以等效为可变电阻。PN结未导通时,R_{B1}为数千欧姆,一旦PN导通,则R_{B1}下降到几十欧姆。两个基极之间的电阻用R_{BB}表示,即$R_{BB}=R_{B1}+R_{B2}$,R_{B1}与R_{BB}的比值称为分压比$\eta=R_{B1}/R_{BB}$,η一般为0.3~0.8。

2. 工作原理及伏安特性

如图6-12(c)所示,给单结晶体管的两个基极R_{B1}、R_{B2}之间加上一个固定电压U_{BB},当发射极E开路时,R_{B1}上分得的电压为

$$U_{B1}=\frac{R_{B1}}{R_{B1}+R_{B2}}U_{BB}=\eta U_{BB}$$

现给发射极E和第一基极之间加电压U_E,极性如图6-12(c)所示,且U_E从零逐渐增加。

当U_E较小时,PN结处于反向偏置,有较小的漏电流I_E。随着U_E的升高,这个电流逐渐变成一个几十微安的正向漏电流。这一段称为截止区。

当U_E增加到$U_E=\eta U_{BB}+U_D$时,单结晶体管内的PN结导通,发射极电流I_E突然增大,

把这个突变点称为峰点 P。上式表明峰点电压随基极电压改变而改变，实用中应注意这一点。

随着 I_E 的增加，U_{B1} 和 U_E 均下降，称为负阻区。

当 I_E 增大到某一数值时，电压下降到最低点，称之为谷点 V。此后 I_E 继续增加时，发射极电压 U_E 略有上升，但变化不大，称之为饱和区。

其对应的伏安特性曲线如图 6－13 所示。

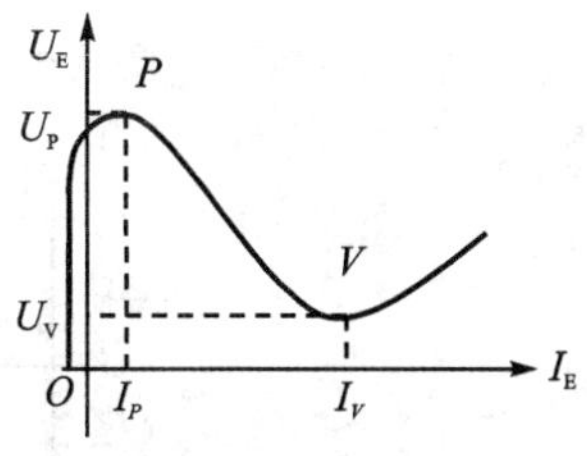

图 6－13　单结晶体管的伏安特性曲线

综上所述，单结管具有以下特点：

① 当发射极电压等于峰点电压 U_P 时，单结管导通。导通后，当发射电压减小到 $U_E<U_V$ 时，管子由导通变为截止。一般单结管的谷点电压为 2～5 V。

② 单结管的发射极与第一基极之间的 R_{B1} 是一个阻值随发射极电流增大而变小的电阻，R_{B2} 则是一个与发射极电流无关的电阻。

③ 不同的单结管有不同的 U_P 和 U_V。同一个单结管，若电源电压 U_{BB} 不同，则它的 U_P 和 U_V 也有所不同。在触发电路中常选用 U_V 低一些或 I_V 大一些的单结管。

6.3.2　单结晶体管触发电路

用单结晶体管组成的触发电路具有结构简单、调节方便、输出功率小和输出脉冲窄等特点，适用于 50 A 以下晶闸管的触发电路。

图 6－14 是单结晶体管组成的触发电路。电源 U 和 R、C 构成充电回路；C、R_{B1} 和单结晶体管结构成放电回路。为了使电路处于自激振荡工作状态，射极电压 $U_E=U-i_ER$ 所表示的射极负载线应与发射结特性交于负阻区。

设电容 C 上的初始电压 $u_C=0$。接通电源 U 后，一方面它通过 R_{B1}、R_{B2} 在 E 与 B_1 结间建立峰点电压 U_P；另一方面其经 R 向电容 C 进行充电，则 $U_E=u_o$ 按指数规律上升，如图 6－15 所示。在 $U_E<U_P$ 期间，管子截止，输出电压 $u_G=0$。

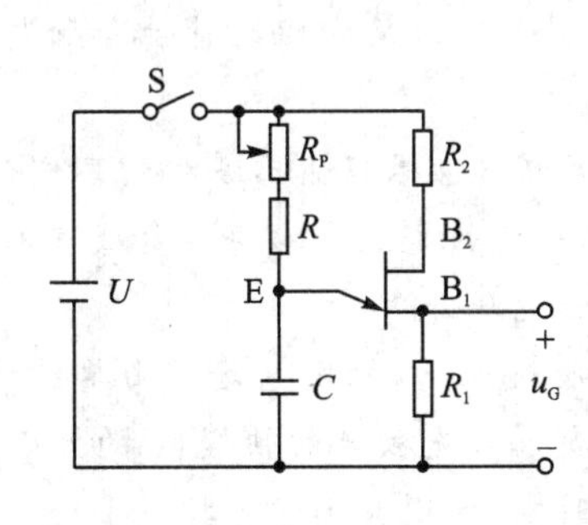

图 6－14　单结晶体管触发电路

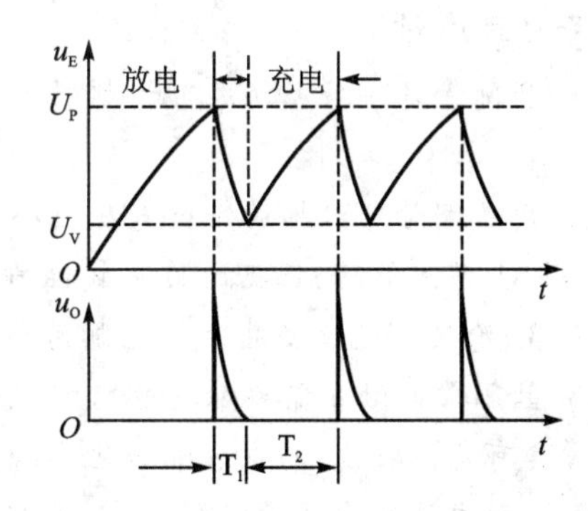

图 6－15　单结晶体管触发电路的输出波形

当 $U_E\geqslant U_P$ 时，管子导通，电阻 R_{B1} 急剧减小，电容 C 向 R_1 放电，由于 R_1 取值较小，一般为 50～100 Ω，放电很快，放电电流在 R_1 上形成一脉冲电压 u_G，如图 6－15 所示。而电阻 R 的阻值取得较大，当电容电压 u_C 下降到单结晶体管的谷底电压 U_V 时，电源经过电阻 R 供给的电流小于单结晶体管的谷点电流 I_V，于是管子截止。电源再次经过 R 向 C 充电，重复上述过程，于是在电阻 R_1 上又得到一个脉冲电压 u_G。

以上电路有一个缺点,即不满足"同步"。而在前述的可控整流电路中,晶闸管是串在主回路中来调节输出电压的大小,晶闸管在每次承受正向偏压期间,要求第一个触发脉冲出现的时间均相同,这样可获得稳定的直流电压输出,即保持同步。

为了克服以上缺点,常用的是如图 6-16 所示的完全可控的同步触发电路。

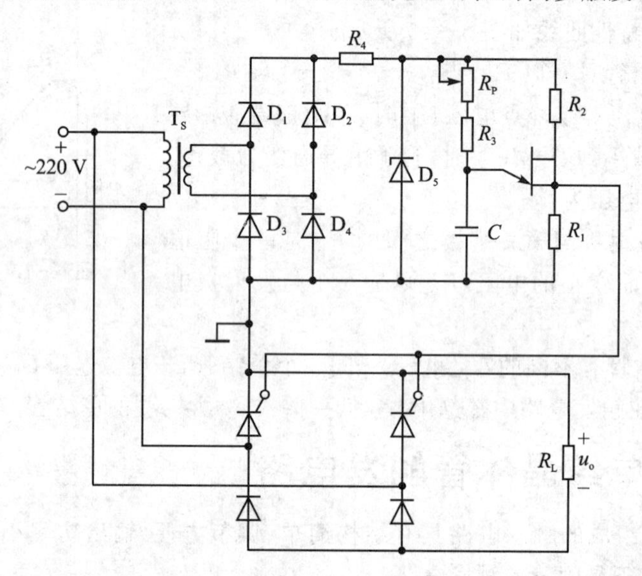

图 6-16 完全可控的同步触发电路

图 6-16 中,T_S 为同步变压器,其作用是使副边供给触发电路电源原边主回路电源为同一频率。副边经桥式整流和稳压管削波限幅后,得到梯形波电压 u_B,作为触发电源电压。当交流电源 u_1 过零时,u_2 和 u_B 同时过零,因此单结晶体管 R_{B1}、R_{B2} 之间的电压 u_{BB} 也过零,使管子内部电位 $u_A=0$,可使电容 C 上电荷很快释放。在下一个半周开始时,基本从零开始充电,这样才能保证每个半周期触发电路送出的第一只脉冲过零时刻的 α 角一致,起到同步作用。

【本章小结】

① 晶闸管是一种大功率可控整流器件,其主要特点是具有正反向阻断特性和触发导通特性等。

② 用晶闸管可以构成输出电压大小可调的可控整流电路。根据输出波形的不同,可分为半波和桥式整流电路;根据所接负载性质的不同,又分为电阻性负载和电感性负载。不管哪种整流电路,均可通过改变晶闸管控制角的大小来调节输出电压。

③ 晶闸管的触发需要触发电路提供触发脉冲。一般情况下,触发电路可由单结管组成。单结管具有负阻特性,与电容组合可实现脉冲振荡。改变电容充放电的快慢(τ 的大小),可改变第一个触发脉冲出现的时刻,从而控制晶闸管导通的时刻,实现晶闸管可控。

习 题

6.1.1 晶闸管导通的条件是什么?导通后的阳极电流由什么决定?晶闸管截止时承受电压的大小由什么决定?

6.1.2 晶闸管是用小的控制极电流控制阳极上的大电流,它与三极管放大电路中以小的基极电流控制较大的集电极电流，在工作状态上有何不同？晶闸管能否与三极管一样构成放大电路？

6.1.3　为什么晶闸管导通后控制极就失去了控制作用？

6.1.4　维持晶闸管导通的条件是什么？如何使晶闸管由导通变为关断？

6.2.1　某一电阻性负载，需要直流电压 60 V，电流 30 A。今采用单相半波可控整流电路，直接由 220 V 电网供电。试计算晶闸管的导通角和电流的有效值，并选用晶闸管。

6.2.2　有一晶闸管单相半波整流电路，负载为纯电阻。已知 $R_L=50\ \Omega$，电源副边电压的有效值 $U_2=220$ V，问当控制角 $\alpha=0°$ 时流过晶闸管电流的有效值为多少？$\alpha=90°$ 时流过晶闸管电流的有效值为多少？

6.2.3　一直接由 220 V 交流电源供电的单相半波可控整流电路，电阻性负载 $R_L=10\ \Omega$。当额定输出时，控制角 $\alpha=60°$，求输出电压和负载电流的平均值，并且估选晶闸管。

6.2.4　有一晶闸管单相半波整流电路，负载为纯电阻，电源为有效值 220 V，频率为 50 Hz的工频交流市电，当输出电压平均值为 60 V，输出电流平均值为 60 A 时，求晶闸管的控制角 α、导通角 θ、负载电流的有效值和负载功率。

6.2.5　有一晶闸管单相半波整流电路，负载为纯电感。试分析其工作原理并画出其波形图。

6.2.6　某一电热设备(即电阻性负载)，要求直流电压 90 V，直流电流 30 A，采用单相半控桥式整流电路，由 220 V 电网供电。(1) 试计算晶闸管的控制角和输出电流的有效值。(2) 在选用晶闸管时，其主要参数的额定正向平均电流 I_F 至少满足多大要求？

6.2.7　在如图 6-8 所示电阻性负载单相半控桥式整流电路中，由电网电压 220 V 供电，已知负载 $R_L=10\ \Omega$，试求：(1) 当导通角 $\theta=90°$ 时，输出电压和负载电流的平均值和有效值。(2) 当导通角 $\theta=135°$ 时，重复计算上述值。

6.2.8　如图 6-17 所示电路也是一种可控整流电路的原理图，试分析其工作原理，说明晶闸管和各二极管可能承受的最大电压，画出输出电压和晶闸管电压的波形图。

6.2.9　有一大电感负载采用单相半控桥式有续流二极管的整流电路供电，负载电阻为 5 Ω，输入电压 220 V，晶闸管的控制角 $\alpha=60°$，求流过晶闸管、二极管的电流平均值和有效值。

6.2.10　为什么可控整流电路的输出端不能直接并接电容？

6.2.11　如图 6-18 所示，阴影部分表示晶闸管导电区间。波形的电流最大值为 I_m，试计算波形的电流平均值 I_d，电流有效值 I_T 和它的波形系数 K_f。如果不考虑安全裕量，问 100 A的晶闸管能送出平均电流为多少？这时，相应的电流最大值为多少？

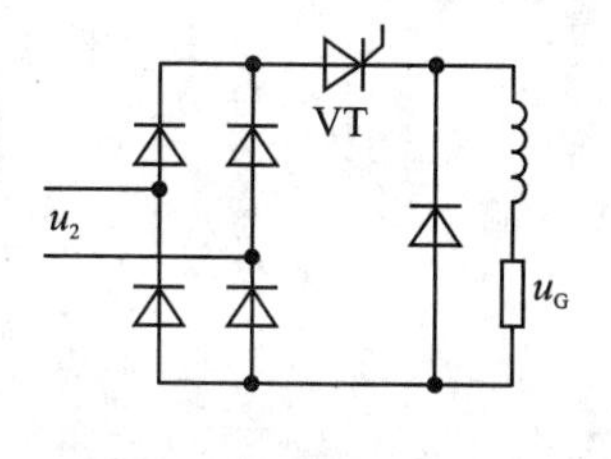

图 6-17　题 6.2.8 图

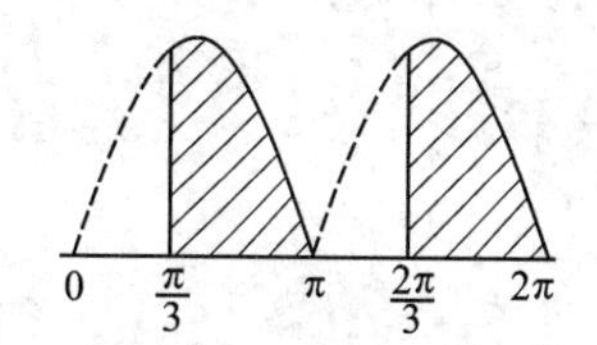

图 6-18　题 6.2.11 图

6.3.1　单结晶体管触发电路中，作为 U_{BB} 的削波稳压管 D_W 两端如并联滤波电容，电路能否正常工作？如稳压管损坏断开，电路又会出现什么情况？

6.3.2 在单结晶体管的触发电路中,(1) 电容 C 一般在 0.1～1 μF 范围内,如取得太小或太大,对晶闸管的工作有何影响? (2) 电阻 R_1 一般在 50～100 Ω 之间,如取得太小或太大,对晶闸管的触发有何影响?

6.3.3 试分析如图 6-19 所示电路的工作情况。

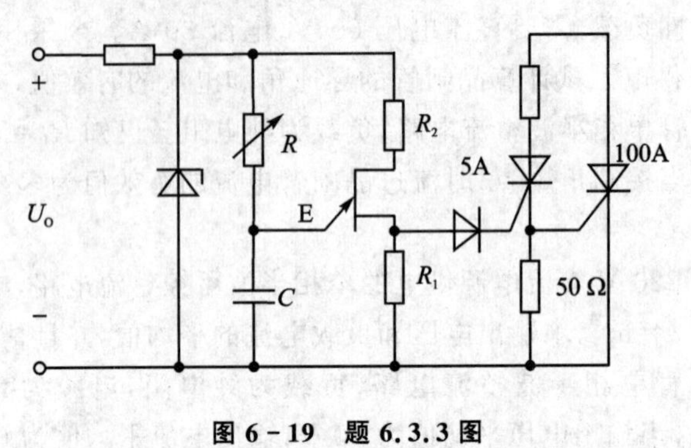

图 6-19 题 6.3.3 图

第 7 章　门电路和组合逻辑电路

【引　言】

客观世界存在的各种物理信号，按其幅值随时间的变化规律，可以分为模拟信号和数字信号两种类型。模拟信号是在一定范围内，幅值随时间连续变化的信号，如电压、速度、温度、声音和图像信号等。用于传送、加工和处理模拟信号的电路称为模拟电路。数字信号则是一种离散信号，它在时间上和幅值上都是离散的。也就是说，它们的变化在时间上是不连续的，只发生在一系列离散的时间上。对数字信号进行存储、运算、变换、合成和处理等的电子电路，则称为数字电路。

数字电路中数字信号是用二值量来表示的，每一位数只有“0”和“1”两种状态，因此，凡是具有两个稳定状态的元件都可用作基本单元电路，故基本单元电路结构简单。而数字电路采用二进制，所以能够应用逻辑代数这一工具进行研究，使数字电路除了能够对信号进行算术运算外，还具有一定的逻辑推演和逻辑判断等“逻辑思维”能力。

由于数字电路的一系列特点，使它在通信、自动控制和测量仪器等各个科学技术领域中也得到广泛应用，当代最杰出的科技成果——计算机，就是它最典型的应用。数字电子技术的发展日新月异，内容越来越丰富，用途越来越广泛，技术越来越成熟。在生活中，人们越来越感受到数字电子技术产品带来的方便与快捷。

【学习目的和要求】

① 了解基本门电路的工作原理和一般用途。

② 了解常用的组合逻辑电路。

③ 熟练掌握逻辑代数的基本概念、公式和定理并会用它们对逻辑函数进行化简。

④ 掌握组合逻辑电路的分析与设计方法。

【重点内容提要】

各种门电路的逻辑功能、组合逻辑电路的基本分析方法和组合逻辑电路的设计方法。

7.1　逻辑代数基础

7.1.1　数　制

所谓数制就是计数的进制。在日常生活中，人们最熟悉的是十进制。由于数字信号只有“0”和“1”两个不同的状态，因此，在计算机和数字电路中，常用的是二进制数。此外，还有八进制数和十六进制数。为了书写方便，一般用 B 表示二进制，O 表示八进制，H 表示十六进制。

十进制数是“逢 10 进 1”。对于任意一个十进制数，可用多项式表示为

$$N_{(10)} = \sum_{i=-m}^{n-1} a_i \times 10^i$$

式中，$a_i = 0,1,2,3,\cdots,9$，是 10^i 位的系数，称为十进制数的基数；n 为整数部分的位数；m 为小

数部分的位数。例如：

$$467.23_{(10)}=4\times10^{2}+6\times10^{1}+7\times10^{0}+2\times10^{-1}+3\times10^{-2}$$

类似地，二进制数是“逢 2 进 1”。对于任意一个二进制数，可用多项式表示为

$$N_{(2)}=\sum_{i=-m}^{n-1}a_i\times2^i$$

式中，$a_i=0,1$，是 2^i 位的系数，称为二进制数的基数；n 为整数部分的位数；m 为小数部分的位数。例如：

$$101.11_{(2)}=1\times2^{2}+0\times2^{1}+1\times2^{0}+1\times2^{-1}+1\times2^{-2}=5.75_{(10)}$$

这样就把一个二进制数转换成了十进制数。

反过来，如何把一个十进制数转换成一个二进制数呢？一种常用的方法是：整数部分采用“除基取余”法，即将十进制数的整数部分逐次被基数 B 除，每次除完后所得的余数便为要转换的数码，直到商为 0 时止。第 1 个余数为最低位，最后 1 个余数为最高位。概括来说就是：“除以 2 取余，逆序输出”。小数部分则采用“乘基取整”法，即将十进制数的小数部分乘以基数 B，乘积的整数部分作 B 进制数的小数部分，直到积的小数部分为 0 时止（如果一直出现不了 0，则可根据需要保留几位有效数值）。第 1 个取出的整数为最高位，最后一个取出的整数为最低位。简单来说就是：“乘以 2 取整，顺序输出”。

【例 7-1】 将十进制数 $57.625_{(10)}$ 转换成二进制数。

【解】 ① 整数部分 $57_{(10)}$，采用“除以 2 取余，逆序输出”法转换。

		余数	
2 | 57	……	$1=a_0$	最低位(LSB)
2 | 28	……	$0=a_1$	
2 | 14	……	$0=a_2$	
2 | 7	……	$1=a_3$	
2 | 3	……	$1=a_4$	
2 | 1	……	$1=a_5$	最高位(MSB)
0			

所以，$57_{(10)}=111001_{(2)}$。

② 小数部分 $0.625_{(10)}$，采用“乘以 2 取整”法转换。

		整数部分	
0.625 × 2			
[1].25	……	$1=a_{-1}$	最高位(MSB)
× 2			
[0].5	……	$0=a_{-2}$	
× 2			
[1].0	……	$1=a_{-3}$	最低位(LSB)

所以，$0.625_{(10)}=0.101_{(2)}$。

由此可得：$57.625_{(10)}=111001.101_{(2)}$。

十进制数转换为八进制数和十六进制数的方法和十进制数转换为二进制数的方法是相同的，所不同的是前者的基数分别为 8 和 16。不过一般情况下是把十进制转换成二进制后，再由二进制转换成八进制或十六进制。下面简单介绍如何把二进制转换成八进制或十六进制。

1. 二进制数与八进制数间的转换

因为 $2^3=8$，即每位八进制数由 3 位二进制数构成。所以，整数部分从低位开始，每 3 位二进制数为一组，最后一组不是 3 位，则在最高位加 0 补足 3 位；小数部分从左到右，每 3 位二进制数为一组，最后一组不是 3 位，则在最右位加 0 补足 3 位，然后用对应的八进制数来代替，再按原顺序排列出对应的八进制数。

【例 7-2】 将二进制数 $1110101.01101101_{(2)}$ 转换为八进制数。

【解】 $\underline{001}\ \underline{110}\ \underline{101}.\underline{011}\ \underline{011}\ \underline{010}$

$\quad\ 1\quad\ 6\quad\ 5\ .\ 3\quad\ 3\quad\ 2$

所以，$1110101.01101101_{(2)}=165.32_{(8)}$。

将每位八进制数用 3 位二进制数代替，再按原来的顺序排列起来，便得到了相应的二进制数。

【例 7-3】 将八进制数 $743.25_{(8)}$ 转换为二进制数。

【解】 $743.25_{(8)}=111100011.010101_{(2)}$

2. 二进制数和十六进制数间的转换

同理，因为 $2^4=16$，即每位十六进制数由 4 位二进制数构成。所以，整数部分从低位开始，每 4 位二进制数为一组，最后一组不是 4 位，则在最高位加 0 补足 4 位；小数部分从左到右，每 4 位二进制数为一组，最后一组不是 4 位，则在最右位加 0 补足 4 位，然后用对应的十六进制数来代替，再按原顺序排列出对应的十六进制数。

十六进制数转换为二进制数的方法是：将每位十六进制数用 4 位二进制数来代替，再按原来的顺序排列起来，便得到了相应的二进制数。

【例 7-4】 将十六进制数 $743.25_{(16)}$ 转换为二进制数。

【解】 $743.25_{(16)}=011101000011.00100101_{(2)}$

7.1.2 基本概念、公式和定理

同普通代数一样，逻辑代数是用字母表示变量，用代数式描述客观事物间的关系。两者不同的是，逻辑代数是描述客观事物间的逻辑关系。因此，其变量和函数的取值只有两种可能性，即取值为“0”或取值为“1”。这里的逻辑值只表示两种不同的逻辑状态或条件是否满足，结果是否成立，不再具有数量大小的意义。在数字系统中，开关的接通与断开，晶体管的导通与截止，信号的有和无，节点电位的高与低，都可以用“1”或“0”两种不同的逻辑值来表示。0 可以表示条件不满足，结果不成立；1 可以表示条件满足，结果成立。反之，可用 0 表示条件满足，结果成立；用 1 表示条件不满足，结果不成立。这就是正负两种不同的逻辑体制。若把“1”定义为高电平，“0”定义为低电平，这种逻辑体制称为正逻辑；反之，将“1”定义为低电平，“0”定义为高电平，这种逻辑体制称为负逻辑。同一个逻辑电路，在正、负逻辑关系下，其逻辑功能是不相同的。一般情况下，人们习惯采用正逻辑关系，但有时为了方便而正负逻辑同时使用，本书采用正逻辑。

要描述一个数字系统,仅用逻辑变量的取值“1”或“0”来反映单个逻辑器件的两种状态是不够的,还必须反映一个复杂系统中各个逻辑器件之间的关系,这种相互关系,就是逻辑运算关系。逻辑代数中定义了三种基本逻辑运算:“与”运算(逻辑与)、“或”运算(逻辑或)和“非”运算(逻辑非)。

1. 基本逻辑运算

(1) 与逻辑运算

当决定某事件的各个条件全部具备时,此事件才会发生;反之,有一个或一个以上条件不满足,事件就不会发生的逻辑关系(因果关系)称为逻辑“与”关系,或叫逻辑“相乘”。“与”逻辑开关电路及逻辑符号如图 7-1 所示。

在图 7-1(a)中,只有当开关 A 和开关 B 都闭合时,灯 Y 才会亮,即当逻辑变量 A 和 B 的取值均为“1”时,Y 的值才会为“1”。可见,对灯 Y 亮这件事情而言,开关 A、开关 B 闭合是逻辑“与”的关系,并记作

$$Y = A \cdot B = AB$$

读作“Y 等于 A 与 B”,可把这种运算称为逻辑“与”运算,简称为“与”运算。与运算和算术运算中的乘法运算是一样的,所以有时又称为逻辑乘法运算,所以上式又可读作“Y 等于 A 乘 B”。为简化书写,可以将 A·B 简写为 AB,省略表示与或乘的符号“·”。

由于逻辑变量和逻辑函数都是二值的,因此 2 个开关一共有 4 种不同的开关状态,可用列表方式将开关和灯的状态罗列出来。令开关合上和灯亮用逻辑值“1”表示,反之用“0”表示,所得表 7-1 称为逻辑“与”真值表(状态表)。

分析表 7-1 可知,只要输入变量(A,B)中有某一个为“0”(有开关打开),输出函数(Y)就为“0”,仅当 A,B 全为“1”(所有开关合上),Y 才为“1”(灯亮),即“与”逻辑有“有 0 则 0,全 1 则 1”的逻辑特点。

图 7-1(b)中逻辑符号表示逻辑电路输入(变量)和输出(函数)之间的“与”逻辑关系,符号“&”表示“与”逻辑。

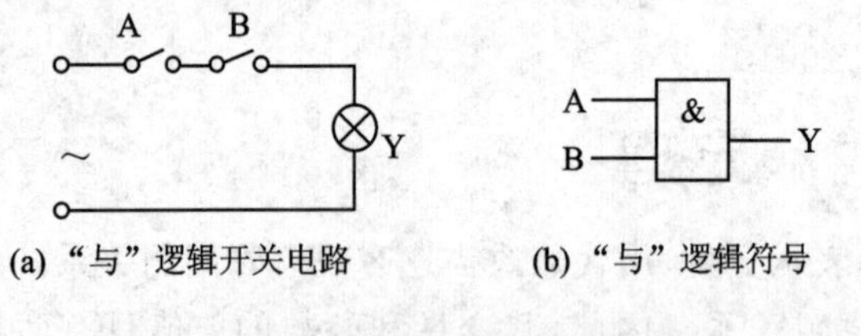

(a) “与” 逻辑开关电路　(b) “与” 逻辑符号

图 7-1 “与”逻辑开关电路及逻辑符号

表 7-1 “与”逻辑真值表

A	B	Y
0	0	0
0	1	0
1	0	0
1	1	1

(2) 或逻辑运算

当决定某事件的各个条件中,只要有任何一个具备时,此事件就会发生;仅当所有条件都不满足,事件才不会发生的逻辑关系称为“或”逻辑关系,或叫逻辑“相加”。“或”逻辑开关电路及逻辑符号如图 7-2 所示。

在图 7-2(a)中,当开关 A 或者开关 B 闭合时,灯 Y 就会亮,即当逻辑变量 A 或者 B 的取值为“1”时,Y 的值就会为“1”。可见,对灯 Y 亮这件事情而言,开关 A、开关 B 闭合是逻辑“或”的关系,并记作

$$Y = A + B$$

读作“Y 等于 A 或 B”，可把这种运算称为逻辑“或”运算，简称为“或”运算。或运算和算术运算中的加法运算是一样的，所以有时又叫逻辑“加”运算，所以上式还可读作“Y 等于 A 加 B”。

表 7－2 是逻辑“或”真值表。由真值表可知，只要输入变量(A，B)中有某一个为“1”（有开关闭合），输出函数(Y)就为“1”（灯亮），仅当 A，B 全为“0”（所有开关断开），Y 才为“0”（灯灭），即“或”逻辑具有“有 1 则 1，全 0 则 0”的逻辑特点。

图 7－2(b)为“或”逻辑符号，符号中“≥1”表示输入、输出之间为逻辑“或”关系。

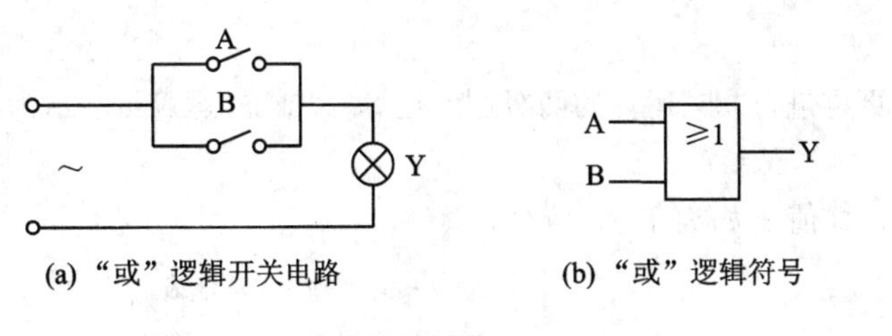

(a) “或” 逻辑开关电路　　(b) “或” 逻辑符号

图 7－2　“或”逻辑开关电路及逻辑符号

表 7－2　“或”逻辑真值表

A	B	Y
0	0	0
0	1	1
1	0	1
1	1	1

(3) 非逻辑运算

当决定某事件的条件具备时，此事件不发生；而条件不具备时，此事件一定发生。这种逻辑关系称为逻辑“非”，或叫“非”运算。“非”逻辑开关电路及逻辑符号如图 7－3 所示。

如图 7－3(a)所示。若开关 A 处在断开位置，则电路通，灯 Y 亮。若开关 A 处在闭合位置，则电路不通，灯 Y 熄灭，即当逻辑变量 A 的取值为“1”时，Y 的值为“0”；A 的取值为“0”时，Y 的值为“1”。可见，对灯 Y 亮这件事情而言，开关 A 与灯的亮灭是逻辑“非”的关系，并记作

$$Y=\overline{A}$$

读作“Y 等于 A 非”，或者“Y 等于 A 反”，A 上面的一横就表示“非”或“反”。这种运算就叫做逻辑“非”运算或逻辑“反”运算，简称为“非”或“反”运算。由此得“非”逻辑真值表如表 7－3 所列。

由表 7－3 可以看出，输入和输出之间的逻辑值相反。

图 7－3(b)为“非”逻辑符号，符号中的小圆圈表示取反的意义。

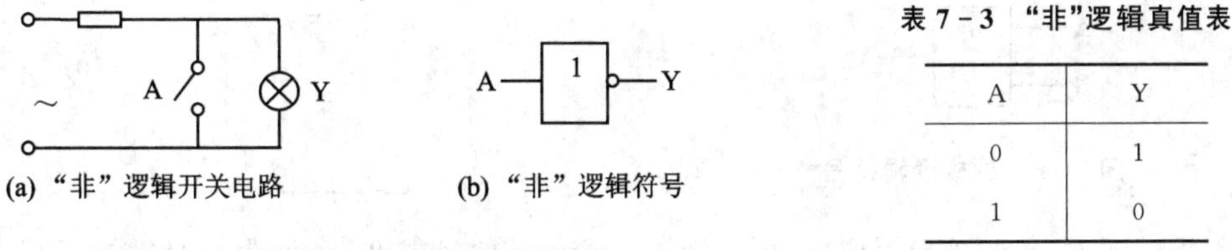

(a) “非” 逻辑开关电路　　(b) “非” 逻辑符号

图 7－3　“非”逻辑开关电路及逻辑符号

表 7－3　“非”逻辑真值表

A	Y
0	1
1	0

2. 复合逻辑运算

实际的逻辑问题常常比与、或、非运算复杂得多，不过它们都可以用与、或、非的组合来实现。最常见的复合逻辑运算有“与非”、“或非”、“异或”和“同或”等。

(1) “与非”逻辑运算

“与非”逻辑运算是先进行“与”运算再进行“非”运算的两级逻辑运算。“与非”运算可表示为

$$Y=\overline{AB}$$

“与非”逻辑符号如图 7－4 所示，真值表如表 7－4 所列。

分析“与非”真值表可知，“与非”运算具有“有 0 则 1，全 1 则 0”的逻辑特点。

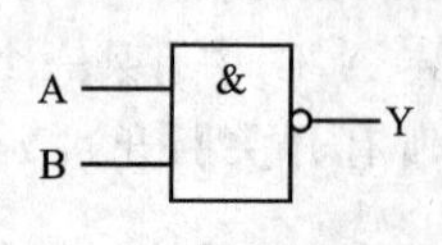

图 7-4 与非逻辑符号

表 7-4 "与非"真值表

A	B	Y
0	0	1
0	1	1
1	0	1
1	1	0

(2)"或非"逻辑运算

"或非"逻辑运算是先进行"或"运算再进行"非"运算的两级逻辑运算。"或非"运算可表示为

$$Y=\overline{A+B}$$

"或非"逻辑符号如图 7-5 所示,真值表如表 7-5 所列。

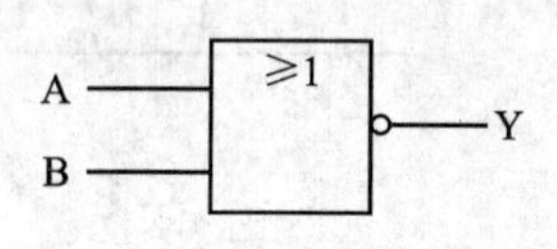

图 7-5 或非逻辑符号

表 7-5 "或非"真值表

A	B	Y
0	0	1
0	1	0
1	0	0
1	1	0

由表 7-5 可知,"或非"逻辑运算具有"有 1 则 0,全 0 则 1"的逻辑特点。

(3)"异或"与"同或"逻辑运算

"异或"运算的逻辑函数表达式为

$$Y=A\overline{B}+\overline{A}B=A\oplus B$$

"异或"逻辑符号如图 7-6 所示,真值表如表 7-6 所列。由真值表可知,"异或"逻辑具有"相异为 1,相同为 0"的逻辑特点。

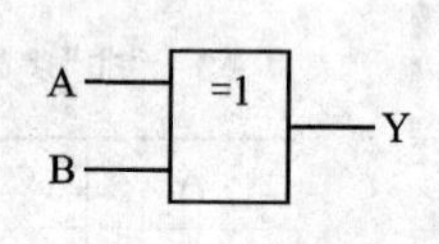

图 7-6 异或逻辑符号

表 7-6 "异或"真值表

A	B	Y
0	0	0
0	1	1
1	0	1
1	1	0

将表 7-6 中 Y 的逻辑值取反,即 0 变 1,1 变 0,得"异或非"真值表。"异或"运算后再进行"非"运算具有"相同为 1,相异为 0"的逻辑特点,故称为"同或",记作为

$$Y=\overline{A\oplus B}=AB+\overline{A}\,\overline{B}=A\odot B$$

其逻辑符号如图 7-7 所示,真值表如表 7-7 所列。

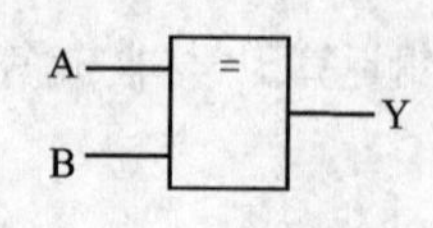

图 7-7 同或逻辑符号

表 7-7 "同或"真值表

A	B	Y
0	0	1
0	1	0
1	0	0
1	1	1

可见，"同或"和"异或"互为反运算。在数字电路中，基本和常用复合逻辑运算的应用十分广泛，是构成各种复杂逻辑运算的基础。因此，在现实中常将实现这些逻辑运算的逻辑电路称为门电路，它们也是组成各种数字电路的基本单元。为了方便记忆，下面把常用的几种逻辑运算的真值表列于表 7－8 中。

表 7－8　常用几种逻辑运算的真值表

A	B	AB	A+B	$\overline{A}$	$\overline{B}$	$\overline{AB}$	$\overline{A+B}$	A⊕B	A⊙B
0	0	0	0	1	1	1	1	0	1
0	1	0	1	1	0	1	0	1	0
1	0	0	1	0	1	1	0	1	0
1	1	1	1	0	0	0	0	0	1

3. 逻辑函数及其表示方法

在逻辑电路中，如果输入变量 $X_1, X_2, \cdots, X_n \in \{0,1\}$，则输入变量共有 2^n 种取值可能，对于其中的若干种取值，其输出变量 $F \in \{0,1\}$ 就有一个对应的确定值，把这种输入逻辑变量和输出逻辑变量之间的因果关系称为逻辑函数。逻辑函数的表示方法主要有 5 种：真值表、逻辑表达式、逻辑图、卡诺图和波形图。

(1) 真值表(状态图)

真值表是将一个逻辑电路输入变量的所有各种取值和其对应的输出值用列表的方式来表示，是直观地描述逻辑变量之间的逻辑关系的有效方法。每一个逻辑变量均有 0、1 两种取值，n 个变量共有 2^n 种不同取值组合，将它们按顺序(一般按二进制递增规律)排列起来，并在相应的位置填入函数的值，即可得到逻辑函数的真值表。

(2) 逻辑表达式

逻辑表达式是由逻辑变量和基本逻辑运算符所组成的表达式。逻辑表达式有多种表示形式：与-或式、或-与式、与非-与非式、或非-或非式和与或非式。这 5 种逻辑式可以相互转换，即同一种逻辑关系可以表达为以上 5 种形式。对于一个给定的逻辑函数只能得出一个真值表，但同一个逻辑函数却可以有多种逻辑表达式。逻辑表达式的优点是书写方便、简洁，可以灵活地使用公式和定理进行运算和变换；缺点是当逻辑表达式比较复杂时，难以从变量取值获得函数的值，不如真值表和卡诺图直观。

(3) 逻辑图

逻辑图是用基本和常用的逻辑图形符号及其相互连线来表示一定逻辑关系的电路图。逻辑图中的逻辑图形符号，一般都有与对应的称为门电路的实际电路器件存在，因此它比较接近工程实际。在实际应用中，要分析一个数字系统或装置的功能时，常用到逻辑图。逻辑图可以将复杂的实际电路的逻辑功能层次分明地表示出来。另外，在设计制作数字设备时，首先要进行逻辑设计，并画出逻辑图，最后把逻辑图转换成实际电路。当然，用逻辑图时，不能用公式和定理进行运算和变换，其表示的逻辑关系不如真值表和卡诺图直观。

(4) 卡诺图

卡诺图是真值表的图形化表示方式。它是将输入变量分成两组而构成的平面图表，共有 2^n 个小方格，每一个小方格都与一个最小项相对应，各小方格之间按"邻接原则"布列，详见

7.1.3 小节。

(5) 波形图

反映输入和输出波形变化的图形称为波形图,又称时序图。波形图能直观、清晰地反映出变量间的时间关系和函数值随时间变化的规律,它同实际电路中的电压波形相对应,常用于数字电路的分析和调试。

真值表、逻辑表达式、卡诺图、逻辑图和波形图之间可以互相转换,知道其中的一个就可以推出另外 4 个。

4. 逻辑代数基本运算公式

逻辑代数也称布尔代数,它是分析和设计逻辑电路的数学工具。逻辑代数的基本公式又称基本定律,是用逻辑表达式来描述逻辑运算的一些基本规律,有些和普通代数相似,有些则完全不同,是逻辑运算的重要工具,也是学习数字电子电路的必要基础。逻辑代数的基本公式和恒等式如表 7-9 所列,主要包括 8 个定律,即 0-1 律、同一律、互补律、非非律、交换律、结合律、分配律和反演律(狄·摩根定律)。

表 7-9 逻辑代数的基本公式和恒等式

<table>
<tr><th>表达式</th><th>名 称</th><th>运算规律</th></tr>
<tr><td>$A+0=A$</td><td rowspan="4">0-1律</td><td rowspan="4">变量与常量的关系</td></tr>
<tr><td>$A\cdot 0=0$</td></tr>
<tr><td>$A+1=1$</td></tr>
<tr><td>$A\cdot 1=A$</td></tr>
<tr><td>$A+A=A$</td><td rowspan="2">同一律</td><td rowspan="5">逻辑代数的特殊规律,
不同于普通代数</td></tr>
<tr><td>$A\cdot A=A$</td></tr>
<tr><td>$A+\overline{A}=1$</td><td rowspan="2">互补律</td></tr>
<tr><td>$A\cdot\overline{A}=0$</td></tr>
<tr><td>$\overline{\overline{A}}=A$</td><td>非非律</td></tr>
<tr><td>$A+B=B+A$</td><td rowspan="2">交换律</td><td rowspan="6">与普通代数规律相同</td></tr>
<tr><td>$A\cdot B=B\cdot A$</td></tr>
<tr><td>$(A+B)+C=A+(B+C)$</td><td rowspan="2">结合律</td></tr>
<tr><td>$(A\cdot B)\cdot C=A\cdot(B\cdot C)$</td></tr>
<tr><td>$A\cdot(B+C)=A\cdot B+A\cdot C$</td><td rowspan="2">分配律</td></tr>
<tr><td>$A+BC=(A+B)(A+C)$</td></tr>
<tr><td>$\overline{A+B}=\overline{A}\cdot\overline{B}$</td><td rowspan="2">反演律
(狄·摩根定律)</td><td rowspan="2">逻辑代数的特殊规律,
不同于普通代数</td></tr>
<tr><td>$\overline{A\cdot B}=\overline{A}+\overline{B}$</td></tr>
</table>

以表 7-9 所列的基本公式为基础,又可以推出一些常用公式,如表 7-10 所列。这些公式的使用频率非常高,直接运用这些常用公式,可以给逻辑函数化简带来很大方便。

5. 基本规则

逻辑代数有三条基本运算规则,或称基本定理,具体内容如表 7-11 所列。

表 7－10　逻辑代数的常用公式

表　达　式	含　义	方法说明
$A+AB=A$	在一个与或表达式中，若其中一项包含了另一项，则该项是多余的	吸收法
$A+\overline{A}B=A+B$	两个乘积项相加时，若一项取反后是另一项的因子，则此因子是多余的	消因子法
$A\overline{B}+AB=A$	两个乘积项相加时，若两项中除去一个变量相反外，其余变量都相同，则可用相同的变量代替这两项	并项法
$AB+\overline{A}C+BC=AB+\overline{A}C$	若两个乘积项中分别包含了 A、$\overline{A}$ 两个因子，而这两项的其余因子组成第三个乘积项时，则第三个乘积项是多余的，可以去掉	消项法
$\overline{AB+\overline{A}C}=A\overline{B}+\overline{A}\overline{C}$	在一个与或表达式中，如其中一项含有某变量的原变量，另一项含有此变量的反变量，那么将这两项其余部分各自求反，则可得到这两项的反函数	求反函数法

表 7－11　逻辑代数的基本规则

规则名称	定　义	用途与例证
代入规则	任一个逻辑等式中，如将所有出现在等式两边的某一变量都代之以一个函数 F，等式仍然成立	等式变换中导出新公式。例如：$\overline{A+B}=\overline{A}\,\overline{B}$ 中 B 用 $F=B+C$ 代入，则可得到$\overline{A+B+C}=\overline{A}\,\overline{B}\,\overline{C}$
对偶规则	若一个逻辑等式成立，则它们的对偶式也相等。对偶规则是在保持逻辑优先顺序的前提下，将原式中的符号“＋”→“·”，“·”→“＋”；常量“0”→“1”，“1”→“0”	可以使所须证明和记忆的等式减少一半。例如：$A(B+C)=AB+AC$，则其对偶式 $A+BC=(A+B)(A+C)$ 也必定成立
反演规则	若求一个函数的反函数，则只要将原式作下列变换：符号“＋”→“·”，“·”→“＋”；原变量→反变量，反变量→原变量；常数“0”→“1”，“1”→“0”	可以容易地求出一个函数的非函数。例如：$L=AB+CD$，则 $\overline{L}=(\overline{A}+\overline{B})(\overline{C}+\overline{D})$

6. 基本公式与定理的证明

逻辑代数基本公式与定理的证明，有些和普通代数定理的证明相似，但是作为逻辑代数也有自己特有的证明方式，那就是真值表的证明方式。该方式直观明了，广泛应用于变量比较少而且用普通代数方法不便证明的情况。表 7－12 给出了狄·摩根定理的证明方法。

表 7－12　狄·摩根定理的证明

A	B	AB	A+B	$\overline{A}$	$\overline{B}$	$\overline{AB}$	$\overline{A}+\overline{B}$	$\overline{A+B}$	$\overline{A}\,\overline{B}$
0	0	0	0	1	1	1	1	1	1
0	1	0	1	1	0	1	1	0	0
1	0	0	1	0	1	1	1	0	0
1	1	1	1	0	0	0	0	0	0

由表 7－12 很容易看出$\overline{A+B}=\overline{A}\cdot\overline{B}$和$\overline{A\cdot B}=\overline{A}+\overline{B}$成立。

7.1.3 逻辑函数的化简

根据逻辑函数表达式,可以画出相应的逻辑电路图。逻辑函数式的繁简程度直接影响到逻辑电路中所用元件的多少。因此,往往需要对逻辑函数进行化简,找出最简的逻辑函数,以节省器件,降低成本,提高电路的可靠性。通常情况下,化简就是将逻辑函数表达式化成最简与-或表达式。所谓最简的与-或表达式就是表达式中所含的乘积项最少,且每个乘积项中所含变量的个数也最少。常用的化简方法有公式化简法和卡诺图化简法。

1. 公式化简法

公式法化简就是利用逻辑代数的基本公式、常用公式和定律对逻辑函数式进行化简。公式法化简常用的方法如下。

(1) 并项法

利用公式 $A\overline{B}+AB=A$,将两项合并为一项,合并时消去一个变量。如:

$$Y=AB\overline{C}+ABC=AB(\overline{C}+C)=AB$$

(2) 吸收法

利用公式 $A+AB=A$,吸收多余的乘积项。如:

$$Y=A\overline{B}+A\overline{B}(C+DE)=A\overline{B}$$

(3) 消去法

利用公式 $A+\overline{A}B=A+B$,消去多余的变量。如:

$$Y=AB+\overline{A}C+\overline{B}C=AB+(\overline{A}+\overline{B})C=AB+\overline{AB}C=AB+C$$

(4) 配项法

利用公式 $AB+\overline{A}C=AB+\overline{A}C+BC$,为原逻辑函数的某一项配上一项,有利于函数重新组合和化简,或将逻辑函数乘以 $1=(A+\overline{A})$,以获得新的项,便于重新组合。如:

$$Y=AB+\overline{A}C+BCD=AB+\overline{A}C+BCD(A+\overline{A})=AB+\overline{A}C+ABCD+\overline{A}BCD=AB+\overline{A}C$$

上面介绍的几种常用方法,可以化简比较简单的逻辑函数,而实际中遇到的逻辑函数往往比较复杂,化简时应灵活使用所学的公式、定理和规则,综合运用各种方法,才能获得好的化简结果。

【例 7-5】 试用代数化简法将逻辑函数 $L=AB+\overline{A}C+BC$ 化简成最简与-或表达式。

分析:本例题实际是证明表 7-10 的吸收公式 $AB+\overline{A}C+BC=AB+\overline{A}C$,利用配项方法,将乘积项 BC 拆成两项,再与其他乘积项合并消去更多乘积项。

【解】 $Y=AB+\overline{A}C+BC=$

$AB+\overline{A}C+(A+\overline{A})BC=$ 　　利用公式 $A+\overline{A}=1$ 配项

$AB+\overline{A}C+ABC+\overline{A}BC=$

$AB(1+C)+\overline{A}C(1+B)=$ 　　利用公式 $A+AB=A$,吸收多余的乘积项

$AB+\overline{A}C$

【例 7-6】 试用代数化简法将逻辑函数

$$Y=AC+\overline{B}C+B\overline{D}+A(B+\overline{C})+\overline{A}C\overline{D}+A\overline{B}DE$$

化简成最简与-或表达式。

【解】 $Y=AC+\overline{B}C+B\overline{D}+A(B+\overline{C})+\overline{A}C\overline{D}+A\overline{B}DE=$

$AC+\bar{B}C+B\bar{D}+A\,\overline{\bar{B}C}+\bar{A}C\bar{D}+A\bar{B}DE=$　　利用摩根定理

$AC+\bar{B}C+B\bar{D}+A+\bar{A}C\bar{D}+A\bar{B}DE=$　　利用 $A+\bar{A}B=A+B$ 消去$\overline{\bar{B}C}$

$A+\bar{B}C+B\bar{D}+\bar{A}C\bar{D}=$　　利用 $A+AB=A$ 吸收所有带 A 的乘积项

$A+\bar{B}C+B\bar{D}+C\bar{D}=$　　再用消去法消去 $\bar{A}$

$A+\bar{B}C+B\bar{D}$　　利用吸收公式 $AB+\bar{A}C+BC=AB+\bar{A}C$

代数化简法没有固定的步骤和规律可循，对逻辑代数基本公式和常用公式应用的熟练程度和化简的技巧是能够快速化简的基本要素。本例也可这样化简：

$$
\begin{aligned}
Y &= AC+\bar{B}C+B\bar{D}+A(B+\bar{C})+\bar{A}C\bar{D}+A\bar{B}DE= \\
&A(C+B+\bar{C}+\bar{B}DE)+\bar{B}C+B\bar{D}+\bar{A}C\bar{D}= \\
&A+\bar{B}C+B\bar{D}+\bar{A}C\bar{D}= \\
&A+\bar{B}C+B\bar{D}+C\bar{D}= \\
&A+\bar{B}C+B\bar{D}
\end{aligned}
$$

*2. 卡诺图化简法

利用代数法化简逻辑函数，要求熟练掌握逻辑代数的基本公式，而且需要一些技巧，特别是经代数法化简后得到的逻辑表达式是否是最简式有时较难判断。而卡诺图化简法则有规律可循，且一定能化简获得最简表达式，易于掌握。但当变量数超过 6 个时，卡诺图化简也难以进行。

（1）最小项

最小项的定义是，若逻辑函数有 n 个输入变量，则全部这 n 个变量的乘积项即是一项最小项。在最小项中，每个变量以原变量或以反变量的形式出现，且仅出现一次，所以应该有 2^n 个最小项，用符号 m_i 表示。将最小项中的原变量用“1”代替，反变量用“0”代替，这个二进制代码所对应的十进制数码就是最小项的下标 i。最小项的下标 i 与变量排序有关。例如，二变量逻辑函数 Y(A,B)的 $m_1=\bar{A}B$，三变量逻辑函数 Y(A,B,C)的 $m_1=\bar{A}\,\bar{B}C$，四变量逻辑函数 Y(A,B,C,D)的 $m_1=\bar{A}\,\bar{B}\,\bar{C}D$。

（2）卡诺图编排规律和特点

卡诺图是逻辑函数真值表的一种图形化表示，n 个变量的逻辑函数的卡诺图由 2^n 个方格组成，每一个方格与一种变量取值相对应，即卡诺图中的每个小方格与一个最小项对应。例如，二变量逻辑函数可有(00,01,10,11)4 种变量取值，($\bar{A}\,\bar{B}$,$\bar{A}B$,$A\bar{B}$,AB)4 个最小项。二变量的卡诺图可用图 7-8(a)和图 7-8(b)两种形式来表示。图 7-8(a)采用变量取值表示，图 7-8(b)采用最小项变量表示，两者是等效的。图 7-8(a)中的最小项下标和图 7-8(b)中的最小项仅仅是为了说明对应关系，画卡诺图时并不需要写出它们。

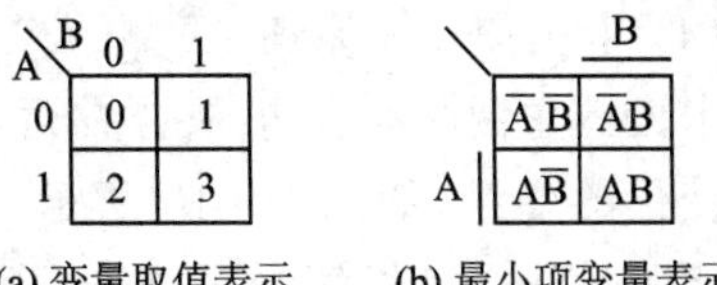

图 7-8　二变量卡诺图的两种表示形式

n 个变量卡诺图有 2^n 个方格且按邻接关系排列，相邻两个方格的变量取值只有一个不同，即任何两个相邻的最小项中只有一个变量是互补的，其余变量都是相同的。换句话说，卡诺图中变量取值只有一个不同的两方格是相邻的方格。因此，为使相邻两行或两列之间变量取值仅一个不同，变量值不是按二进制数的顺序排列，而是按(00,01,11,10)循环码的顺序排列。

如图 7-9 所示三变量和四变量的卡诺图,每个方格对应的最小项标号不是按一般的递增顺序排列,而是具有跳跃。例如,在四变量卡诺图中,m_3 排在 m_2 前面,m_7 排在 m_6 的前面等。

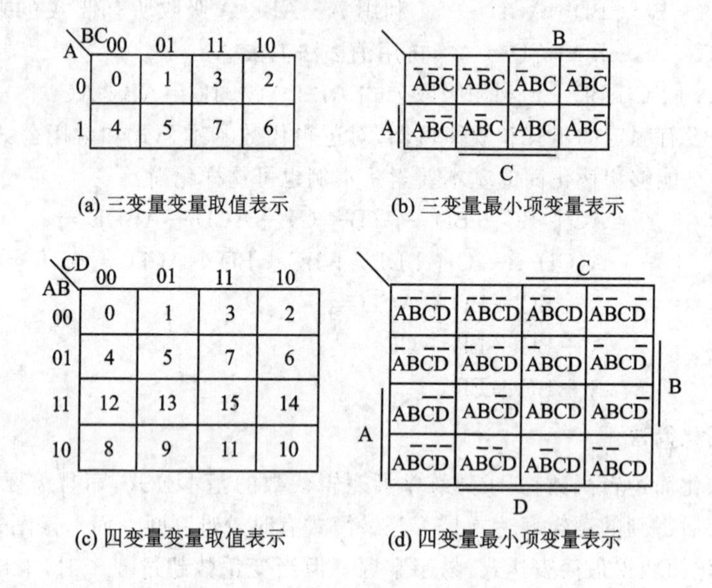

(a) 三变量变量取值表示　(b) 三变量最小项变量表示

(c) 四变量变量取值表示　(d) 四变量最小项变量表示

图 7-9　三变量和四变量的卡诺图

正是由于以上卡诺图的编排规则,相邻方格只有一个变量取值不同,使得卡诺图具有“循环邻接”的特性。例如,四变量卡诺图的第一行(列)方格与第二行(列)方格相邻,第二行(列)方格与第三行(列)方格相邻,第三行(列)方格与第四行(列)方格相邻,第四行(列)方格又与第一行(列)方格相邻。卡诺图的“循环邻接”特性可简单地描述为卡诺图的“上(边)下(边)相邻;左(边)右(边)相邻”。当变量数超过 5 个时,卡诺图的“循环邻接”变得十分复杂。

(3) 用卡诺图表示逻辑函数

① 从真值表到逻辑函数　若已知函数的真值表,则在那些使 Y=1 的输入组合所对应的小方格中填“1”,其余的填“0”。

② 从标准式到逻辑函数　若已知函数的标准式,则对于标准式中出现了的最小项,在所对应的小方格中填“1”,其余填“0”。

(4) 卡诺图化简原理

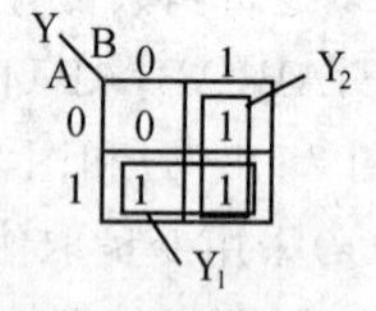

图 7-10　相邻两最小项合并

卡诺图中两相邻最小项合并可消去乘积项中一个变量取值变化的变量,如图 7-10 所示。图中,$Y_1=A\overline{B}+AB=A$,即最小项 m_2 和相邻最小项 m_3 合并消去了变量 B;$Y_2=\overline{A}B+AB=B$,即最小项 m_1 和相邻最小项 m_3 合并消去了变量 A。逻辑函数

$$
\begin{aligned}
Y &= \overline{A}B + A\overline{B} + AB = m_1 + m_2 + m_3 = \\
&\overline{A}B + AB + AB + A\overline{B} = \\
&A + B = Y_1 + Y_2
\end{aligned}
$$

在最小项合并过程中,最小项可重复利用,但每次必须有新的最小项,如以上逻辑函数 Y 中的 m_3。

卡诺图中两两相邻的 4 个最小项合并，可消去乘积项中两个变量取值变化的变量，如图 7－11(a)F 中实线和图 7－11(b)Y 中虚线包围的 4 个最小项。

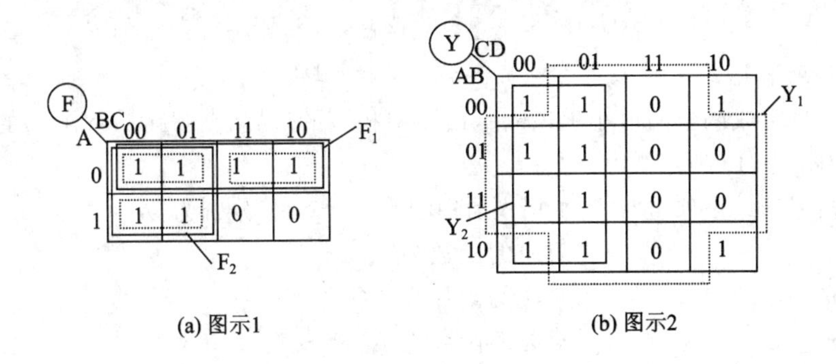

图 7－11　相邻最小项合并

F_1包含方格的 B，C 逻辑值不同，A 逻辑值恒等于 0，所以 B 和 C 被消去，$F_1=\overline{A}$；F_2包含方格的 A，C 逻辑值不同，B 逻辑值恒等于 0，所以 A 和 C 被消去，$F_2=\overline{B}$。

$$F=\overline{A}\,\overline{B}\,\overline{C}+\overline{A}\,\overline{B}C+\overline{A}B\overline{C}+\overline{A}BC+A\overline{B}\,\overline{C}+A\overline{B}C=m_0+m_1+m_2+m_3+m_4+m_5=$$
$$\overline{A}\,\overline{B}+\overline{A}B+A\overline{B}=\overline{AB}+\overline{A}B+\overline{AB}+A\overline{B}=$$
$$\overline{A}+\overline{B}=F_1+F_2$$

Y_1包含方格的 A，C 逻辑值不同，BD 逻辑值恒等于 00，所以 B 和 C 被消去，$Y_1=\overline{B}\,\overline{D}$。

$$Y_1=\overline{A}\,\overline{B}\,\overline{C}\,\overline{D}+\overline{A}\,\overline{B}C\overline{D}+A\overline{B}\,\overline{C}\,\overline{D}+A\overline{B}C\overline{D}=m_0+m_2+m_8+m_{10}=$$
$$\overline{A}\,\overline{B}\,\overline{D}+A\overline{B}\,\overline{D}=\overline{B}\,\overline{D}$$

8 个两两相邻的最小项合并可消去乘积项中 3 个变量取值变化的变量，如图 7－11(b)Y_2中的实线包围圈包围的 8 个最小项。

8 个方格中 A，B，D 变化，而 C 恒等于 0，因此 $Y_2=\overline{C}$，$Y=Y_1+Y_2=\overline{C}+\overline{B}\,\overline{D}$。

$$Y_2=m_0+m_1+m_4+m_5+m_8+m_9+m_{12}+m_{13}=$$
$$\overline{A}\,\overline{B}\,\overline{C}+\overline{A}B\overline{C}+A\overline{B}\,\overline{C}+AB\overline{C}=\overline{A}\,\overline{C}+A\overline{C}=\overline{C}$$

2^n个两两相邻的最小项合并可消去乘积项中 n 个变量取值变化的变量，所谓两两相邻是指 2^n个方格排成一个矩形，即画一个矩形包围圈(正则圈)。非正则包围圈中 2^n个方格变量变化的数目将超过 n 个。

(5) 用卡诺图化简得到最简与-或表达式的步骤

① 根据逻辑函数画出逻辑函数的卡诺图。

② 合并最小项。对卡诺图上相邻的"1"方格画包围圈，并注意以下要点：

- 包围圈中的"1"的个数必须为 2^n个($n=0,1,2,\cdots$)。
- 画尽可能大的包围圈以便消去更多的变量因子。某些"1"方格可被重复圈。
- 画尽可能少的包围圈以便使与-或表达式中的乘积项最少，只须画必要的圈，若某个包围圈中所有的"1"均被别的包围圈圈过，则这个包围圈是多余的。
- 不能漏圈任何一个"1"。若某个"1"没有与其他"1"相邻，则单独圈出。

③ 写出每个包围圈所对应与项的表达式(变量发生变化的自动消失，变量无变化的保留，见"0"用反变量，见"1"用原变量)。

④ 将所有包围圈所对应的乘积项相或就得到最简与-或表达式。

【例 7－7】 用卡诺图法将逻辑函数

$$Y_1(A,B,C,D)=\sum m(1,2,3,5,6,7,8,9,12,13)$$

$$Y_2(A,B,C,D)=\sum m(0,2,4,6,8,10)$$

化简为最简与-或表达式。

【解】 ① 将组成函数的最小项填入卡诺图中相应的位置，获得函数 Y_1，Y_2 的卡诺图分别如图 7－12 和图 7－13 所示。

② 合并相邻的最小项。对 Y_1 卡诺图，图中画了三个圈，分别为

m_1,m_5 对应的函数为 $\overline{A}\overline{C}D$

m_2,m_3,m_6,m_7 对应的函数为 $\overline{A}C$

m_8,m_9,m_{12},m_{13} 对应的函数为 $A\overline{C}$

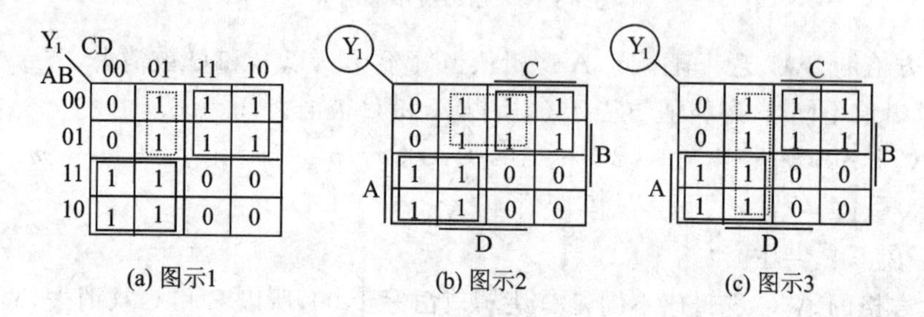

(a) 图示1 (b) 图示2 (c) 图示3

图 7－12 ［例 7－7］Y_1 的卡诺图

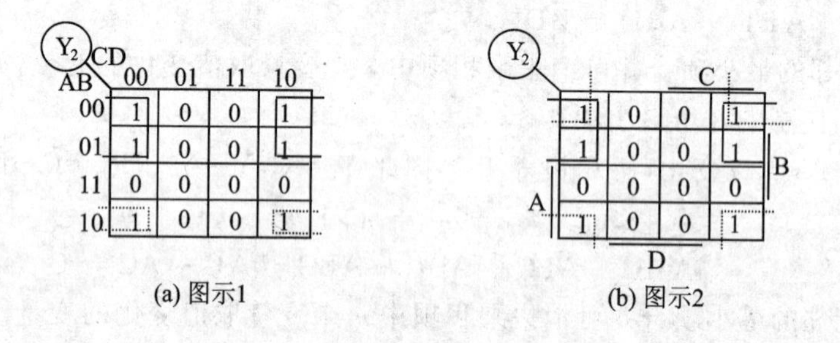

(a) 图示1 (b) 图示2

图 7－13 ［例 7－7］Y_2 的卡诺图

根据最小项的小方格可以重复圈和尽可能大的原则，m_1，m_5 和 m_3，m_7 可组成更大的圈，如图 7－12(b)虚线所示；或者 m_1，m_5 和 m_9，m_{13} 四个方格组成的圈，如图 7－12(c)虚线所示；即比 m_1 和 m_5 组成的圈(见图 7－12(a)虚线)更大，因此将 Y_1 图中两个方格组成的圈改为由 4 个小方格组成的圈。

同理，对 Y_2 卡诺图，如图 7－13(a)所示，m_8 和 m_{10} 组成的虚线圈应改为如图 7－13(b)所示 m_8，m_{10} 和 m_0，m_2 组成的虚线圈。

③ 写出函数的最简与-或表达式为

$$Y_1=\overline{A}C+A\overline{C}+\overline{A}D=\overline{A}C+A\overline{C}+\overline{C}D$$

$$Y_2=\overline{A}\overline{D}+\overline{B}\overline{D}$$

由 Y_1 表达式可知逻辑函数的最简与-或式也不一定是唯一的。

7.2　基本门电路

逻辑符号表示的电路功能须通过具体器件才能实现，各种类型的门电路就是实现逻辑功能的基本单元。门电路既有双极型晶体管(BJT)组成的三极管-三极管逻辑(TTL)集成门电路，也有单极型金属氧化物绝缘栅型场效应管(MOSFET)构成的互补型(CMOS)集成门电路。双极型晶体三极管是 TTL 电路的基础，金属氧化物绝缘栅型场效应管则是 CMOS 集成电路的基础。能实现与、或、非三种基本逻辑运算以及复合逻辑运算的数字电路称为与门、或门、非门、与非门、或非门等。本节通过介绍常用基本门电路的内部电路，特别是它的外部特性，力求使读者能正确而有效地了解和掌握集成逻辑门电路的基本原理。

7.2.1　半导体器件的开关特性

不同于模拟器件，数字逻辑器件中的半导体器件一般都工作在开关状态。掌握和了解这些半导体器件的开关特性，对于掌握和了解门电路的组成和工作原理，正确选择和使用门电路是很重要的。

1. 常见半导体器件的开关特性

(1) 二极管的开关特性

在逻辑器件中，一般用理想化模型来分析二极管电路，图 7-14 为理想化二极管的伏安特性。当二极管承受正向电压，即二极管正向偏置时，二极管导通，二极管管压降为 0 V，相当于开关闭合，如图 7-15(a)所示。当二极管反向偏置时，二极管截止，二极管电流 i_D为 0，相当于开关断开，如图 7-15(b)所示。

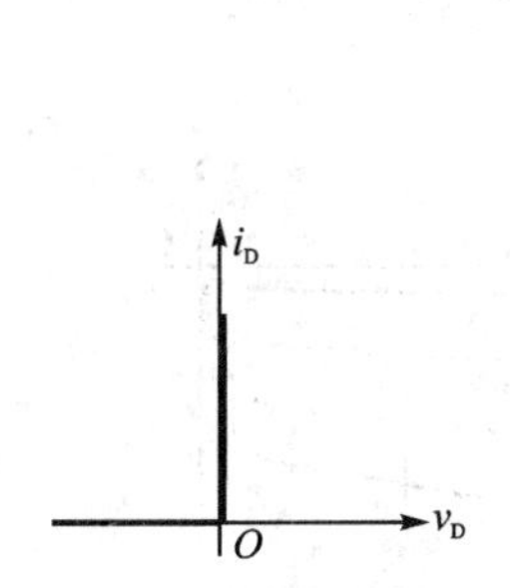

图 7-14　理想化二极管的伏安特性

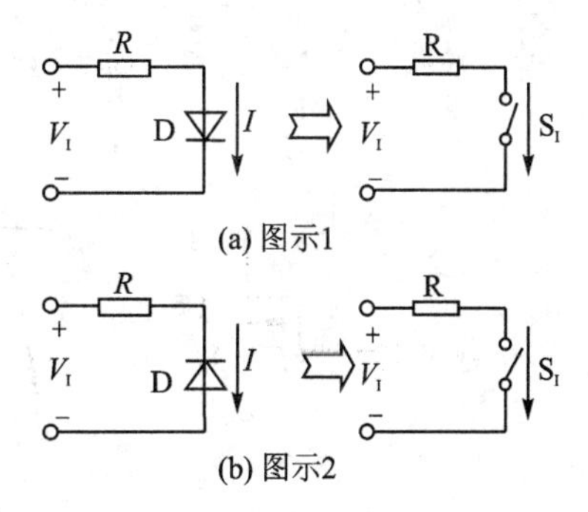

图 7-15　二极管等效开关

由上述分析可知，二极管的导通和截止即相当于开关的闭合和断开。

(2) 三极管的开关特性

数字逻辑电路中，三极管一般不工作在放大状态，而是工作在饱和导通或截止两种状态。

在如图 7-16 所示电路中，若 i_B小于等于零，则 i_C小于等于 I_{CEO}(穿透电流)，三极管工作在截止状态，此时三极管相当于一个开关打开，$v_o=V_{CC}$。为使三极管可靠截止，必须满足三极管截止条件，即输入电压 v_i必须小于等于三极管死区电压 V_{BE}；若 i_B足够大，则 i_C受集电极负载电阻 R_C影响达到饱和值 I_{CS}(集电极饱和电流)。此时三极管相当于一个开关合上，忽略三

极管饱和压降 V_{CES},有 $v_{CE}=v_o=V_{CES}=0$。为使三极管可靠饱和,输入电压 v_i 必须满足:$v_i>R_B I_{BS}+V_{BES}$(发射结饱和压降)。

由以上分析可知,三极管的饱和与截止相当于开关的闭合和断开,即三极管具有开关特性,三极管的开与关和控制电压 v_i 有关,v_i 大于某一电平,三极管饱和导通(开关闭合);v_i 小于某一电平,三极管截止(开关断开)。由此可见三极管作为开关,与二极管开关类似。

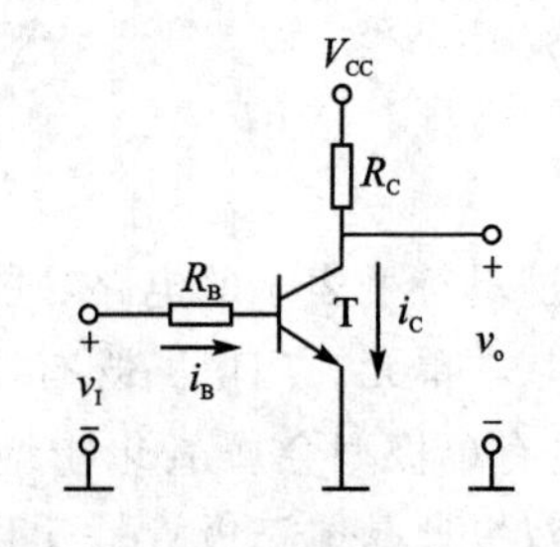

图 7-16 三极管用作为开关

*(3) MOS 管的开关特性

金属氧化物绝缘栅增强型场效应管(MOS)有 N 沟道和 P 沟道之分,其电路符号和特性曲线如图 7-17 和图 7-18 所示。不同于 BJT,MOS 管有极高的输入电阻,栅极不取电流,是一种电压控制型开关器件。在如图 7-19 所示的 NMOS 开关电路中,当输入电压 v_i 小于 NMOS 管开启电压 V_T 时,由 NMOS 管的转移特性可知,T_N 管截止(开关断开),$i_D=0$,$v_o=V_{DD}$。当输入电压 v_i 大于 NMOS 管开启电压 V_T 时,T_N 管导通(开关闭合),$v_O=0$。同理可以推出 PMOS 管的开关特性。

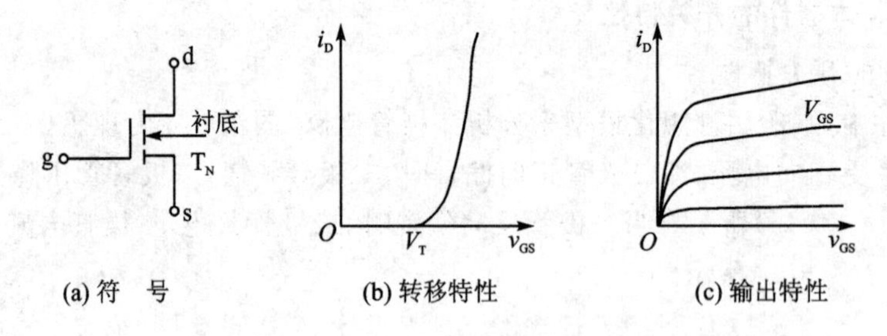

图 7-17 N 沟道增强型 MOS 管

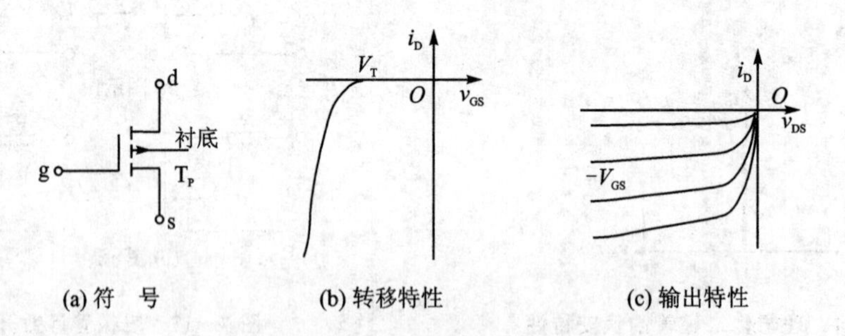

图 7-18 P 沟道增强型 MOS 管

2. 分立元件门电路

(1) 二极管与门电路

采用二极管组成的与门电路如图 7-20 所示。

设输入电压(V_A、V_B 和 V_C)高电平为 5 V,低电平为 0 V,电源电压(V_{CC})为 5 V。当输入中有一个为低电平(如 $V_A=0$ V,$V_B=V_C=5$ V),对应二极管(D_1)优先导通,忽略二极管导通压降,输出电压 $V_o=0$ V。其他二极管(D_2,D_3)因受反向电压而截止。当输入中有两个为低电平或三个输入全为低电平时,可假设任何一个输入为低电平的二极管导通,此时不管其他的二极管导通与否,输出电压 $V_o=0$ V。

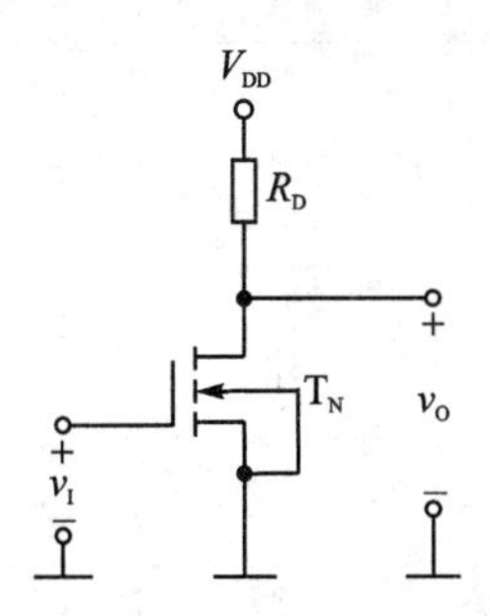

图 7-19　MOS 管开关工作状态

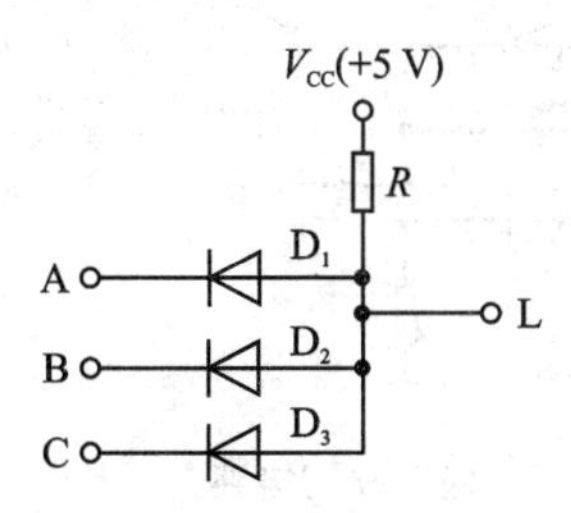

图 7-20　二极管构成的与门电路

当输入电压(V_A、V_B和 V_C)全为高电平 5 V 时,二极管 D_1,D_2,D_3均截止,因 L 端悬空,V_{CC}通过 R 后没有任何电压降,输出电压 $V_o=V_{CC}=5$ V。

将以上各种工作情况下的输入、输出电平列为表格,则可得表 7-13。若将表 7-13 中的电平用逻辑值表示,即可得真值表如表 7-14 所列。由该真值表可知,输入中有 0(低电平)输出就为 0(低电平),只有输入全部是 1(高电平)输出才是 1(高电平),即具有"有 0 则 0,全 1 则 1"的与逻辑特点。

表 7-13　输入、输出电平

V_A	V_B	V_C	V_O
0	0	0	0
0	0	5	0
0	5	0	0
0	5	5	0
5	0	0	0
5	0	5	0
5	5	0	0
5	5	5	5

表 7-14　与真值表

A	B	C	L
0	0	0	0
0	0	1	0
0	1	0	0
0	1	1	0
1	0	0	0
1	0	1	0
1	1	0	0
1	1	1	1

(2) 二极管或门电路

采用二极管组成的或门电路如图 7-21 所示。

当输入 A、B、C 中有一个为高电平(如 $V_A=5$V,$V_B=V_C=0$ V),高电平对应的二极管(D_1)导通,低电平对应的二极管(D_2、D_3)截止,忽略二极管导通压降,输出高电平($V_o=5$ V)。当 A、B、C 中有两个高电平或全为高电平($V_A=V_B=V_C=5$V)时,所有二极管(D_1、D_2和 D_3)只要有一个导通,输出就为高电平($V_o=5$ V)。

当 A、B、C 全为低电平($V_A=V_B=V_C=0$ V),则所有的二极管(D_1、D_2和 D_3)均截止,输出低电平($V_o=0$ V)。将各种输入、输出电平情况列表可得如表 7-15 所列的电平表。若将表 7-15中的电平用逻辑值表示,即可得到的真值表如表 7-16 所列。由该真值表可知,输入中有 1(高电平)输出就为 1(高电平),只有输入全部是 0(低电平)输出才是 0(低电平),即具有"有 1 则 1,全 0 则 0"的或逻辑特点。

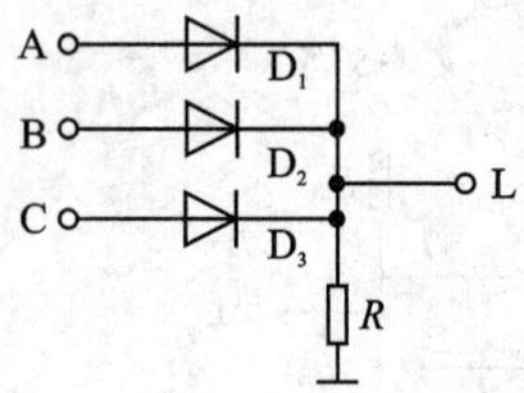

图 7-21 二极管或门电路

表 7-15 输入输出电平

V_A	V_B	V_C	V_O
0	0	0	0
0	0	5	5
0	5	0	5
0	5	5	5
5	0	0	5
5	0	5	5
5	5	0	5
5	5	5	5

表 7-16 与门真值表

A	B	C	L
0	0	0	0
0	0	1	1
0	1	0	1
0	1	1	1
1	0	0	1
1	0	1	1
1	1	0	1
1	1	1	1

(3) 三极管非门电路(反相器)

由三极管构成的非门电路(反相器)如图 7-22 所示。

当输入电压 v_I 为高电平 5 V 时,三极管 T 饱和导通,输出 v_o 为低电平($v_o = V_{CES} \approx$ 0.3 V $\approx$0 V)。而当输入电压 v_i 为低电平 0V 时,三极管 T 截止,输出 v_o 为高电平($v_o = V_{CC} =$ 5 V)。由此可知输入、输出电压具有反相关系。若低电平用逻辑值“0”表示,高电平用逻辑值“1”表示,则以上分析结果可用真值表 7-17 表示。

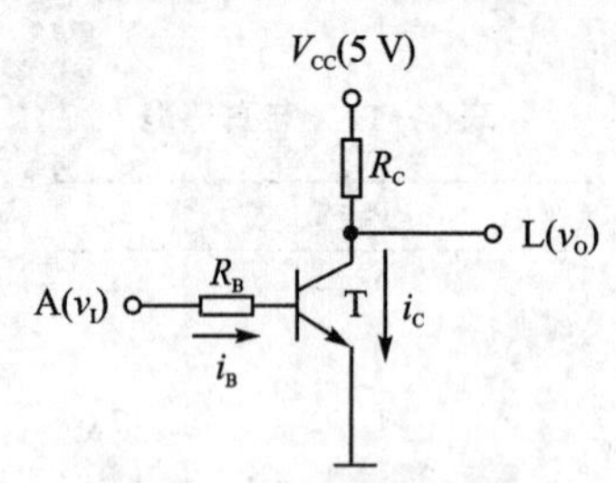

图 7-22 三极管反相器

表 7-17 非门真值表

A	L
0	1
1	0

7.2.2 TTL 门电路

TTL 电路是用 BJT 工艺制造的数字集成电路,目前产品型号主要为 74LS 系列。本节以 TTL 与非门为例,介绍 TTL 电路的一般组成、原理、特性和参数。

1. TTL 与非门的内部结构和工作原理

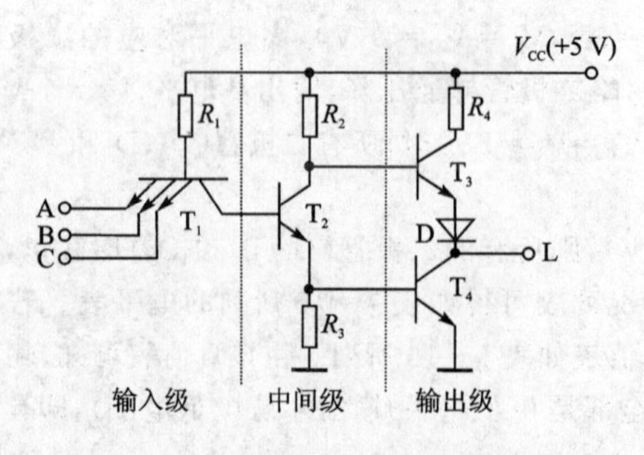

图 7-23 TTL 集成与非门内部基本结构

TTL 与非门内部基本结构如图 7-23 所示,多发射极管 T_1 为输入级,T_2 为中间级,T_3 和 T_4 组成输出级。NPN 型多发射极管 T_1 的基极类似于图 7-20 中多个二极管的共阳极,当 A、B、C 中有一个或一个以上为低电平时,对应发射结正偏导通,V_{CC} 经 R_1 为 T_1 提供基极电流。设输入低电平 $V_{IL} = 0.3$ V,输入高电平 $V_{IH} = 3.6$ V,$V_{BE} = 0.7$ V,则 T_1 基极电位 $V_{B1} = 1$ V,它不足以向 T_2 提供基极电流，因而 T_2 截止，从而 T_4 也截止。因为 T_2 截止，V_{CC} 经 R_2 为 T_3 提供基极电流，T_3 导通输出高电平 $V_{OH}(=V_{CC}-I_{B3}R_2-V_{BE3}-V_D)$，由于 I_{B2} 很小，该电流在 R_2 上直流压降可忽略，则 $V_{OH}=5\text{ V}-0.7\text{ V}-0.7\text{ V}\approx3.6\text{ V}$。

当 A、B、C 全为高电平或全部悬空时，V_{CC} 经 R_1 经 T_1 集电结为 T_2 提供基极电流，T_2 饱和导通。此时，T_1 基极电位 $V_{B1}=2.1\text{ V}$（T_1 集电结，T_2 发射结，T_4 发射结三个 PN 结正向压降之和）。T_2 导通一方面为 T_4 提供基极电流，使 T_4 也饱和导通；另一方面因 T_2 集电极电位 V_{C2}（$V_{C2}=V_{BE4}+V_{CES2}$）$\approx1\text{ V}$，该电压不足以使 T_3 导通，即 T_3 截止。因 T_4 饱和导通，T_3 截止，故 T_4 输出低电平 $V_{OL}(=V_{CES4})\approx0.3\text{ V}$。由此可见，图 7-23 所示电路实现了“有 0 则 1，全 1 则 0”的与非逻辑功能，是 TTL 与非门。

2. TTL 与非门的特性和主要参数

（1）电压传输特性

将 TTL 与非门连接成反相器形式，即将某一输入端的电压由零逐渐增大，而将其他输入端接在电源正极或悬空保持恒定的高电位。如图 7-24(a)所示，输入 v_i 和输出 v_o 之间具有如图 7-24(b)所示的电压传输特性。曲线可分解成 4 部分：

AB 段——截止区。输入小于 0.6 V，T_1 饱和导通，T_2、T_4 截止，对应的输出为高电平（$V_{OH}=3.6\text{ V}$）。

BC 段——线性区。随着输入电压的增加（$0.6\text{ V}\leqslant v_I<1.3\text{ V}$），$I_{B1}$ 将有一部分流向 T_2，进入线性区，从而使 T_2、T_3 处于放大状态，输出电压随输入电压作线性变化，此时 T_4 管仍然截止。

CD 段——转折区。随着输入电压的进一步增加（$1.3\text{ V}\leqslant v_I<1.4\text{ V}$），将使 T_4 管进入放大状态，此时 T_2、T_3、T_4 和 D 管均导通。输入电压的任何微小变化，都将引起输出电压急剧变化。转折区相当于 T_4 管从开始进入放大至饱和导通为止的区域。

DE 段——饱和区。输入电压 $v_I\geqslant1.4\text{ V}$，此时 T_4 管进入饱和区，T_4 输出低电平 V_{OL}（$V_{OL}=V_{CES4}$）$\approx0.3\text{ V}$。

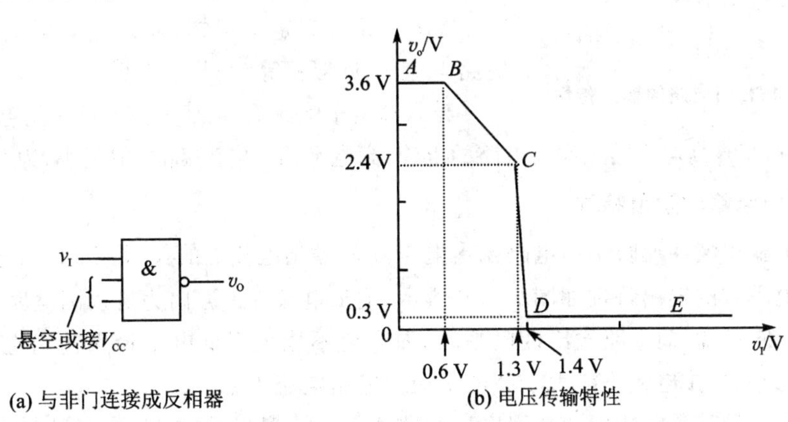

(a) 与非门连接成反相器　　(b) 电压传输特性

图 7-24　TTL 与非门的电压传输特性

（2）由电压传输特性定义的参数

由 TTL 与非门的电压传输特性曲线可知，在不同输入电压条件下，有不同的输出电压。在数字系统中就存在一个问题，几伏电压也可认为是高电平，作为逻辑值 1；几伏电压也可认为是低电平,作为逻辑值 0。因此,数字系统通常规定一个标准高电平和一个标准低电平予以认定。

标准高电平 V_{SH} 定义为数字系统高电平的下限值($V_{OH,min}$),凡是大于标准高电平 V_{SH} 的电平都是高电平,用逻辑值 1 表示,74 系列 TTL 电路的标准参数规定 $V_{SH}=2.4$ V。

标准低电平 V_{SL} 定义为数字系统低电平的上限值($V_{OL,max}$),凡是小于标准低电平 V_{SL} 的电平都是低电平,用逻辑值 0 表示,74 系列 TTL 电路的标准参数规定 $V_{SL}=0.4$ V。

开门电平 V_{ON} 定义为输入高电平的下限值($V_{IH,min}$),只要门电路的输入电压大于开门电平,门电路的输出电压小于标准低电平 V_{SL},输出就是低电平"0";若输入电压小于开门电平,则门电路的输出电压大于标准低电平 V_{SL},输出就不一定是低电平"0"。74 系列 TTL 电路的标准参数规定 $V_{ON}=2.0$ V。

关门电平 V_{OFF} 定义为输入低电平的上限值($V_{IL,max}$),只要门电路的输入电压小于关门电平,门电路的输出电压大于标准高电平 V_{SH},输出就是高电平"1";若输入电压大于关门电平,则门电路的输出电压小于标准高电平 V_{SH},输出就不一定是高电平"1"。74 系列 TTL 电路的标准参数规定 $V_{OFF}=0.8$ V。

当输入电压大于关门电平 V_{OFF} 小于开门电平 V_{ON} 时,输出既不是高电平"1",也不是低电平"0",此时系统会无法判断逻辑值,因此输入电压不能落在此范围内。

3. TTL 门电路的输入特性

TTL 门电路的输入特性是指输入电压 v_I 与输入电流 i_I 的关系曲线,也称为输入伏安特性。典型的输入特性如图 7-25 所示,图中,输入电流 i_I 正方向为流入门电路电流的方向。

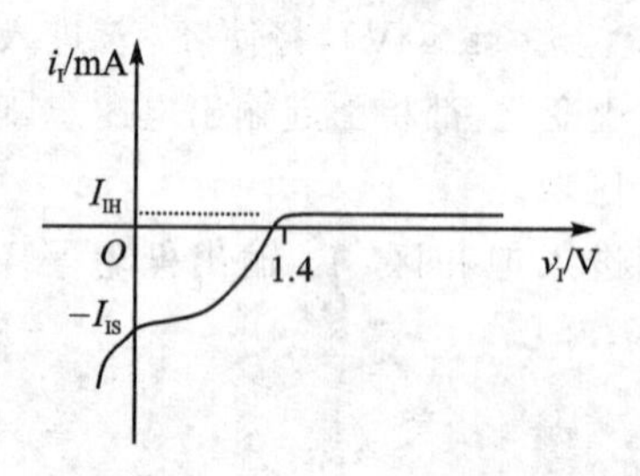

图 7-25　TTL 门电路的输入特性

输入低电平电流 I_{IL} 是某一输入端接低电平,其余输入端接高电平时,通过 TTL 与非门内部电阻 R_1 流向外部接低电平输入端处的电流 $I_{IL}=(V_{CC}-V_{BE1}-V_{IL})/R_1$;输入短路电流 I_{IS} 是某一输入端接低电平(0 V)时通过 TTL 与非门内部电阻 R_1 流向接地处的电流 $I_{IS}=(V_{CC}-V_{BE1})/R_1$。由二者定义可知,输入低电平电流 I_{IL} 和输入短路电流 I_{IS} 近似相等。

输入高电平电流 I_{IH} 是某一输入端接高电平,其余输入端接低电平时,流入高电平输入端门电路的电流,高电平输入电流 I_{IH} 一般很小,为 20~40 μA。

4. TTL 门电路的输出特性

门电路的输出特性反映了门电路输出电压 v_o 和输出电流 i_o 的关系,TTL 门电路输出低电平和输出高电平时的输出特性如图 7-26 所示,输出电流 i_o 正方向为流入门电路电流方向。

由图 7-26 可知,门电路输出低电平时,灌电流不能大于低电平最大输出电流 $I_{OL,max}$;门电路输出高电平时,拉电流不能大于高电平最大输出电流 $I_{OH,max}$。

集成门电路的带负载能力通常用扇出系数 N_o 表示,扇出系数 N_o 是指门电路最多能带同类负载门的个数,TTL 门扇出系数 N_o 的大小主要取决于 TTL 门内部输出级开关管 T_4 饱和时所允许的最大输出电流 $I_{OL,max}$(取集电极临界饱和电流 I_{CS} 或集电极最大允许电流 I_{CM} 中小的一个电流,典型值为 14 mA)与单个负载门的 I_{IS} 的比值,即

$$N_O=I_{CS}/I_{IS}=14\ \text{mA}/1.4\ \text{mA}=10$$

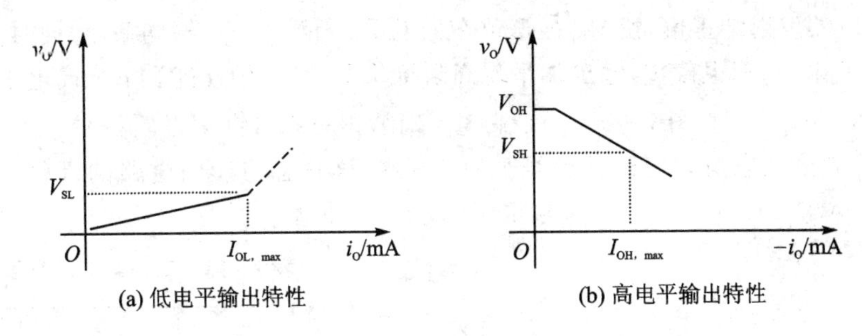

图 7-26　TTL 门电路的输出特性

5. TTL 门电路的动态特性

平均传输延迟时间 t_{pd} 是用来描述门电路开关速度的动态参数，门电路在动态脉冲信号作用下，输出脉冲相对于输入脉冲延迟了多长时间，如图 7-27 所示。图中，t_{PHL} 表示输出电压由高变低，输出脉冲的延迟时间；t_{PLH} 表示输出电压由低变高，输出脉冲的延迟时间。这两个延迟时间的平均值称为平均传输延迟时间 t_{pd}（$t_{pd}=(t_{PHL}+t_{PHL})/2$），TTL 门电路的平均传输延迟时间 t_{pd} 一般为 20 ns 左右，即门电路的最高工作频率 f_{max} 为 20～30 MHz。

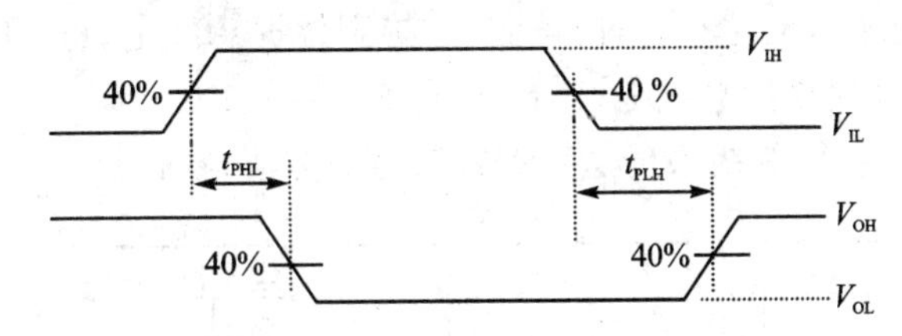

图 7-27　TTL 反相器传输延迟时间

6. TTL 三态输出与非门（TSL 门）

TTL 三态输出与非门电路与普通与非门电路不同，它的输出端除了出现高电平和低电平外，还可以出现第三种状态——高阻状态。

TTL 三态与非门电路和逻辑符号如图 7-28 所示，由图 7-28(a)可知，使能输入端 EN 为高电平时，二极管 D 截止（开关断开），与其相连的多发射极管的相应发射结反偏截止，此时门电路相当于二输入的与非门；使能输入端 EN 为低电平时，二极管 D 导通（开关合上），与之

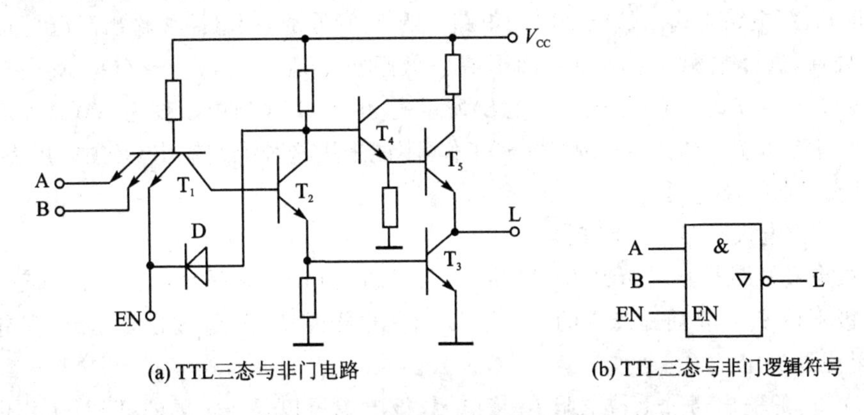

图 7-28　TTL 三态与非门

相连的 T_1 相应的发射结正偏，使 V_{B1} 被箝位在低电平，从而 T_2、T_3 管均截止，同时 T_2 集电极电位为低电平，T_4 和 T_5 管也截止，输出端呈现高阻抗状态(Z)。即使能端 EN 高电平有效，EN=1，$L=\overline{AB}$；EN=0，L=Z。图 7-28(b)是高电平有效的三态与非门逻辑符号。

低电平有效的三态与非门逻辑符号见图 7-29，该三态与非门电路的真值表如表 7-18 所列。

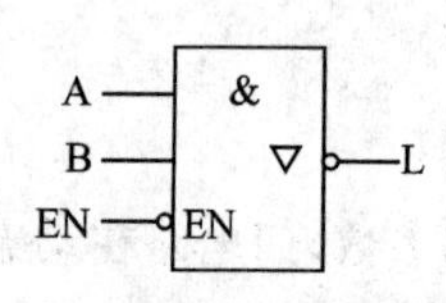

图 7-29　低电平有效三态与非门逻辑符号

表 7-18　三态与非门真值表

EN	A	B	L
0	0	0	1
	0	1	1
	1	0	1
	1	1	0
1	×	×	Z

三态输出与非门电路主要应用于多个门输出共享数据总线的情况，为避免多个门输出同时占用数据总线，这些门的使能信号(EN)中只允许有一个为有效电平(如高电平)，如图 7-30 所示。当 $EN_0=1$，$EN_1=EN_2=0$ 时，门电路 G_0 接到数据总线上，$D=L_0$；当 $EN_1=1$，$EN_0=EN_2=0$ 时，门电路 G_1 接到数据总线上，$D=L_1$；当 $EN_2=1$，$EN_0=EN_1=0$ 时，门电路 G_2 接到数据总线上，$D=L_2$。这种用总线来传送数据或信号的方法，在计算机中被广泛采用。

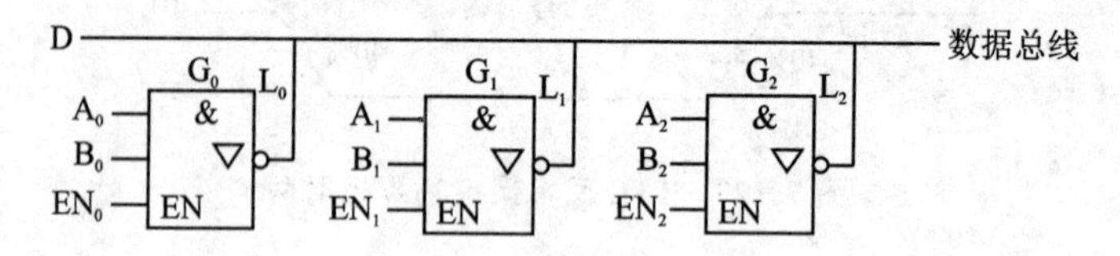

图 7-30　高电平有效三态输出门共用一根总线

*7. TTL 集电极开路门

(1) 关于“线与”的概念

“线与”是指将两个以上门电路的输出端直接并联连接，而一般 TTL 集成门输出端并不能直接并接使用，否则这些门的输出管之间由于低阻抗形成很大的短路电流，而烧坏器件。由图 7-31 可知，门电路 1 输出低电平时门电路 1 的 T_4 管导通，门电路 2 输出高电平时门电路 2 的 T_3 管也导通，这样电源 V_{CC} 和地之间形成一低阻抗电流通路，$V_{CC}\rightarrow(G_2)R_4\rightarrow(G_2)T_3\rightarrow(G_2)D\rightarrow$线与$\rightarrow(G_1)T_4\rightarrow$地(如图 7-31(b)所示)。由于 G_2 输出电阻仅为 100 Ω 左右，从而会产生很大的回路电流。要能够实现“线与”工作，不能采用这种推挽输出，必须采用集电极开路门(OC 门)或三态门(ST 门)。

(2) TTL 集电极开路门(OC 门)

TTL 集电极开路与非门如图 7-32 所示，与普通 TTL 与非门相比，OC 门的输出级三极管 T_4 集电极不是接 T_3 管而是悬空的。由于 T_4 管集电极悬空，T_4 管截止时输出(高电平)电压由其所接外电路决定。

一般 OC 门的输出通过上拉电阻 R_L 接电源，该电源可以是 +5 V 的 TTL 工作电源 V_{CC}，也可以是其他电压值的电源 V_{CC}，以实现逻辑电平的转换，如图 7-33 所示。

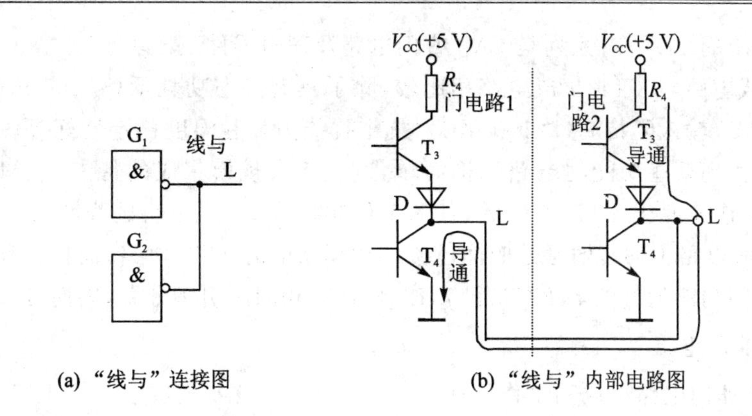

(a)“线与”连接图　　(b)“线与”内部电路图

图 7-31　TTL 门“线与”工作

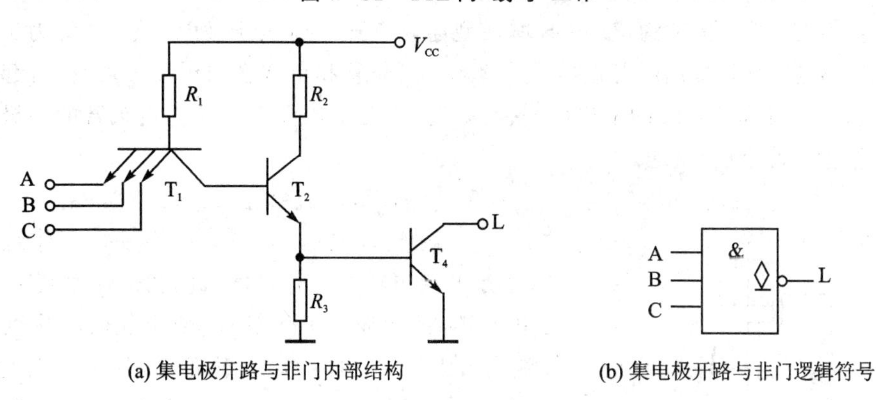

(a) 集电极开路与非门内部结构　　(b) 集电极开路与非门逻辑符号

图 7-32　TTL 集电极开路与非门

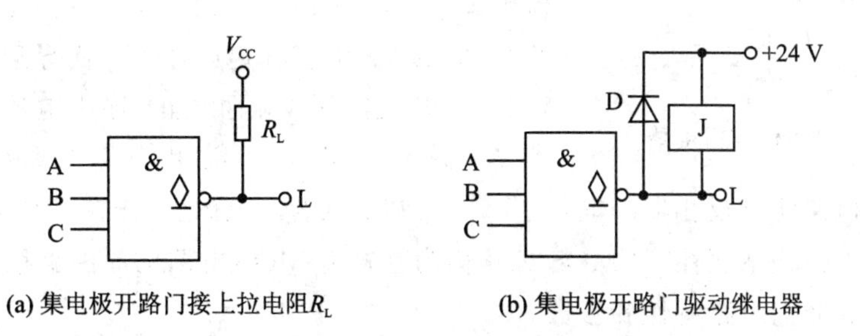

(a) 集电极开路门接上拉电阻R_L　　(b) 集电极开路门驱动继电器

图 7-33　TTL 集电极开路门应用

集电极开路门所接上拉电阻 R_L 的作用之一是限制低电平输出时灌入门电路的电流，保证输出低电平 V_{OL} 小于标准低电平 V_{SL}，因此，所接上拉电阻 R_L 不能太小，有一个电阻下限 $R_{L,min}$。同时上拉电阻 R_L 又起高电平输出时为负载提供拉电流的作用，因此，所接上拉电阻 R_L 不能太大，以保证输出高电平 V_{OH} 大于标准高电平 V_{SH}，有一个电阻上限 $R_{L,max}$。根据以上两方面的考虑，上拉电阻 R_L 的选定应满足下列不等式

$$R_{L,min} \leqslant R_L \leqslant R_{L,max}$$

*7.2.3　CMOS 门电路

由金属氧化物绝缘栅型场效应管（MOS）构成的单极型集成电路称为 MOS 电路。MOS 门电路主要有三种类型：NMOS 门电路、PMOS 门电路和 CMOS 门电路。随着电子技术的发

展,目前广泛应用的CD4000系列是CMOS门电路及逻辑器件。

CMOS集成电路与TTL集成电路相比较,除了具有静态功耗低(<100 mW)、电源电压范围宽(3~18 V)、输入阻抗高(>100 MΩ)、抗干扰能力强和温度稳定性好等优点外,还具有制作工艺简单,实现某些功能的电路结构简单,适宜于大规模集成的特点。CMOS器件的不足之处在于其工作速度比TTL器件低,且随工作频率升高,其功耗显著增大。但74HCT系列的CMOS集成电路平均传输延迟时间已接近相同功能的TTL电路,而且具有与TTL兼容的逻辑电平,相同功能型号的74HCT和74LS器件有相同的引脚分布,因而可以互换。

1. CMOS非门电路

(1) CMOS非门电路组成和工作原理

CMOS非门电路(常称为反相器),如图7-34所示,由两个管型互补的场效应管T_N和T_P组成。T_N管为工作管,是N沟道MOS增强型场效应管,开启电压为V_{TN}。T_P管为负载管,是P沟道MOS增强型场效应管,开启电压为V_{TP}。工作管和负载管的栅极(g)接在一起,作为输入端A(v_I);工作管和负载管的漏极(d)接在一起,作为输出端L(v_O)。负载管的源极(s)接电源V_{DD},工作管的源极(s)接地。

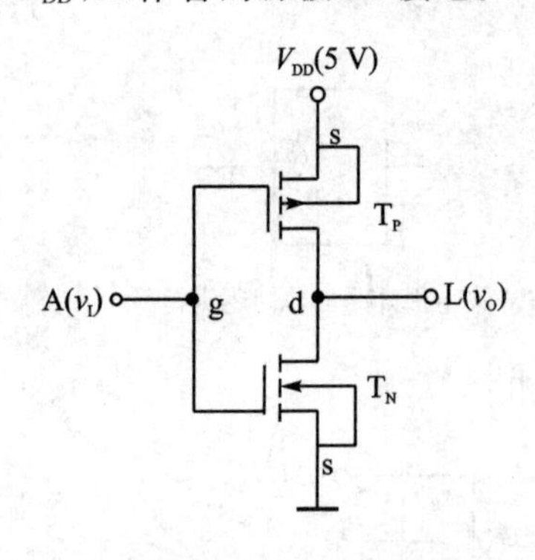

图7-34 CMOS非门电路

设$V_{DD}=5$ V,$V_{TN}=V_{DD}/2=2.5$ V,$V_{TP}=-V_{DD}/2=-2.5$ V。在输入电压$v_I=V_{IL}<V_{TN}$时,工作管T_N因其V_{GS}小于开启电压V_{TN}而截止,负载管T_P因其V_{GS}小于开启电压V_{TP}而导通。工作管T_N截止漏极电流近似为零,等效内阻为$10^8\sim10^9$ Ω,负载管T_P导通沟道电阻小于1 kΩ,输出电压$v_O=V_{OH}\approx V_{DD}$,即输入低电平(A=0),输出高电平(L=1)。在输入电压$v_I=V_{IH}>V_{TN}$时,工作管T_N因其V_{GS}大于开启电压V_{TN}而导通,负载管T_P因其V_{GS}大于开启电压V_{TP}而截止,输出电压$v_o=V_{OL}\approx0$ V,即输入高电平(A=1),输出低电平(L=0)。由此可见,图7-34所示电路实现反相器功能,工作管T_N和负载管T_P总是工作在互补的开关工作状态,即T_N和T_P的工作状态互补。CMOS电路称为互补型MOS电路的原因也在于此。

(2) CMOS非门电路特性和参数

前面分析CMOS反相器时,假设$V_{DD}=V_{TN}+|V_{TP}|$。实际应用时,CMOS器件电源范围较宽,电源电压应该满足$V_{DD}\geqslant V_{TN}+|V_{TP}|$的条件。在输入电压变化过程中,$T_N$和$T_P$的工作状态并不总是互补的。通过测量,可得如图7-35所示的电压传输特性。

CMOS反相器的电压传输特性由5段曲线组成:

*AB*段——输入电压v_I小于T_N开启电压V_{TN},T_N截止,v_I-V_{DD}小于V_{TP},T_P导通,$v_o=V_{OH}\approx V_{DD}$。

*BC*段——输入电压v_I大于T_N开启电压V_{TN},T_N导通,v_I-V_{DD}小于V_{TP},T_P导通。由于v_I不够大,T_N沟道电阻远大于T_P沟道电阻,输出电压下降。

*CD*段——输入电压v_I大于T_N开启电压V_{TN},T_N导通,v_I-V_{DD}小于V_{TP},T_P导通,两管栅源电压绝对值近似,T_N沟道电阻和T_P沟道电阻的比发生显著变化,引起输出电压急剧下降。

*DE*段——输入电压v_I大于T_N开启电压V_{TN},T_N导通,v_I-V_{DD}小于V_{TP},T_P导通。由于

v_I比较大，T_N沟道电阻远小于 T_P沟道电阻，输出电压进一步下降。

EF 段——输入电压 v_I大于 T_N开启电压 V_{TN}，T_N导通，$v_I - V_{DD}$大于 V_{TP}，T_P截止，$v_o = V_{OL} \approx 0$ V。

由 CMOS 反相器的电压传输特性可知，反相器状态转换时，电压变化率比较大，阈值电压 V_{th}较高（$=V_{DD}/2$）。因而，CMOS 器件有较高的抗干扰容限。对应于电压传输特性，CMOS 反相器的电流传输特性是指输入电压 v_I和漏极电流 i_D之间的关系曲线，如图 7－36 所示。根据电压传输特性分析可以知道，输入电压在 $V_{TN} < v_I < V_{DD} - |V_{TP}|$范围内，即电压传输特性 BE 段，工作管和负载管同时导通，因此形成漏极电流 i_D。电压传输特性 CD 段非常陡直，且在 $v_I = V_{th} = V_{DD}/2$ 时两管沟道电阻之和最小，所以，此时漏极电流 i_D达到最大值。

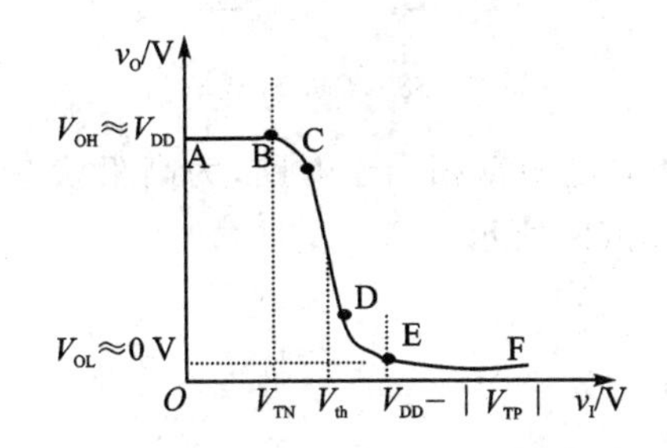

图 7－35　CMOS 反相器电压传输特性

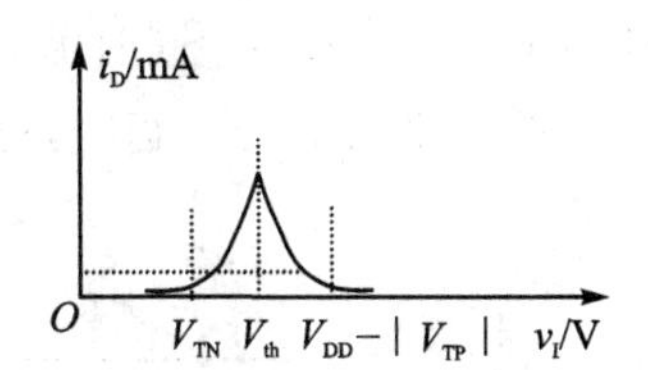

图 7－36　CMOS 反相器电流传输特性

2. 其他 CMOS 门电路

（1）与非门

二输入 CMOS 与非门如图 7－37 所示，图中，两个 N 沟道工作管 T_{N1}、T_{N2}串联连接，其衬底接电位最低点（地），两个 P 沟道负载管 T_{P1}、T_{P2}并联连接，其衬底接电位最高点（V_{DD}）。工作管 T_{N1}、T_{N2}串联情况下，只有两管都导通，工作管支路才能导通，即 A 和 B 全为 1，工作管支路导通；A 和 B 中有 0 时，工作管支路截止。负载管 T_{P1}、T_{P2}并联连接，A 和 B 中有 0，则负载管支路就导通；A 和 B 全为 1，负载管支路才截止。工作管支路截止，负载管支路导通，输出高电平 1，实现见 0 为 1 的逻辑功能。工作管支路导通，负载管支路截止，输出低电平 0，实现全 1 为 0 的逻辑功能。因此，这是一个与非门电路，要实现多输入与非只要相应增加串联工作管和并联负载管数目，但串联工作管数目越多输出低电平会越高，一般串联工作管数目有限制，最多为 4 个。

从电路结构上来说，工作管和负载管是成对出现在 CMOS 电路中的，且工作管支路的状态与负载管支路的状态相反，因此，工作管支路的连接形式与负载管支路的连接形式也相反（互补），工作管串联，负载管并联。

（2）或非门

图 7－38 给出了二输入 CMOS 或非门电路，图中，工作管并联，负载管串联，工作管支路的通断与 A、B 状态是或逻辑关系。只要 A、B 中有 1，工作管支路通，输出是 0；A、B 全 0，工作管支路断，输出是 1，即输出电平和 A、B 之间是或非逻辑关系。

（3）三态输出门电路

图 7－39(a)给出了 CMOS 三态输出门电路，其工作原理如下：

当 EN＝0 时，T_{P2}和 T_{N2}同时导通，T_{N1}和 T_{P1}组成的非门正常工作，输出 $L=\overline{A}$。

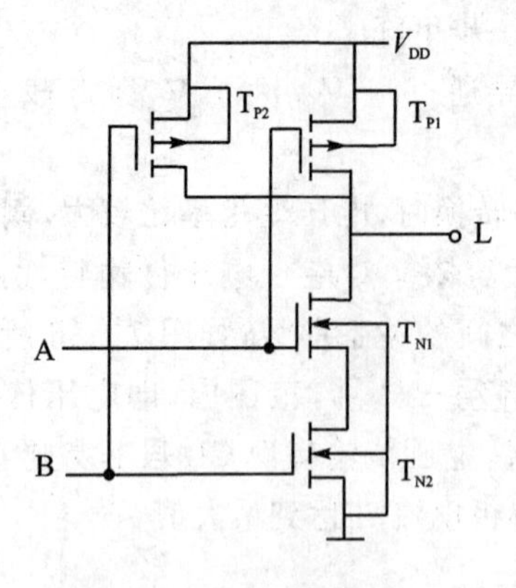

图 7-37 CMOS 与非门

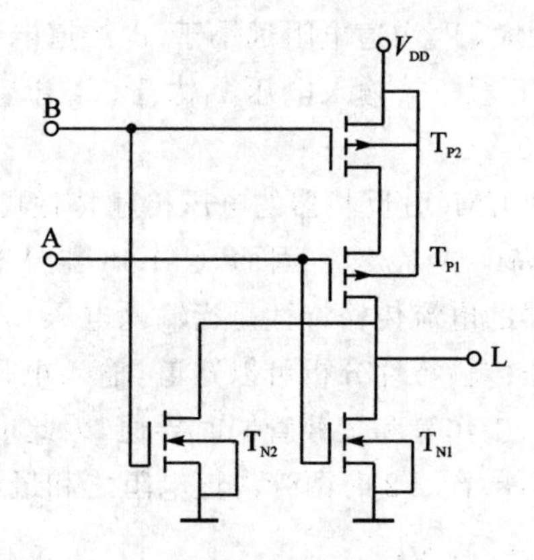

图 7-38 CMOS 或非门

当 EN=1 时，T_{P2} 和 T_{N2} 同时截止，输出 L 对地和对电源都相当于开路，为高阻状态。因此，这是一个低电平有效的三态门，逻辑符号如图 7-39(b)所示。

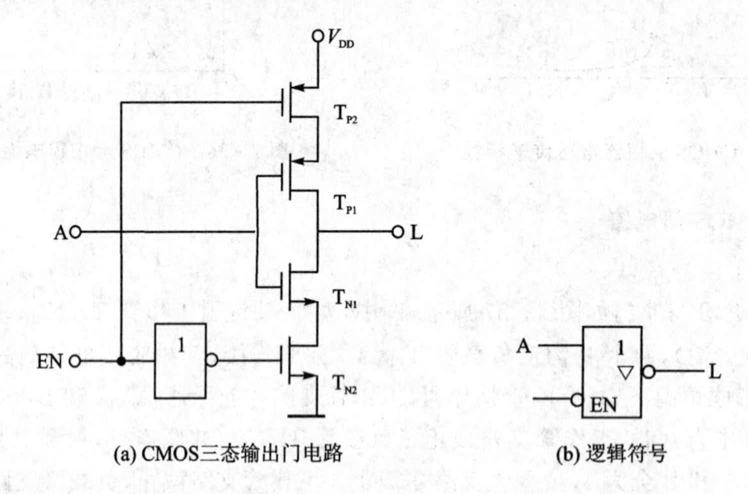

(a) CMOS三态输出门电路 (b) 逻辑符号

图 7-39 CMOS 三态门

(4) 传输门

传输门是 CMOS 门电路特有的一种门电路，传输门既可以传输数字信号，也可以传输模拟信号，在信号的传输、选择和分配中有广泛的应用。图 7-40 给出了 CMOS 传输门的组成和逻辑符号。由图可知其主要由一个 NMOS 管 T_N 和一个 PMOS 管 T_P 组成，C 和 $\overline{C}$ 为控制端，使用时总是加互补的信号。其工作原理如下：

设两管的开启电压 $V_{TN}=|V_{TP}|$。如果要传输的信号 V_i 的变化范围为 0 V～V_{DD}，则将控制端 C 和 $\overline{C}$ 的高电平设置为 V_{DD}，低电平设置为 0，并将 T_N的衬底接低电平 0 V，T_P的衬底接高电平 V_{DD}。

当 C 接高电平 V_{DD}，$\overline{C}$ 接低电平 0 V 时，若 $0\ V<V_i<(V_{DD}-V_{TN})$，T_N 导通；若 $|V_{TP}|\leqslant V_i\leqslant V_{DD}$，则 T_P导通，即 V_i在 0 V～V_{DD}的范围变化时，至少有一管导通，输出与输入之间呈低电阻，将输入电压传到输出端，$V_o=V_i$，相当于开关闭合。

当 C 接低电平 0 V，$\overline{C}$ 接高电平 V_{DD}，V_i在 0 V～V_{DD}的范围变化时，T_N和 T_P都截止，输出呈高阻状态，输入电压不能传到输出端，相当于开关断开。

可见 CMOS 传输门实现了信号的可控传输。将 CMOS 传输门和一个非门组合起来，由非门产生互补的控制信号，如图 7-40(c)所示，称为模拟开关。

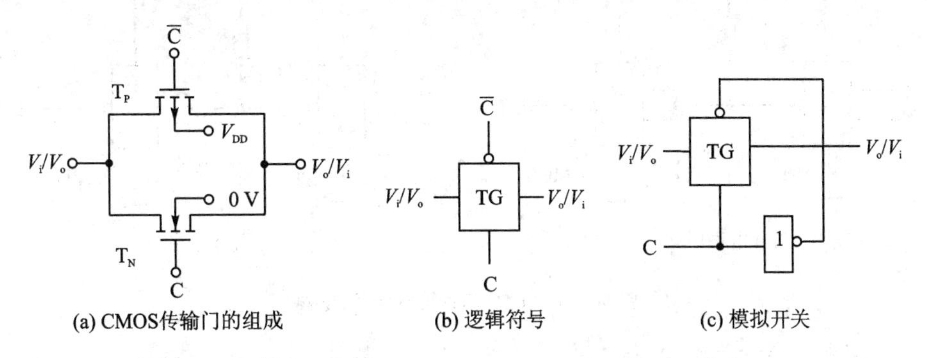

图 7-40　CMOS 传输门及模拟开关

7.2.4　集成逻辑门电路应用时的几个问题

在数字电路或系统的设计中，往往由于工作速度或者功耗指标的要求，需要多种逻辑器件混合使用。例如，TTL 和 CMOS 两种器件都要使用，由前面几节的讨论已知，每种器件的电压和电流参数各不相同，因而需要采用接口电路。两种不同类型的集成电路相互连接，驱动门必须为负载门提供符合要求的高低电平和足够的输入电流，即要满足下列条件：

① 驱动门的 $V_{OH,min}$≥负载门的 $V_{IH,min}$；

② 驱动门的 $V_{OL,max}$≤负载门的 $V_{IL,max}$；

③ 驱动门的 $I_{OH,max}$≥负载门的 $I_{IH(总)}$；

④ 驱动门的 $I_{OL,max}$≥负载门的 $I_{IL(总)}$。

下面分别讨论 TTL 驱动 CMOS 和 CMOS 驱动 TTL 的情况。

1. TTL 门驱动 CMOS 门

由于 TTL 门的 $I_{OH,max}$ 和 $I_{OL,max}$ 远远大于 CMOS 门的 I_{IH} 和 I_{IL}，所以 TTL 门驱动 CMOS 门时，主要考虑 TTL 门的输出电平是否满足 CMOS 输入电平的要求。当都采用 5 V 电源时，TTL 的 $V_{OH,min}$ 为 2.4 V 或 2.7 V，而 CMOS 系列电路的 $V_{IH,min}$ 为 3.4 V，显然不满足要求。这时可在 TTL 电路的输出端和电源之间，接一上拉电阻 R_P，如图 7-41(a)所示。R_P 的阻值取决于负载器件的数目及 TTL 和 CMOS 器件的电流参数，一般在几百至几千欧姆之间。如果 TTL 和 CMOS 器件采用的电源电压不同，则应使用 OC 门，同时使用上拉电阻 R_P，如图 7-41(b)所示。

2. CMOS 门驱动 TTL 门

当都采用 5 V 电源时，CMOS 门的 $V_{OH,min}$>TTL 门的 $V_{IH,min}$，CMOS 的 $V_{OL,max}$<TTL 门的 $V_{IL,max}$，两者电压参数相容。但是 CMOS 门的 I_{OH}、I_{OL} 参数较小，所以，这时主要考虑 CMOS 门的输出电流是否满足 TTL 输入电流的要求。要提高 CMOS 门的驱动能力，可将同一芯片上的多个门并联使用，如图 7-42(a)所示；也可在 CMOS 门的输出端与 TTL 门的输入端之间加一 CMOS 驱动器，如图 7-42(b)所示。

3. TTL 和 CMOS 电路带负载时的接口问题

在工程实践中，常常需要用 TTL 或 CMOS 电路去驱动指示灯、发光二极管 LED 和继电

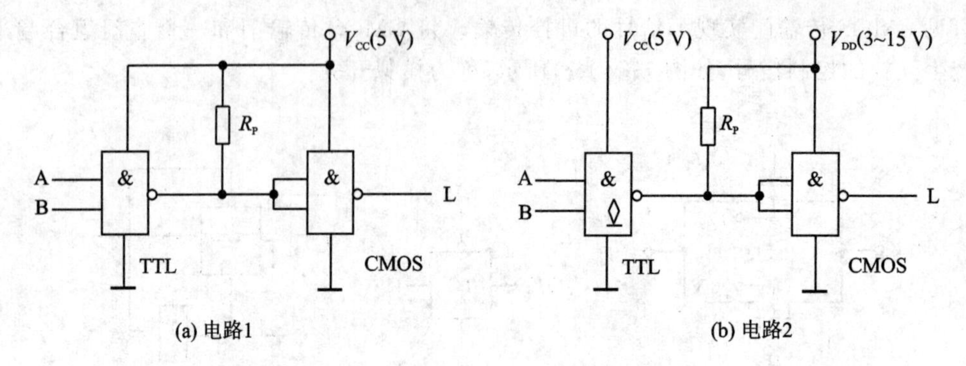

图 7-41 TTL 驱动 CMOS 门电路

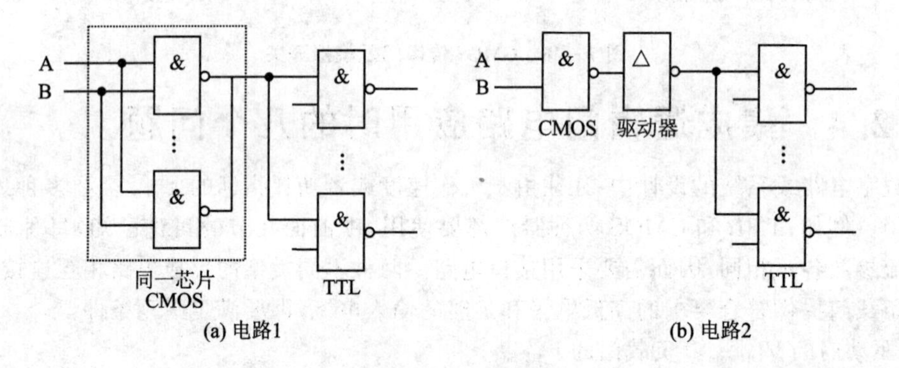

图 7-42 CMOS 门电路驱动 TTL 门电路

器等负载。对于电流较小、电平能够匹配的负载可以直接驱动,如图 7-43(a)所示为用 TTL 门电路驱动发光二极管 LED,这时只要在电路中串接一个约几百欧姆的限流电阻即可。如图 7-43(b)所示为用 TTL 门电路驱动 5 V 低电流继电器,其中二极管 D 作保护,用以防止过电压。

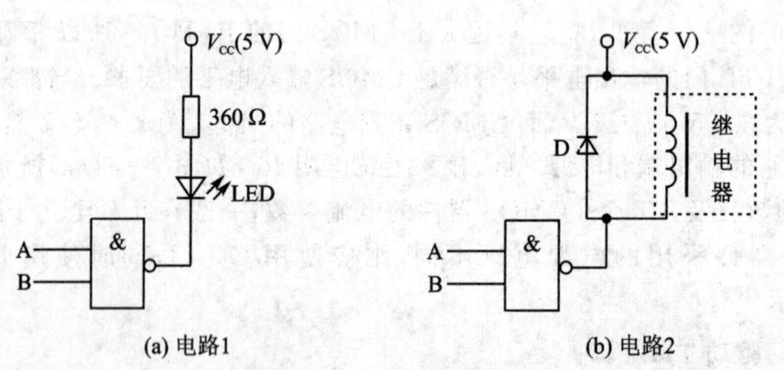

图 7-43 门电路带小电流负载

如果负载电流较大,可将同一芯片上的多个门并联作为驱动器,如图 7-44(a)所示;也可在门电路输出端接三极管,以提高负载能力,如图 7-44(b)所示。

4. 多余输入端的处理

多余输入端的处理应以不改变电路逻辑关系及稳定可靠为原则,通常采用下列方法:

① 对于与非门及与门,多余输入端应接高电平,如直接接电源正端,或通过一个上拉电阻

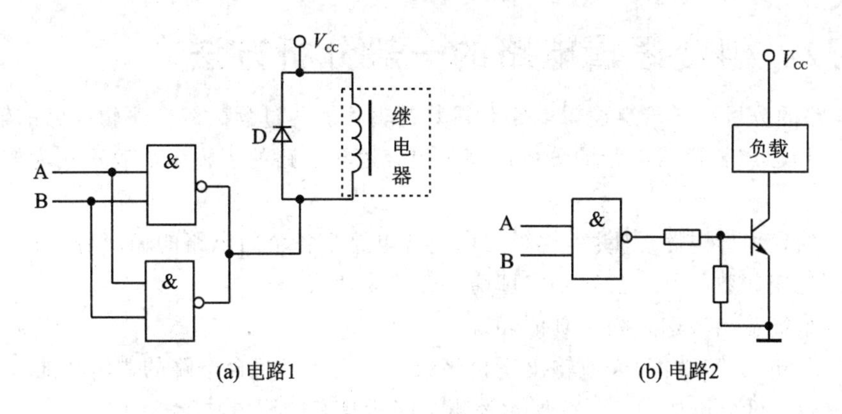

图 7-44 门电路带大电流负载

(1～3 kΩ)接电源正端，如图 7-45(a)所示；在前级驱动能力允许时，也可以与有用的输入端并联使用，如图 7-45(b)所示。

② 对于或非门及或门，多余输入端应接低电平，如直接接地，如图 7-46(a)所示；也可以与有用的输入端并联使用，如图 7-46(b)所示。

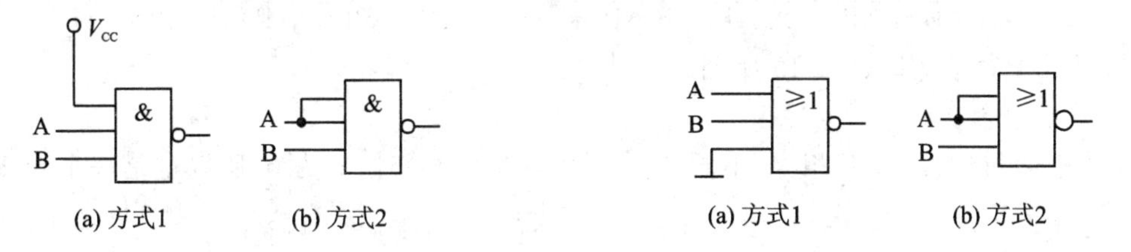

图 7-45 与非门多余输入端的处理

图 7-46 或非门多余输入端的处理

7.3 组合逻辑电路的分析与设计

根据逻辑电路的功能特点，逻辑电路可分为组合逻辑电路和时序逻辑电路两大类。本节讨论组合逻辑电路的基本概念、特点以及组合电路的分析和设计方法。

7.3.1 组合逻辑电路的概念

组合逻辑电路是一种用逻辑门电路组成的，并且输出与输入之间不存在反馈电路和不含有记忆延迟单元的逻辑电路，可用如图 7-47 所示框图来描述组合逻辑电路。

图 7-47 组合逻辑电路一般框图

一个组合逻辑电路可以有多个输入，如 m 个输入；也可以有多个输出，如 n 个输出。因为组合逻辑电路中不存在反馈电路和记忆延迟单元，所以，某一时刻的输入决定这一时刻的输出，与这一时刻前的输入(过程)无关。换句话说，即当时的输入决定当时的输出。组合逻辑电路的输出和输入关系可用逻辑函数来表示，即

$$Y_j = F_j(X_0, X_1, \cdots, X_i, \cdots, X_{m-1})$$

7.3.2　组合逻辑电路的一般分析方法

逻辑电路的分析是对给定逻辑电路获得其逻辑功能的过程。组合逻辑电路的输出是输入的逻辑函数，所以组合逻辑电路的分析以写出组合逻辑电路的逻辑函数表达式为核心，其一般步骤如下：

① 根据给定组合电路逻辑图，逐级写出组合电路中各个门电路的输出表达式。

② 利用逻辑代数的基本公式和定理简化输出表达式。

③ 根据最简输出表达式列出真值表。

④ 通过分析真值(功能)表或输出逻辑函数表达式获得组合电路的逻辑功能。

【例 7-8】 试分析如图 7-48 所示逻辑电路所具有的逻辑功能。

【解】 ① 由逻辑图逐级写出逻辑表达式

$$G_1=\overline{AB},\qquad G_2=\overline{AG_1},\qquad G_3=\overline{BG_1},\qquad Y=G_4=\overline{G_2G_3}$$

② 简化输出逻辑函数表达式

$$Y=\overline{G_2G_3}=\overline{\overline{AG_1}\;\overline{BG_1}}=$$

$$\overline{\overline{A\,\overline{AB}}\;\overline{B\,\overline{AB}}}=A\,\overline{AB}+B\,\overline{AB}=A(\overline{A}+\overline{B})+B(\overline{A}+\overline{B})=A\overline{B}+\overline{A}B$$

③ 列出真值表，如表 7-19 所列。

④ 分析逻辑功能。

由真值表可知：A 和 B 相异(不同)时，Y 为 1；AB 相同时，Y 为 0，所以这是一个异或逻辑电路。

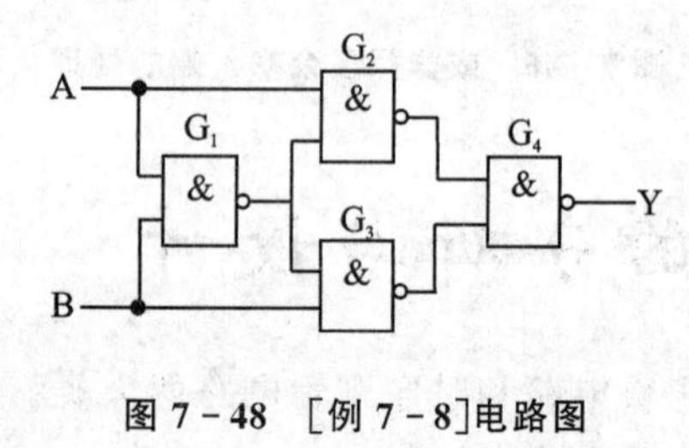

图 7-48　[例 7-8]电路图

表 7-19　[例 7-8]真值表

A	B	Y
0	0	0
0	1	1
1	0	1
1	1	0

【例 7-9】 组合电路如图 7-49 所示，分析该电路的逻辑功能。

【解】 ① 由逻辑图逐级写出逻辑表达式。为了写表达式方便，借助中间变量 P

$$P=\overline{ABC}$$

$$Y=AP+BP+CP=A\,\overline{ABC}+B\,\overline{ABC}+C\,\overline{ABC}$$

② 化简与变换。因为下一步要列真值表，所以要通过化简与变换，使表达式有利于列真值表，一般应变换成与-或式。

$$Y=\overline{ABC}(A+B+C)=\overline{ABC+\overline{A+B+C}}=\overline{ABC+\overline{A}\,\overline{B}\,\overline{C}}$$

③ 由表达式列出真值表。经过化简与变换的表达式为两个最小项之和的非，所以很容易列出真值表，见表 7-20。

④ 分析逻辑功能。

由真值表可知，当 A、B、C 三个变量一致时，电路输出为“0”；当 A、B、C 三个变量不一致时，电路输出为“1”，所以这个电路称为“不一致电路”。上面两个例中输出变量只有一个，对于多输出变量的组合逻辑电路,分析方法完全相同。

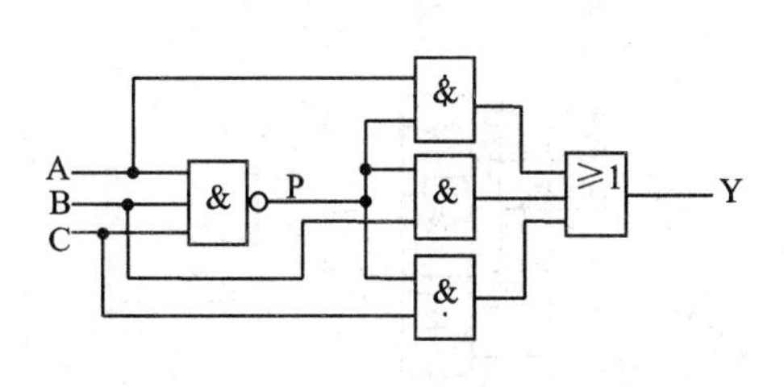

图 7-49　[例 7-9]电路图

表 7-20　[例 7-9]真值表

A	B	C	Y
0	0	0	0
0	0	1	1
0	1	0	1
0	1	1	1
1	0	0	1
1	0	1	1
1	1	0	1
1	1	1	0

7.3.3　组合逻辑电路的一般设计方法

组合逻辑电路的设计是从对电路的逻辑要求出发,设计出满足要求的逻辑电路的过程。完成同一逻辑要求的电路可能有多种,在实际设计过程中,这需要从多方面对设计的逻辑电路加以衡量,最终选出最恰当的电路。在理论设计中,一般只对门电路的类型和器件数量加以考虑。组合逻辑电路的设计过程是组合逻辑电路的设计过程的逆过程,组合逻辑电路设计的一般步骤如下：

① 根据逻辑要求,确定输入(变量)输出(函数)的个数、变量以及函数的逻辑值,列出组合电路的真值表。

② 根据所得组合电路的真值表,化简得逻辑函数的最简与或表达式。

③ 根据所用门电路类型,将最简与或式转换成与门电路类型相对应的表达式。

④ 根据所得逻辑函数表达式,画逻辑(原理)图。

【例 7-10】　试用与非门设计三变量表决电路。所谓三变量表决电路是指具有三个输入(逻辑变量如 A、B、C),且多数输入为“1”时,输出(逻辑函数 Y)为“1”的逻辑电路,即具有表决功能的逻辑电路。其中,逻辑“0”表示反对,否决;“1”表示赞成、通过等。

【解】　① 由题意列真值表。

输入变量有 3 个,共 8 种组合,输入变量中有两个或两个以上的“1”时,输出 Y 为“1”,所以使 Y=1 的组合有 4 种,见表 7-21。

② 由真值表列写出输出的逻辑表达式。

为使输出 Y=1,对某一种组合而言,各输入变量之间是“与”的逻辑关系,所以若输入变量为“1”,则取原变量,输入变量为“0”,则取反变量,然后取它们的乘积作为输出表达式的一项;对所有组合而言,它们之间的关系是“或”逻辑,故输出表达式为以上各个乘积项的和。因此输出逻辑式应为

$$Y=\overline{A}BC+A\overline{B}C+AB\overline{C}+ABC=$$

$$AB+BC+AC\qquad(\text{最简与或式})$$

③ 由于指定用与非门一种类型,所以逻辑函数要写成与非表达式,即只用与非运算的逻辑关系。

$$Y=\overline{\overline{AB+BC+AC}}=$$

$$\overline{\overline{AB}\ \overline{BC}\ \overline{AC}} \quad (与非式)$$

④ 由逻辑式画出逻辑图如图 7-50 所示。

表 7-21 [例 7-10]真值表

A	B	C	Y
0	0	0	0
0	0	1	0
0	1	0	0
0	1	1	1
1	0	0	0
1	0	1	1
1	1	0	1
1	1	1	1

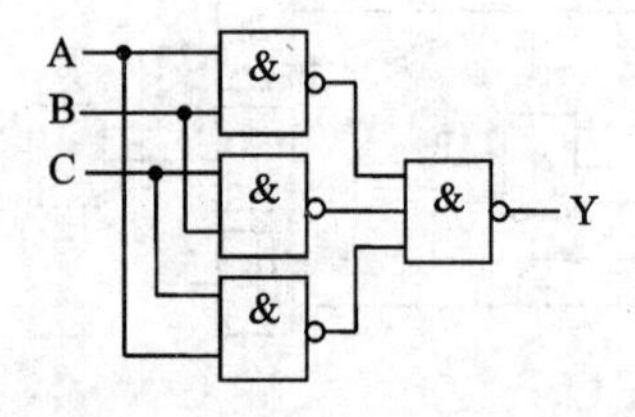

图 7-50 三变量表决电路逻辑图

【例 7-11】 设计一个电话机信号控制电路。电路有 I_0(火警)、I_1(盗警)和 I_2(日常业务)三种输入信号,通过排队电路分别从 Y_0、Y_1、Y_2 输出,在同一时间只能有一个信号通过。如果同时有两个以上信号出现时,那么应首先接通火警信号,其次为盗警信号,最后是日常业务信号。试按照上述轻重缓急,设计该信号控制电路。要求用集成门电路 74LS00(每片含 4 个 2 输入端与非门)实现。

【解】 ① 列真值表。

对于输入,设有信号为逻辑“1”;没信号为逻辑“0”。对于输出,设允许通过为逻辑“1”;设不允许通过为逻辑“0”。由此可列出真值表见表 7-22。

② 由真值表写出各输出的逻辑表达式

$$Y_0 = I_0, \qquad Y_1 = \bar{I}_0 I_1, \qquad Y_2 = \bar{I}_0 \bar{I}_1 I_2$$

这三个表达式已是最简,不须化简。但需要用非门和与门实现,且 Y_2 须用三输入端与门才能实现,故不符合设计要求。

③ 根据要求,将上式转换为与非表达式

$$Y_0 = I_0, \qquad Y_1 = \overline{\overline{\bar{I}_0 I_1}}, \qquad Y_2 = \overline{\overline{\bar{I}_0 \bar{I}_1 I_2}} = \overline{\overline{\overline{\overline{\bar{I}_0 \bar{I}_1}}\, I_2}}$$

④ 画出逻辑图如图 7-51 所示,可用两片集成与非门 7400 来实现。

表 7-22 [例 7-11]真值表

输入			输出		
I_0	I_1	I_2	Y_0	Y_1	Y_2
0	0	0	0	0	0
1	×	×	1	0	0
0	1	×	0	1	0
0	0	1	0	0	1

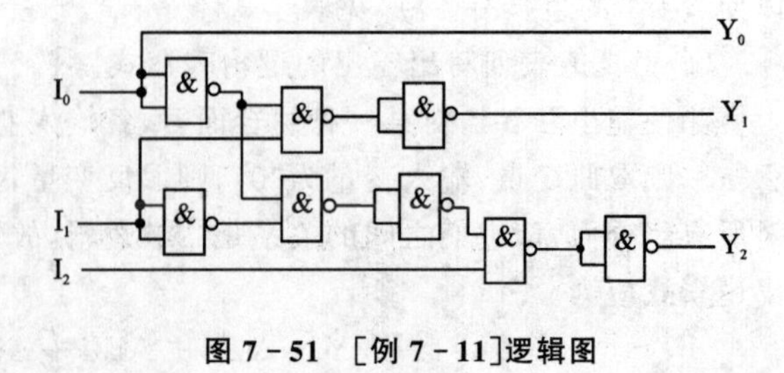

图 7-51 [例 7-11]逻辑图

可见,在实际设计逻辑电路时,有时并不是表达式最简单,就能满足设计要求,还应考虑所使用集成器件的种类,将表达式转换为能用所要求的集成器件实现的形式,并尽量使所用集成器件最少。

7.4　常用组合逻辑电路

在数字集成产品中有许多具有特定组合逻辑功能的数字集成器件，称为组合逻辑器件（或组合逻辑部件）。本节主要介绍常用组合电路的功能和主要应用。通过本节的学习，应很好地掌握常用组合逻辑器件的功能以及用组合逻辑器件实现组合逻辑功能的方法。

7.4.1　加法器

算术运算是数字系统的基本功能，更是计算机中不可缺少的组成部分。由于在两个二进制数之间的加、减、乘、除等算术运算过程，最终都可化作若干步加法运算来完成，因此，加法器是算术运算的基本单元。

加法器是能实现二进制加法逻辑运算的组合逻辑电路。但二进制加法运算与逻辑加法运算的含义不同。前者是数值运算，后者是逻辑运算。在二进制加法中 1＋1＝10，而在逻辑运算中 1＋1＝1。

1. 半加器

如果只考虑两个一位二进制数的相加，而不考虑来自低位进位数的运算电路，称为半加器。如某位的两个加数 A 和 B 相加，它除产生本位和数 S 之外，还有一个向高位的进位数。因此，输入信号为加数 A 和被加数 B；输出信号为本位和 S 和向高位的进位 CO。

根据半加器定义，得其真值表，如表 7－23 所列。由真值表得输出函数表达式：

$$\begin{cases} S = A\overline{B} + \overline{A}B = A \oplus B \\ CO = AB \end{cases}$$

显然，半加器的和函数 S 是其输入 A、B 的异或函数；进位函数 C 是 A 和 B 的逻辑乘。用一个异或门和一个与门即可实现半加器功能。半加器的逻辑图和逻辑符号如图 7－52 所示。

表 7－23　半加器真值表

A	B	S	CO
0	0	0	0
0	1	1	0
1	0	1	0
1	1	0	1

2. 全加器

全加器不仅有被加数 A 和加数 B，还有低位来的进位 CI 作为输入；三个输入相加产生全加器两个输出和 S 及向高位进位 CO。根据全加器功能得真值表，如表 7－24 所列。

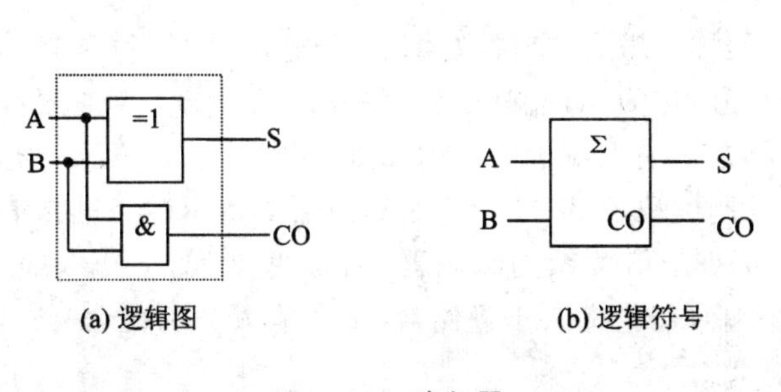

(a) 逻辑图　　(b) 逻辑符号

图 7－52　半加器

表 7－24　全加器真值表

A	B	CI	S	CO
0	0	0	0	0
0	0	1	1	0
0	1	0	1	0
0	1	1	0	1
1	0	0	1	0
1	0	1	0	1
1	1	0	0	1
1	1	1	1	1

由真值表直接写出 S 和 CO 的输出逻辑函数表达式，再经代数法化简和转换得

$$S=\overline{A}\,\overline{B}CI+\overline{A}B\,\overline{CI}+A\overline{B}\,\overline{CI}+ABCI=$$
$$\overline{(A\oplus B)}CI+(A\oplus B)\,\overline{CI}=A\oplus B\oplus CI$$
$$CO=\overline{A}BCI+A\overline{B}CI+AB\,\overline{CI}+ABCI=$$
$$AB+(A\oplus B)CI$$

由此可见，和函数 S 是三个输入变量的异或。为了利用和函数的共同项，进位函数 CO 按上式所示化简，而不是按最简与或式化简，得逻辑图，如图 7－53 所示。

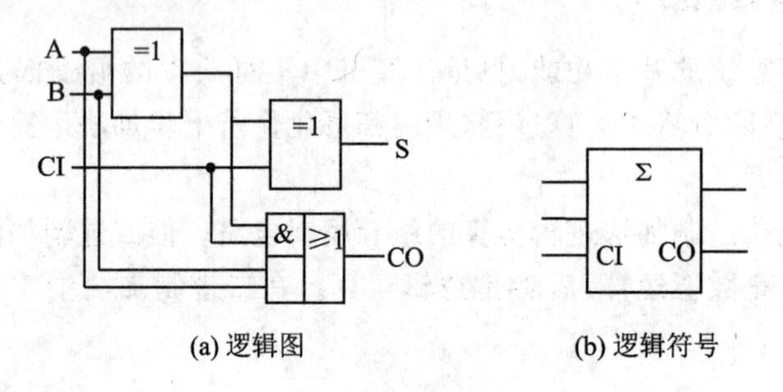

(a) 逻辑图　　(b) 逻辑符号

图 7－53　全加器

3. 多位二进制加法电路

用全加器可以实现多位二进制加法运算，实现 4 位二进制加法运算的逻辑图如图 7－54 所示。图中，低位进位输出作为高位进位输入，依此类推，这种进位方式称为异步进位。

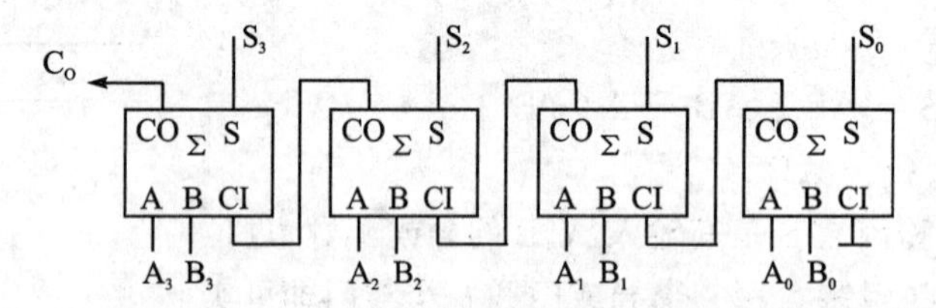

图 7－54　采用异步进位的 4 位二进制加法器逻辑图

异步进位方式中，进位信号是后级向前级一级一级传输的，由于门电路具有平均传输延迟时间 t_{pd}，经过 n 级传输，输出信号要经过 $n\times t_{pd}$ 时间才能稳定，即总平均传输延迟时间等于 $n\times t_{pd}$。所以，异步进位方式仅适用于位数不多，工作速度要求不高的场合。

7.4.2　编码器

用文字、符号或数码表示特定对象的过程称为编码，如邮政编码、身份证号码和汽车牌号等。在数字电路中用二进制代码表示有关信号，称为二进制编码。用来完成编码工作的逻辑电路称为编码器。组合逻辑部件中的编码器是对输入赋予一定的二进制代码，给定输入就有相应的二进制码输出。常用的编码器有二进制编码器和二-十进制编码器等。所谓二进制编码器是指输入变量数(m)和输出变量数(n)成 2^n 倍关系的编码器，如 4 线/2 线，8 线/3 线，16 线/4 线的集成二进制编码器；二-十进制编码器是输入十进制数(十个输入分别代表 0～9 十个数)输出相应 BCD 码的 10 线/4 线编码器。

1. 二进制编码器

二进制编码器是对 2^n 个输入进行二进制编码的组合逻辑器件，按输出二进制位数称为 n 位二进制编码器。4 线/2 线编码器有 4 个输入（I_0，I_1，I_2，I_3 分别表示 0～3 四个数或四个事件），给定一个数（或出现某一事件）以该输入为 1 表示，编码器输出对应二位二进制码（Y_1Y_0），其真值表如表 7-25 所列。

根据真值表可得输出表达式

$$Y_1 = \bar{I}_0\bar{I}_1I_2\bar{I}_3 + \bar{I}_0\bar{I}_1\bar{I}_2I_3$$

$$Y_0 = \bar{I}_0I_1\bar{I}_2\bar{I}_3 + \bar{I}_0\bar{I}_1\bar{I}_2I_3$$

由此输出函数表达式可得与非门组成的如图 7-55 所示的 4 线/2 线编码器逻辑图。

表 7-25　4 线/2 线编码器真值表

I_0	I_1	I_2	I_3	Y_1	Y_0
1	0	0	0	0	0
0	1	0	0	0	1
0	0	1	0	1	0
0	0	0	1	1	1

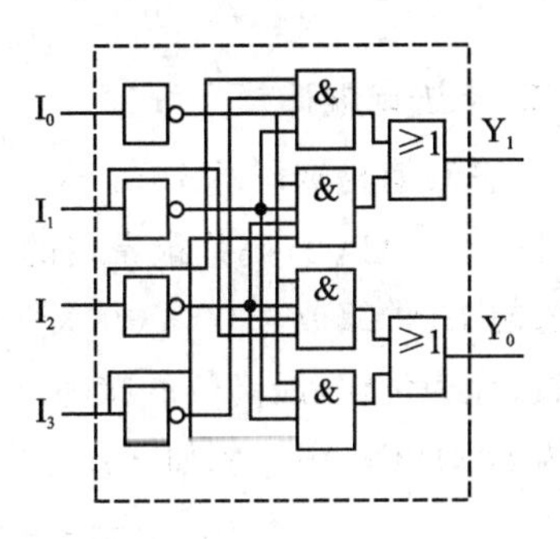

图 7-55　4 线/2 线编码器

2. 优先编码器

由上述编码器真值表可知：① 4 个输入中只允许一个输入有信号（输入高电平），若 I_1 和 I_2 同时为 1，则输出 Y_1Y_0 为 11，此二进制码是 I_3 有输入时的输出编码，即此编码器在多个输入有效时会出现逻辑错误；② 在无输入时，即输入全 0 时，输出 Y_1Y_0 为 00，与 I_0 为 1 时相同，也就是说，当 Y_1Y_0＝00 时，输入端 I_0 并不一定有信号。

为了解决多个输入同时有效的问题，可采用优先编码方式。优先编码指按输入信号优先权对输入编码，既可以大数优先，也可以小数优先。为了解决输出唯一性问题可增加输出使能端 E_O，用以指示输出的有效性。

大数优先的优先编码器真值表如表 7-26 所列。表 7-26 中增加一个输入使能信号 E_I，E_I 等于 0 时，禁止输入，此时无论输入是什么，输出都无效。只有 E_I 等于 1 时才具有优先编码功能。增加的输出使能信号 E_O 为 1 时，表示输出有效。

由于输入变量数较多，一般通过对真值表分析直接写表达式。例如，Y_1 有两项“1”，对应有两个乘积项。一项为 E_II_3，另一项为 $E_II_2\overline{I_3}$。再利用吸收公式简化，得 Y_1 表达式。同理，可得 Y_0 和 E_O 两个输出表达式。

$$Y_1 = E_I(I_2\overline{I_3} + I_3) = E_I(I_2 + I_3)$$

$$Y_0 = E_I(I_1\overline{I_2I_3} + I_3) = E_I(I_1\overline{I_2} + I_3)$$

$$E_O = E_I(I_0\overline{I_1I_2I_3} + I_1\overline{I_2I_3} + I_2\overline{I_3} + I_3) = E_I(I_0 + I_1 + I_2 + I_3)$$

用与或非门实现此逻辑功能的逻辑图如图 7-56 所示。

表 7-26 4 线/2 线优先编码器真值表

E_I	I_0	I_1	I_2	I_3	Y_1	Y_0	E_O
0	×	×	×	×	0	0	0
1	0	0	0	0	0	0	0
1	1	0	0	0	0	0	1
1	×	1	0	0	0	1	1
1	×	×	1	0	1	0	1
1	×	×	×	1	1	1	1

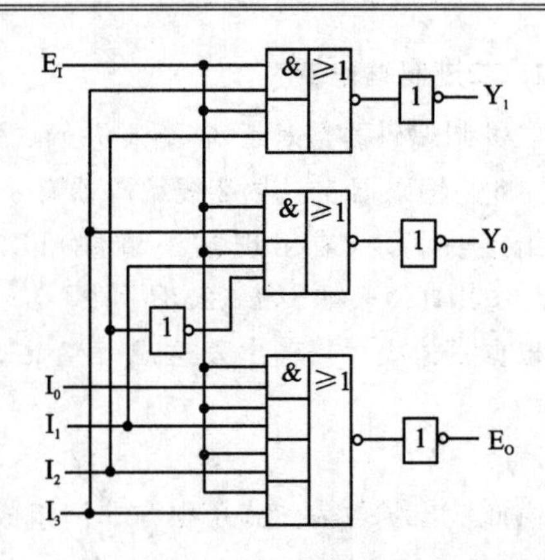

图 7-56 具有输入、输出使能的优先编码器

3. 二-十进制编码器

二-十进制编码器码对 10 个输入 $I_0 \sim I_9$(代表 0～9)进行 8421BCD 编码,输出一位 BCD 码(ABCD)。8421BCD 码是最常用的一种 BCD 码。它是 4 位二进制数 0000(0)～1111(15)16 种组合的前 10 种组成,即 0000(0)～1001(9),其余 6 种组合是无效的。其编码中每位的值都是固定数,称为位权,最高位的权为 $2^3=8$,而后其权值依次为 $2^2=4, 2^1=2, 2^0=1$,因此这种编码被称为 8421BCD 码。例如,0101 的二进制代码为

$$0\times8+1\times4+0\times2+1\times1=0+4+0+1=5$$

因为编码器有 10 个输入信号,所以用 4 位二进制数来表示一位十制数。输入十进制数可以是键盘,也可以是开关输入。

若输入信号低电平有效,则可得二-十进制编码器真值表如表 7-27 所列,表中输入变量上的非代表输入低电平有效的意义。

表 7-27 4 线/10 线编码器真值表

输入											输出			
十进制数	$\bar{I}_0$	$\bar{I}_1$	$\bar{I}_2$	$\bar{I}_3$	$\bar{I}_4$	$\bar{I}_5$	$\bar{I}_6$	$\bar{I}_7$	$\bar{I}_8$	$\bar{I}_9$	D	C	B	A
0	0	1	1	1	1	1	1	1	1	1	0	0	0	0
1	1	0	1	1	1	1	1	1	1	1	0	0	0	1
2	1	1	0	1	1	1	1	1	1	1	0	0	1	0
3	1	1	1	0	1	1	1	1	1	1	0	0	1	1
4	1	1	1	1	0	1	1	1	1	1	0	1	0	0
5	1	1	1	1	1	0	1	1	1	1	0	1	0	1
6	1	1	1	1	1	1	0	1	1	1	0	1	1	0
7	1	1	1	1	1	1	1	0	1	1	0	1	1	1
8	1	1	1	1	1	1	1	1	0	1	1	0	0	0
9	1	1	1	1	1	1	1	1	1	0	1	0	0	1

由真值表可得输出逻辑函数为

$$D = I_9 + I_8 = \overline{\bar{I}_9\bar{I}_8}$$

$$C = I_7 + I_6 + I_5 + I_4 = \overline{\bar{I}_7\bar{I}_6\bar{I}_5\bar{I}_4}$$

$$B = I_7 + I_6 + I_3 + I_2 = \overline{\bar{I}_7\bar{I}_6\bar{I}_3\bar{I}_2}$$

$$A = I_9 + I_7 + I_5 + I_3 + I_1 = \overline{\bar{I}_9\bar{I}_7\bar{I}_5\bar{I}_3\bar{I}_1}$$

采用与非门实现十进制编码电路的逻辑图如图 7-57(a)所示，当 $I_1 \sim I_9$ 为 0 时，输出就是 I_0 的编码，故 I_0 未画。图 7-57(b)用方框表示此编码器，输入端用非号和小圈双重表示输入信号低电平有效，并不表示输入信号要经过两次反相。输出端没有小圈和非符号，表示输出高电平有效。

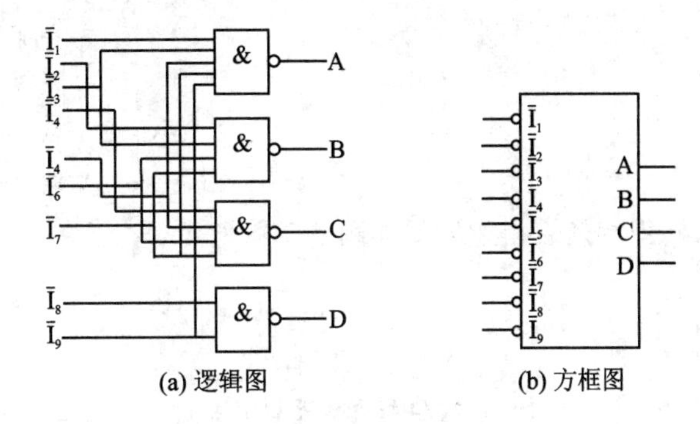

(a) 逻辑图　　(b) 方框图

图 7-57　10 线/4 线编码器

4. 二-十进制优先编码器 74147

十进制优先编码器 74147 的真值表见表 7-28，74147 输入和输出信号是低电平有效的，输出为相应 BCD 码的反码。

表 7-28　74147 真值表

输入											输出			
十进制数	$\bar{I}_0$	$\bar{I}_1$	$\bar{I}_2$	$\bar{I}_3$	$\bar{I}_4$	$\bar{I}_5$	$\bar{I}_6$	$\bar{I}_7$	$\bar{I}_8$	$\bar{I}_9$	$\bar{D}$	$\bar{C}$	$\bar{B}$	$\bar{A}$
	1	1	1	1	1	1	1	1	1	1	1	1	1	1
0	0	1	1	1	1	1	1	1	1	1	1	1	1	1
1	×	0	1	1	1	1	1	1	1	1	1	1	1	0
2	×	×	0	1	1	1	1	1	1	1	1	1	0	1
3	×	×	×	0	1	1	1	1	1	1	1	1	0	0
4	×	×	×	×	0	1	1	1	1	1	1	0	1	1
5	×	×	×	×	×	0	1	1	1	1	1	0	1	0
6	×	×	×	×	×	×	0	1	1	1	1	0	0	1
7	×	×	×	×	×	×	×	0	1	1	1	0	0	0
8	×	×	×	×	×	×	×	×	0	1	0	1	1	1
9	×	×	×	×	×	×	×	×	×	0	0	1	1	0

7.4.3 译码器和数字显示

译码器是编码器的逆过程，它的功能是将二进制代码按编码时的原意转换为相应的信息状态，能实现译码功能的电路称为译码器。译码器按功能来分有两大类：通用译码器和显示译码器。

1. 通用译码器

这里通用译码器是指将输入 n 位二进制码还原成 2^n 个输出信号，或将一位 BCD 码还原为 10 个输出信号的译码器，称为 2 线/4 线译码器、3 线/8 线译码器和 4 线/10 线译码器等。

(1) 2 线/4 线译码器

广义上讲，通用译码器给定一个(二进制或 BCD)输入就有一个输出(高电平或低电平)有

效,表明该输入状态。表 7-29 给出两位二进制通用译码器的真值表,其输出函数为

$$\begin{cases} Y_0 = \overline{A}_1\overline{A}_0 = m_0 \\ Y_1 = \overline{A}_1 A_0 = m_1 \\ Y_2 = A_1\overline{A}_0 = m_2 \\ Y_3 = A_1 A_0 = m_3 \end{cases}$$

由真值表得逻辑图如图 7-58 所示。

表 7-29 2 线/4 线译码器真值表

A_1	A_0	Y_0	Y_1	Y_2	Y_3
0	0	1	0	0	0
0	1	0	1	0	0
1	0	0	0	1	0
1	1	0	0	0	1

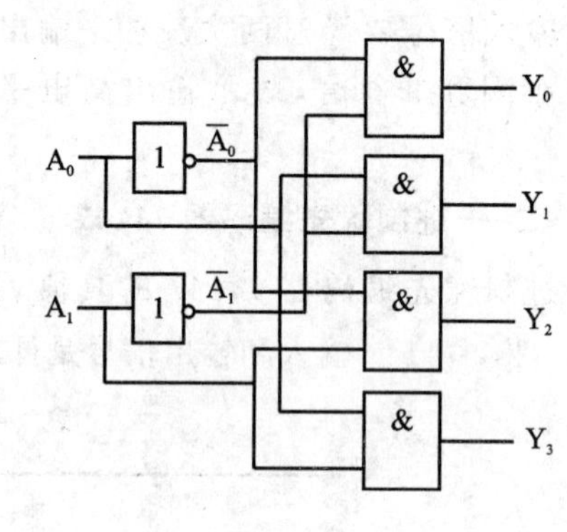

图 7-58 2 线/4 线译码器逻辑图

(2) 集成 3 线/8 线译码器 74138

集成 3 线/8 线译码器 74138 除了 3 线到 8 线的基本译码输入输出端外,为便于扩展成更多位的译码电路和实现数据分配功能,74138 还有 3 个输入使能端 EN_1、$\overline{EN}_{2A}$ 和 $\overline{EN}_{2B}$。译码器 74138 真值表如表 7-30 所列,内部逻辑图如图 7-59(a)所示。

图 7-59(c)所示符号图中,输入输出低电平有效用极性指示符表示,同时极性指示符又标明了信号方向。74138 的 3 个输入使能(又称选通 ST)信号之间是与逻辑关系,EN_1 高电平有效,$\overline{EN}_{2A}$ 和 $\overline{EN}_{2B}$ 低电平有效。只有在所有使能端都为有效电平($EN_1\ \overline{EN}_{2A}\ \overline{EN}_{2B} = 100$)时,74138 才对输入进行译码,相应输出端为低电平,即输出信号为低电平有效。在 $EN_1\ \overline{EN}_{2A}\ \overline{EN}_{2B} \neq 100$ 时,译码器停止译码,输出无效电平(高电平)。

表 7-30 译码器 74138 真值表

EN_1	$\overline{EN}_{2A}$	$\overline{EN}_{2B}$	A_2	A_1	A_0	$\overline{Y}_7$	$\overline{Y}_6$	$\overline{Y}_4$	$\overline{Y}_4$	$\overline{Y}_3$	$\overline{Y}_2$	$\overline{Y}_1$	$\overline{Y}_0$
0	×	×	×	×	×	1	1	1	1	1	1	1	1
×	1	×	×	×	×	1	1	1	1	1	1	1	1
×	×	1	×	×	×	1	1	1	1	1	1	1	1
			0	0	0	1	1	1	1	1	1	1	0
			0	0	1	1	1	1	1	1	1	0	1
			0	1	0	1	1	1	1	1	0	1	1
1	0	0	0	1	1	1	1	1	1	0	1	1	1
			1	0	0	1	1	1	0	1	1	1	1
			1	0	1	1	1	0	1	1	1	1	1
			1	1	0	1	0	1	1	1	1	1	1
			1	1	1	0	1	1	1	1	1	1	1

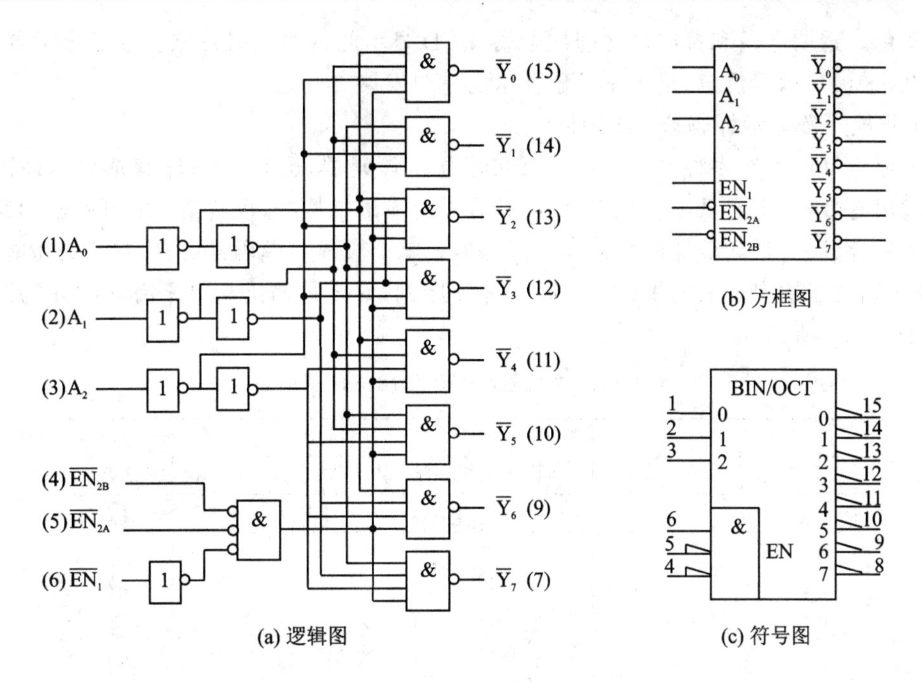

(a) 逻辑图　(b) 方框图　(c) 符号图

图 7-59　3 线/8 线译码器 74138

2. 显示译码器

显示译码器是将输入二进制码转换成显示器件所需要的驱动信号。数字电路中,较多地采用 7 段字符显示器。

(1) 7 段字符显示器

在数字系统中,经常要用到字符显示器。目前,常用字符显示器有发光二极管 LED 字符显示器和液态晶体 LCD 字符显示器。

将 7 个发光二极管封装在一起,每个发光二极管做成字符的一个段,就是所谓的 7 段 LED 字符显示器。根据内部连接的不同,LED 显示器有共阴和共阳之分,如图 7-60 所示。由图 7-60 可知,共阴极 LED 显示器适用于高电平驱动,共阳极 LED 显示器适用于低电平驱动。由于集成电路的高电平输出电流小,而低电平输出电流相对比较大,采用集成门电路直接驱动 LED 时,较多地采用低电平驱动方式。

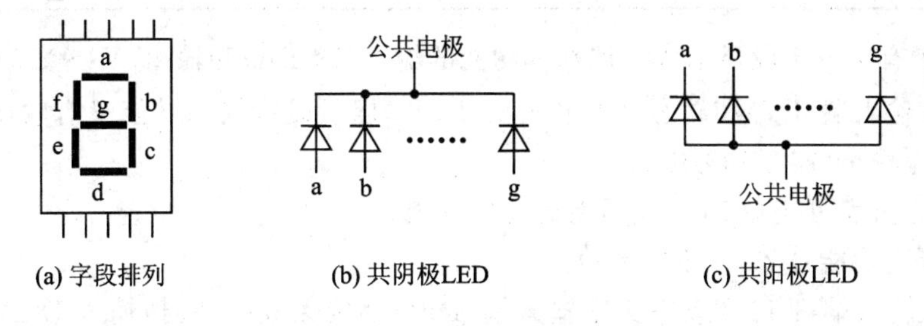

(a) 字段排列　(b) 共阴极LED　(c) 共阳极LED

图 7-60　7 段字符显示器

液晶 7 段字符显示器 LCD 利用液态晶体有外加电场和无外加电场时不同的光学特性来显示字符。无外加电场时,液晶排列整齐,入射光大部分反射回来,液晶呈透明状态。外加电场时,液晶因电离而打破分子规则排列,入射光散射,仅一小部分反射回来,液晶呈混浊状态,显示暗灰色。透明电极和背电极之间加电场,LCD显示此透明电极形状。液晶显示器件由于其功耗低,平板显示等优点,是未来显示技术的重要发展方向之一。

(2) 集成7段显示译码器74LS48

集成显示译码器有多种型号,有TTL集成显示译码器,也有CMOS集成显示译码器;有高电平输出有效的,也有低电平输出有效的;有推挽输出结构的,也有集电极开路输出结构的;有带输入锁存的,有带计数器的集成显示译码器。就7段显示译码器而言,它们的功能大同小异,主要区别在于输出有效电平。7段显示译码器74LS48是输出高电平有效的译码器,其真值表如表7-31所列。

表7-31 7段显示译码器74LS48真值表

输入						$\overline{BI}$/	输出							显示
$\overline{LT}$	$\overline{RBI}$	D	C	B	A	$\overline{RBO}$	Y_a	Y_b	Y_c	Y_d	Y_e	Y_f	Y_g	字符
1	1	0	0	0	0	1	1	1	1	1	1	1	0	0
1	×	0	0	0	1	1	0	1	1	0	0	0	0	1
1	×	0	0	1	0	1	1	1	0	1	1	0	1	2
1	×	0	0	1	1	1	1	1	1	1	0	0	1	3
1	×	0	1	0	0	1	0	1	1	0	0	1	1	4
1	×	0	1	0	1	1	1	0	1	1	0	1	1	5
1	×	0	1	1	0	1	0	0	1	1	1	1	1	6
1	×	0	1	1	1	1	1	1	1	0	0	0	0	7
1	×	1	0	0	0	1	1	1	1	1	1	1	1	8
1	×	1	0	0	1	1	1	1	1	0	0	1	1	9
1	×	1	0	1	0	1	0	0	0	1	1	0	1	
1	×	1	0	1	1	1	0	0	1	1	0	0	1	
1	×	1	1	0	0	1	0	1	1	0	0	1	1	
1	×	1	1	0	1	1	1	0	0	1	0	1	1	
1	×	1	1	1	0	1	0	0	0	1	1	1	1	
1	×	1	1	1	1	1	0	1	1	0	0	0	0	
×	×	×	×	×	×	0	0	0	0	0	0	0	0	
1	0	0	0	0	0	0	0	0	0	0	0	0	0	
0	×	×	×	×	×	1	1	1	1	1	1	1	1	8

7448除了有实现7段显示译码器基本功能的输入(DCBA)和输出($Y_a \sim Y_g$)端外,7448还引入了灯测试输入端($\overline{LT}$)和动态灭零输入端($\overline{RBI}$),以及既有输入功能又有输出功能的消隐输入/动态灭零输出($\overline{BI}/\overline{RBO}$)端。

由7448真值表可获知7448所具有的逻辑功能:

① 7段译码功能($\overline{LT}$=1,$\overline{RBI}$=1)。

在灯测试输入端($\overline{LT}$)和动态灭零输入端($\overline{RBI}$)都接无效电平时,输入DCBA经7448译码,输出高电平有效的7段字符显示器的驱动信号,显示相应字符。除DCBA = 0000外,$\overline{RBI}$也可以接低电平,见表7-31中1~16行。

② 消隐功能($\overline{BI}$=0)。

此时$\overline{BI}/\overline{RBO}$端作为输入端,该端输入低电平信号时,表7-31倒数第3行,无论$\overline{LT}$和$\overline{RBI}$

输入什么电平信号，不管输入 DCBA 是什么状态，输出全为“0”，7 段显示器熄灭。该功能主要用于多显示器的动态显示。

③ 灯测试功能（$\overline{LT}=0$）。

此时$\overline{BI}/\overline{RBO}$端作为输出端，$\overline{LT}$端输入低电平信号时，表 7-31 最后一行，与$\overline{RBI}$及 DCBA 输入无关，输出全为“1”，显示器 7 个字段都点亮。该功能用于 7 段显示器测试，判别是否有损坏的字段。

④ 动态灭零功能（$\overline{LT}=1,\overline{RBI}=0$）。

此时$\overline{BI}/\overline{RBO}$端作为输出端，$\overline{LT}$端输入高电平信号，$\overline{RBI}$端输入低电平信号，若此时 DCBA=0000，表 7-31 倒数第 2 行，输出全为“0”，显示器熄灭，不显示这个零。DCBA≠0，则对显示无影响。该功能主要用于多个 7 段显示器同时显示时熄灭高位的零。

图 7-61 给出了 7448 的逻辑图、方框图和符号图。由符号图可知，4 号端具有输入和输出双重功能。作为输入（$\overline{BI}$）低电平时，G21 为 0，所有字段输出置 0，即实现消隐功能。作为输出（$\overline{RBO}$），相当于 LT、$\overline{RBI}$及 CT0 的与非关系，即$\overline{LT}=1,\overline{RBI}=0$，DCBA=0000 时输出低电平，可实现动态灭零功能。3 号（LT）端有效低电平时，V20=1，所有字段置 1，实现灯测试功能。

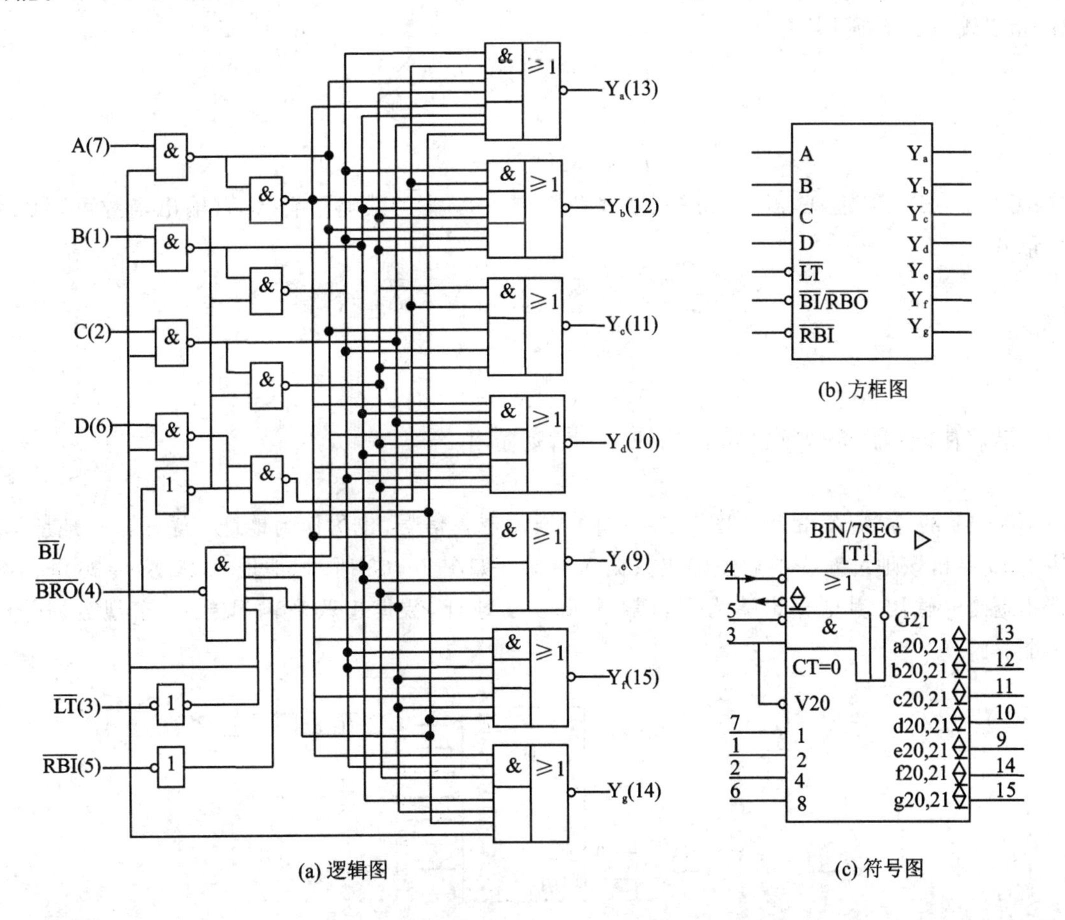

(a) 逻辑图　　(b) 方框图　　(c) 符号图

图 7-61　7 段显示译码器 7448

*7.4.4 数据分配器和数据选择器

1. 数据分配器

数据分配是指信号源输入的二进制数据按需要分配到不同的输出通道(见图 7-62),实现这种逻辑功能的组合逻辑器件称为数据分配器,$M(=2^N)$输出通道需要 N 位二进制信号来选择输出通道,称为 N 位地址(信号)。

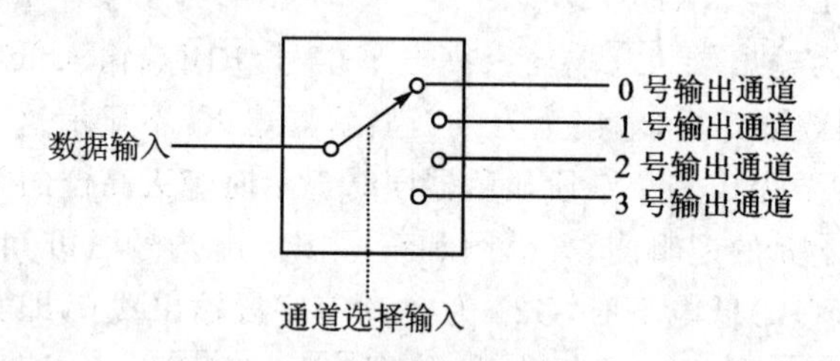

图 7-62 数据分配器示意图

由通用译码器功能可知,二进制译码器在使能条件下的每一个输出函数都是一个最小项。例如,3 线/8 线译码器 Y_0 为

$$\begin{aligned} Y_0 &= EN_1\,\overline{EN}_{2A}\,\overline{EN}_{2B}\,\overline{A}_2\,\overline{A}_1\,\overline{A}_0 = \\ &EN\overline{A}_2\,\overline{A}_1\,\overline{A}_0 = \\ &\overline{A}_2\,\overline{A}_1\,\overline{A}_0\,(EN = 1) \end{aligned}$$

式中,$EN=EN_1\,\overline{EN}_{2A}\,\overline{EN}_{2B}$。考虑到 3 线/8 线 74138 输出低电平有效,其输出函数可写成以下形式

$$\begin{aligned} \overline{Y}_0 &= \overline{EN_1\,\overline{EN}_{2A}\,\overline{EN}_{2B}\,\overline{A}_2\,\overline{A}_1\,\overline{A}_0} = \\ &\overline{EN\overline{A}_2\,\overline{A}_1\,\overline{A}_0} = \\ &\overline{\overline{A}_2\,\overline{A}_1\,\overline{A}_0}\,(EN = 1) \end{aligned}$$

若将使能端作为数据输入端,即 $EN=\overline{D}$,则输出

$$\overline{Y}_i = \overline{\overline{D}m_i}$$

74138 的 $A_2A_1A_0$ 相当于图 7.4.11 中的通道选择信号,也称作为地址。输入某一地址,相应的 $m_i=1$,该地址对应的通道输出数据 $\overline{Y}_i=D$。如图 7-63 所示,地址 $A_2A_1A_0=000$ 时,数据由通道 0 输出,其他输出端为逻辑常量 1;改变地址,数据也改变输出通道,实现数据分配功能。

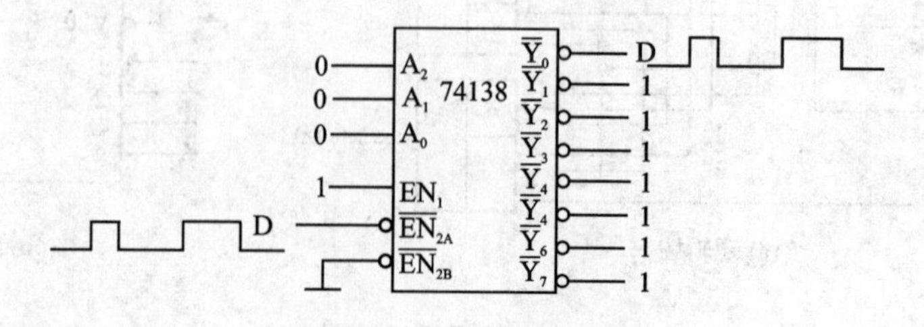

图 7-63 74138 用作数据分配器

2. 数据选择器

数据选择器的逻辑功能与数据分配器的逻辑功能相反，是将多个数据源输入的数据有选择地送到公共输出通道，其功能示意图如7-64所示。一般地说，数据选择器的数据输入端数M和数据选择端数N成2^N倍关系，数据选择端确定一个二进制码（或称为地址），对应地址通道的输入数据被传送到输出端（公共通道）。

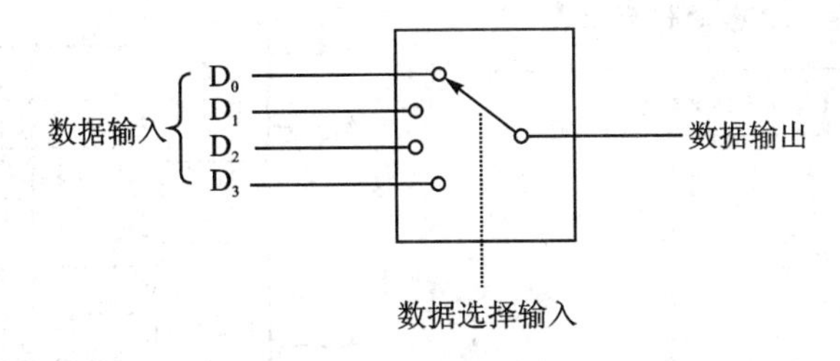

图7-64　数据选择器示意图

4选1数据选择器有4个数据输入端（D_3、D_2、D_1和D_0）和两个数据选择输入端（A_1和A_0），一个数据输出端（Y），另外附加一个使能（选通）端（EN）。根据4选1数据选择器功能，并设使能信号低电平有效，可得4选1数据选择器功能表如表7-32所列。再由功能表可写出输出逻辑函数

$$Y=\overline{EN}\overline{A}_1\overline{A}_0D_0+\overline{EN}\overline{A}_1A_0D_1+\overline{EN}A_1\overline{A}_0D_2+\overline{EN}A_1A_0D_3=$$
$$\sum\overline{EN}m_iD_i$$

由此得逻辑图，如图7-65所示。

表7-32　4选1数据选择器功能表

EN	A_1	A_0	Y
1	×	×	0
0	0	0	D_0
0	0	1	D_1
0	1	0	D_2
0	1	1	D_3

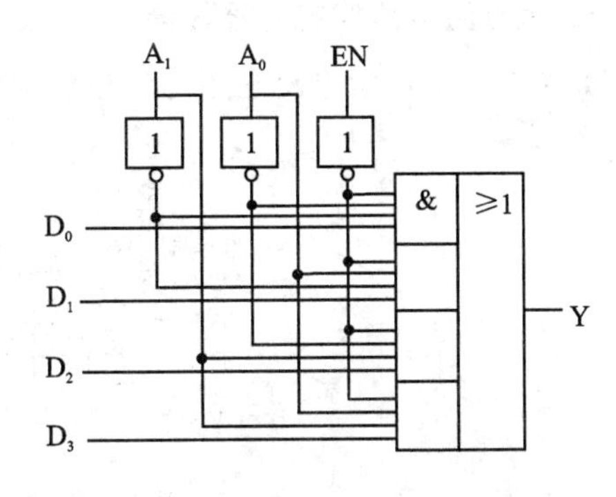

图7-65　4选1数据选择器逻辑图

*7.4.5　数值比较器

数值比较器是一种比较两个输入数值大小的组合逻辑器件，比较有三种结果，大于、小于和等于，分别用三个输出指示比较结果。数值比较器按位数可分为一位数值比较器和多位数值比较器，为不失一般性，下面介绍二位数值比较器。

二位数值比较器输入有两个二位二进制数$A=A_1A_0$和$B=B_1B_0$。若高位A_1大于B_1，则A大于B，$F_{A>B}$为1；若高位A_1小于B_1，则A小于B，$F_{A<B}$为1；若高位A1等于B1，则还要对低位进行比较，A0大于B0，则A大于B，$F_{A>B}$为1；若A0小于B0，则A小于B，$F_{A<B}$为1；若A0等于B0，则A等于B，$F_{A=B}$为1。二位数值比较器的简化真值表如表7-33所列。

由以上分析，以一位数值比较器输出函数作为变量，可得二位数值比较器输出函数表达式

如下：

$$F_{A>B}=(A_1>B_1)+(A_1=B_1)(A_0>B_0)=F_{A1>B1}+F_{A1=B1}F_{A0>B0}$$

$$F_{A<B}=(A_1<B_1)+(A_1=B_1)(A_0<B_0)=F_{A1<B1}+F_{A1=B1}F_{A0<B0}$$

$$F_{A=B}=(A1=B1)(A0=B0)=F_{A1=B1}F_{A0=B0}$$

根据此表达式，可得如图 7－66 所示的逻辑图。

表 7－33 二位数值比较器简化真值表

A_1 B_1	A_0 B_0	$F_{A>B}$	$F_{A=B}$	$F_{A<B}$
$A_1>B_1$	××	1	0	0
$A_1<B_1$	××	0	0	1
$A_1=B_1$	$A_0>B_0$	1	0	0
$A_1=B1$	$A_0<B_0$	0	0	1
$A_1=B_1$	$A_0=B_0$	0	1	0

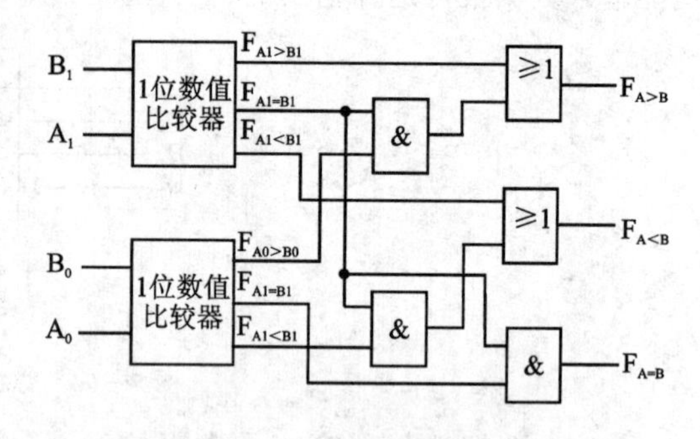

图 7－66 二位数值比较器逻辑图

7.5 应用举例

门电路是构成数字电路的基本部件，以后要学习的触发器、寄存器及振荡电路等都离不开门电路。实际电路中也经常使用门电路实现各种功能，下面举几个应用的实例。

1. 用与门电路控制的报警器

如图 7－67 所示电路是用与门控制的住宅报警器示意图。

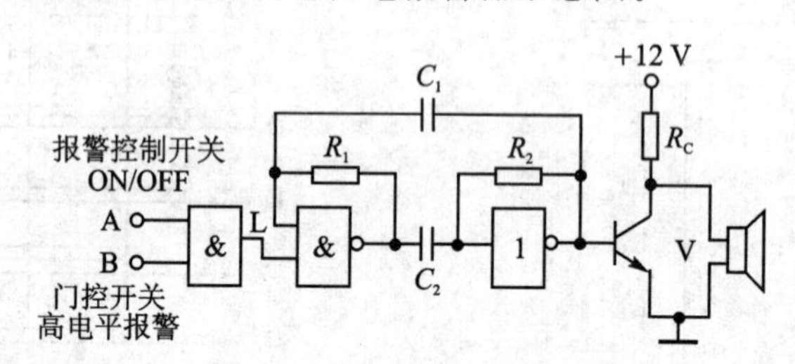

图 7－67 与门控制的报警器示意图

当与门报警器控制开关 A 为低电平时(处于 OFF 状态)，输出 L 为低电平，不受输入 B 的控制，报警器输出固定电平，扬声器不响。外出时使与门的报警器开关 A 为高电平(处于 ON 状态)，输出 L 受输入 B 的控制：房门关闭时，使输入 B 为低电平，输出 L 仍为低电平，报警器输出仍为固定电平，扬声器不响；当有外人开门闯入时，使输入 B 为高电平，输出 L 变成高电平，第二个与非门相当于一个非门，该与非门与 R_1、R_2、C_1、C_2 和非门构成多谐振荡器，V 工作在开关状态，报警器输出为振荡信号，扬声器发出报警响声。

2. 用或门电路控制的报警器

如图 7－68 所示电路是用或门控制的住宅报警器示意图。

当报警器控制开关为低电平时(处于 OFF 状态)，报警电路不工作，即不产生振荡脉冲，A 为一固定电平，扬声器不响。当报警器开关为高电平(处于 ON 状态)时，与非门相当于一个非门，该与非门与 R_1、R_2、C_1、C_2 和非门构成多谐振荡器，报警电路产生振荡脉冲，送至或门输入端 A，此时输出 L 受输入 B 的控制：外出房门关闭时，使输入 B 为高电平，输出 L 为高电平，扬声器不响；当有外人开门闯入时，使输入 B 为低电平，输出 L 随输入 A 的变化而变化，喇叭发出报警响声。

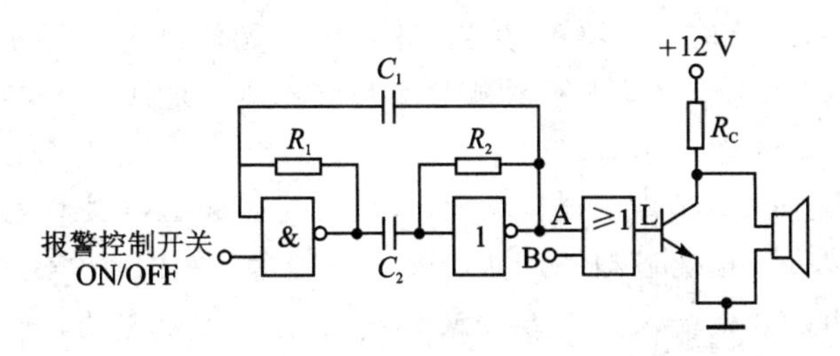

图 7-68　或门控制的报警器示意图

3. 光电耦合器 4N24 的接口电路

如图 7-69 所示电路，是使用缓冲器 7407、反相器 74LS04 的光电耦合器接口电路。

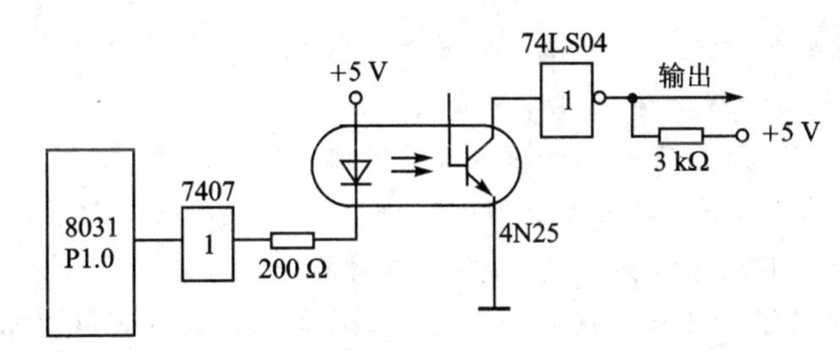

图 7-69　光电耦合器 4N24 的接口电路

当图 7-69 中数字电路 8031（单片微处理器）的 P1.0 输出为低电平时，7407 输出低电平，发光二极管导通，灯亮，光敏三极管受到光照导通，输出低电平经 74LS04 反相，电路总输出为高电平；反之 P1.0 输出为高电平时，7407 输出高电平，发光二极管不导通，灯灭，光敏三极管截止，输出高电平经 74LS04 反相，电路总输出为低电平。由此可见，通过光电耦合器可以使 8031 与输出端实现电气分离。

【本章小结】

逻辑电路是计算机电路的基础。逻辑电路包括组合逻辑电路和时序逻辑电路两部分，相应的有组合逻辑元件和时序逻辑元件之分。半加器、全加器、译码器和编码器是计算机中常用的组合逻辑部件；而计数器和寄存器是计算机中常用的时序逻辑部件。

构成组合逻辑电路的基本元件是各种逻辑门。与门、或门和非门是三种最基本的逻辑门，由这三种逻辑门还可组成与非门、或非门、与或非门、异或门等。三态门是计算机中非常重要的逻辑门，常用于构成数据缓冲器和总线控制器等。组合逻辑电路的理论基础是逻辑代数。分析组合逻辑电路，一般须先根据电路写出输出逻辑表达式，然后化简、计算并列出真值表，最后由真值表总结逻辑功能。设计组合逻辑电路，须先根据逻辑功能要求，确定逻辑变量，然后列出真值表，由真值表写出逻辑表达式，化简后画出逻辑电路。化简逻辑表达式是分析和设计逻辑电路的重要工作，化简的方法是公式法。公式法是利用逻辑代数的基本定律和常用公式对逻辑函数表达式进行合并、消去和吸收等处理，得到最简的逻辑表达式。

半加器和全加器是构成加法器的逻辑单元。半加器是实现半加运算(不考虑低位进位运算)的电路,全加器是实现全加运算(考虑低位进位的运算)的电路。由全加器级联可得到多位串行进位的并行加法器,为了提高运算速度,可采用快速进位电路,得到并行进位的并行加法器。

编码器就是对输入信号进行编码的电路。普通编码器的输入必须具有互斥关系,否则将造成输入信号的混乱。优先编码器是一种能按输入信号的优先级别有选择地进行编码的逻辑部件,74LS147 是典型的优先编码器。

译码是编码的逆运算,译码器是计算机控制器、存储器和 I/O 接口电路的重要组成部分,其功能是将指令、数据和地址编码翻译成其所表示的信息。74LS138 是典型的中规模集成译码器,它是低电平输出的 3 线输入、8 线输出的 3 线/8 线译码器,有 3 个使能控制端,必须在使能信号均有效的情况下,译码器才能译码。

在数字仪表、计算机和各种数字系统中,常需要把测量数据和运算结果用十进制数显示出来,一方面供人们直接读取测量和运算结果,另一方面用以监视数字系统的工作情况。这些都需要用到显示器件。常用的显示器件就是半导体数码显示器和液晶数码显示器。

数据分配器的逻辑功能是将 1 个输入数据传送到多个输出端中的 1 个输出端,具体传送到哪一个输出端,也是由一组选择控制信号确定的。

数据选择器是能够从来自不同地址的多路数字信息中任意选出所需要的一路信息作为输出的组合电路,至于选择哪一路数据输出,则完全由当时的选择控制信号决定。

在各种数字系统尤其是在计算机中,经常需要对两个二进制数进行大小判别,然后根据判别结果转向执行某种操作。用来完成两个二进制数的大小比较的逻辑电路称为数值比较器,简称比较器。在数字电路中,数值比较器的输入是要进行比较的两个二进制数,输出是比较的结果。

习　题

7.1.1 完成下列数的进制变换。

(1) $(101101.1011)_B \rightarrow (\qquad)_D$

(2) $(475.25)_D \rightarrow (\qquad)_H$

(3) $(8F.D)_H \rightarrow (\qquad)_D$

(4) $(57.625)_D \rightarrow (\qquad)_B$

(5) $(1101011.1101)_B \rightarrow (\qquad)_O \rightarrow (\qquad)_H$

(6) $(297)_D \rightarrow (\qquad)_B \rightarrow (\qquad)_H$

7.1.2 根据对偶规则,写出下列函数的对偶式 Y′。

(1) $Y=\overline{(\overline{A}+B)(B+\overline{A}C)}$

(2) $Y=(\overline{A}+\overline{B})(A+B)(A+C)(B+C)$

(3) $Y=(B+C+D)(\overline{A}+B+D)(A+B+\overline{C})(A+\overline{B}+\overline{D})(B+\overline{C}+\overline{D})$

7.1.3 根据反演规则,写出下列函数 Y 的反函数 $\overline{Y}$,并将 Y 化为最简与-或式。

(1) $Y=A\,\overline{\overline{B}+\overline{D}}+\overline{A}C$

(2) $Y=(A\oplus B)D+A(B\oplus\overline{C})$

7.1.4　用真值表法证明下列等式成立。

(1) $A\bar{B}+B\bar{C}+\bar{A}C=\bar{A}B+\bar{B}C+A\bar{C}$

(2) $\overline{\bar{A}+C}+D\;\overline{(\bar{A}+C)(A+\bar{B})(B+\bar{C})}=A\bar{C}+\bar{A}BD+\bar{B}CD$

(3) $A\oplus\bar{B}=\bar{A}\oplus B=\overline{A\oplus B}$

7.1.5　利用代数化简法将下列函数化为最简与-或式。

(1) $Y=ABC+A\,\overline{BCDE}+\bar{A}\bar{B}\bar{C}$

(2) $Y=ABD+AB\bar{D}+(\bar{A}+\bar{B})C$

(3) $Y=A\bar{B}\bar{C}+\bar{A}B\bar{C}+AB\bar{C}$

(4) $Y=ABC+ABD+\bar{C}\bar{D}+A\bar{B}C+\bar{A}C\bar{D}+A\bar{C}D$

(5) $Y=AB(C+D)+(\bar{A}\bar{B})\overline{\bar{C}\bar{D}}+\overline{C\oplus D}$

(6) $Y=(A+B+\bar{C})(A+C+\bar{D})(B+\bar{C}+D)+\bar{A}BD$

7.1.6　用代数法化简下列函数为最简与-或式。

(1) $Y=A\bar{C}+\overline{\bar{A}C+\bar{B}C}$

(2) $Y=\overline{\bar{A}BC+\bar{A}\bar{C}+A\bar{B}C}+\overline{\bar{B}\bar{A}+AC}$

(3) $Y=A\bar{B}+B\bar{C}D+\bar{C}\bar{D}+AB\bar{C}+A\bar{C}D$

(4) $Y=(A+\bar{B})(\bar{A}+B)(\bar{B}+\bar{C}+\bar{D})(A+\bar{B}+C+D)$

(5) $Y=(\bar{A}+\bar{B})(\bar{A}+\bar{C})(B+C)(\bar{B}+\bar{C})(A+C)$

***7.1.7**　用卡诺图法将下列各式化简为最简与-或表达式。

(1) $Y=\sum m(1,3,5,7,8,9,12,13)$

(2) $Y=\sum m(0,1,2,5,7,8,10)$

(3) $Y=\sum m(2,3,6,7,9,10,11,14,15)$

(4) $Y=\sum m(0,1,2,3,6,8,9,10,11,12)$

***7.1.8**　将下列各函数式化为最小项之和的形式。

(1) $Y=A\bar{B}+AC+B\bar{C}$

(2) $Y=AD+BC+CD$

7.2.1　在如图 7-70 所示二极管门电路中，设二极管导通压降 $V_D=+0.7$ V，输入信号的 $V_{IH}=+5$ V，$V_{IL}=0$ V，则它的输出信号 V_{OH} 和 V_{OL} 各等于多少伏？

7.2.2　如图 7-71 所示电路中，D_1、D_2 为硅二极管，导通压降为 0.7 V。

(1) $V_B=0$ V，$V_A=5$ V 时，V_O 等于多少伏？

(2) $V_B=10$ V，$V_A=5$ V 时，V_O 等于多少伏？

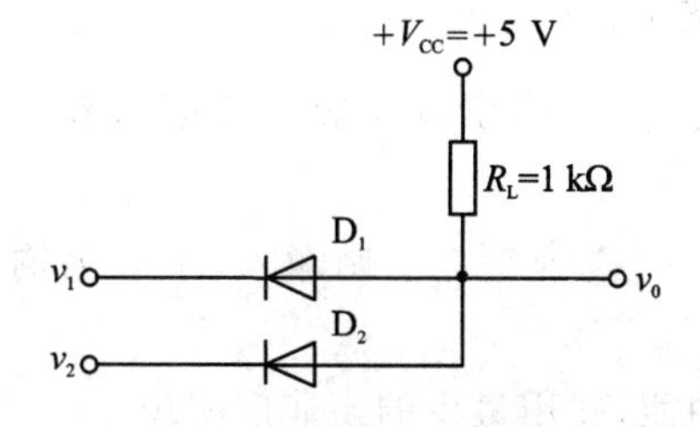

图 7-70　题图 7.2.1

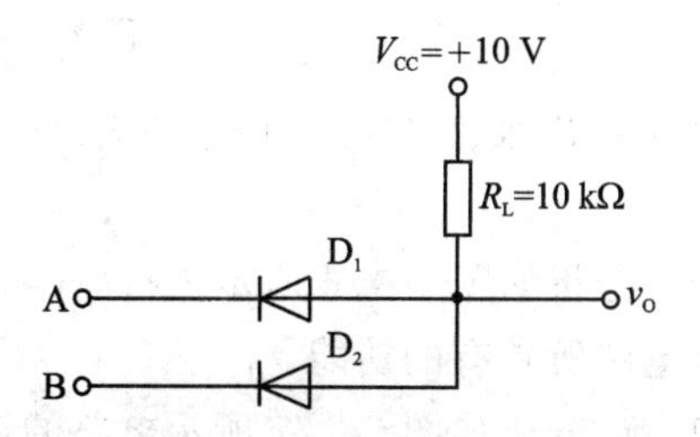

图 7-71　题图 7.2.2

7.2.3 试写出如图 7-72 所示逻辑电路的输出函数 F_1 及 F_2，并画出相应的图形符号。

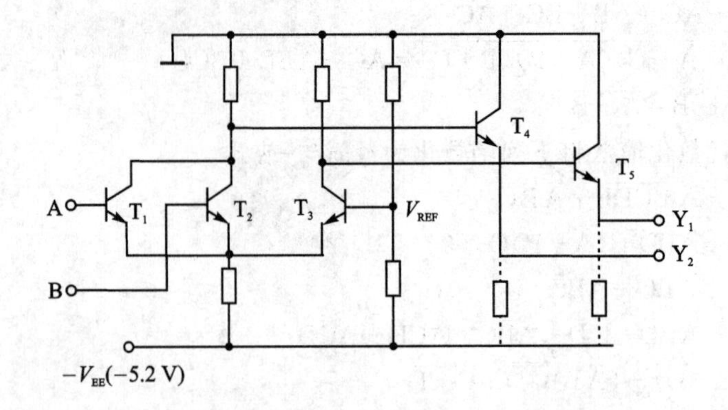

图 7-72　题图 7.2.3

7.2.4 TTL 门电路的电路原理图如图 7-73 所示。

(1) 分析在不同输入下，电路中三极管的工作状态。

(2) 当 $V_A = V_B = 3.6$ V 时，求 T_4 管的基极电流 I_{B4}。

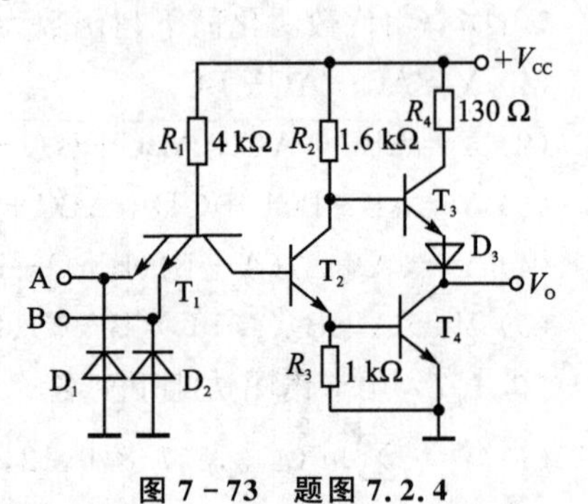

图 7-73　题图 7.2.4

***7.2.5** 试写出如图 7-74 所示逻辑电路的输出 Y 表达式，输入变量是 A、B、C 和 D。

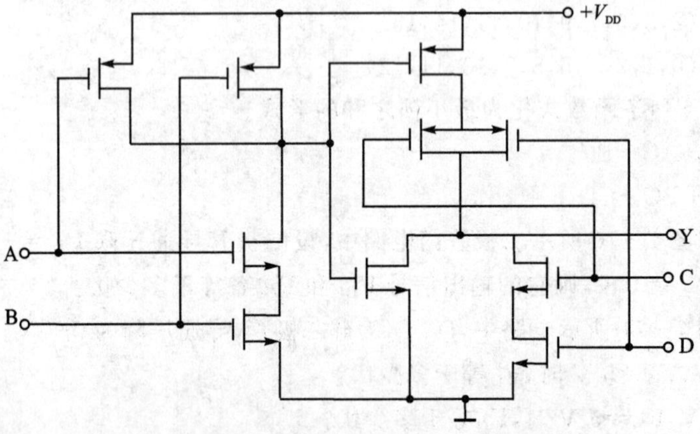

图 7-74　题图 7.2.5

7.3.1 写出如图 7-75 所示电路的逻辑表达式，列出真值表并说明电路完成的逻辑功能。

7.3.2 分析如图 7-76 所示逻辑电路，已知 S_1、S_0 为功能控制输入，A、B 为输入信号，Y 为输出，求电路所具有的功能。

7.3.3 试分析如图 7-77 所示电路的逻辑功能，并用最少的与非门实现。

7.3.4 组合逻辑电路如图 7-78 所示，写出输出表达式 F。

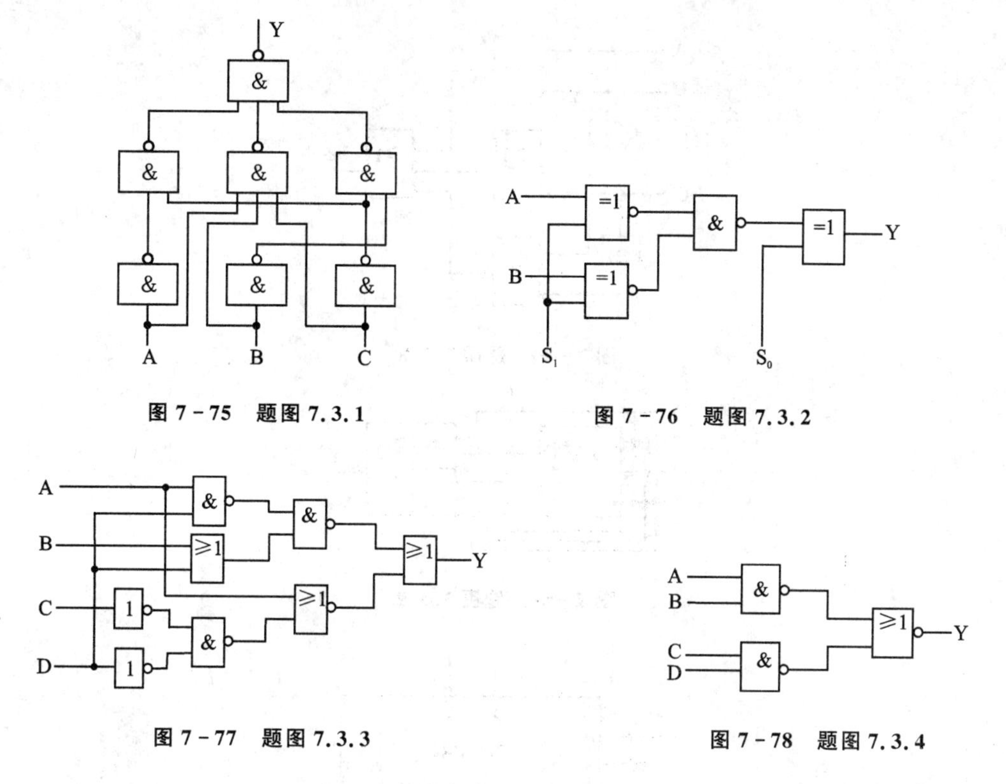

图 7 - 75　题图 7.3.1　　图 7 - 76　题图 7.3.2

图 7 - 77　题图 7.3.3　　图 7 - 78　题图 7.3.4

7.3.5　设计一个 4 人裁判表决电路，已知 4 人中有一个人是主裁判，其余 3 人是普通裁判，当主裁判同意时得两票，各个普通裁判同意时分别得一票，获得 3 票及 3 票以上表决通过。要求用与非门实现。

7.3.6　试设计体操裁判逻辑电路。A、B、C 为 3 名裁判，A 为主裁判，A 认为合格得 2 分；B、C 为副裁判，他们认为合格得 1 分。当总分等于或超过 2 分即为合格。

7.3.7　已知如图 7 - 79 所示电路及输入 A、B 的波形，试画出相应的输出波形 F，不计门的延迟。

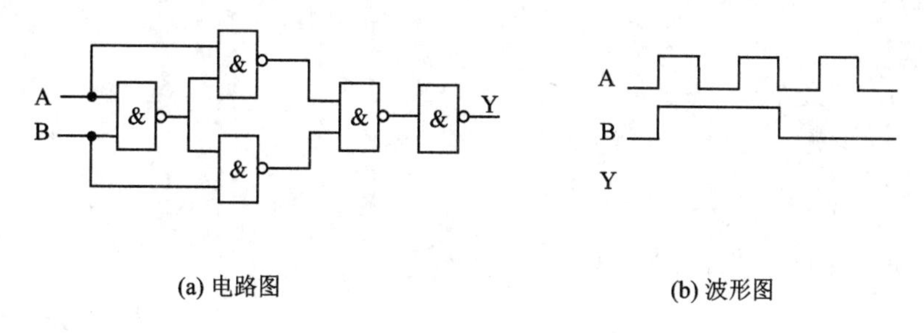

(a) 电路图　　(b) 波形图

图 7 - 79　题图 7.3.7

7.3.8　试写出如图 7 - 80 所示逻辑图的逻辑表达式，并化简，然后用“与非门”实现。

7.3.9　试分析如图 7 - 81 所示由 1 位全加器及与或门组成的电路，写出输出 Y 的方程式，并说明其功能。

7.3.10　图 7 - 82 所示电路为由八选一数据选择器构成的组合逻辑电路，图中，$a_1a_0b_1b_0$ 为两个二位二进制数，试列出电路的真值表，并说明其逻辑功能。

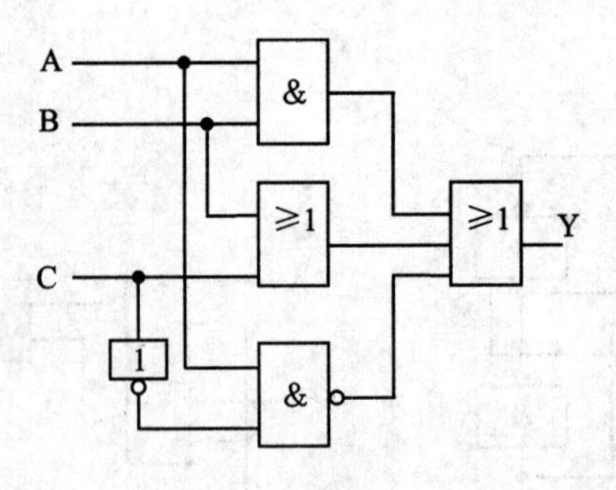

图 7-80 题图 7.3.8

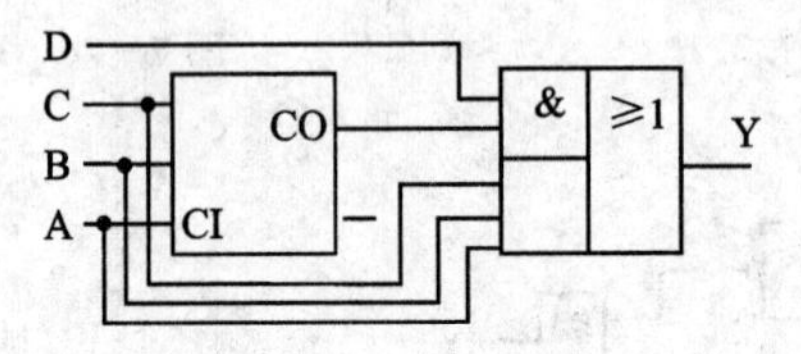

图 7-81 题图 7.3.9

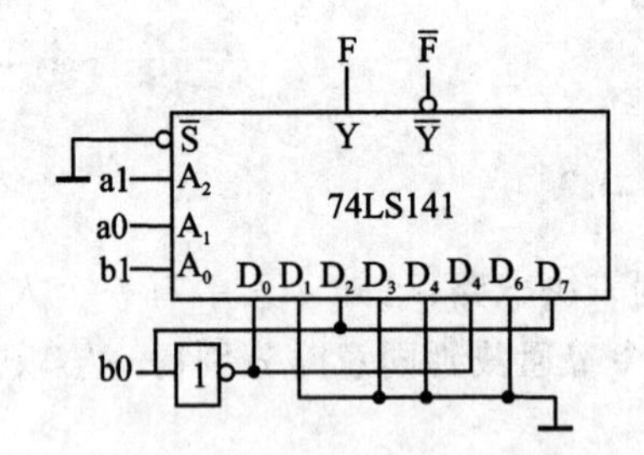

图 7-82 题图 7.3.10

第8章　时序逻辑电路

【引　言】

数字电路包含组合逻辑电路和时序逻辑电路两大类。第7章所讲的门电路及其组成的组合逻辑电路不具有记忆功能，即任何时刻的输出信号仅取决于当时的输入信号，与电路以前所处的状态无关。但在数字系统中，为了能实现按一定程序进行运算，需要记忆功能。本章所介绍的时序逻辑电路是由具有记忆功能的触发器组成的，它的输出信号不仅与电路当时的输入信号有关，而且与电路以前所处的状态也有关，即时序电路具有记忆功能。

【学习目的和要求】

① 掌握基本RS触发器、JK触发器和D触发器的逻辑功能。

② 理解寄存器和移位寄存器的工作原理，二进制计数器、十进制计数器的逻辑功能，会分析时序逻辑电路。

③ 学会使用本章所介绍的典型集成电路。

④ 了解集成定时器及由它组成的单稳态触发器和多谐振荡器的工作原理。

【重点内容提要】

三种基本触发器的逻辑功能，常用时序逻辑电路计数器和寄存器电路功能分析。

8.1　触发器

触发器是时序逻辑电路的记忆元件，为了实现记忆1位二值信号的功能，触发器必须具备两个基本的特点：一个是具有两个能自行保持的稳定状态，用来表示二值信号的“0”或“1”；另一个是不同的输入信号可以将触发器置成“0”或“1”的状态。

触发器的类型很多，本节主要介绍各种触发器的逻辑功能及其工作特性，这是学习各种时序逻辑电路的基础。触发器有不同的分类方法：如果触发器电路按照有无动作的统一时间节拍（时钟脉冲）来分，有基本触发器（无时钟触发器）和时钟触发器两大类；按触发器电路结构的特点来分，可以将触发器分为基本触发器，同步触发器，主从触发器和边沿触发器等几种类型；根据触发器逻辑功能的不同，又可以将触发器分为RS触发器，JK触发器，D触发器和T触发器等几种类型。

含有触发器单元是时序逻辑电路的基本特征，因此在讨论时序逻辑电路问题之前，先来讨论触发器电路的结构和动作特点。

8.1.1　RS触发器

1. 基本RS触发器的电路结构和动作特点

基本RS触发器的电路结构是由两个与非门的输入、输出端交叉连接而成，如图8-1(a)所示，图(b)为其逻辑符号。

由图 8-1(a)可见,该触发器有两个输入端 $\bar{S}$ 和 $\bar{R}$,其中"$\bar{S}$"端称为直接置位端或直接置 1 端,"$\bar{R}$"称为直接复位端或直接清零端,符号"S"和"R"上面的"非线",表明这种触发器输入信号为低电平时有效;两个输出端分别为 Q 和 $\bar{Q}$,两者的逻辑状态应相反。

在数字电路中,用触发器输出端 Q 的状态来定义触发器的状态。当触发器的输出端 Q=1,$\bar{Q}$=0 时,称为触发器的"1"状态;当触发器的输出端 Q=0,$\bar{Q}$=1 时,称为触发器的"0"状态。

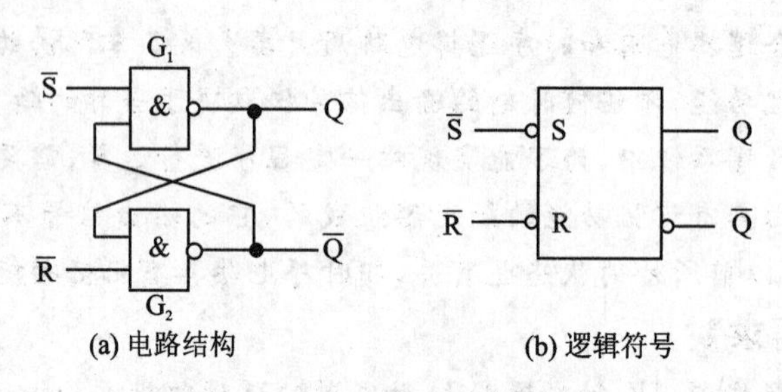

图 8-1 基本 RS 触发器

分析图 8-1(a)电路,在接通电源之后,如果 $\bar{S}$ 和 $\bar{R}$ 端未加低电平,$\bar{S}=\bar{R}=1$,此时触发器若处于 1 状态,那么这个状态一定是稳定的。因为 Q=1,门 G_2 的输入端必然全是 1,$\bar{Q}$ 一定为 0,门 G_1 输入端有 0,Q=1 是稳定的,这时 $\bar{Q}$=0 也是稳定的。如果触发器处于 0 状态,那么这个状态在输入端不加低电平信号时也是稳定的,因为 Q=0 时门 G_2 输入端有 0,$\bar{Q}$ 一定为 1,门 G_1 的输入端全为 1,所以 Q=0 是稳定的,$\bar{Q}$=1 也是稳定的。这说明该触发器在未接受低电平输入信号时,一定处于两个状态中的一个状态,无论处于哪种状态都是稳定的,所以触发器具有两个稳态,故又称为双稳态触发器。

根据输入信号果 $\bar{S}$、$\bar{R}$ 不同状态的组合,触发器的输出和输入之间的关系有四种情况,先分析如下:

(1) $\bar{R}=1$、$\bar{S}=0$

由图 8-1(a)可知,当 $\bar{S}$=0 时,不论 $\bar{Q}$ 为何种状态,都有 Q=1,这时门 G_2 的输入端全是 1,可得 $\bar{Q}$=0。因触发器的这个动作过程称为置 1,或置位,所以,触发器的输入端 $\bar{S}$ 称为置位端。

(2) $\bar{R}=0$、$\bar{S}=1$

由于电路的对称性,这时 Q=0、$\bar{Q}$=1,触发器处于稳定的 0 状态,因触发器的这个动作过程称为复位,或清 0,所以,触发器的输入端 $\bar{R}$ 称为复位端。

(3) $\bar{R}=1$、$\bar{S}=1$

当输入变量 $\bar{R}=1$,$\bar{S}=1$ 时,两个与非门 G_1 和 G_2 的状态由原来的 Q 和 $\bar{Q}$ 的状态决定,不难推知,电路维持原来状态不变。

(4) $\bar{R}=0$、$\bar{S}=0$

当输入变量 $\bar{R}=0$,$\bar{S}=0$ 时,不管电路原来的状态是"1"状态或者是"0"状态,Q 和 $\bar{Q}$ 的输出同时都为"1"。该状态既不是触发器定义的状态"1",也不是规定的状态"0",破坏了 Q 和 $\bar{Q}$ 的逻辑互补性,而且,当 $\bar{R}$ 和 $\bar{S}$ 同时变为"1"以后,由于门电路传输时间的随机性和离散型,无法断定触发器是处在"1"的状态,或者是处在"0"的状态,在实际使用中应避免这种情况。

综上所述,可得基本 RS 触发器的逻辑功能如表 8-1 所列。图 8-1(b)是由与非门构成的基本 RS 触发器的逻辑符号,图中符号“S”和“R”上面的“非线”和输入端的“小圆圈”都表示此种触发器的触发信号是低电平有效。

表 8-1　用与非门组成的基本 RS 触发器的逻辑状态表

$\overline{S}$	$\overline{R}$	Q	$\overline{Q}$	功　能
1	1	不	变	保持
1	0	0	1	置 0
0	1	1	0	置 1
0	0	不	定	禁止

此外,基本 RS 触发器除了可用与非门组成外,还可以用或非门来组成,用或非门组成的 RS 触发器电路如图 8-2(a)所示,图 8-2(b)是该电路的符号。与前者不同的是,或非门结构的基本 RS 触发器用正脉冲来清零或置 1,即高电平有效。它的逻辑状态表如表 8-2 所列。

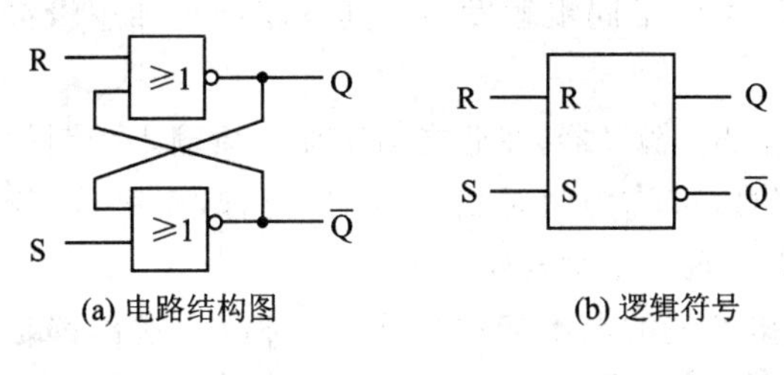

(a) 电路结构图　　(b) 逻辑符号

图 8-2　用或非门组成的基本 RS 触发器

表 8-2　用或非门组成的基本 RS 触发器的逻辑状态表

S	R	Q	$\overline{Q}$	功　能
0	0	不	变	保持
0	1	0	1	置 0
1	0	1	0	置 1
1	1	不	定	禁止

2. 触发器的工作波形图

触发器的动作特点除了用逻辑状态表来描述外,还可以用工作波形图来描述,基本 RS 触发器典型的工作波形图(设初始状态为 0)如图 8-3 所示。

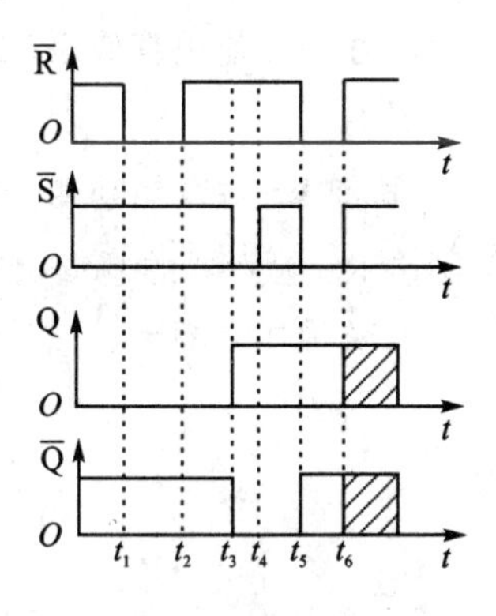

图 8-3　基本 RS 触发器工作波形图

画触发器工作波形图的要点:在输入信号的跳变处引入虚线,并在时间轴上标明时间,根据逻辑状态表画出每一时间间隔内的信号,作图的过程如下。

(1) $0 \sim t_1$时间段

$\overline{S}=1$,$\overline{R}=1$,触发器处于记忆的状态下,Q、$\overline{Q}$ 保持原态,所以 $\overline{Q}=0$,$\overline{Q}=1$。

(2) $t_1 \sim t_2$时间段

$\overline{S}=1$,$\overline{R}=0$,触发器清 0,$Q=0$,$\overline{Q}=1$。

(3) $t_2 \sim t_3$时间段

$\overline{S}=1$,$\overline{R}=1$,触发器再次处于记忆状态下,Q、$\overline{Q}$ 保持上个状态,所以 $Q=0$,$\overline{Q}=1$。

(4) $t_3 \sim t_4$时间段

$\overline{S}=0$,$\overline{R}=1$,触发器置 1,$Q=1$,$\overline{Q}=0$。

(5) $t_4 \sim t_5$时间段

$\overline{S}=1$,$\overline{R}=1$,触发器再次处于记忆状态下,Q、$\overline{Q}$ 保持上个状态,所以 $Q=1$,$\overline{Q}=0$。

(6) $t_5 \sim t_6$时间段

$\overline{S}=0$,$\overline{R}=0$,触发器处在 $Q=1$,$\overline{Q}=1$ 的非正常状态下。

(7) $t>t_6$时间段

$\bar{S}=1,\bar{R}=1$,触发器处在记忆的状态下,因前一个时段触发器工作在非正常的状态下,触发器无法保持 $Q=1,\bar{Q}=1$ 的原态,所以,触发器的状态是"0"或是"1"无法确定,用斜线来表示这种不确定的状态。

8.1.2　同步 RS 触发器

前面所讨论的基本 RS 触发器的输出状态是由输入信号直接控制的,所以,基本 RS 触发器又称为直接复位、置位触发器。但是这种触发器抗干扰能力差,而且不能实施多个触发器的同步工作。为了解决多个触发器同步工作的问题,发明了同步触发器。其电路结构和逻辑符号图如图 8-4 所示。

由图 8-4(a)可知,与非门 G1 和 G2 组成基本 RS 触发器,在此之前增加一级输入控制门电路,CP 为同步控制信号,通常称为脉冲方波信号,或称为时钟信号,简称时钟,用字母 CP (Clock Pulse)来表示。通过控制 CP 端电平,可以实现多个触发器同步工作。

当时钟脉冲到来之前,即 CP=0 时,不论 R 和 S 端的电平如何变化,G3 和 G4 输出都是"1",基本触发器保持原状态不变;当 CP=1 时,该信号对两个与非门 G3 和 G4 的输出信号没有影响,同步触发器的输出状态随输入信号变化而变化的情况与基本 RS 触发器相同。

时钟触发器的动作时间是有时钟脉冲 CP 控制的,这里规定,CP 作用前触发器的原状态称为现态,用 Q^n 表示,CP 作用后触发器的新状态称为次态,用 Q^{n+1} 表示。时钟触发器逻辑功能的表示方法除使用真值表(功能表)、符号图、时序图(波形图)以外,还可用特性方程、状态转换图来表示。

1. 同步 RS 触发器功能分析

同步 RS 触发器的逻辑状态表如表 8-3 所列。其功能与基本 RS 触发器相同,但只能在 CP=1 到来时才能翻转。

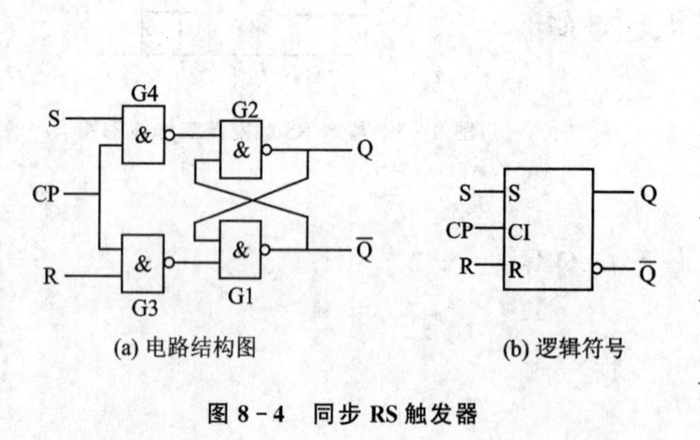

(a) 电路结构图　　(b) 逻辑符号

图 8-4　同步 RS 触发器

表 8-3　同步 RS 触发器的逻辑状态表

CP	S	R	Q^n	Q^{n+1}	功　能
0	×	×	0	0	保持
			1	1	
1	0	1	0	0	清 0
			1	0	
1	1	0	0	1	置 1
			1	1	
1	0	0	0	0	保持
			1	1	
1	1	1	0	×	禁用
			1	×	

2. 特性方程

现将表 8-3 中的 Q^{n+1} 作为输出变量,把 S、R 和 Q^n 作为输入变量填入卡诺图,经化简后可得出触发器的特性方程为

$$\left.\begin{aligned}Q^{n+1} &= S + \bar{R}Q^{n}\\ SR &= 0\end{aligned}\right\} \tag{8-1}$$

式中，SR＝0 为约束条件。

根据表 8－3 可画出同步 RS 触发器的工作波形图，同步 RS 触发器的工作波形图如图 8－5 所示。

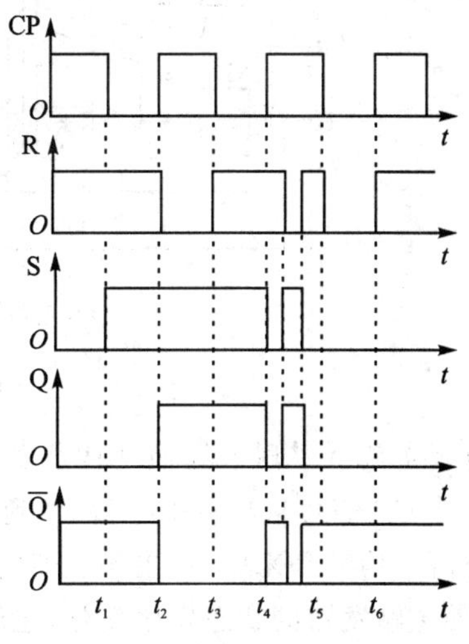

图 8－5　同步 RS 触发器波形图

(1) 0～t_1时间段

CP＝1，R＝1，S＝0，触发器复位，Q＝0，$\overline{Q}$＝1。

(2) t_1～t_2时间段

CP＝0，触发器的输入信号对触发器的状态不影响，触发器保持原态，Q＝0，$\overline{Q}$＝1。

(3) t_2～t_3时间段

CP＝1，R＝0，S＝1，触发器置位，Q＝1，$\overline{Q}$＝0；

(4) t_3～t_4时间段

CP＝0，触发器保持原态，Q＝1，$\overline{Q}$＝0。

(5) t_4～t_5时间段

CP＝1，R 和 S 经历从 0 到 1，从 1 到 0 的跳变，触发的输出信号 Q 和 $\overline{Q}$ 也经历了从 0 到 1，从 1 到 0 的跳变，最后的状态为 $\overline{Q}$＝0。

(6) t_5～t_6时间段

CP＝0，触发器保持原态，Q＝0，$\overline{Q}$＝1。

(7) t＞t_6时间段

CP＝1，R＝1，S＝0，触发器处在清 0 的状态下，输出 Q＝0，$\overline{Q}$＝1 的状态。

由上面的讨论可见，同步触发器在一个时钟脉冲时间内(如 t_4～t_5的时间内)，输出状态有可能发生两次或两次以上的翻转，触发器的这种翻转现象在数字电路中称为空翻。因触发器正常工作的干扰信号可能会引起空翻，所以，触发器的空翻影响触发器的抗干扰能力。

8.1.3　JK 触发器

1. 主从型 JK 触发器的电路结构和动作特点

同步 RS 触发器虽然解决了同步工作的问题，但还存在着每个 CP 周期内触发器的输出状态多次改变的空翻问题，主从触发器就是为了解决触发器空翻的问题而设计的。

图 8－6(a)是主从型 JK 触发器的逻辑图，它由两个同步 RS 触发器串联组成，其中与非门 G5、G6、G7 和 G8 组成主触发器，与非门 G1、G2、G3 和 G4 组成从触发器，且两个同步触发器 CP 脉冲的相位正好相反。J 和 K 是输入信号，它们分别与 $\overline{Q}$ 和 Q 构成与逻辑关系，成为主触发器的 S 端和 R 端，即

$$S = J\overline{Q}, \qquad R = KQ$$

从触发器 S 和 R 端为主触发器的输出端。

JK 触发器动作的特点：在 CP 信号为高电平“1”时，主触发器的输入控制门 G7 和 G8 打开，输入信号 J 和 K 可以使主触发器的输出状态发生变化；因从触发器的输入控制门(即 CP 信号)是低电平有效的，所以，从触发器的输入控制门 G3 和 G4 关闭，主触发器的输出信号 Q′

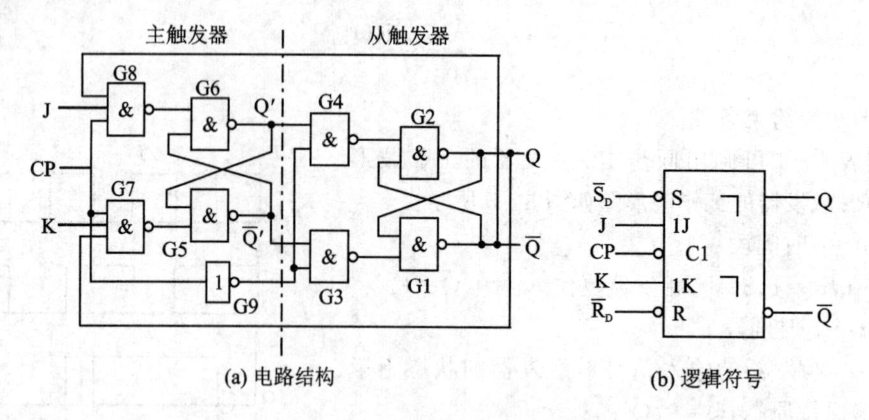

(a) 电路结构 (b) 逻辑符号

图 8-6 主从型 JK 触发器

和$\overline{Q'}$不能输入从触发器使其状态发生变化,从触发器保持原态。

当 CP 信号从高电平“1”跳变到低电平“0”时,CP 信号将产生一个脉冲下降沿信号。当脉冲下降沿信号到来以后,主触发器的输入控制门 G7 和 G8 关闭,J 和 K 信号不能输入主触发器,使主触发器的状态发生变化,主触发器保持脉冲下降沿到来时刻的信号 Q′和$\overline{Q'}$;从触发器的输入控制门 G3 和 G4 打开,主触发器的输出信号 Q′和$\overline{Q'}$输入从触发器,使从触发器的状态发生变化。

由上面的分析可知,主从型触发器具有在 CP 从“1”下跳为“0”时翻转的特点,$\overline{R}_D$ 和 $\overline{S}_D$ 是直接复位和直接置位端,就是不经过时钟脉冲 CP 的控制可以对触发器清 0 或置 1,一般用在工作之初,预先使触发器处于某一给定状态,在工作过程中不用。不用时让它们处于 1 态(高电平)。

根据图 8-6(a),可得 JK 触发器逻辑状态表如表 8-4 所列。

表 8-4 JK 触发器的逻辑状态表

$\overline{S}_D$	$\overline{R}_D$	CP	J	K	Q^n	Q^{n+1}	功 能
0	1	×	×	×	×	1	直接置 1
1	0	×	×	×	×	0	直接清 0
1	1	↓	0	1	0	0	清 0
					1	0	
1	1	↓	1	0	0	1	置 1
					1	1	
1	1	↓	0	0	0	0	保持
					1	1	
1	1	↓	1	1	0	1	计数
					1	0	

注:“↓”表示 CP 脉冲的下降沿。

由表 8-4 可见,JK 触发器在 J=1,K=1 的情况下,来一个时钟脉冲,就使它翻转一次,即 $Q^{n+1}=\overline{Q^n}$。这表明,在这种情况下,触发器具有计数功能。

由图 8-6 可得,$S=J\overline{Q}$,$R=KQ$,将其代入式(8.1.1)得

$$Q^{n+1} = J\overline{Q^n} + \overline{KQ^n}Q^n$$
$$= J\overline{Q^n} + \overline{K}Q^n$$

这是JK触发器的特性方程，也可以根据JK触发器的逻辑状态表8-4得出。

2. 主从型JK触发器的工作波形图

设下降沿触发的JK触发器的时钟脉冲和J、K信号的波形如图8-7所示，画出输出端Q的波形。设触发器的初始状态为0。

【分析】 第1个CP脉冲作用期间：J=0，K=1，触发器置0；第2个CP脉冲作用期间：J=1，K=0，触发器置1；第3个CP脉冲作用期间：J=0，K=1，触发器置0；第4个CP脉冲作用期间：J=0，K=0，触发器保持原态不变，Q=0；第5个CP脉冲作用期间：J=0，K=1，触发器置0。

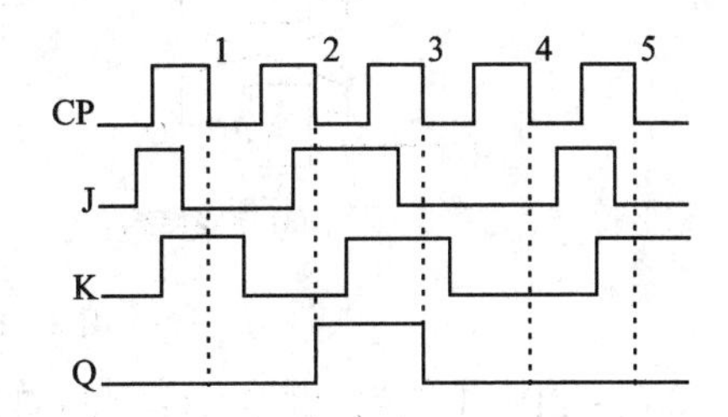

图8-7　主从型JK触发器的波形图

用画波形图的方法分析触发器的工作情况时，必须注意几点：

① 触发器的触发翻转发生在时钟脉冲的触发边沿；

② 判断主从触发器次态的依据是下降沿前瞬间（触发沿为下降沿时）或上升沿前瞬间（触发沿为上升沿时）输入端的状态；

③ 判断边沿触发器次态的依据是触发沿瞬间输入端的状态。

8.1.4　D触发器

1. 维持阻塞型D触发器的电路结构和动作特点

触发器的结构类型有多种，除上述的主从型外，常用的还有边沿触发器。边沿触发器的次态取决于CP边沿（上升沿或下降沿）到达时刻输入信号的状态，而与此边沿时刻以前或以后的输入状态无关，因而可以提高它的可靠性和抗干扰能力。

边沿触发器有利用CMOS管组成的触发器，还有TTL维持阻塞触发器以及利用传输延迟时间组成的边沿触发器等，这些触发器的电路结构虽然不相同，但它们的逻辑功能和符号都是相同的，本书只介绍一种目前使用较多的维持阻塞型D触发器，其电路结构图和逻辑符号图如图8-8所示。

由图8-8(a)可知，该触发器是由3个“与非门构成的基本RS触发器”组成的。其中，G3、G4和G5、G6构成的两个基本RS触发器响应外部输入数据D和时钟信号CP，它们的输出信号Q4、Q5作为$\overline{R}$、$\overline{S}$信号控制着由G1、G2构成的第三个基本RS触发器的状态。其工作原理分析如下：

① 当CP=0时，与非门G4、G5被封锁，它们的输出$Q_4=1$，$Q_5=1$，即$\overline{S}=1$，$\overline{R}=1$，所以第三个基本RS触发器保持原态，这时不论D取何值，Q和$\overline{Q}$的状态都不变；

② 当CP由0变1后瞬间，G4、G5打开，它们的输出Q_4和Q_5的状态由G3和G6的输出状态决定，所以有，$\overline{S}=\overline{Q_6}=Q_3=\overline{D}$，$\overline{R}=\overline{Q_3}=D$，$\overline{R}$和$\overline{S}$的状态永远相反。当D=0时，$\overline{S}=1$，$\overline{R}=0$，D触发器输出Q=0；当D=1时，$\overline{S}=0$，$\overline{R}=1$，D触发器输出Q=1，即$Q^{n+1}=D$，D触发器按此前D的逻辑值刷新。

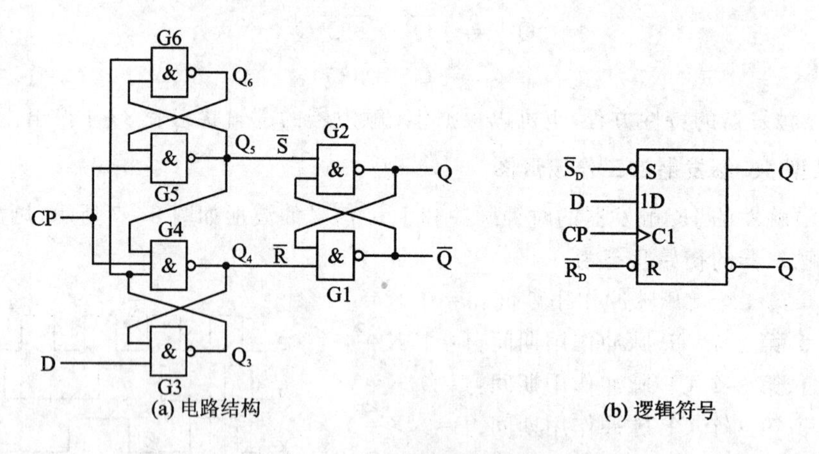

图 8-8 维持阻塞 D 触发器

③ 在 CP=1 期间，由 G3、G4 和 G5、G6 构成的两个基本 RS 触发器可以保证 Q_4、Q_5 的状态不变，使 D 触发器不受输入信号 D 变化的影响。现分析如下：若在 CP 由 0 变 1 后瞬间 Q=1，则有 $Q_5=0$，与非门 G4、G6 被封锁，Q_5 到 G4 的反馈线使 G4 的输出 $Q_4=1$，这时，即使 D 信号的变化可能使 Q_3 发生相应变化，但不能改变 Q_4 的状态，从而阻塞了 D 端输入的置 0 信号；若在 CP 由 0 变 1 后瞬间 Q=0，则有 $Q_4=0$，与非门 G3 被封锁，此时，不论 D 信号变化为何值，都不能改变 Q_3 的状态，所以 D 触发器的输出状态保持原态。

综上所述，维持阻塞型 D 触发器具有在 CP 上升沿触发的特点。其中，CP 输入控制端符号“>”用来表示触发器的状态变换仅发生在脉冲上升沿。如果是下降沿翻转的边沿触发器，逻辑符号中 CP 控制端旁边要由小圆圈和符号“>”来表示。表 8-5 是维持阻塞型 D 触发器的逻辑状态表，由表可得 D 触发器的特性方程为

$$Q^{n+1} = D \tag{8-2}$$

2. 维持阻塞型 D 触发器的工作波形图

设上升沿触发的 D 触发器的时钟脉冲和 D 信号的波形如图 8-9 所示，触发器的初始状态为 0。

表 8-5 上升沿 D 触发器的逻辑状态表

CP	D	Q^n	Q^{n+1}	功 能
0	×	0	0	
		1	1	
1	×	0	0	
		1	1	
↑	0	0	0	清 0
		1	0	
↑	1	0	1	置 1
		1	1	

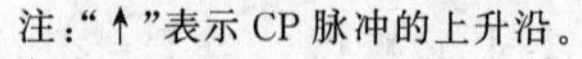
注：“↑”表示 CP 脉冲的上升沿。

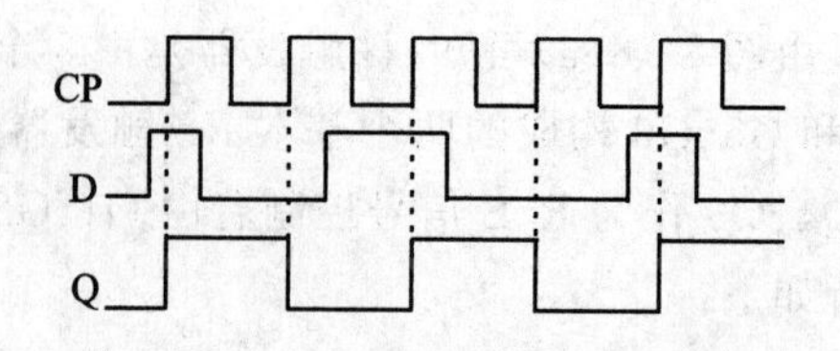

图 8-9 上升沿 D 触发器的波形图

除了上述介绍的边沿 D 触发器以外，目前常用的还有利用传输延迟时间的边沿 JK 触发器，和相同逻辑功能的主从结构触发器相比，边沿触发器输出状态的翻转仅出现在脉冲上升沿

或下降沿到来的时刻，因此，边沿触发器抗干扰能力和工作的稳定性更好，被广泛使用在各种电子电路中。

8.1.5 触发器逻辑功能的转换

因 JK 触发器和 D 触发器分别是双端输入和单端输入功能最完善的触发器，所以，集成电路产品大多是 JK 触发器(CC4027 和 74LS112 等)和 D 触发器(CC4013 和 7474 等)。下面来讨论触发器逻辑功能转换的问题。

1. 将 JK 触发器转换为 D 触发器

转换电路图如图 8-10 所示。

【分析】 当 D=0 时，J=0，K=1，在 CP 的下降沿，触发器置 0；当 D=1 时，J=1，K=0，在 CP 的下降沿，触发器置 1。符合下降沿 D 触发器的逻辑功能。

2. 将 JK 触发器转换为 T 触发器

在时钟信号的作用下，具有表 8-6 所列的逻辑状态功能的触发器称为 T 触发器。

T 触发器的特性方程是 $Q^{n+1}=T\overline{Q^n}+\overline{T}Q^n$，JK 触发器转换为 T 触发器的转换电路如图 8-11 所示。

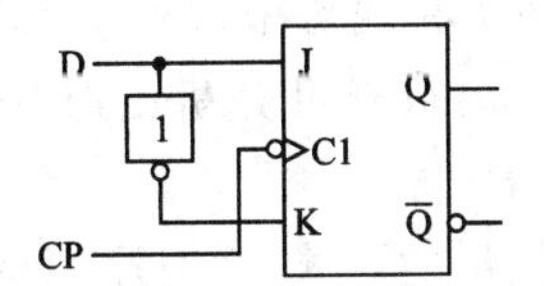

图 8-10 将 JK 触发器转换为 D 触发器

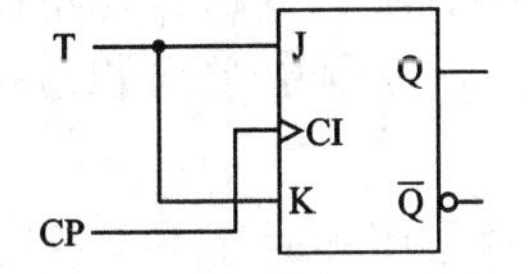

图 8-11 将 JK 触发器转换为 D 触发器

【分析】 当 T=0 时，J=0，K=0，在 CP 的上升沿，触发器保持原态；当 T=1 时，J=1，K=1，在 CP 的上升沿，触发器翻转，处于计数状态。

3. 将 D 触发器转换为 T′触发器

输入信号 T 恒等于 1 的 T 触发器称为 T′触发器。其动作特点是，每输入一个触发脉冲，触发器的状态翻转一次。

图 8-12 是将 D 触发器转换为 T′触发器的电路连接图。表 8-6 所列为上升沿 T 触发器逻辑状态表。

表 8-6 上升沿 T 触发器逻辑状态表

CP	T	Q^n	Q^{n+1}	功 能
0	×	0	0	
		1	1	
1	×	0	0	
		1	1	
↑	0	0	0	保持
		1	0	
↑	1	0	1	计数
		1	0	

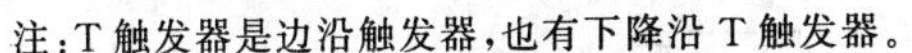

注：T 触发器是边沿触发器，也有下降沿 T 触发器。

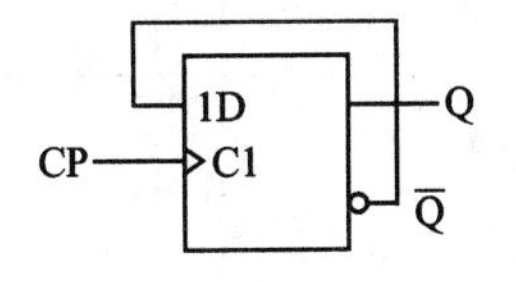

图 8-12 D 触发器转换为 T′触发器

8.2 时序逻辑电路的分析

研究时序逻辑电路的问题与研究组合逻辑电路的问题一样,都是已知电路分析功能或给定逻辑问题设计电路。在这里结合具体的电路只介绍如何分析时序逻辑电路。

时序逻辑电路的描述主要有状态方程、逻辑状态表、状态图和波形图(又称时序图)。分析时序逻辑电路的步骤如下:

① 确定时序电路的工作方式。时序电路有同步电路和异步电路之分,同步电路中,组成电路的所有触发器的时钟是相同的,而异步电路中各触发器的时钟是不完全相同的,所以,在分析电路时必须分别考虑,以确定触发器翻转的条件。

② 写驱动方程。驱动方程就是每个触发器控制输入端的逻辑表达式,它们决定了触发器的未来状态,驱动方程必须根据逻辑图的连线得出。

③ 确定状态方程。状态方程表征了触发器次态与现态的逻辑关系,它是将各个触发器的驱动方程代入特性方程而得到的。各种触发器特性方程均可由逻辑状态表求得。

④ 写输出方程。

⑤ 列逻辑状态表。状态表即转换真值表,它是将电路所有现态依次列举出来,分别代入各触发器的状态方程中求出相应的次态并列成表。通过状态表可分析出时序电路的转换规律。

⑥ 画出状态图和时序图。状态图是将状态表变成了图形的形式,而时序图其实就是电路的工作波形图,这两种形式提供了直观的分析方法。

⑦ 确定时序电路的逻辑功能。

除了上述分析方法,也可应用更简便的分析方法列表分析法对时序逻辑电路进行分析。

【例 8-1】 分析如图 8-13 所示电路的逻辑功能,设初始状态为 0000。

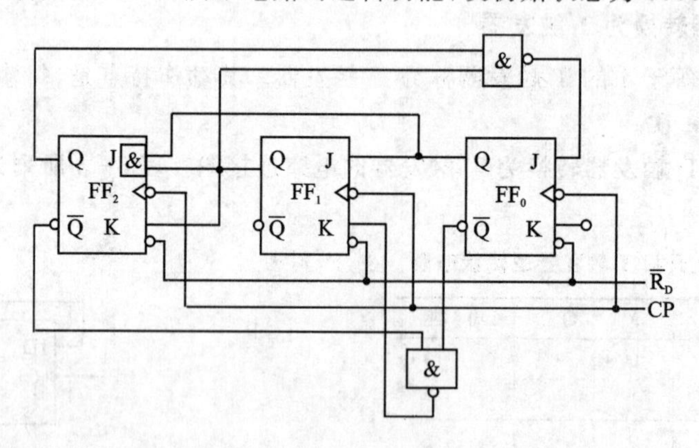

图 8-13 [例 8-1]图

【分析方法一】

① 分析电路的工作方式。

显然,该电路是同步工作方式,它由三个 JK 触发器和两个与非门构成。

② 列驱动方程

$$J_0=\overline{Q_2^nQ_1^n},K_0=1;\ J_1=Q_0^n,K_1=\overline{\overline{Q_2^n}\cdot\overline{Q_0^n}};\ J_2=Q_1^nQ_0^n,K_2=Q_1^n$$

③ 列状态方程。

首先，根据 JK 触发器的逻辑状态表求出其特性方程

$$Q^{n+1}=J\overline{Q}^n+\overline{K}Q^n$$

将驱动方程带入上式，得出电路的状态方程

$$Q_0^{n+1}=\overline{Q_2^nQ_1^n}\cdot\overline{Q_0^n};Q_1^{n+1}=Q_0^n\ \overline{Q_1^n}+\overline{Q_2^n}\cdot\overline{Q_0^n}Q_1^n;Q_2^{n+1}=Q_1^nQ_0^n\ \overline{Q_2^n}+\overline{Q_1^n}Q_2^n$$

④ 列逻辑状态表。

列状态表是分析过程的关键，其方法是依次设定电路现态 $Q_2^nQ_1^nQ_0^n$，代入状态方程，得出相应的次态。初态 $Q_2^nQ_1^nQ_0^n=000$，其状态表如表 8－7 所列。

表 8－7　[例 8－1]的状态表

CP 计数脉冲	Q_2	Q_1	Q_0	CP 计数脉冲	Q_2	Q_1	Q_0
0	0	0	0	5	1	0	1
1	0	0	1	6	1	1	0
2	0	1	0	7	0	0	0
3	0	1	1	0	1	1	1
4	1	0	0	1	0	0	0

从状态表中可以看出，111 虽是无效状态，但是若初始值是 111，经 CP 的作用可进入有效循环，故电路具有自启动功能。其状态循环图如图 8－14 所示。

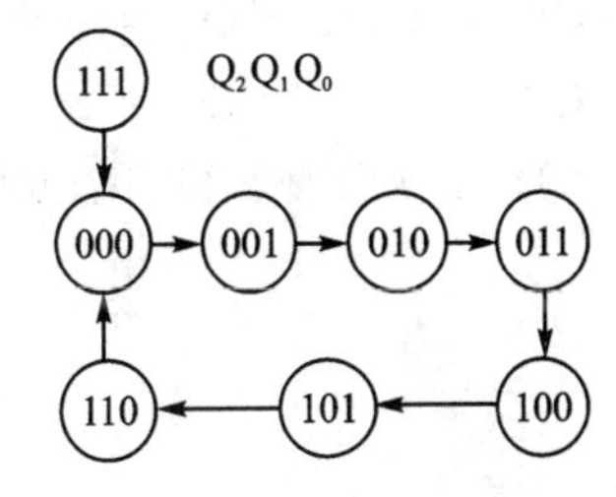

图 8－14　状态循环图

⑤ 确定逻辑功能。

此电路为同步七进制加法计数器，并具有自启动功能。

【分析方法二】

列表分析法如表 8－8 所列。

表 8－8　列表分析法

CP	J_2	K_2	J_1	K_1	J_0	K_0	Q_2	Q_1	Q_0	备　注
	Q_1Q_0	Q_1	Q_0	$\overline{\overline{Q_0}\cdot\overline{Q_2}}=Q_0+Q_2$	$\overline{Q_2Q_1}$	1	0	0	0	
0	0	0	0	0	1	1	0	0	0	FF₀ 由 CP 触发 FF₁ 由 CP 触发 FF₃ 由 CP 触发 同步触发器
↓1	0	0	1	1	1	1	0	0	1	
↓2	0	1	0	0	1	1	0	1	0	
↓3	1	1	1	1	1	1	0	1	1	
↓4	0	0	0	1	1	1	1	0	0	
↓5	0	0	1	1	1	1	1	0	1	
↓6	0	1	0	1	0	1	1	1	0	
↓7							0	0	0	

【分析思路】

首先明确各触发器的时钟脉冲是否相同，分别受哪个信号触发控制，然后根据电路连接关系确定各触发器输入端输入方程并正确化简，根据已知的触发器的初始状态和电路连接关系

确定此时对应各触发的输入端值,当触发脉冲到来时判断状态值,依此类推,最终判断有几个循环状态就为几进制计数器,该电路为同步七进制加法计数器。

【例 8-2】 分析图 8-15 所示异步逻辑电路的逻辑功能,设初始状态为 000。

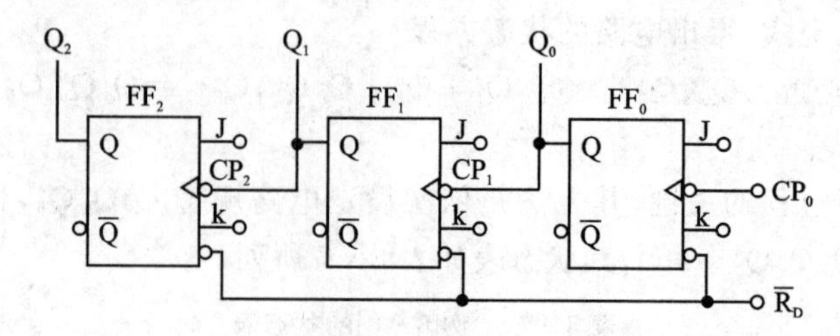

图 8-15 [例 8-2]图

【分析】

(1) 分析电路的工作方式

显然,该电路是异步步工作方式,它由三个 JK 触发器构成,每个触发器都有各自不同的时钟。

(2) 列时钟方程

$CP_0=CP$(时钟脉冲源),下降沿沿触发。

$CP_1=Q_0$,仅当 Q_0 由 1→0 时,Q_0 才可能改变状态,否则保持不变。

$CP_2=Q_1$,仅当 Q_1 由 1→0 时,Q_1 才可能改变状态,否则保持不变。

(3) 列驱动方程和状态方程

$$J_0=1,K_0=1$$

$$J_1=1,K_1=1$$

$$J_2=1,K_2=1$$

$$Q_0^{n+1}=J_0\ \overline{Q_0^n}+\overline{K_0}Q_0^n=\overline{Q_0^n}(CP\downarrow)$$

$$Q_1^{n+1}=J_1\ \overline{Q_1^n}+\overline{K_1}Q_1^n=\overline{Q_1^n}(Q_0\downarrow)$$

$$Q_2^{n+1}=J_2\ \overline{Q_2^n}+\overline{K_2}Q_2^n=\overline{Q_2^n}(Q_1\downarrow)$$

(4) 列逻辑状态表(见表 8-9)、逻辑状态循环图和时序图。

表 8-9 [例 8-2]的状态表

时钟脉冲 CP	二进制数			等效十进制数
	Q_2	Q_1	Q_0	
0	0	0	0	0
1	0	0	1	1
2	0	1	0	2
3	0	1	1	3
4	1	0	0	4
5	1	0	1	5
6	1	1	0	6
7	1	1	1	7
8	0	0	0	0

列逻辑状态表的方法与同步时序逻辑电路基本相似，只是还应当注意各触发器的 CP 端的状况（是否有下降沿作用），由于是异步工作状态，因此在每次 CP 作用时，都要严格按照各个触发器工作的先后顺序决定新的状态。由状态表可以画出状态转换循环图，如图 8－16 所示，每次现态向次态的转换都是以一个时钟脉冲 CP 为基准。

设电路的初始状态为 $Q_2^nQ_1^nQ_0^n=000$，根据状态表和状态图，可以画出在一系列 CP 脉冲作用下，该电路的时序如图 8－17 所示。

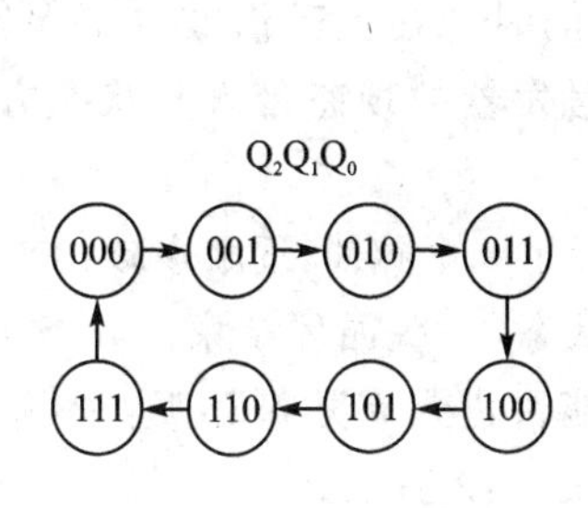

图 8－16　状态循环图

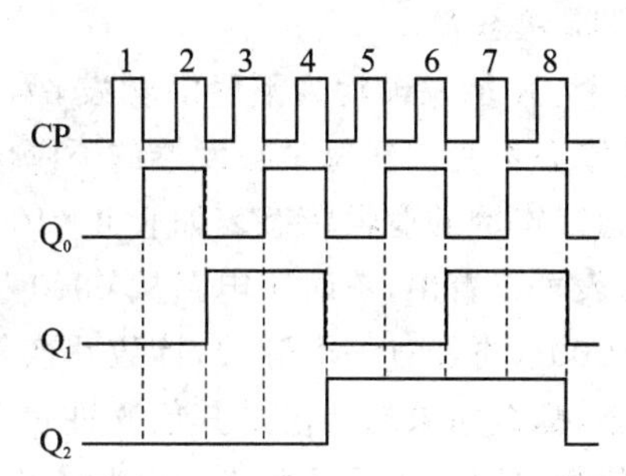

图 8－17　逻辑时序图

（5）确定逻辑功能

实际上，由该例的状态图就可看出该电路是一个计数器电路，从初态 000 开始，每输入一个计数脉冲，计数器的状态按二进制递增（加 1），输入 8 个计数脉冲后，计数器又回到 000 状态。因此它是异步的三位二进制加计数器，也就是模八（M＝8）加计数器。

【例 8－3】　分析如图 8－18 所示电路的逻辑功能，设初始状态为 0000。

【分析】

① 分析电路的工作方式。

电路处于异步工作状态，由 4 个 JK 触发器、一个与门和一个与非门组成，输出为 B。

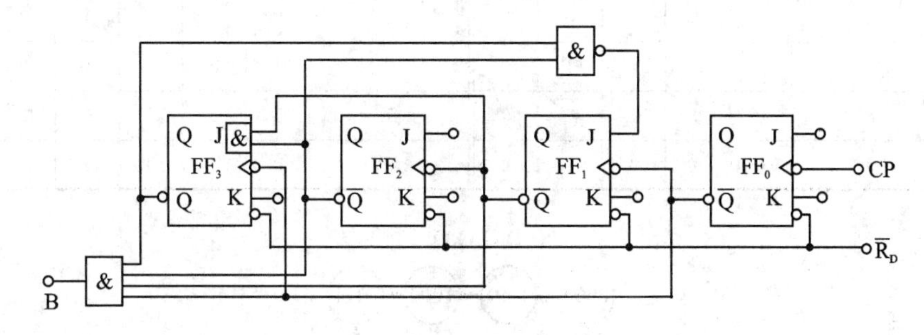

图 8－18　［例 8－3］图

② 列驱动方程、输出方程和时钟方程。

$$J_0=1,\qquad K_0=1$$

$$J_1=\overline{\overline{Q}_3^n\overline{Q}_2^n},\qquad K_1=1$$

$$J_2=1,\qquad K_2=1$$

$$J_3=\overline{Q}_2^n\overline{Q}_1^n,\qquad K_3=1$$

$$B=\overline{Q}_3^n\overline{Q}_2^n\overline{Q}_1^n\overline{Q}_0^n$$

$$CP_0=CP,CP_1=\overline{Q}_0,CP_2=\overline{Q}_1,CP_3=\overline{Q}_0$$

③ 列状态方程。

$$Q_0^{n+1}=J_0\ \overline{Q_0^n}+\overline{K_0}\,Q_0^n=\overline{Q_0^n}\,(\mathrm{CP}\downarrow)$$

$$Q_1^{n+1}=J_1\ \overline{Q_1^n}+\overline{K_1}\,Q_1^n=\overline{\overline{Q_3^n}\,\overline{Q_2^n}}\,\overline{Q_1^n}\,(Q_0\downarrow)$$

$$Q_2^{n+1}=J_2\ \overline{Q_2^n}+\overline{K_2}\,Q_2^n=\overline{Q_2^n}\,(\overline{Q}_1\downarrow)$$

$$Q_3^{n+1}=J_3\ \overline{Q_3^n}+\overline{K_3}\,Q_3^n=\overline{Q_3^n}\,\overline{Q_2^n}\,\overline{Q_1^n}\,(\overline{Q}_0\downarrow)$$

④ 列逻辑状态表。

图中 4 个 JK 触发器均为下降沿触发,因此,当各自的时钟在上升沿或电平保持不变时,触发器保持原态不变。在每个触发器的下降沿,将相应触发器的现态带入其状态方程进行计算,得出次态。本例的逻辑状态表如表 8-10 所列。

从状态表可以看出,该时序电路从 0000 状态开始,经过 9 个脉冲,逐渐递减:0000→1001→1000→…→0001,再经过一个脉冲,计数器恢复到 0000 状态,一次循环结束。4 个触发器能表示 16 种状态,那么如果初始值是其他 6 种状态,计数器能否进入有效循环呢?本状态表中一一列出,显然都可以进入循环状态。其状态循环图,如图 8-19 所示。

表 8-10 [例 8-3]状态表

CP 计数脉冲	Q_3	Q_2	Q_1	Q_0	B	CP 计数脉冲	Q_3	Q_2	Q_1	Q_0	B
0	0	0	0	0	1	10	0	0	0	0	1
1	1	0	0	1	0	0	1	1	1	1	0
2	1	0	0	0	0	1	1	1	1	0	0
3	0	1	1	1	0	2	0	1	0	1	0
4	0	1	1	0	0	0	1	1	0	1	0
5	0	1	0	1	0	1	1	1	0	0	0
6	0	1	0	0	0	2	0	0	1	1	0
7	0	0	1	1	0	0	1	0	1	1	0
8	0	0	1	0	0	1	1	0	1	0	0
9	0	0	0	1	0	2	0	0	0	1	0

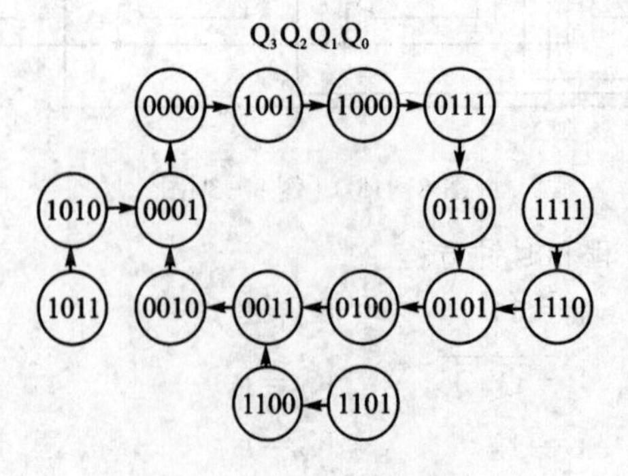

图 8-19 状态循环图

⑤ 确定逻辑功能。

此电路为异步十进制减法计数器,具有自启动功能。

8.3　计数器

在数字电路中，将能够实现计数逻辑功能的器件称为计数器。计数器计数的脉冲信号是触发器输入的 CP 信号。

计数器的种类非常繁多。如果按计数器中的触发器是否同时翻转分类，可以把计数器分为同步式和异步式两种。在同步式计数器中，当时钟脉冲输入时所有触发器同时翻转；而在异步计数器中，触发器的翻转有先有后，不是同时发生的。

另外，按计数增减趋势分，有加法计数器、减法计数器和可逆计数器（或称为加/减计数器）；按数字的编码方式分，有二进制计数器、BCD 码（又称二-十进制）计数器、循环码计数器等；按内部器件构成分，有 TTL 和 CMOS 计数器等；有时，也用计数器的计数容量将计数器分为二进制、十进制和任意进制计数器。

8.3.1　二进制计数器

触发器有“1”和“0”两个状态，二进制有“1”和“0”两个数码，因此，一个触发器可以用来表示一位二进制数。如果要表示几位二进制数，就得用几个触发器。

能够实现二进制计数功能的器件称为二进制计数器。二进制计数器有加法计数器和减法计数器，同步计数器和异步计数器之分，它是构成其他进制计数器的基础。

4 位二进制数计数器是数字电路中常用的器件，4 位二进制数计数器又称为十六进制计数器。下面介绍两种实现 4 位二进制加法计数器的方法。

1. 异步二进制计数器

首先列出 4 位二进制加法计数器的状态表，如表 8－11 所列。

表 8－11　4 位二进制加法计数器的状态表

计数脉冲数	二进制数				等效十进制数
	Q_3	Q_2	Q_1	Q_0	
0	0	0	0	0	0
1	0	0	0	1	1
2	0	0	1	0	2
3	0	0	1	1	3
4	0	1	0	0	4
5	0	1	0	1	5
6	0	1	1	0	6
7	0	1	1	1	7
8	1	0	0	0	8
9	1	0	0	1	9
10	1	0	1	0	10
11	1	0	1	1	11
12	1	1	0	0	12
13	1	1	0	1	13

续表 8-11

计数脉冲数	二进制数				等效十进制数
	Q_3	Q_2	Q_1	Q_0	
14	1	1	1	0	14
15	1	1	1	1	15
16	0	0	0	0	0

由表 8-11 可知，每来一个计数脉冲，最低位触发器翻转一次；而高位触发器是在相邻的低位触发器从 1 变为 0 时翻转。因此可用 4 个主从型 JK 触发器来组成 4 位异步二进制加法计数器，电路结构图如图 8-20 所示。每个触发器的 J、K 端悬空，相当于其接"1"，故具有计数功能。触发器的进位脉冲从 Q 端输出送到相邻高位触发器的 CP 段，这符合主从型触发器下降沿触发的特点。它的工作波形图如图 8-21 所示。

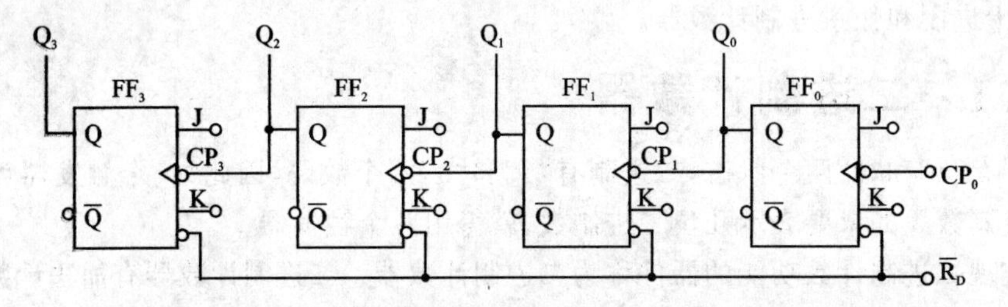

图 8-20 4 位异步二进制加法计数器电路结构图

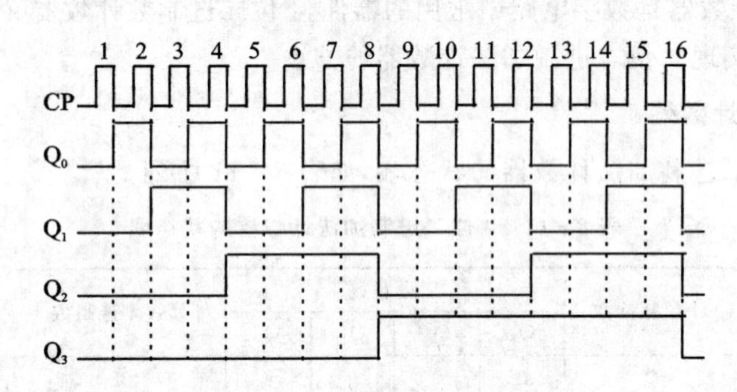

图 8-21 4 位异步二进制加法计数器波形图

显然，该计数器以 16 个 CP 脉冲构成一个计数周期，其中，Q_0 的频率是 CP 的 1/2，即实现了 2 分频，Q_1 得到 CP 的 4 分频，以此类推，Q_3、Q_4 分别得到了 CP 的 8 分频和 16 分频，因而计数器也可作为分频器使用。

【例 8-4】 分析比较图 8-22(a)和图 8-22(b)所示两个逻辑电路的逻辑功能。

【分析】 显然，图 8-22(a)是三位异步二进制加法计数器，工作波形图如图 8-23 所示，其逻辑状态表如表 8-12 所列。

图 8-22(b)与图 8-22(a)的不同之处仅在于两者级间的连接方式不同，加法计数器是将其低位触发器的一个输出端 Q 接到高位触发器的时钟输入端组成，即 Q→CP；而图 8-22(b)中是 $\overline{Q}$→CP，若低位触发器已经为 0，则再输入一个计数脉冲后应翻转为 1，同时向高位发出借位信号，使高位翻转，符合二进制减法规则，又因为由三个触发器构成，所以图 8-22(b)是三位异步二进制减法计数器，工作波形图如图 8-24 所示，逻辑状态表如表 8-13 所列。

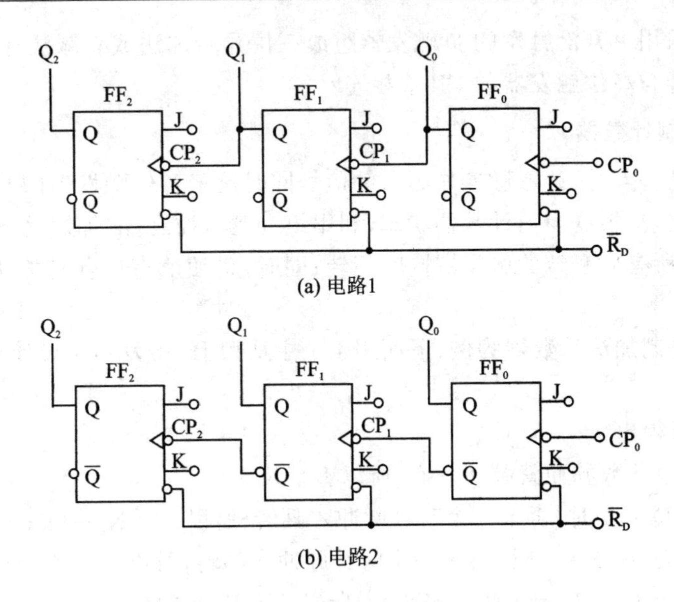

图 8 - 22　[例 8 - 4]图

表 8 - 12　三位异步二进制加法计数器状态表

计数脉冲数	二进制数			等效十进制数
	Q_2	Q_1	Q_0	
0	0	0	0	0
1	0	0	1	1
2	0	1	0	2
3	0	1	1	3
4	1	0	0	4
5	1	0	1	5
6	1	1	0	6
7	1	1	1	7
8	0	0	0	0

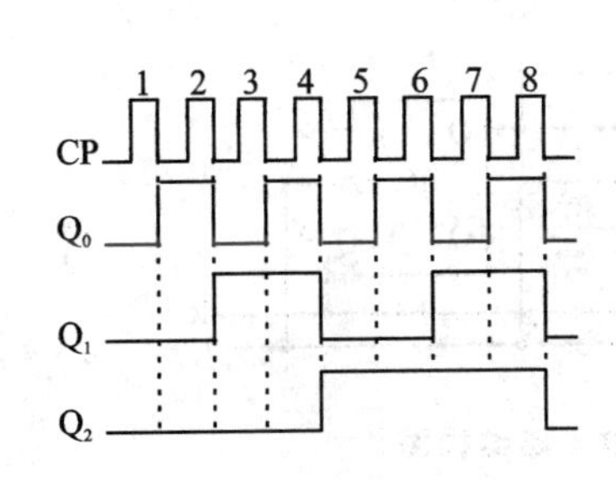

图 8 - 23　三位异步二进制加法计数器波形图

表 8 - 13　三位异步二进制减法计数器状态表

计数脉冲数	二进制数			等效十进制数
	Q_2	Q_1	Q_0	
0	0	0	0	0
1	1	1	1	7
2	1	1	0	6
3	1	0	1	5
4	1	0	0	4
5	0	1	1	3
6	0	1	0	2
7	0	0	1	1
8	0	0	0	0

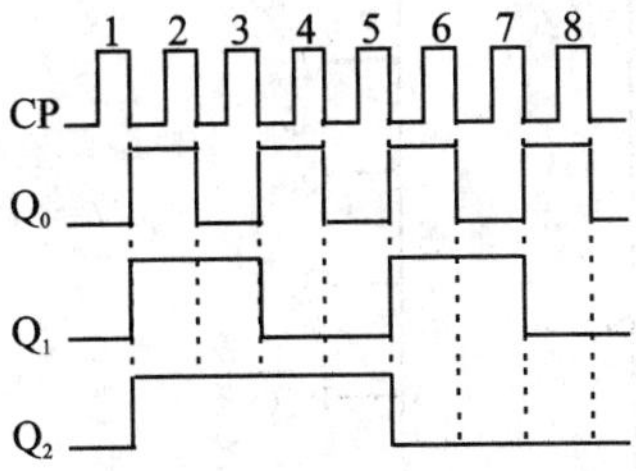

图 8 - 24　三位异步二进制减法计数器波形图

【思考】 若采用上升沿触发的D触发器组成三位异步加法或者减法计数器,则低位触发器的输出端应怎样与高位触发器的CP端相连?

2. 同步二进制计数器

同步计数器的特点是,计数脉冲作为时钟信号同时接于各位触发器的CP输入端,在每次时钟脉冲沿到来之前,根据当前计数器状态,利用组合逻辑控制,准备好适当的条件,从而当计数脉冲沿到来时,所有应翻转的触发器同时翻转;同时,也使所有应保持原状的触发器不改变状态。

仍以4位二进制加法计数器为例,下面用4个主从型JK触发器来设计4位同步二进制加法计数器。

由表8-11可得出:

① Q_0每来一个计数脉冲就翻转一次,所以$J_0=K_0=1$;

② Q_1需要在$Q_0=1$时,再来一个时钟脉冲才翻转,所以$J_1=K_1=Q_0^n$;

③ Q_2需要在$Q_1=Q_0=1$时,再来一个时钟脉冲才翻转,所以$J_2=K_2=Q_0^nQ_1^n$;

④ Q_3则在$Q_2=Q_1=Q_0=1$的次态翻转,所以$J_3=K_3=Q_2^nQ_1^nQ_0^n$。

以此类推,可以扩展到更多的位数。

根据上述逻辑关系,可得如图8-25所示的4位同步二进制加法计数器的电路结构图。

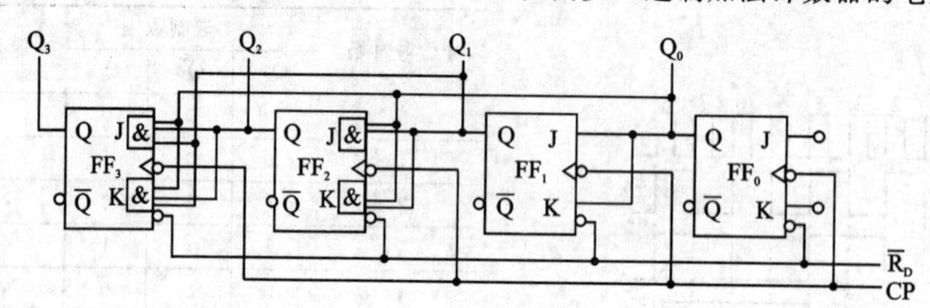

图8-25 4位同步二进制加法计数器电路结构图

目前生产的同步计数器芯片基本上分为二进制和十进制两种。

图8-26是74LS161型4位同步二进制计数器的外引线和逻辑符号,表8-14是其功能表。

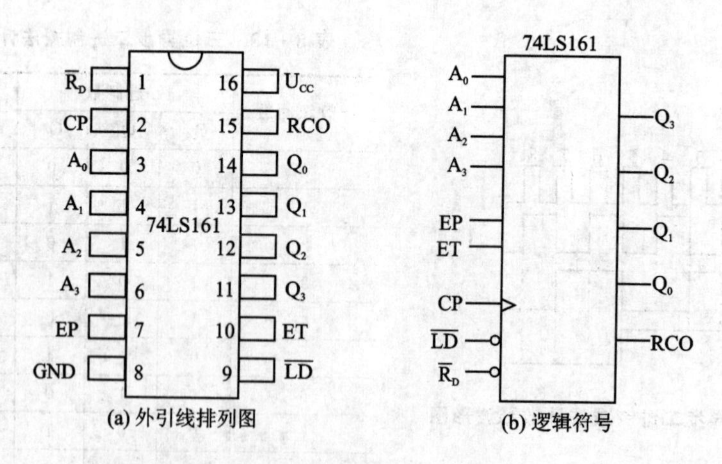

图8-26 74LS161型4位同步二进制计数器

表 8-14　74LS161 型同步二进制计数器功能表

CP	$\overline{R}_D$	$\overline{LD}$	EP	ET	工作状态
×	0	×	×	×	置 0
↑	1	0	×	×	预置数
×	1	1	0	1	保持
×	1	1	×	0	保持(但 C=0)
↑	1	1	1	1	计数

引脚功能介绍：

① $\overline{R}_D$　清 0 端，低电平有效；

② CP　脉冲输入端，上升沿有效；

③ A0～A3　数据输入端，在$\overline{LD}$=0 时，可预置任何一个 4 位二进制数；

④ EP，ET　计数控制端，当两者或其中之一为低电平时，计数器保持原态；只有当两者均为高电平时，计数器才处于计数状态；

⑤ $\overline{LD}$　并行置数控制端，低电平有效；

⑥ Q_3～Q_0　数据输出端；

⑦ RCO　进位输出端，高电平有效。

8.3.2　十进制计数器

为读数方便，有时采用十进制计数器。能够实现十进制数计数功能的器件称为十进制计数器，它是在二进制计数器的基础上得出的。通常采用 8421 码的前十种组合状态 0000～1001，来表示十进制的 0～9 是个数码，由 4 个触发器组成。十进制计数器同样有加法计数器和减法计数器，以及同步计数器和异步计数器之分。8421 码十进制加法计数器的状态表如表 8-15 所列。

表 8-15　8421 码十进制加法计数器的状态表

计数脉冲数	二进制数				十进制数
	Q_3	Q_2	Q_1	Q_0	
0	0	0	0	0	0
1	0	0	0	1	1
2	0	0	1	0	2
3	0	0	1	1	3
4	0	1	0	0	4
5	0	1	0	1	5
6	0	1	1	0	6
7	0	1	1	1	7
8	1	0	0	0	8
9	1	0	0	1	9
10	0	0	0	0	进位

1. 同步十进制计数器

与二进制加法计数器比较,来第十个脉冲不是由1001→1010,而是回复为0000,即要求第二位触发器不得翻转,保持0态,第四位触发器FF_3应翻转为0。如果仍然采用主从型JK触发器组成该计数器,那么J、K端的逻辑关系如下:

① 第一位触发器FF_0,每来一个脉冲翻转一次,故$J_0=K_0=1$;

② 第二位触发器FF_1,在$Q_0=1$时再来一个脉冲翻转,而在$Q_3=1$时不得翻转,故$J_1=Q_0\overline{Q_3}$,$K_1=Q_0$;

③ 第三位触发器FF_2,在$Q_1=Q_0=1$时再来一个脉冲翻转,故$J_2=K_2=Q_0Q_1$;

④ 第四位触发器FF_3,在$Q_2=Q_1=Q_0=1$时再来一个脉冲翻转,并来第十个脉冲时应由1翻转为0,故$J_3=Q_2Q_1Q_0$,$K_3=Q_0$。

根据上述逻辑关系可得出如图8-27所示的同步十进制加法计数器的逻辑图,波形图如图8-28所示。

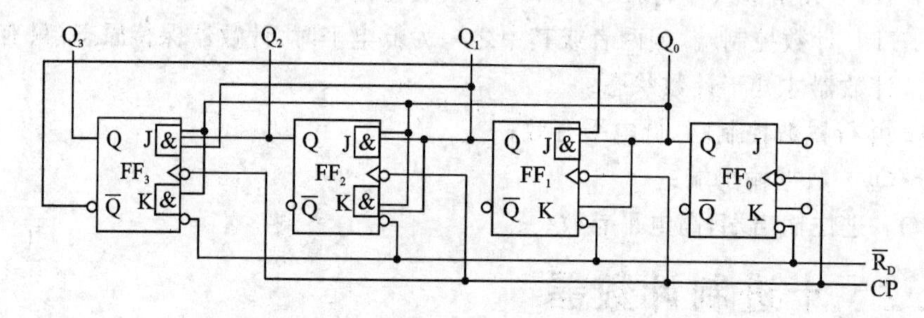

图8-27 同步十进制加法计数器电路结构图

常用的同步十进制计数器芯片有74LS160,它具有置数、异步清0和保持的功能。各输入端的功能和用法与74LS161相同,这里不再重复了。所不同的是74LS160是十进制的,而74LS161是十六进制的。

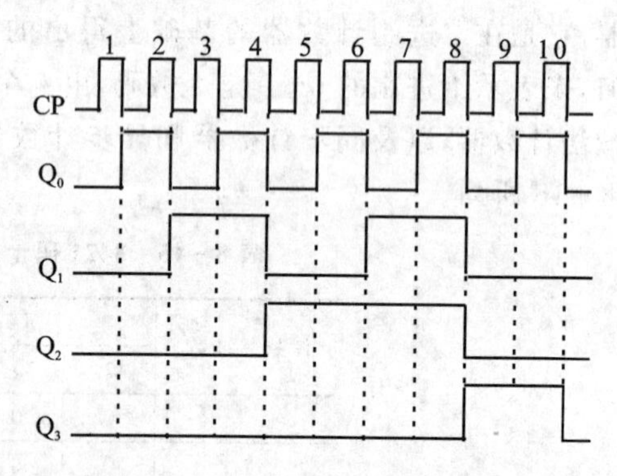

图8-28 十进制加法计数器波形图

2. 异步十进制计数器

下面以集成异步十进制计数器74LS290为例,对其工作原理进行分析。

74LS290的逻辑图和引脚排列图如图8-29所示。

它由4个主从型JK触发器组成十进制计数单元。CP_0、CP_1均为计数输入端,$R_{0(1)}$、$R_{0(2)}$为置0控制端,$S_{9(1)}$、$S_{9(2)}$为置9控制端。

若以CP_0为计数输入端,Q_0为输出端,即得到一位二进制计数器(或二分频器);若以CP_1为计数输入端,Q_3、Q_2、Q_1为输出端,则得到五进制计数器(或五分频器);若将CP_1与Q_0相连,同时以CP_0为输入端,从Q_3、Q_2、Q_1、Q_0输出,就是一个8421码的十进制计数器,所以74LS290也称为二-五-十进制计数器。其功能表如表8-16所列。

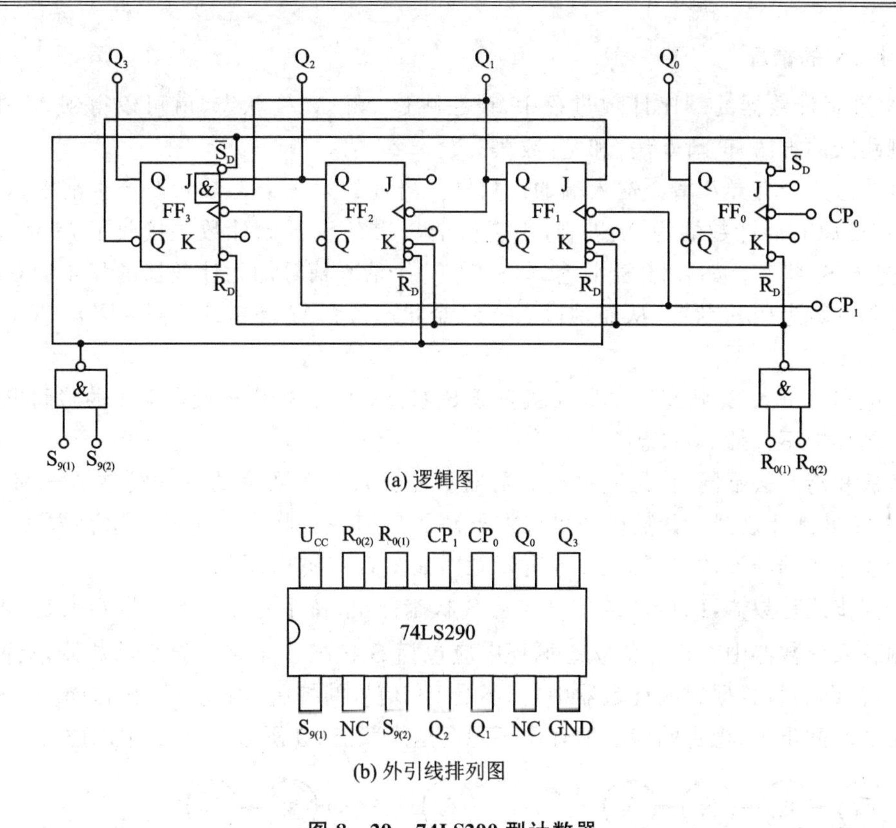

(a) 逻辑图

(b) 外引线排列图

图 8-29　74LS290 型计数器

表 8-16　74LS290 功能表

输　入					输　出			
$R_{0(1)}$	$R_{0(2)}$	$S_{9(1)}$	$S_{9(2)}$	CP	Q_3	Q_2	Q_1	Q_0
1	1	0	×	×	0	0	0	0
1	1	×	0	×	0	0	0	0
×	×	1	1	×	1	0	0	1
×	0	×	0	↓	计数			
0	×	0	×	↓	计数			
0	×	×	0	↓	计数			
×	0	0	×	↓	计数			

8.3.3　任意进制计数器

在集成计数器中，只有二进制和十进制计数器两大系列，但常要用到如 7、12、24、60 计数等。一般将二进制和十进制以外的进制统称为任意进制。要实现任意进制计数，只有利用现有的集成器件进行改接而得。假设已有 N 进制计数器，而需要得到的是 M 进制计数器。这时有 $M<N$ 和 $M>N$ 两种可能的情况。下面分别讨论两种情况下构成任意一种进制计时器的方法。

1. $M<N$ 的情况

在 N 进制计数器的顺序计数过程中,设法跳过 $N-M$ 个状态,就可以得到 M 进制计数器。实现跳跃的方法有“清 0 法”和“置数法”。

清 0 法适用于有异步清 0 输入端的计数器。出现的第一个无效状态产生清零信号,其工作原理为:设原有的计数器为 N 进制,当它从全 0 状态 S_0 开始计数并接收了 M 个计数脉冲后,电路进入 S_M 状态。如果将 S_M 状态译码产生一个清 0 信号加到计数器的异步清 0 输入端,则计数器将立刻返回 S_0 状态,从而跳过 $N-M$ 个状态得到 M 进制计数器。图 8-30(a)为清 0 法原理示意图。

由于电路一进入 S_M 状态后立即又被置成 S_0 状态,所以 S_M 状态仅在极短的瞬间出现,在稳定的状态循环中不包括 S_M 状态。

置数法和清 0 法不同,它是通过给计数器重复置入某个数值的方法跳越 $N-M$ 个状态,从而获得 M 进制计数器。置数操作可以在电路的任何一个状态下进行。这种方法适用于有预置数功能输入端的计数器,其工作原理示意图如图 8-30(b)所示。

对于同步式计数器,$\overline{LD}=0$ 的信号应从 S_i 状态译出,待下一个 CP 信号到来时,才将要置数的数据置入计数器中。稳定的状态循环中应包括 S_i 状态。而对于异步计数器,只要 $\overline{LD}=0$ 信号出现,立即会将数据置入计数器中,而不受 CP 信号的控制,因此 S_{i+1} 状态译出。S_{i+1} 状态只在极短的瞬间出现,稳定的状态循环中不包含这个状态,在图 8-30(b)中用虚线表示。

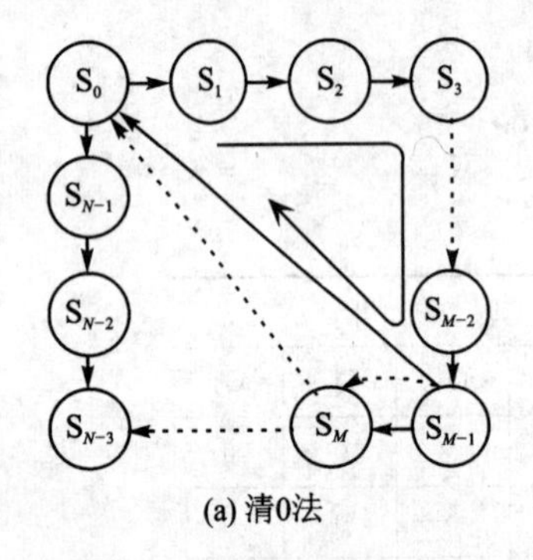

(a) 清0法

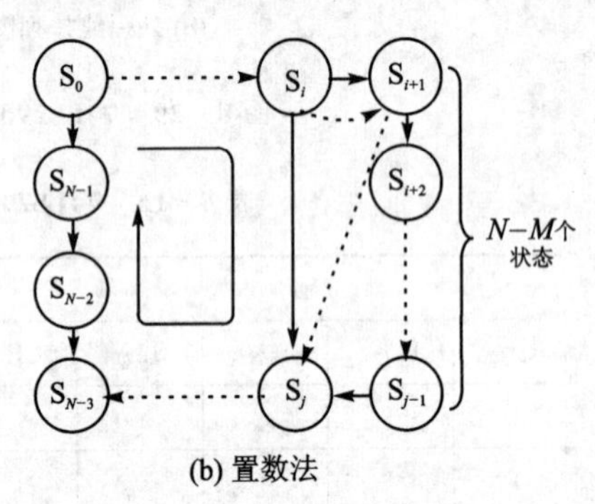

(b) 置数法

图 8-30 获得任意进制计数器的两种方法

【例 8-5】 试用异步十进制计数器芯片 74LS290 接成六进制计数器。

74LS290 具有清 0 端,采用“清 0 法”进行改接,连接图如图 8-31 所示。

首先,将芯片 74LS290 的 CP_1 与 Q_0 相连,同时以 CP_0 为输入端,从 Q_3、Q_2、Q_1、Q_0 输出,就是一个 8421 码的十进制计数器。已知 74LS290 具有异步清零端,采用“清零法”进行设计,选择 0110 状态产生译码清零信号,弃掉四个状态构成六进制计数器。

设计后的计数器从 0000 开始计数,来 5

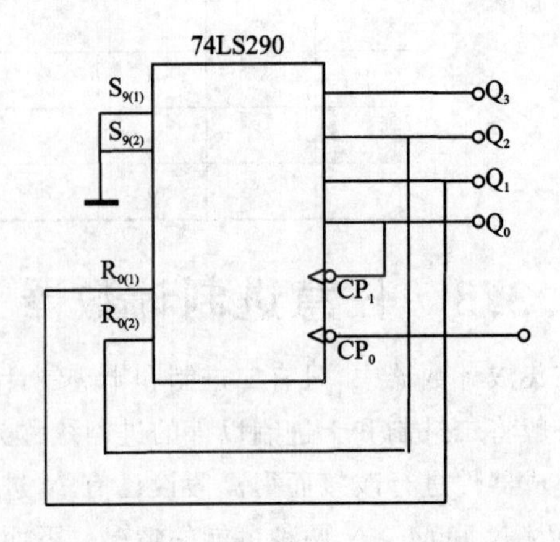

图 8-31 74LS290 改接的六进制计数器

个脉冲 CP_0 后，$Q_3Q_2Q_1Q_0$ 变为 0101，当第六个脉冲来到之后，出现 0110 状态，Q_2、Q_1 同时为 1。由于 Q_2、Q_1 分别与 $R_{0(1)}$、$R_{0(2)}$ 相连，此时，计数器强迫清零，立即回到 0000 状态，先前出现的 0110 状态瞬间消失，显示不出来。图 8－32 为六进制计数器的状态循环图。

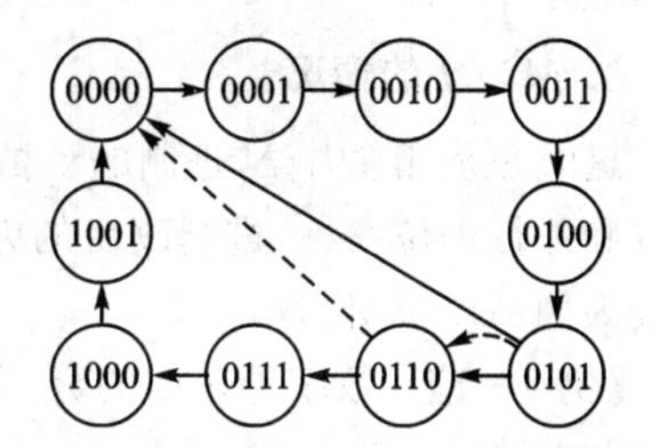

图 8－32　六进制计数器的状态循环图

【例 8－6】　试用十进制加法计数器芯片 74LS160 组成同步七进制加法计数器。

在 74LS160 的状态转换图上设法将 3(10－7＝3) 个状态跳越掉，即可组成七进制的计数器。根据 74LS160 的功能表(与 74LS161 型相同)可知，跳跃可以在异步清 0 输入端 $\bar{R}_D$ 或预置数输入端 $\overline{LD}$ 加适当的信号来实现，即可以采用“清 0 法”和“置数法”两种方法实现。图 8－33 说明两种不同的连接方法的跳跃情况。

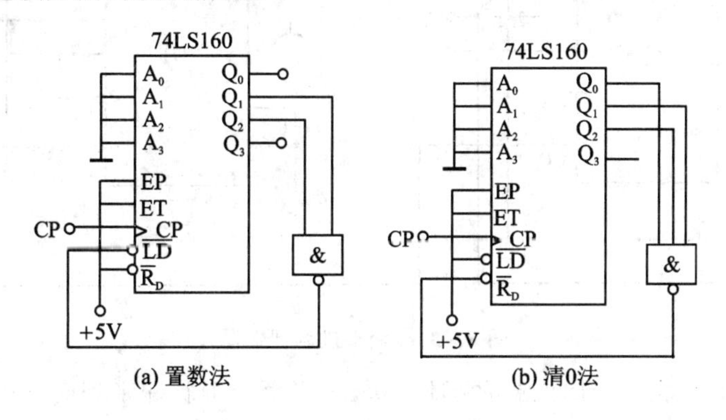

图 8－33　74LS160 改接的七进制计数器

图 8－33(a)是利用 74LS160 芯片预置数的功能来实现的七进制计数器。因 74LS160 预置数输入端 $\overline{LD}$ 动作的特点是：当 $\overline{LD}$ 时，计数器进入预置数的工作状态，在触发脉冲的作用下，并行数据输入端 $A_3A_2A_1A_0$ 的数据输入计数器，使计数器的输出 $Q_3Q_2Q_1Q_0 = A_3A_2A_1A_0$。根据 74LS160 动作的这个特点可知，计数器状态转换图中的状态 0110 为七进制计数器预置数信号产生的状态，当该状态出现时，由与非门译码器输出为 0，该信号输入 74LS160 预置数输入端 $\overline{LD}$，使 74LS160 进入预置数的工作状态，在触发脉冲的驱动下，并行数据输入端 $A_3A_2A_1A_0$＝0000 的数据输入计数器，使计数器回到初态，计数器的输出 $Q_3Q_2Q_1Q_0$＝0000，将计数器的 0111，1000，1001 三个状态全部跳跃掉，十进制计数器变成七进制计数器。其状态转换图如图 8－34 所示。

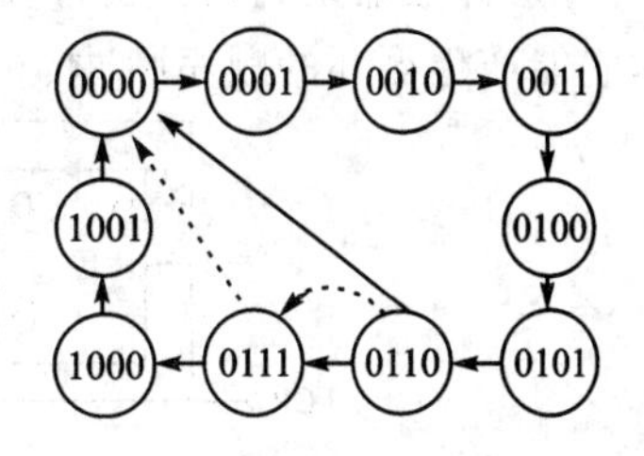

图 8－34　七进制计数器状态转换图

图 8－33(b)是利用 74LS160 芯片异步清 0 功能实现的。74LS160 异步清 0 输入端 $\bar{R}_D$ 动作的特点是：当 $\bar{R}_D$＝0 时，计数器内部的触发器立即全部复位，输出为 0000。根据 74LS160 动作的这个特点可知，计数器状态转换图中的状态 0111 为七进制计数器的暂稳态；当该状态出现时，74LS160 异步清 0 信号输入端 $\bar{R}_D$＝0，将计数器内部的触发器全部复位，计数器回到初态输出为 0000，图 8－32 虚线箭头即代表异步置 0 的跳跃过程。

2. $M>N$ 的情况

这时必须用多片 N 进制的计数器组合成 M 进制的计数器。各片之间的连接方式有串行进位和并行进位两种,进制改变的方法也有整体复位和整体置数两种。下面仅以两级之间的连接为例加以说明。

【例 8-7】 数字钟表中的分、秒计数都是六十进制,试用两片 74LS290 型计数器联成六十进制电路。

六十进制计数器由两位组成,个位(1)为十进制,十位(2)为六进制,电路连接如图 8-35 所示。个位的最高位 Q_3 连接到十位的 CP_0 端。

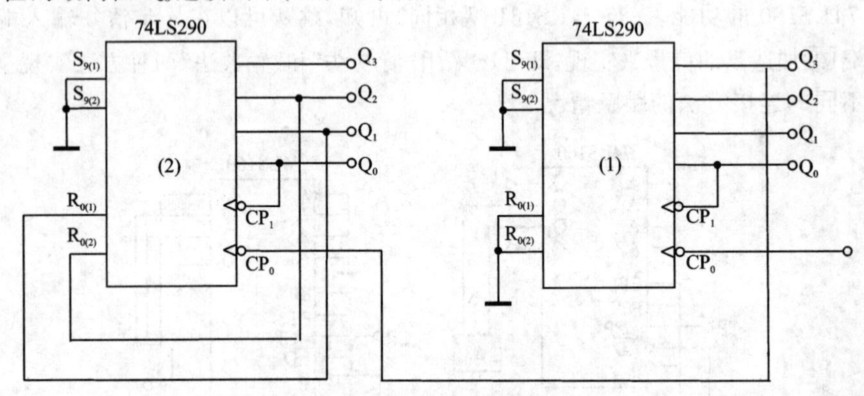

图 8-35　六十进制计数器

个位十进制计数器经过十个脉冲循环一次,每当第十个脉冲来到时,Q_3 由 1 变为 0,相当于一个下降沿,使处于十位的六进制计数器计数。个位计数器经过第一次十个脉冲,十位计数器计数为 0001;经过二十个脉冲,十位计数器计数为 0010;以此类推,经过六十个脉冲,十位计数器计数为 0110,此时,立即清 0,个位和十位计数器都恢复为 0000,完成六十进制的计数。

*8.3.4　环形计数器

环形计数器是利用移位寄存器组成的计数器。图 8-36 是一基本环形计数器的逻辑电路图,它能产生循环的顺序脉冲。

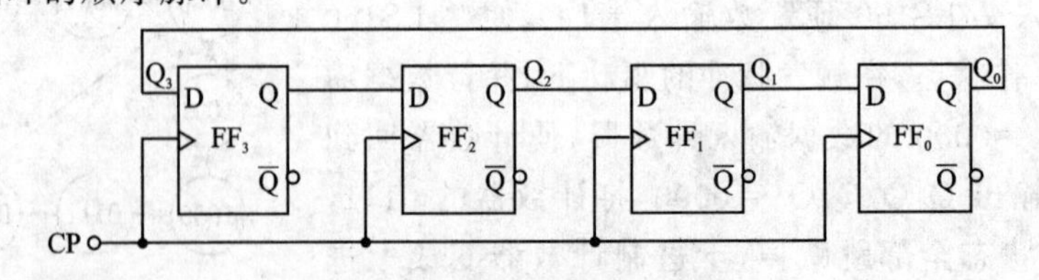

图 8-36　环形计数器逻辑图

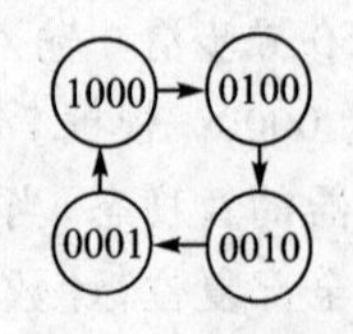

图 8-37　环形计数器循环状态图

若工作时,先将计数器预置为 $Q_3Q_2Q_1Q_0=1000$ 状态,而后每来一个计数脉冲,就向右移一位,状态循环图如图 8-37 所示。

可以看出这种计数器不必译码就能直接输出 4 个状态的译码信号,并且不存在普通译码电路输出易出现的竞争冒险现象。

8.4 寄存器

本节介绍在数字系统中广泛应用的几种典型时序逻辑功能电路：寄存器、移位寄存器和计数器，它们与各种组合电路一起，可以构成逻辑功能极其复杂的数字系统。

可以存储二进制代码的器件称为寄存器，它是用来暂时存放参与运算的数据和运算结果的。1个触发器可存储1位二进制数据，存储n位二进制数据，就需要选用n个触发器。

寄存器输入数据的方式有两种：串行和并行。串行方式是指数据随时钟信号CP的节拍从一个输入端逐位的存入；并行方式就是数码各位从各对应位输入端同时输入的寄存器。

寄存器输出数据的方式也有串行和并行两种。串行方式是指被取出的数据在同一个输出端逐位出现；并行方式是指被取出的几位数据同时出现。

根据数据有无移位功能，通常将寄存器分为数码寄存器和移位寄存器两类。

8.4.1 数码寄存器

数码寄存器只有存储数码和清除原有数码的功能。图8-38是一种4位数码寄存器，它由4个上升沿触发的D触发器组成，$\overline{R}_D$是异步清0控制端。在往寄存器中寄存代码之前，必须先将寄存器清0，否则有可能出错。IE是输入控制信号，当IE=1时，4个与门打开，$D_3 \sim D_0$便可以输入。OE是输出控制信号，当OE=1时，4个三态门打开，$D_3 \sim D_0$便可从三态门的$Q_3 \sim Q_0$端输出。CP是时钟控制信号。

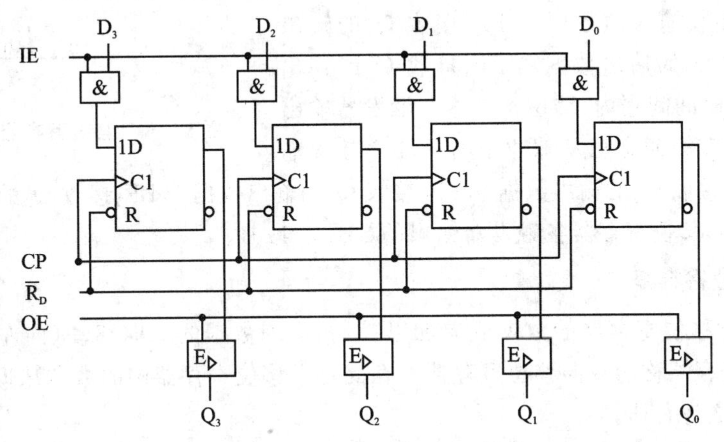

图8-38　4位数码寄存器

8.4.2 移位寄存器

具有移位功能的寄存器又称为移位寄存器。在移位脉冲的作用下，可将寄存器里存储的二进制代码依次移位，用来实现数据的串行/并行或并行/串行的转换、数值运算以及数据处理功能等。显然，移位寄存器属于同步时序电路。

1. 单向移位寄存器

图8-39是由D触发器组成的四位移位寄存器，将一列串行数据1101从移位寄存器的数

据信号输入端D输入,在触发脉冲的作用下,串行数据逐个输入移位寄存器,经4个触发脉冲以后,4位串行数据全部输入移位寄存器,移位寄存器内4个触发器FF_3、FF_2、FF_1和FF_0状态信号输出端的信号$Q_3Q_2Q_1Q_0=1101$是一个并行的输出数据。再输出4个触发脉冲,并行数据1101又从Q_3端以串行数据的形式输出。移位寄存器串行数据转并行数据的时序图如图8-40所示。

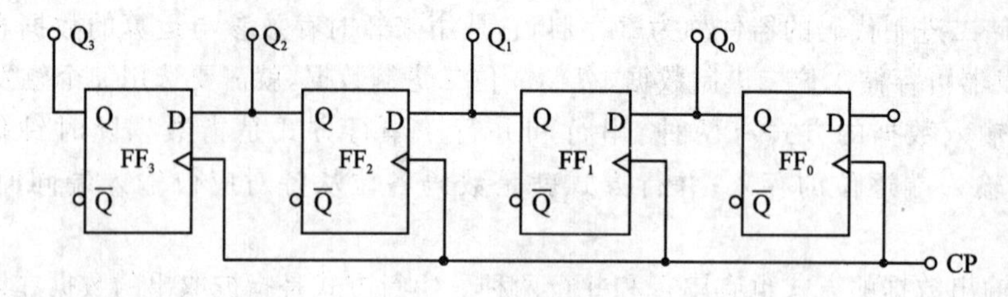

图8-39 移位寄存器逻辑图

根据图8-40可以详细说明串行数据转并行数据的过程,4个触发器的初态都是0。在第一个触发脉冲作用下,FF_0接收输入的数据1,其余的触发器接收的数据都是0,在$t_1 \sim t_2$时间间隔内,移位寄存器各触发器输出的数据为0001;在第二个触发脉冲作用下,FF_0接收输入的数据1,FF_1接收Q_0的输出数据1,其余的触发器接收的数据都是0,在$t_2 \sim t_3$时间间隔内,移位寄存器各触发器输出的数据为0011;在第三个触发脉冲作用下,FF_0接收输入的数据0,FF_1接收Q_0的输出数据1,FF_2接收Q_1的输出数据1,FF_3接收Q_2的输出数据0,在$t_3 \sim t_4$时间间隔内,移位寄存器各触发器输出的数据为0110;在第四个触发脉冲作用下,FF_0接收输入的数据1,FF_1接收Q_0的输出数据0,FF_2接收Q_1的输出数据1,FF_3接收Q_2的输出数据1,在$t>t_4$时间间隔内,移位寄存器各触发器输出的数据为1101。

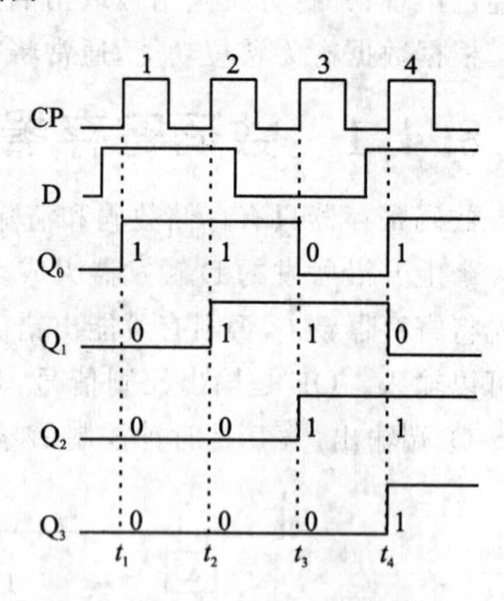

图8-40 移位寄存器数据转换图

2. 双向移位寄存器

有时需要对移位寄存器的数据流向加以控制,实现数据的双向移动(向左移动或向右移动),这种移位寄存器称为双向移位寄存器。在此定义移位寄存器中的数据从低位触发器移向高位为左移,反之为右移。

图8-41是4位双向移位寄存器74LS194的外引线排列和逻辑符号。

74LS194的功能表如表8-17所列。

从表8-17中可以看出74LS194有如下功能:

(1) 异步清0

$\bar{R}_D=0$,清0。

(2) 工作方式控制端S_0,S_1的作用

当$\bar{R}_D$时,S_0,S_1取不同值时寄存器具有不同的工作方式:

① $S_1=0$,$S_0=0$,寄存器处于保持状态;

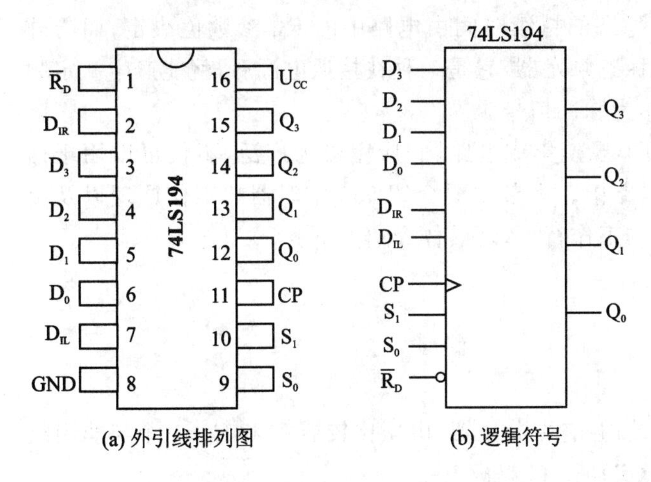

(a) 外引线排列图　　(b) 逻辑符号

图 8－41　74LS194 型双向移位寄存器

表 8－17　74LS194 的功能表

R_D	S_1	S_0	工作状态
0	×	×	置 0
1	0	0	保持
1	0	1	右移
1	1	0	左移
1	1	1	并行输入

② $S_1=0,S_0=1$，在 CP 上升沿作用下，寄存器里的代码依次向右移动一位，而 Q_3 接受输入数据 D_{IR}；

③ $S_1=1,S_0=0$，在 CP 上升沿作用下，寄存器里的代码依次向左移动一位，而 Q_0 接受输入数据 D_{IL}；

④ $S_1=1,S_0=1$，CP 上升沿数据并行输入，即 $Q_0=D_0,Q_1=D_1,Q_2=D_2,Q_3=D_3$。

【思考】 若用两片 74LS194 接成 8 位双向移位寄存器，则怎样连线？只须将低位的 Q_3 接至高位的 D_{IL} 端，而将高位的 Q_0 接到低位的 D_{IR}，同时把两片的 S_1、S_0、CP 和 $\overline{R}_D$ 并联即可，如图 8－42 所示。

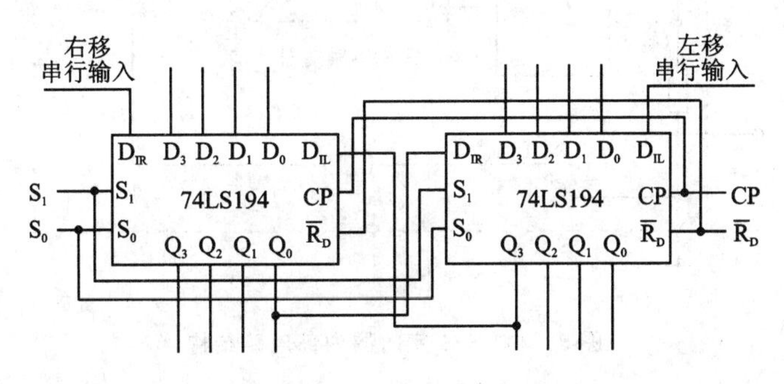

图 8－42　8 位双向移位寄存器连线图

*8.5　由 555 定时器组成的单稳态触发器和多谐振荡器

前面所介绍的都是双稳态触发器，它们从一个稳定状态翻转为另一个稳定状态必须靠信号脉冲的触发，脉冲消失后，稳定状态能一直保持下去。而单稳态触发器与此不同，它只有一个稳定状态。其特点是：在触发信号未加之前，触发器处于稳定状态，经信号触发后，触发器翻转，但新的状态只能暂时保持(称为暂稳态)，维持一段时间后又自动翻转到原来的稳定状态，这也是“单稳态”触发器名字的由来。暂稳态的持续时间由电路中的 RC 参数值决定,而与外加触发信号无关。多谐振荡器又称为无稳态触发器,它是一种在接通电源后,就能产生一定频率和一定幅值矩形波的自激振荡器,常作为脉冲信号源。

555 定时器是一种模拟-数字混合的中规模集成电路,它应用极为广泛,不仅可以用于信号的产生与变换,还常用于控制与检测电路中。本节主要介绍 555 定时器的工作原理以及由它所构成的单稳态触发器和多谐振荡器的工作特点,现具体介绍如下。

8.5.1 555 定时器

1. 555 定时器的电路结构

图 8-43 是 555 定时器的内部电路结构,它由分压器、电压比较器 C_1 和 C_2、一个与非门组成的基本 RS 触发器、放电三极管 T 以及缓冲器 G 组成。

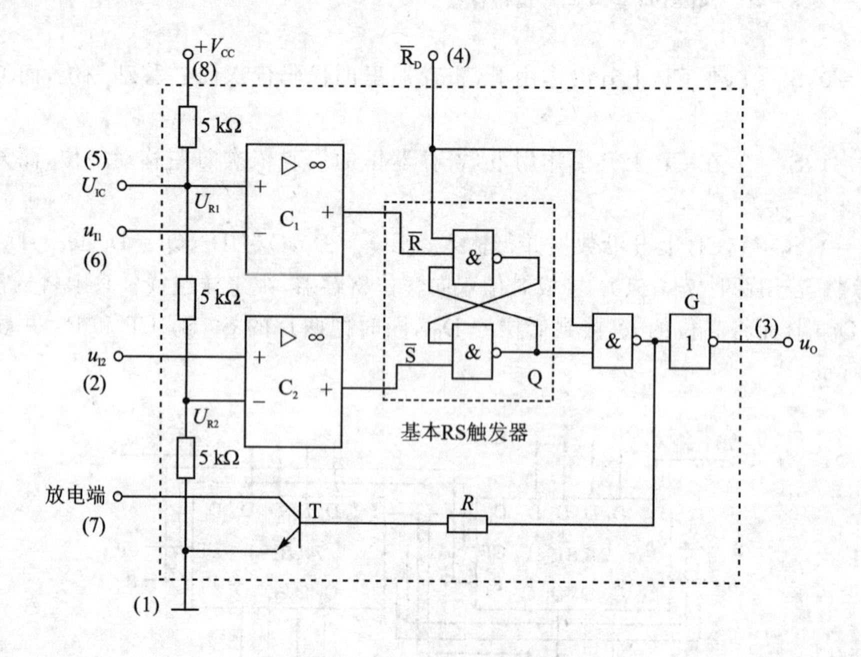

图 8-43 555 定时器内部电路结构

555 定时器有两个输入端 u_{I1}、u_{I2},一个输出端 u_O,共 8 个引脚。器件的第(1)脚是接地端;第(2)脚接电压比较器 C_2 的同相输入端,称为触发端;第(3)脚是信号输出端;第(4)脚是基本 RS 触发器的复位端;第(5)脚是控制电压输入端,用符号 U_{IC} 来标注;第(6)脚接电压比较器 C_1 的反相输入端,称为阈值端;第(8)脚是电源电压输入端。

三个 5 kΩ 电阻串联组成分压器,为比较器 C_1 和 C_2 提供参考电压。当控制电压端(5)悬空时(可对地接上 0.01 μF 左右的电容,以防引入干扰)。比较器 C_1 和 C_2 的基准电压分别为 $\frac{2}{3}V_{CC}$ 和 $\frac{1}{3}V_{CC}$。如果(5)外接固定电压 U_{IC},则比较器 C_1 和 C_2 的基准电压变为 U_{IC} 和 $\frac{1}{2}U_{IC}$。

放电三极管 T 为外接电路提供放电回路,在使用定时器时,该三极管的集电极,即(7)引脚端一般都外接上拉电阻。

$\overline{R}_D$ 为直接复位端，当 $\overline{R}_D$ 为低电平时，不管其他输入端的状态如何，输出端 u_O 就为低电平。555 定时器正常工作时 $\overline{R}_D=1$。

2. 555 定时器的工作原理

u_{I1} 和 u_{I2} 分别与比较器 C_1 和 C_2 的基准电压相比较，得出 C_1 和 C_2 的输出状态，并由此得出基本 RS 触发器 Q 端的状态，而后得出 u_O 的状态，设 C_1 的参考电压为 U_{R1}，C_2 的参考电压为 U_{R2}，功能表如表 8-18 所列。

常用的 555 定时器有 TTL 定时器 CB555 和 CMOS 定时器 CC7555 等，它们的结构和工作原理基本相同，没有本质区别。一般来说，TTL 型的驱动能力较强，电源电压范围为 5～16 V，最大负载电流可达 200 mA。而 CMOS 定时器的电源电压范围为 3～18 V，最大负载电流在 4 mA 以下，它具有功耗低、输入阻抗高等优点。

表 8-18 555 定时器功能表

$\overline{R}_D$	u_{I1}	u_{I2}	$\overline{R}$	$\overline{S}$	Q	u_o	T
0	×	×	×	×	×	0	导 通
1	$>U_{R1}$	$>U_{R2}$	0	1	0	0	导 通
1	$<U_{R1}$	$<U_{R2}$	1	0	1	1	截 止
1	$<U_{R1}$	$>U_{R2}$	1	1	保 持	保 持	保 持

8.5.2 由 555 定时器组成单稳态触发器

1. 工作原理

由 555 定时器组成的单稳态触发器如图 8-44 所示。

其工作原理是：在正常的情况下，电路的输入信号端接 $u_I>\frac{1}{3}V_{CC}$ 的高电平信号，电容 C 上的电压 $u_C=0$，555 定时器的输入状态满足 $u_{I1}<U_{R_1}$，$u_{I2}>U_{R2}$ 的条件，根据表 8-18 可得，555 定时器内部的电压比较器 C_1 和 C_2 的输出电压都是高电平"1"，基本 RS 触发器处在"保持"状态。若 Q=0，则三极管 T 导通，单稳态电路保持输出低电平的状态，即电路的输出电压 $u_o=0$，该状态是单稳态电路的稳定态。

若在单稳态电路的输入端 u_I 处加上一个负脉冲的触发信号，在负脉冲信号的触发下，电压比较器 C_2 的输出电压为低电平信号"0"，电压比较器 C_1 的输出电压为高电平信号"1"，基本 RS 触发器处于"置 1"状态，即 Q=1，此时单稳态电路的输出为高电平，电路的输出电压为 $u_O=1$。

当单稳态电路的输出 $u_O=1$ 时，基本 RS 触发器的输出 Q=1，故三极管 T 截止，此时，电源 V_{CC} 经电阻 R 向电容 C 充电，使电容两端的电压 u_C 增大；当电容 C 两端的电压 $u_C>\frac{2}{3}V_{CC}$ 时，电压比较器 C_1 的输出电压为低电平信号"0"，电压比较器 C_2 的输出电压因负脉冲触发信号的消失变成高电平信号"1"，基本 RS 触发器被复位，Q=0，单稳态电路自动回到输出电压 $u_o=0$ 的稳定状态。

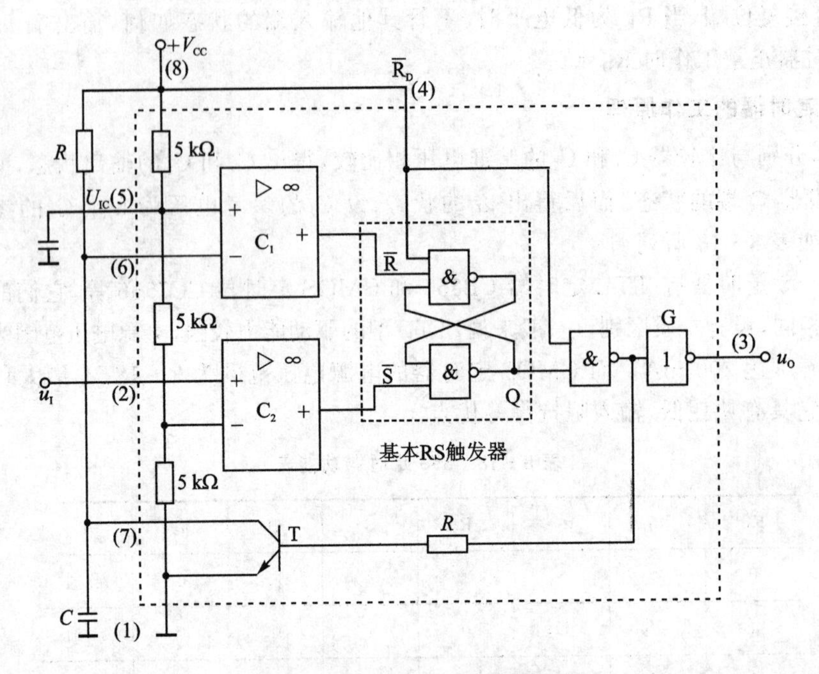

图 8-44　单稳态触发器电路图

当基本 RS 触发器处在“0”状态时，三极管 T 导通，电容 C 通过三极管 T 放电，使电容两端的电压恢复到 $u_C=1$ 的状态，为下一次充电作准备。

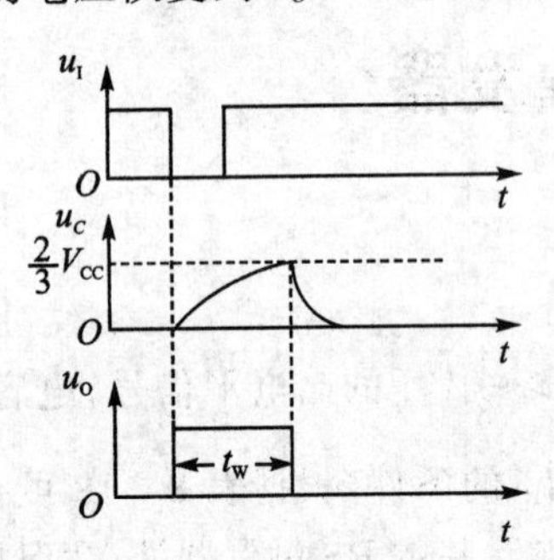

图 8-45　单稳态触发器波形图

由上面的讨论可见，单稳态电路输出电压 $u_O=1$ 的状态不是电路的稳定态，该状态仅在负脉冲触发信号作用后的短时间内出现，故称为电路的暂稳态。单稳态触发器的工作波形图如图 8-45 所示。

由图 8-45 可见，单稳态触发器在负脉冲信号的触发下，电路进入输出电压 $u_O=1$ 的暂稳态，若暂稳态所持续的时间用 t_w 来表示，则有

$$t_w = RC\ln 3 = 1.1RC$$

由上式可见，单稳态电路暂稳态所持续的时间 t_W 与 RC 有关，改变 RC 的值，即可改变单稳态电路暂稳态所持续的时间，即矩形脉冲的宽度。

2. 单稳态触发器的应用

(1) 脉冲定时

用较小宽度的脉冲去触发，可以获得确定宽度的脉冲输出，实现定时控制。

(2) 脉冲延迟

实际应用中，某些电路中要求输入信号出现后，电路不应立即工作，而应延迟一段时间后再工作。在设计中，可以采用两级单脉冲电路来实现。将初始输入信号加入第一级单稳态电路，再用第一级的输出作为第二级单稳态电路的触发信号，从第二级单稳态电路的输出就获得了延迟 t_W 时间的脉冲输出。图 8-46 是其波形图。

（3）脉冲整形

将外形不规则的脉冲作为触发脉冲，经单稳输出，可获得规则的脉冲波形输出，如图 8－47 所示。

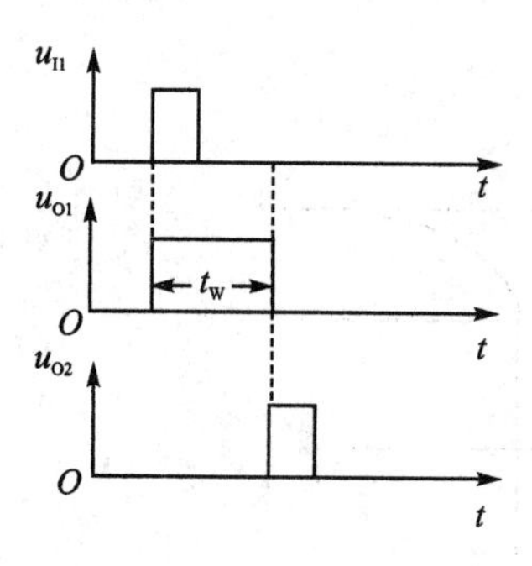

图 8－46　单稳脉冲延迟

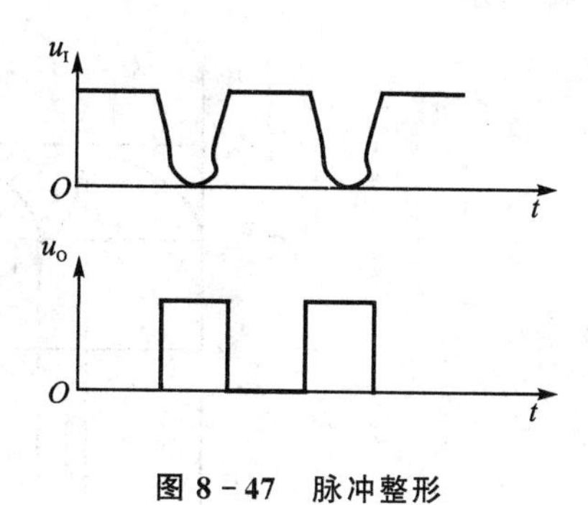

图 8－47　脉冲整形

8.5.3　由 555 定时器组成多谐振荡器

1. 工作原理

多谐振荡器是能够产生矩形脉冲的自激振荡器，它产生的脉冲波形具有高、低两种状态并交替转换，称为两个暂态。电路图如图 8－48 所示。

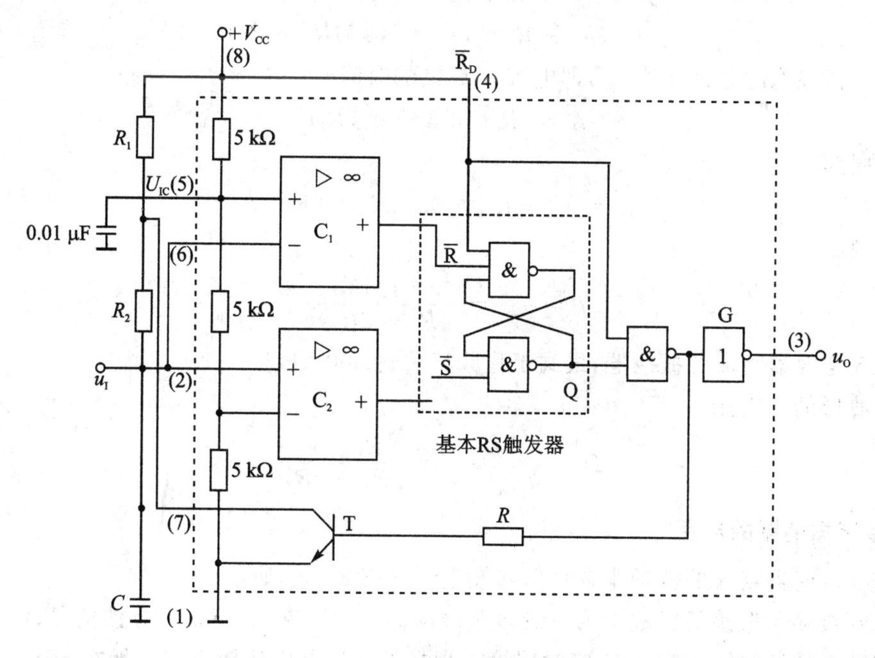

图 8－48　多谐振荡器电路图

设接通电源时，$u_o=1$。在这种情况下，三极管 T 截止，电源 V_{CC} 通过电阻 R_1 和 R_2 对电容 C 充电，当电容 C 两端的电压充电到大于$\frac{2}{3}V_{CC}$时，基本 RS 触发器被复位，此时，$u_o=0$。

当 $u_o=0$ 时，三极管 T 导通，电容 C 通过电阻 R_2 放电，当电容 C 两端的电压放电到小于

$\frac{1}{3}V_{CC}$时，基本 RS 触发器被置位，电路的输出又恢复到高电平，即 $u_o=1$。多谐振荡器周而复始地重复上述的过程，输出高、低电平交替变化的方波信号。多谐振荡器工作过程的波形图如图 8 - 49 所示。

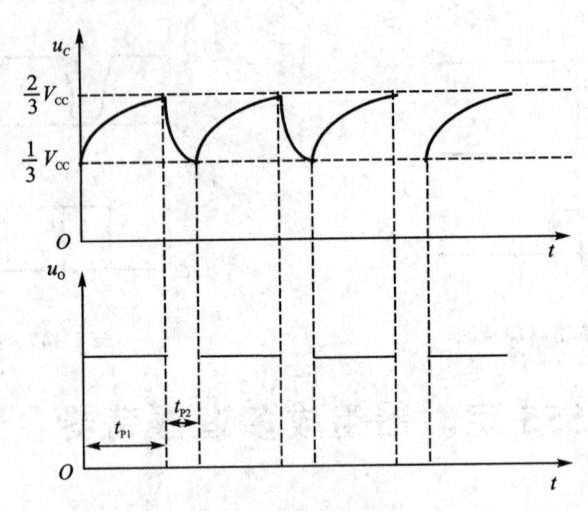

图 8 - 49　多谐振荡器电路图

第一个暂稳态的脉冲宽度 t_{p1}，即电容 C 充电的时间

$$t_{p1} \approx (R_1 + R_2)C\ln 2 = 0.7(R_1 + R_2)C$$

第二个暂稳态的脉冲宽度 t_{p2}，即电容 C 放电的时间

$$t_{p2} \approx R_2C\ln 2 = 0.7R_2C$$

振荡周期

$$T = t_{p1} + t_{p2} \approx 0.7(R_1 + 2R_2)C$$

振荡频率

$$f = \frac{1}{T} = \frac{1.43}{(R_1 + 2R_2)C}$$

由 555 定时器组成的振荡器，最高工作频率可达 300 kHz。

输出波形的占空比

$$D = \frac{t_{p1}}{t_{p1} + t_{p2}} = \frac{R_1 + R_2}{R_1 + 2R_2}$$

2. 多谐振荡器的应用

由 555 定时器组成的救护车音频信号发生器如图 8 - 50 所示。

它由两级多谐振荡器组成。第一级多谐振荡器产生频率为 1 Hz 的方波信号，该信号输入第二级多谐振荡器的第 5 脚，555 定时器第 5 脚是外界控制电压输入端。加在 555 定时器第 5 脚的控制电压发生变化时，555 定时器内部两个电压比较器的参考电压也将发生变化，多谐振荡器输出方波信号的周期也随着发生变化。

图 8 - 50 所示电路的工作原理是：当第一个多谐振荡器输出为高电平信号时，第二个多谐振荡器外接的参考电压高，RC 电路充、放电的时间长，输出方波信号的周期也长，输出音频信号的频率低；当第一个多谐振荡器输出为低电平信号时，第二个多谐振荡器外接的参考电压

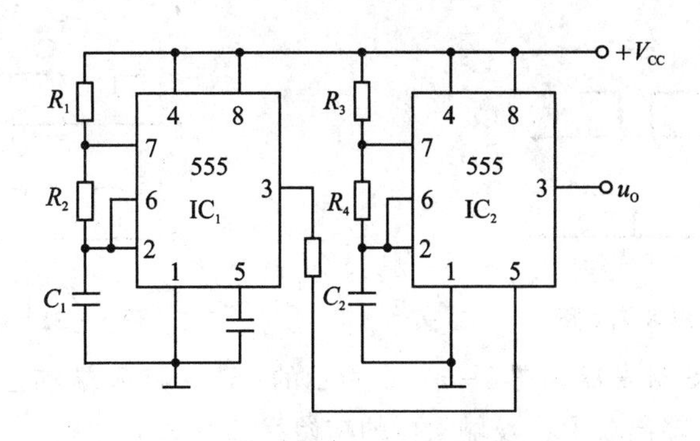

图 8-50　救护车音频发生器

低，RC 电路充、放电的时间短，输出方波信号的周期也短，输出音频信号的频率高。随着第一个多谐振荡器输出方波信号的变化，第二个多谐振荡器输出信号的频率随着产生变化，输出“滴—嘟，滴—嘟”高、低音相间的救护车信号。

【本章小结】

① 时序逻辑电路与组合逻辑电路的区别。时序逻辑电路通常由组合逻辑电路和存储电路两部分组成，其任意时刻的输出不仅与当前的输入信号有关，而且还与电路的原来状态有关。

② 触发器是具有存储功能的逻辑电路，它是构成时序逻辑电路的基本单元。每个触发器都可以保存 1 位二值信息，因此又被称为存储单元或记忆单元。触发器按逻辑功能分类有 RS 触发器、JK 触发器、D 触发器和 T(T′)触发器。它们的逻辑功能可用状态表、特性方程和状态图来描述。按照电路结构又可以将触发器分为基本 RS 触发器、同步 RS 触发器、主从型触发器和边沿触发器。从本章的阐述中，可以看出，触发器的电路结构与逻辑功能没有必然的联系。同一种逻辑功能的触发器可以用不同的电路结构实现，同一种电路结构的触发器可以有不同的逻辑功能。每一种逻辑功能的触发器都可以通过增加门电路和适当的外部连线转换为其他功能的触发器。

③ 时序逻辑电路的结构、功能和种类繁多。本章仅对几种较典型的时序电路进行了详细的介绍，包括计数器和寄存器、移位寄存器。应用这些集成电路器件，能够设计出各种不同功能的电子系统。接下来阐述了时序逻辑电路的分析，其步骤是首先按照给定电路列出各逻辑方程组，进而列出状态表，画出状态图和时序图，最后分析得到电路的逻辑功能。

④ 555 定时器是将模拟和数字电路集成于一体的中规模集成电路，它应用广泛，多用于脉冲的产生、整形和定时等。本章主要讨论了由 555 定时器构成的单稳态触发器和多谐振荡器等。除 555 定时器外，目前比较常用的还有 556(双定时器)和 558(四定时器)等。

习　题

8.1.1　画出由与非门组成的基本 RS 触发器输出端 Q 的波形，输入端 $\bar{R}$、$\bar{S}$ 波形如图 8-51 所示。设触发器的初始状态为 0。

8.1.2　画出由或非门组成的基本 RS 触发器输出端 Q 的波形，输入端 R、S 波形如图 8-52 所示。设触发器的初始状态为 0。

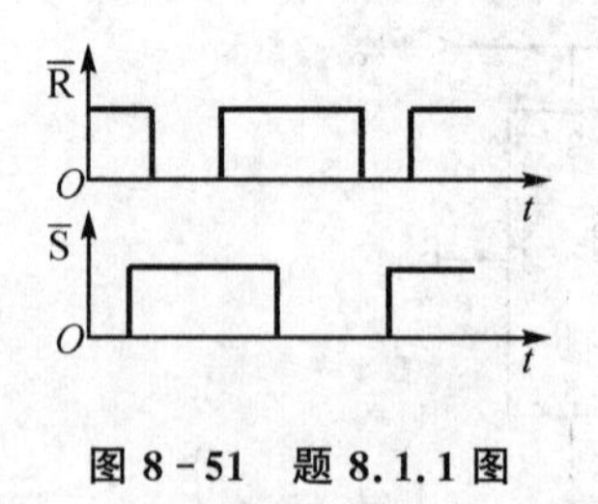

图 8-51 题 8.1.1 图

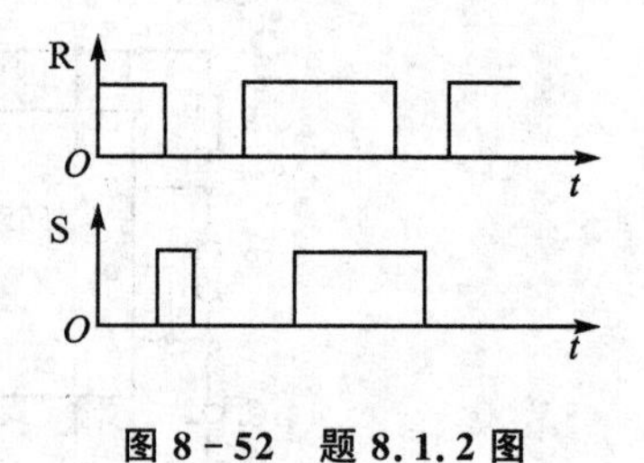

图 8-52 题 8.1.2 图

8.1.3 当同步 RS 触发器如图 8-53(a)所示的 CP、S 和 R 端加上如图 8-53(b)所示的波形时,试画出 Q 端的输出波形。设触发器的初始状态为 0。

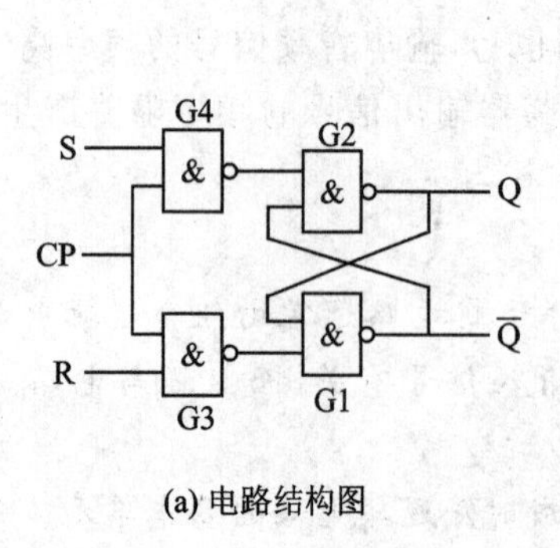

(a) 电路结构图

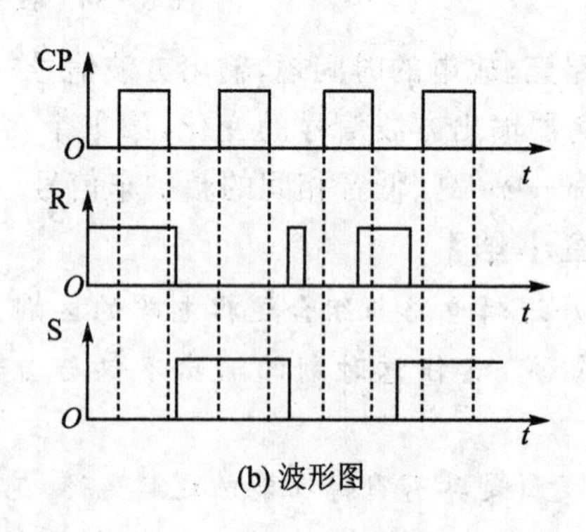

(b) 波形图

图 8-53 题 8.1.3 图

8.1.4 若主从型 JK 触发器输入端 J、K、CP 的波形如图 8-54(b)所示,试画出 Q 端对应的波形。设触发器的初始状态为 1。

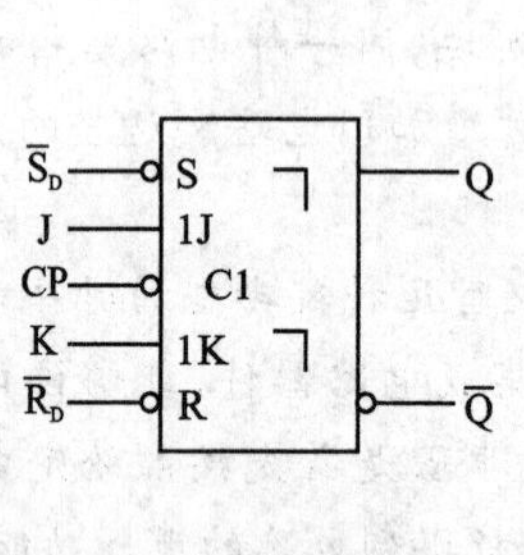

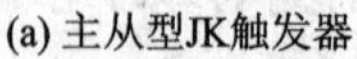

(a) 主从型JK触发器

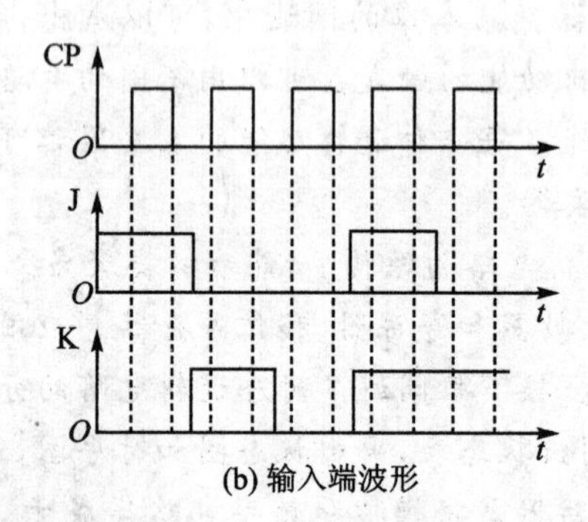

(b) 输入端波形

图 8-54 题 8.1.4 图

8.1.5 维持-阻塞 D 触发器的输入波形如图 8-55(b)所示。试画出 Q 端对应的波形。

8.1.6 设如图 8-56 所示各个触发器的初始状态均为 0,试画出在 CP 信号连续作用下各触发器输出端的波形。

8.1.7 如图 8-57 所示,试画出在 CP 信号连续作用下 Q_1、Q_2 端的波形。如果时钟脉冲的频率是 2 kHz,那么 Q_1 和 Q_2 波形的频率各为多少?设初始状态 $Q_2 = Q_1 = 0$。

8.1.8 维持-阻塞 D 触发器组成的电路如图 8-58(a)所示,输入波形如图 8-58(b)所示。设触发器的初始状态 $Q_2Q_1 = 00$,画出 Q_1、Q_2 端的波形。

8.1.9 边沿触发器电路如图 8-59(a)所示,设初状态均为 0,试根据 CP 波形画出 Q_1、Q_2

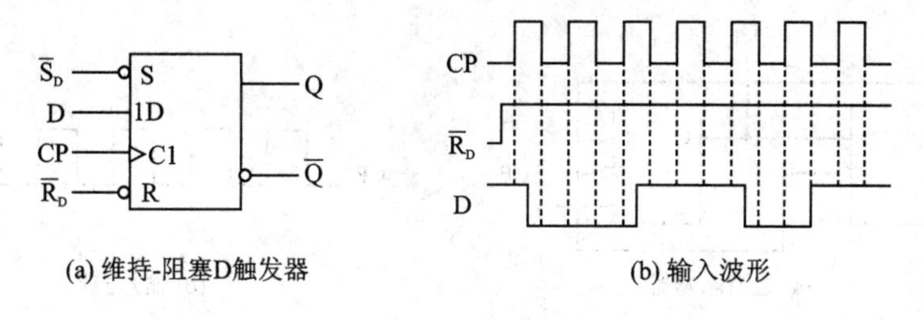

(a) 维持-阻塞D触发器　　(b) 输入波形

图 8-55　题 8.1.5 图

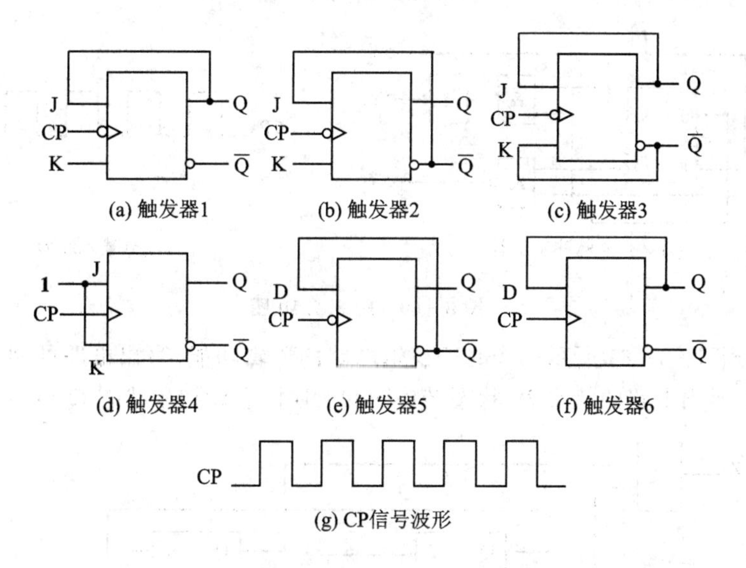

(g) CP信号波形

图 8-56　题 8.1.6 图

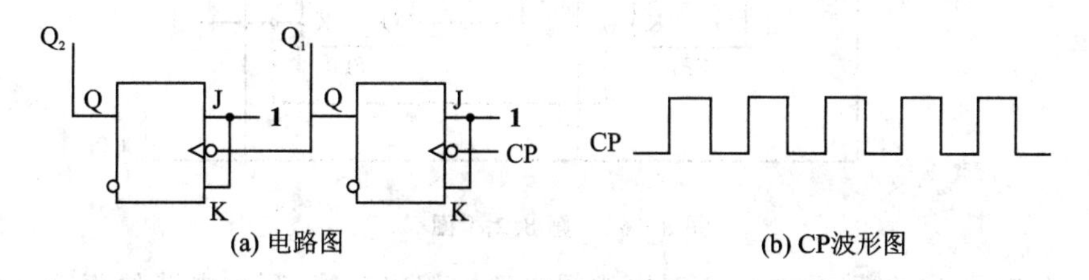

(a) 电路图　　(b) CP波形图

图 8-57　题 8.1.7 图

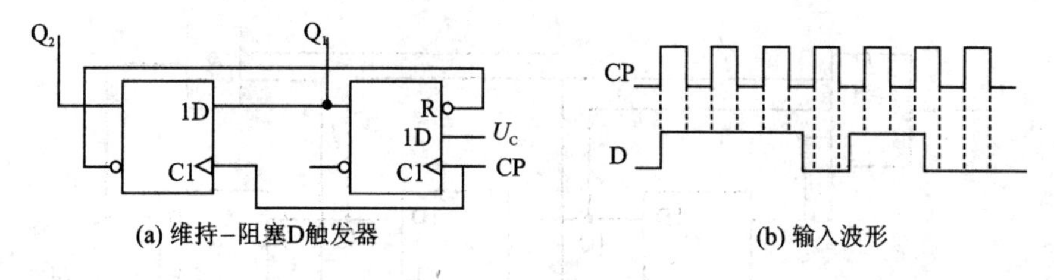

(a) 维持-阻塞D触发器　　(b) 输入波形

图 8-58　题 8.1.8 图

的波形。

8.1.10　多信号脉冲发生器如图 8-60(a)所示，试从所给出的时钟脉冲 CP 画出 Y_1、Y_2、Y_3三个输出端的波形。设触发器的初始状态为 0。

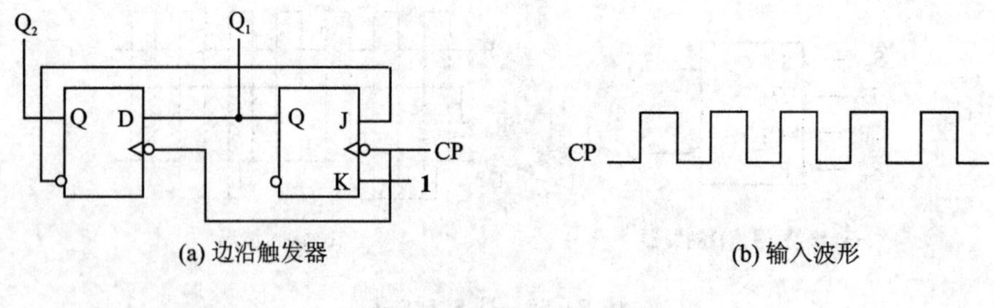

(a) 边沿触发器 (b) 输入波形

图 8-59 题 8.1.9 图

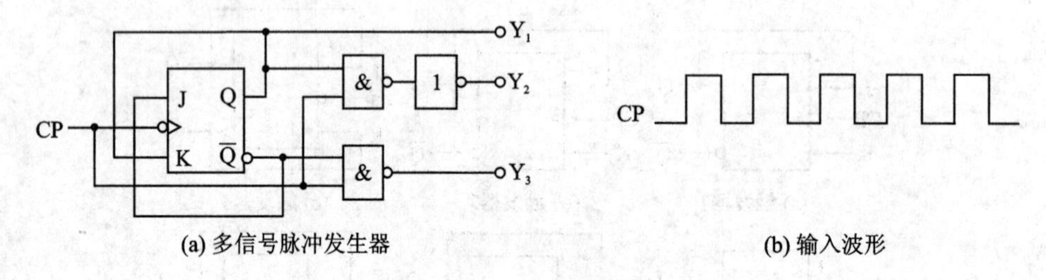

(a) 多信号脉冲发生器 (b) 输入波形

图 8-60 题 8.1.10 图

8.2.1 分析图 8-61 所示同步时序逻辑电路的逻辑功能,写出电路的驱动方程,状态方程和输出方程,画出电路的状态表,状态转换图和时序图。设初始状态 $Q_1Q_0=00$。

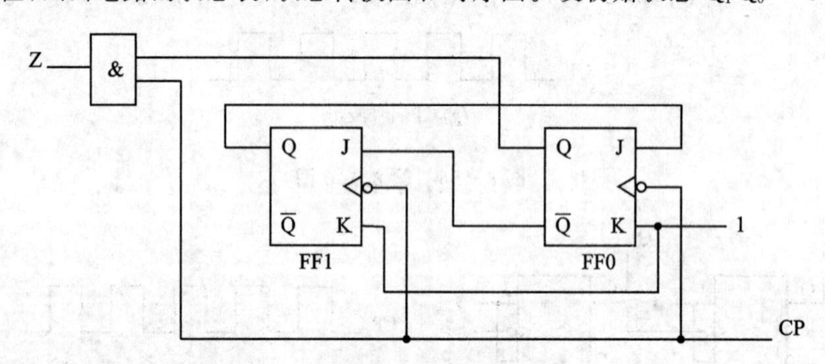

图 8-61 题 8.2.1 图

8.2.2 分析图 8-62 所示的同步时序逻辑电路的逻辑功能,写出电路的驱动方程,状态方程和输出方程,画出电路的状态表和状态转换图。设初始状态 $Q_2Q_1Q_0=000$。

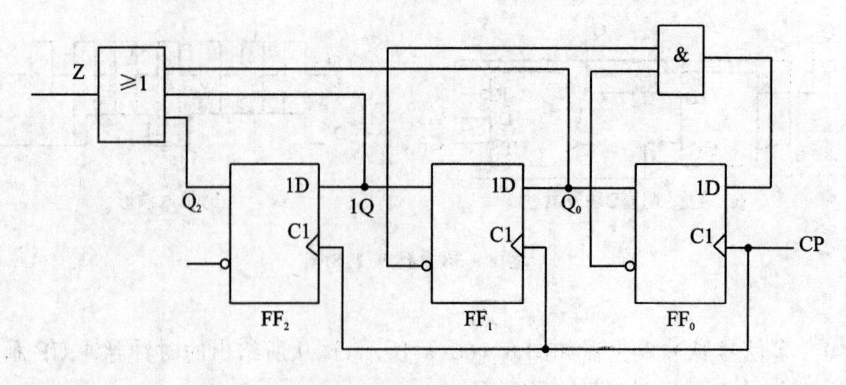

图 8-62 题 8.2.2 图

8.2.3　分析如图 8－63 所示电路的逻辑功能。设初始状态 $Q_2Q_1Q_0=000$。

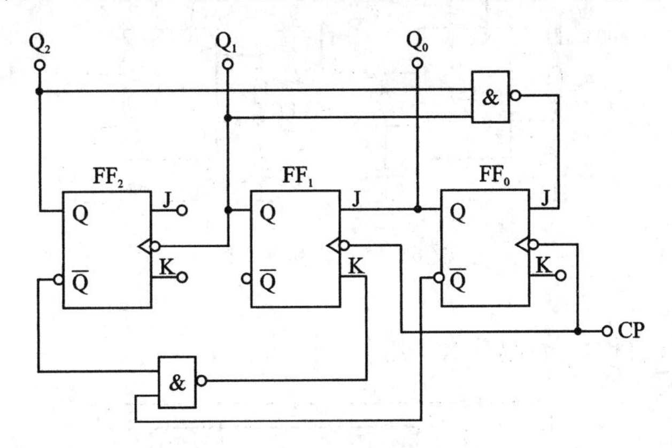

图 8－63　题 8.3.5 图

8.3.1　图 8－20 是由主从型 JK 触发器组成的 4 位二进制加法计数器。试改变级间的连接方法,画出也是由该触发器组成的 4 位二进制减法计数器,并列出其状态表。在工作之前先清 0,使各个触发器的输出端 $Q_3 \sim Q_0$ 均为 0。

8.3.2　试用 74LS161 型同步二进制计数器接成十二进制计数器:(1) 用清 0 法;(2) 用置数法。

8.3.3　试用两片 74LS290 型计数器接成二十四进制计数器。

8.3.4　分析如图 8－64 所示的计数器电路,说明这是多少进制的计数器。

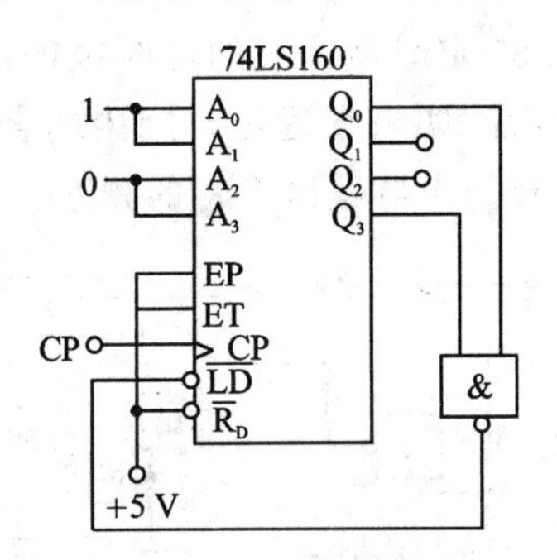

图 8－64　题 8.3.4 图

8.3.5　试用 74LS161 设计一个计数器,其计数状态为自然二进制数 0111～1110。

8.3.6　试用上升沿触发的 D 触发器和门电路设计一个同步三进制法计数器。

8.3.7　试用 JK 触发器设计一个同步六进制计数器。

8.3.8　试用四个 JK 触发器构成四位右移移位寄存器。

***8.5.1**　分析如图 8－65 所示电路的工作原理,计算 u_{o1} 和 u_{o2} 的频率,定性画出 u_{o1} 和 u_{o2} 的波形图。

***8.5.2**　图 8－66 为由 555 定时器构成的电子门铃电路。按下开关 S 使门铃 Y 鸣响,且抬手后持续一段时间。

① 计算门铃鸣响频率;

② 在电源电压 V_{CC} 不变的条件下,要使门铃的鸣响时间延长,可改变电路中哪个元件的参

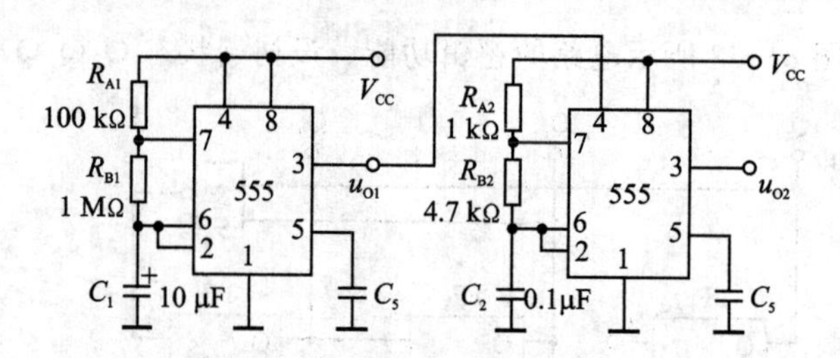

图 8-65 题 8.5.1 图

数?

③ 电路中电容 C_2 和 C_3 各起什么作用?

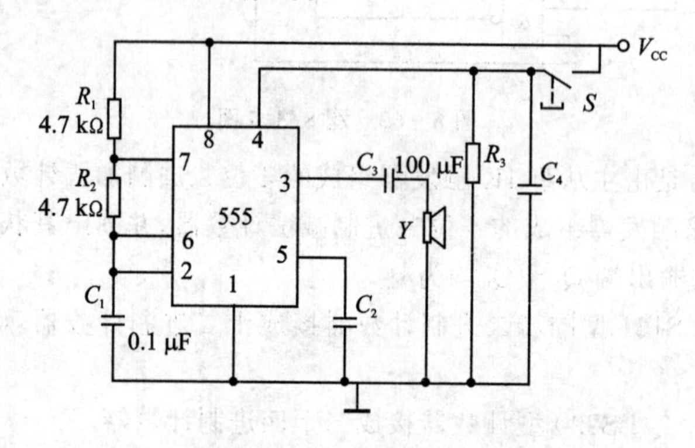

图 8-66 题 8.5.2 图

***8.5.3** 图 8-67 为由两个 555 定时器接成的延时报警器,当开关 S 断开后,经过一定的延迟时间 T_d后扬声器开始发出声音,如果在迟延时间内闭合开关,扬声器停止发声。在如图给定的参数下,计算延迟时间 T_d和扬声器发出声音的频率。

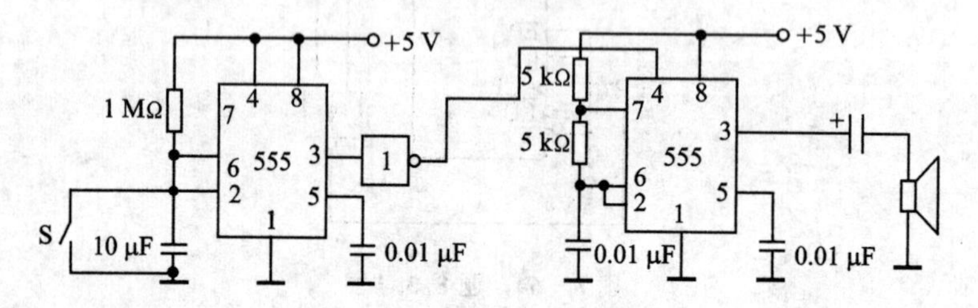

图 8-67 题 8.5.3 图

附 录

附录A 半导体分立器件型号命名方法

国家标准 GB249—89 见表 A。

表 A 国家标准 GB249—89

第一部分		第二部分		第三部分		第四部分	第五部分
用阿拉伯数字表示器件的电极数目		用汉语拼音字母表示器件的材料与极性		用汉语拼音字母表示器件的类别		用阿拉伯数字表示序号	用汉语拼音字母表示规格号
符号	意义	符号	意义	符号	意义		
2	二极管	A	N型，锗材料	P	小信号管		
		B	P型，锗材料	V	混频检波管		
		C	N型，硅材料	W	电压调整管和电压基准管		
		D	P型，硅材料	C	变容管		
3	三极管	A	PNP型，锗材料	Z	整流管		
		B	NPN型，锗材料	L	整流堆		
		C	PNP型，硅材料	S	隧道管		
		D	NPN型，硅材料	K	开关管		
		E	化合物材料	U	光电管		
				X	低频小功率管（截止频率＜3 MHz，耗散功率＜1 W）		
				G	高频小功率管（截止频率≥3 MHz，耗散功率＜1 W）		
				D	低频大功率管（截止频率＜3 MHz，耗散功率≥1 W）		
				A	高频大功率管（截止频率≥3 MHz，耗散功率≥1 W）		
				T	晶体晶闸管		

示例

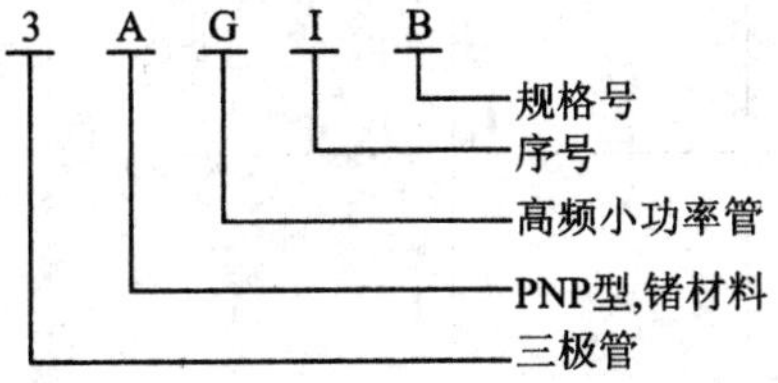

3 A G I B

- B — 规格号
- I — 序号
- G — 高频小功率管
- A — PNP型，锗材料
- 3 — 三极管

附录B 常用半导体分立器件的参数

1. 1N、2CZ系列常用整流二极管的主要参数

1N、2CZ系列常用整流二极管的主要参数见表B-1。

表B-1 1N、2CZ系列常用整流二极管的主要参数

型　号	反向工作峰值电压 U_{RM}/V	额定正向整流电流 I_F/A	正向压降 U_F/V	反向电流 $I_R/\mu A$	工作频率 f/kHz
1N4000	25				
1N4001	50				
1N4002	100				
1N4003	200				
1N4004	400	1	⩽1	<5	3
1N4005	600				
1N4006	800				
1N4007	1 000				
1N5100	50				
1N5101	100				
1N5102	200				
1N5103	300				
1N5104	400	1.5	⩽1	<5	3
1N5105	500				
1N5106	600				
1N5107	800				
1N5108	1 000				
1N5200	50				
1N5201	100				
1N5202	200				
1N5203	300				
1N5204	400	2	⩽1	<10	3
1N5205	500				
1N5206	600				
1N5207	800				
1N5208	1 000				

续表 B-1

型　号	反向工作峰值电压 U_{RM}/V	额定正向整流电流 I_F/A	正向压降 U_F/V	反向电流 $I_R/\mu A$	工作频率 f/kHz
1N5400	50				
1N5401	100				
1N5402	200				
1N5403	300				
1N5404	400	3	≤0.8	<10	3
1N5405	500				
1N5406	600				
1N5407	800				
1N5408	1 000				
2CZ52A	25				
2CZ52B(2CP12)	50				
2CZ52C(2CP13)	100				
2CZ5D	200				
2CZ52E	300				
2CZ52F	400	0.1	≤1	≤100	3
2CZ52G	500				
2CZ52H	600				
2CZ52J	700				
2CZ52K	800				
2CZ52L	900				
2CZ52M	1 000				
2CZ53A	25				
2CZ53B	50				
2CZ53C	100				
2CZ53D	200				
2CZ53E	300				
2CZ53F	400	0.3	≤1	5	3
2CZ53G	500				
2CZ53H	600				
2CZ53J	700				
2CZ53K	800				
2CZ53L	900				
2CZ53M	1 000				

续表 B-1

型　号	反向工作峰值电压 U_{RM}/V	额定正向整流电流 I_F/A	正向压降 U_F/V	反向电流 I_R/μA	工作频率 f/kHz
2CZ54A	25				
2CZ54B	50				
2CZ54C	100				
2CZ54D	200				
2CZ54E	300				
2CZ54F	400	0.5	≤1	<10	3
2CZ54G	500				
2CZ54H	600				
2CZ54J	700				
2CZ54K	800				
2CZ54L	900				
2CZ54M	1 000				
2CZ55A	25				
2CZ55B(2CZ11)	50				
2CZ55C	100				
2CZ55D	200				
2CZ55E	300				
2CZ55F	400				
2CZ55G	500	1	1.0	10	3
2CZ55H	600				
2CZ55J	700				
2CZ55K	800				
2CZ55L	900				
2CZ55M	1 000				
2CZ56A～M	25～1 000	3	0.8	20	3
2CZ57A～M	25～1 000	5	0.8	20	3
2CZ58C	100				
2CZ58D	200				
2CZ58F	400				
2CZ58G	500				
2CZ58H	600	10	≤1.3	<40	3
2CZ58K	800				
2CZ58M	1 000				
2CZ58N	1 200				
2CZ58P	1 400				
2CZ58Q	1 600				
2CZ100-1～16	100～1 600	100	≤0.7	<200	3
2CZ200-1～16	100～1 600	200	≤0.7	<200	3
2CZ32B	50	1.5	≤1.0	≤10	3
2CZ32C	100	1.5	≤1.0	≤10	3

2. 常用 2CW、2DW 系列稳压管参数

常用 2CW、2DW 系列稳压管参数见表 B－2。

表 B－2　常用 2CW、2DW 系列稳压管参数

型　号	稳　定 电压/V	稳　定 电流/mA	最大稳定 电流/mA	反向漏 电流/μA	动　态 电阻/Ω	电压温度系 数/(10^{-4}℃$^{-1}$)	最大耗散 功率/W
2CW51	2.5～3.5	10	71	≤5	≤60	≥－9	0.25
2CW52	3.2～4.5	10	55	≤2	≤70	≥－8	0.25
2CW53	4～5.8	10	41	≤1	≤50	－6～4	0.25
2CW54	5.5～6.5	10	38	≤0.5	≤30	－3～5	0.25
2CW55	6.2～7.5	10	33	≤0.5	≤15	≤6	0.25
2CW56	7～8.8	10	27	≤0.5	≤15	≤7	0.25
2CW57	8.5～9.5	10	26	≤0.5	≤20	≤8	0.25
2CW58	9.2～10.5	5	23	≤0.5	≤25	≤8	0.25
2CW59	10～11.8	5	20	≤0.5	≤30	≤9	0.25
2CW60	11.5～12.5	5	19	≤0.5	≤40	≤9	0.25
2CW72	7.0～7.8	5	29	≤0.1	≤6	≤7	0.25
2CW74	9.2～10.5	5	23	≤0.1	≤12	≤8	0.25
2CW76	11.5～12.5	5	20	≤0.1	≤18	≤9	0.25
2CW78	13.5～17	5	14	≤0.1	≤21	≤9.5	0.25
2CW103	4.0～5.8	50	165	≤1	≤20	－6～4	1
2CW110	11.5～12.5	20	76	≤0.5	≤20	≤9	1
2CW116	23～26	10	38	≤0.5	≤55	≤11	1
2DW6C	15	30	70		≤8		1
2DW51	42～55	5	18	≤0.5	≤95	≤12	1
2DW60	135～155	3	6	≤0.5	≤700	≤12	1

B－3　部分稳压管测试参数

参　数		稳定电压	稳定电流	最大稳定电流	动态电阻	耗散功率/W
符　号		U_z	I_z	I_{ZM}	r_z	P_z
单　位		V	mA	mA	Ω	mW
测试条件		工作电流等于稳定电流	工作电压等于稳定电压	－60℃～＋50℃	工作电流等于稳定电流	－60℃～＋50℃
型　号	2CW11	3.2～4.5	10	55	≤70	0.25
	2CW12	4～5.5	10	45	≤50	0.25
	2CW13	5～6.5	10	38	≤30	0.25
	2CW14	6～7.5	10	33	≤15	0.25
	2CW15	7～8.5	5	29	≤15	0.25
	2CW16	8～9.5	5	26	≤20	0.25
	2CW17	9～10.5	5	23	≤25	0.25
	2CW18	10～12	5	20	≤30	0.25
	2CW19	11.5～14	5	18	≤40	0.25
	2CW20	13.5～17	5	15	≤50	0.25
	2DW7A	5.8～6.6	10	30	≤25	0.20
	2DW7B	5.8～6.6	10	30	≤15	0.20
	2DW7C	6.1～6.5	10	30	≤10	0.20

3. 晶体管参数

晶体管参数见表 B-4。

表 B-4 晶体管参数

参数符号		单 位	测试条件	型 号			
				3DG100A	3DG100B	3DG100C	3DG100D
直流参数	I_{CBO}	μA	$U_{CB}=10$ V	≤0.1	≤0.1	≤0.1	≤0.1
	I_{EBO}	μA	$U_{EB}=1.5$ V	≤0.1	≤0.1	≤0.1	≤0.1
	I_{CEO}	μA	$U_{CE}=10$ V	≤0.1	≤0.1	≤0.1	≤0.1
	$U_{BE(sat)}$	V	$I_B=1$ mA $I_C=10$ mA	≤1.1	≤1.1	≤1.1	≤1.1
	$h_{PE}(\beta)$		$U_{CB}=10$ V $I_C=3$ mA	≥30	≥30	≥30	≥30

4. 绝缘栅场效应晶体管参数

绝缘栅场效应晶体管参数见表 B-5。

表 B-5 绝缘栅场效应晶体管参数

参 数	符 号	单 位	型 号			
			3DO4	3DO2 (高频管)	3DO6 (开关管)	3CO1 (开关管)
饱和漏极电流	I_{DSS}	μA	0.5×10^3～ 15×10^3		≤1	≤1
栅源夹断电压	$U_{GS(off)}$	V	≤|-9|			
开启电压	$U_{GS(th)}$	V			≤5	-2～-8
栅源绝缘电阻	R_{GS}	Ω	$\geq10^9$	$\geq10^9$	$\geq10^9$	$\geq10^9$
共源小信号低频跨导	g_m	μA/V	≥2 000	≥4 000	≥2 000	≥500
最高振荡频率	f_M	MHz	≥300	≥1 000		
最高漏源电压	$U_{DS(BR)}$	V	20	12	20	
最高栅源电压	$U_{GS(BR)}$	V	≥20	≥20	≥20	≥20
最大耗散功率	P_{DM}	mW	100	100	100	100

注:3CO1 为 P 沟道增强型,其他为 N 沟道管(增强型:$U_{GS(th)}$ 为正值;耗尽型 $U_{GS(off)}$ 为负值)。

附录C　常用半导体集成电路的参数与符号

1. 运算放大器

运算放大器的参数与符号见表C-1。

表C-1　运算放大器的参数与符号

参数名称	符　号	单　位	型　号					
			F007	F101	8FC2	CF118	CF725	CF747M
最大电源电压	U_S	V	±22	±22	±22	±20	±22	±22
差模开环电压放大倍数	A_{uo}		≥80 dB	≥88 dB	3×10^4	2×10^5	3×10^6	2×10^5
输入失调电压	U_{IO}	mV	2～10	3～5	≤3	2	0.5	1
输入失调电流	I_{IO}	nA	100～300	20～200	≤100			
输入偏置电流	I_{IB}	nA	500	150～500		120	42	80
共模输入电压范围	U_{ICR}	V	±15			±11.5	±14	±13
共模抑制比	U_{CMR}	dB	≥70	≥80	≥80	≥80	120	90
最大输出电压	U_{OPP}	V	±13	±14	±12		±13.5	
静态功耗	P_D	mW	≤120	≤60	150		80	

2. W7800系列和W7900系列集成稳压器

W7800系列和W7900系列集成稳压器的参数和符号见表C-2。

表C-2　W7800系列和W7900系列集成稳压器的参数与符号

参数名称	符　号	单　位	7805	7815	7820	7905	7915	7920
输出电压	U_o	V	5± 5×5 %	15± 15×5 %	20± 20×5 %	−5± 5×5%	−15± 15×5%	−20± 20×5%
输入电压	U_i	V	10	23	28	−10	−23	−28
电压最大调整率	S_U	mV	50	150	200	50	150	200
静态工作电流	I_o	mA	6	6	6	6	6	6
输出电压温漂	S_T	mV/℃	0.6	1.8	2.5	−0.4	−0.9	−1
最小输入电压	$U_{i,min}$	V	7.5	17.5	22.5	−7	−17	−22
最大输入电压	$U_{i,max}$	V	35	35	35	−35	−35	−35
最大输出电流	$I_{o,max}$	A	1.5	1.5	1.5	1.5	1.5	1.5

附录D　数字集成电路各系列型号分类表

数字集成电路各系列型号分类表见表D。

表D　数字集成电路各系列型号分类表

系　列	子系列	名　称	国标型号	国际型号	速度/ns-功耗/MW
TTL	TTL	标准TTL系列	CT1000	54/74×××	10-10
	HTTL	高速TTL系列	CT2000	54/74H×××	6-22
	STTL	肖特基TTL系列	CT3000	54/74S×××	3-19
	LSTTL	低功耗肖特基TTL系列	CT4000	54/74LS×××	9.5-2
	ALSTTL	先进低功耗肖特基TTL系列		54/74ALS×××	4-1
MOS	PMOS	P沟道场效应晶体管系列			
	NMOS	N沟道场效应晶体管系列			
	CMOS	互补场效应晶体管系列	CC4000		1 251 ns-1.25 μW
	HCMOS	高速CMOS系列			8-2.5
	HCMOST	与TTL兼容的HC系列			8-2.5

附录E　TTL门电路、触发器和计数器的部分品种型号

TTL门电路、触发器和计数器的部分品种型号见表E。

表E　TTL门电路、触发器和计数器的部分品种型号

类　型	型　号	名　称
门电路	CT4000(74LS00)	四2输入与非门
	CT4004(74LS04)	六反相器
	CT4008(74LS08)	四2输入与门
	CT4011(74LS11)	三3输入与门
	CT4020(74LS20)	双4输入与非门
	CT4027(74LS27)	三3输入或非门
	CT4032(74LS32)	四2输入或门
	CT4086(74LS86)	四2输入异或门
触发器	CT4074(74LS74)	双上升沿D触发器
	CT4112(74LS112)	双下降沿JK触发器
	CT4175(74LS175)	四上升沿D触发器
计数器	CT4160(74LS160)	十进制同步计数器
	CT4161(74LS161)	十进制同步计数器
	CT4162(74LS162)	二进制同步计数器
	CT4192(74LS192)	十进制同步可逆计数器
	CT4290(74LS290)	二—五—十进制计数器
	CT4293(74LS293)	二—八—十六进制计数器

附录 F 中英名词对照

二 画

PN 结	PN junction
P 型半导体	P - type semiconductor
J - K 触发器	J - K flip - flop
D 触发器	D flip - flop
二极管	diode
二极管钳位	diode clamp
二进制	binary system
二进制计数器	binary counter
十进制	decimal system
十进制计数器	decimal counter
二-十进制	binary coded decimal system(BCD)

三 画

RC 选频网络	RC selection frequency network
R - S 触发器	R - S flip - flop
N 型半导体	N - type semiconductor
少数载流子	minority carriers
门电路	gate circuit
三态逻辑门	tri - state logic gate
三相整流器	three - phase rectifier
工作点	operating point
干扰	interference

四 画

方框图	block diagram
双稳态触发器	bistable flip - flop
无稳态触发器	astable flip - flop
反向电阻	backward resistance
反向偏置	backward bias
反向击穿	reverse breakdown
反相器	inverter
反馈	feedback

反馈系数	feedback coefficient
少数载流子	minority carrier
分立电路	discrete circuit
分辨率	resolution
开启电压	threshold voltage
计数器	counter
“与”门	AND gate
“与非”门	NAND gate
“与或非”门	and - or - invert(AOI) gate

五 画

电子器件	electron device
电感滤波器	inductance filter
电感三点式振荡器	tapped - coil oscillator
电容滤波器	capacitor filter
电容三点式振荡器	tapped - condencer oscillator
电流放大系数	current amplification coefficient
电压放大器	voltage amplifier
电压放大倍数	voltage gain
电压比较器	voltage comparator
主从型触发器	master - slave flip - flop
失真	distortion
功率放大器	power amplifier
正向电阻	forward resistance
正向偏置	forward bias
正反馈	positive feedback
正弦波振荡器	sinusoidal oscillator
正逻辑	positive logic
击穿	breakdown
发射极	emitter
发光二极管	light - emitting diode (LED)
布尔代数	Boolean algebra
半波可控整流	half - wave controlled rectifier
半波整流器	half - wave rectifier
半加器	half - adder
半导体	semiconductor
本征半导体	intrinsic semiconductor
失调电压	offset voltage
补偿电流	offset current

平均延迟时间	average delay time

六　画

共模信号	common - mode signal
共模输入	common - mode input
共模抑制比	common - mode rejection ratio (CMRR)
共发射极接法	common - emitter configuration
动态	dynamics
杂质	impurity
伏安特性	volt - ampere characteristics
扩散	diffusion
全波整流器	biphase(full - wave) rectifier
全波可控整流	biphase controlled rectifier
全加器	full adder
负反馈	negative feedback
负载电阻	load resistance
负载线	load line
负电阻	negative resistance
负逻辑	negative logic
夹断电压	pinch - off voltage
多级放大器	multistage amplifier
多数载流子	majority carrier
自由电子	free electron
自激振荡器	self - excited oscillator
自偏压	self - bias
导通	on
导电沟道	conductive channel
"异或"门	exclusive - OR gate
交越失真	cross - over distortion
场效应管	field - effect transistor
阳极	anode
阴极	cathode
光敏电阻	photo - sensitive resistor
光电二极管	photodiode

七　画

运算放大器	operational amplifier
低频放大器	low - frequency amplifier
时钟脉冲	clock pulse

时序逻辑电路	sequential logic circuit
谷点	valley point
译码器	decipherer
阻容耦合放大器	resistance - capacitance coupled amplifier
阻断	interception
阻挡层	barrier
采样保持	sample and hold

八　画

空穴	hole
空间电荷区	space - charge layer
固定偏置	fixed - bias
直接耦合放大器	direct - coupled amplifier
单稳态触发器	monostable flip - flop
单结晶体管	unijunction transistor (UJT)
金属—氧化物—半导体	metal - oxide - semiconductor (MOS)
“非”门	NOT gate
非线性失真	nonlinear distortion
“或”门	OR gate
饱和	saturation
转移特性	transfer characteristic
定时器	timer
基准电压	reference voltage

九　画

穿透电流	penetration current
栅极	gate, grid
复合	recombination
复合晶体管	composite transistor
差分放大器	differential amplifier
差模信号	differential - mode signal
差模输入	differential - mode input
绝缘栅场效应管	insulated gate field - effect transistor (IGFET)
品质因数	quality factor
脉冲	impulse
脉冲电路	pulse circuit
脉冲宽度	pulse length
脉冲幅度	pulse amplitude
脉冲周期	pulse period

脉冲前沿	pulse front edge
脉冲后沿	pulse trailing edge

十　画

桥式整流器	bridge rectifier
旁路电容	by - pass capacitor
射极输出	emitter follower
射极复合	emitter coupling
振荡器	oscillator
振荡频率	oscillation frequency
耗尽层	depletion layer
耗尽层 MOS 场效应管	depletion mode MOSFET
载流子	carrier
硅	silicon
稳压二极管	zener diode
峰点	peak point
热敏电阻	thermal resistor

十一画

逻辑门	logic gates
逻辑电路	logic circuit
基极	base
控制极控制	control grid
偏流	bias current
偏置电路	biasing current
接地	grounding
虚地	imaginary ground
维持电流	holding current
寄存器	register
位移寄存器	shift register
清零	clear
掺杂半导体	doped semiconductor

十二画

晶体	crystal
晶体管	transistor
晶体管—晶体管逻辑电路	transistor - transistor logic(TTL)circuit
晶闸管	thyristor
温度补偿	thermal compensation

集成电路	integrated circuit (IC)
集电极	collector
幅频特性	amplitude - frequency characteristic

十三画

源极	source electrode
滤波器	wave filter
数字电路	digital circuit
数字集成电路	digital integrated circuit
数码显示	digital display
数—模转换器	digital - analog converter (DAC)
锗	germanium
输入电阻	input resistance
输出电阻	output resistance
零点漂移	zero drift
跨导	transconductance

十四画

钳位	clamp - on
截止	cut - off
漂移	drift
静态	static state
静态工作点	quiescent point
漏极	drain
模—数转换器	analog - digital converter(ADC)
模拟电路	analog circuit

十五画

整流电路	rectifier circuit
增强型 MOS 场效应管	enhancement mode (MOSFET)

部分习题答案

第1章习题参考答案

1.2.1 0.3 V，0.7 V。

1.3.3 (a) 3.25 mA；6.7 V。

(b) 1.625 mA；3.95 V。

1.3.4 (a) 导通，－6.7 V。

(b) 截止，－6 V。

(c) D_1 优先导通，D_2 截止；－0.7 V。

(d) D_2 优先导通，D_1 截止；$U_O=0.7\ V-9\ V=-8.3\ V$

1.4.1 $R_{min}=\frac{U_I-U_Z}{I_{Zmax}}=240\ \Omega$，$R_{max}=\frac{U_I-U_Z}{I_{Zmin}}=1.2\ k\Omega$。

1.4.2 (1) S闭合时，电压表V的电压$=U_Z=12\ V$，$I_{A1}=9\ mA$，$I_{A2}=6\ mA$。

(2) S断开时，电压表V的电压$=U_Z=12\ V$，$I_{A1}=9\ mA$，$I_{A2}=0\ mA$。

1.4.3 (a) 能正常工作，$U_{O1}=6\ V$。

(b) 不能正常稳压工作 $U_{O2}=5\ V$。

1.4.4 (1) S闭合时。

(2) $267\ \Omega<R<0.8\ k\Omega$。

1.4.6 串联时，可得到以下稳压值：

6 V＋7.5 V＝13.5 V，6 V＋0.7 V＝6.7 V，7.5 V＋0.7 V＝8.2 V，

0.7 V＋0.7 V＝1.4 V。

并联时，可得到以下稳压值：

0.7 V，7.5 V－6 V＝1.5 V。

1.5.3 甲管是NPN型硅管，各对应引脚 $U_{X1}=c$，$U_{X2}=e$，$U_{X3}=b$；

乙管是PNP型锗管，各对应引脚 $U_{Y1}=c$，$U_{Y2}=b$，$U_{Y3}=e$。

1.5.4 $I_{B(sat)}\approx 30\ \mu A$。

A：$I_B>I_{B(sat)}$，发射结正偏，集电结正偏，处于饱和状态。

B：$I_B<I_{B(sat)}$，发射结正偏，集电结反偏，处于放大状态。

C：发射结反偏，集电结反偏，处于截止状态。

1.5.5 (a) 截止，(b) 饱和，(c) 烧断，(d) 放大，(e) 放大，(f) 断开。

1.5.6 $I_C<20\ mA$；$U_{CE}<100\ V$。

第2章习题参考答案

2.3.3 (1) $I_{BQ}=60\ \mu A$，$I_{CQ}=2.6\ mA$，$U_{CEQ}=4\ V$。

(2) $I_{BQ}=60\ \mu A$，$I_{CQ}=2.6\ mA$，$U_{CEQ}=1.8\ V$。

(3) $I_{BQ}=80\ \mu A$，$I_{CQ}=3.7\ mA$，$U_{CEQ}=1.8\ V$。

2.3.4 (1) $I_{B(sat)}=78\ \mu A$，$I_B\approx 267\ \mu A>I_{B(sat)}$，饱和状态。

(3) $R_b=282\ k\Omega$。

2.4.1 (1) $I_{BQ}=40\ \mu A$，$I_{CQ}=2\ mA$，$U_{CEQ}=6\ V$。

(2) $A_u=-94$，$r_i=0.96\ k\Omega$，$r_o=3\ k\Omega$。

2.4.2 (a) 截止失真，Q 点太低，$R_b\downarrow\rightarrow I_B\uparrow$。

(b) 饱和失真，Q 点太高，$R_b\uparrow\rightarrow I_B\downarrow$。

(c) 既有饱和失真又有截止失真，是由输入信号过大造成的。

2.4.3 当 $R_L=\infty$ 时，$U_{CE}=12-3I_c$。

当 $R_L=3\ k\Omega$ 时，$2U_{CE}+3I_c=12$。

$I_B=20\ \mu A$。

$U_{om1}=\left(\dfrac{6-0.7}{\sqrt{2}}\right)\ V=3.75\ V$，$U_{om2}=\left(\dfrac{3-0.7}{\sqrt{2}}\right)\ V=1.63\ V$。

2.4.4 当 $R_L=\infty$ 时，先出现饱和失真，$U_{OMM}=5\ V$。

当 $R_L=3\ k\Omega$ 时，先出现截止失真，$U_{OMM}=1\ V$。

2.5.1 (1) $I_{EQ}=2.15\ mA\approx I_{CQ}$，$I_{BQ}=36\ \mu A$，$U_{CEQ}=4.25\ V$。

(3) $A_u=-87.3$，$r_i\approx r_{be}=1.032\ k\Omega$，$r_o=R_c=3\ k\Omega$。

2.5.2 $U_O=2.01\ V$。

2.5.3 (1) 静态值无变化。

(3) $A_u=-0.73$，$r_i\approx 123\ k\Omega$，$r_o=R_c=3\ k\Omega$。

2.5.4 (1) $I_{EQ}=1.7\ mA\approx I_{CQ}$，$I_{BQ}=45\ \mu A$，$U_{CEQ}=5.2\ V$。

(2) $A_u=-8.83$。

(3) $A_u=-4.42$，$r_i\approx r_{be}=3.74\ k\Omega$，$r_o=R_c=2\ k\Omega$。

2.7.1 $A_u\approx 1$，$r_i=87\ k\Omega$，$r_o\approx 30\ \Omega$。

2.7.2 (1) $I_{EQ}=1.1\ mA$，$I_{BQ}=11\ \mu A$，$U_{CEQ}=5.07\ V$。

(2) $A_{u1}=-1.09$，$A_{u2}=1$。

(3) $r_i\approx 10\ k\Omega$。

(4) $r_{o2}\approx R_c=3.3\ k\Omega$，$r_{o1}=27\ \Omega$。

2.8.1 (1) $A_{u1}=-24.6$，$A_{u2}=-86.7$，$A_u=2133$。

(2) $U_o=1.45\ V$。

2.8.2 (2) $r_i\approx 1.3\ k\Omega$，$r_o\approx R_{c2}=3.9\ k\Omega$。

(3) $A_u=2\ 620$。

(4) $u_o=1.79\ V$。

2.8.3 (1)图(d)和图(e)所示电路的输入电阻较大。

(2) 图(c)和图(e)所示电路的输出电阻较小。

(3) 图(e)所示电路的 $|\dot{A}_{us}|$ 最大。

2.9.1 (1) 500 mV；

(2) 0.4 V。

2.9.2 (1) 0.01 mA，0.5 mA，3.45 V，−0.798 V，−0.1 V；

(2) $u_{ic1}=u_{ic2}=5$ mV, $u_{id1}=u_{id2}=2$ mV;

(3) $u_{oc1}=u_{oc2}=-2.39$ V;

(4) −39.8 mV, +39.8 mV;

(5) −42.2 mV, +37.4 mV;

(6) 0, −79.6 mV, −79.6 mV。

第3章习题参考答案

3.1.1 $F=0.009$, $1+AF=10$。

3.1.2 不对,因为没有放大环节。

3.1.3 (1) 10^3倍;(2) 86 dB;(3) 45 dB,177.8 倍。

3.1.4 $I_{C1}=I_{C2}\approx I_R=0.1$ mA。

3.1.5 (1) $A_f=497.5$;(2) 0.1%。

3.1.6 $F=0.0495$;$A_u=2000$。

3.2.1 (a) 电压并联负反馈;(b) 电流串联负反馈。

3.2.2 (a) R_{f1},R_{f2},C引入直流电压并联负反馈;R_{e1}引入交直流电流串联负反馈。(b) 引入交直流电压串联负反馈。

3.2.3 (a) 交直流电压并联负反馈;(b) 交直流电流串联负反馈。

3.2.4 (a) 交直流电压串联负反馈;(b) 交直流电流并联负反馈。

3.2.5 R_3,R_7,C_2引入直流电压并联负反馈;R_4,C_5引入交流电流串联负反馈。

3.2.6 图3-36(a)中反馈元件是R_4,R_5,引入交直流电压并联负反馈;图3-36(b)中R_e引入交直流电压串联负反馈;(4) 略。

3.3.1 略。

3.3.2 图3-38(a)和图3-38(b)中均存在正反馈,具备产生自激振荡的相位条件。

单元概念测试题

1. ∞,∞,0,∞,0。
2. 直接,良好,零漂,反相,同相,相反,相同。
3. 电压,电流,串联,并联。
4. 放大,反馈。
5. 输出,输入。
6. 开环,闭环。
7. 正,负。
8. 输出,减小,增大。
9. 稳定静态工作点,改善电路的动态性能。

第4章习题参考答案

4.1.1 (a) $A_{uf}=-\dfrac{R_2}{R_1}$;(b) $A_{uf}=\dfrac{R_2}{R_1+R_2}$。

4.1.2 S闭合时，$A_{uf}=1$；S断开时，$A_{uf}=-1$。

4.1.3 (1) 电流并联负反馈；(2) 稳定输出电流；(3) $A_{uf}=-2.5$。

4.1.4 (a) $U_O=-6$ V；(b) $U_O=2$ V；(c) $U_O=-6$ V；(d) $U_O=-10$ V。

4.1.5 $U_{O1}=0.5$ V；$U_{O2}=-7$ V。

4.1.6 (a) $U_O=30$ mV；(b) $U_O=-15$ mV。

4.1.7 $u_o=-(3u_{i1}+6u_{i2})$。

4.1.8 $R_{11}=10$ MΩ；$R_{12}=2$ MΩ；$R_{13}=1$ MΩ；$R_{14}=0.2$ MΩ；$R_{15}=0.1$ MΩ。

4.1.9 $u_o=2\dfrac{R_F}{R_1}u_i$。

4.1.10 $u_o=10u_{i1}-2u_{i2}-5u_{i3}$。

4.1.11 $U_o=-7$ mV。

4.1.12 $u_{o1}=\dfrac{R_{F1}}{R_W}(u_{i1}-u_{i2})+u_{i1}$；$u_{o2}=-\dfrac{R_{F2}}{R_W}(u_{i1}-u_{i2})+u_{i2}$。

4.1.13 略。

4.1.14 $u_o=-2u_i$。

4.1.15 略。

4.1.16 $u_o=-\dfrac{R_F}{R_1}U_Z$，可调恒压电源，当负载电阻 R_L 改变时，输出电压 u_o 无变化。

4.1.17 $I_o=\dfrac{E}{R}$，恒流源，当负载电阻 R_L 改变时，输出电流 I_o 无变化。

4.1.18 略。

4.2.1 略。

4.2.2 略。

4.3.1 (1) $f=3\,185$ Hz；(2) 略。

4.3.2 略。

第5章习题参考答案

5.1.1 (1) u_{o1} 对地为正，u_{o2} 对地为负；(2) 全波；(3) $u_{o1}=18$ V，$u_{o2}=-18$ V。

5.1.2 $I_o=1.375$ A；$I_F=1.94$ A；$U_2=244$ V。

5.1.3 $U_o=9$ V；$I_o=0.12$ A；$U_{DRM}=28.3$ V。

5.1.5 $U_2=16.7$ V；$I_D=50$ mA；$U_{DRM}=23.6$ V。

5.1.8 (1) ×，(2) √，(3) √，(4) √，(5) ×，(6) ×，(7) √，(8) √，(9) ×，(10) ×，(11) √。

5.1.9 (1) 将交流变直流，二极管；
(2) 将直、交流混合量中的交流成分去掉，低通滤波电路或高通滤波电路；
(3) 桥式，稳压管，串联型。

5.1.11 0.9，$2\sqrt{2}$，1/2。

5.2.1 (1) 18 V$\leqslant U_O\leqslant$28 V；(2) 否；
(3) A：R_L 断开；B：C 断开；C：C 断开且有一只 D 断开。

5.2.2 (1) 7.28 V;(2) 增加,减小;(3) 降低,增大。

5.2.4 (1) U_O增大;(2) $U_O=(1.1\sim1.2)U_2$;(3) $U_O=\sqrt{2}U_2$,无放电回路,保持 $\sqrt{2}U_2$;(4) $U_O=0.9U_2$。

5.2.7 (1) $U_2=18.2$ V;$I_D=50$ mA;$U_{DRM}=25.7$ V;
(2) $C=0.2\times10^{-3}$ F;$U_{CDR}=25.7$ V;
(3) $U_O=16.38$ V;
(4) $U_O=\sqrt{2}\,U_2=25.7$ V。

5.2.8 (1) $U_{C_1}=141$ V,$U_{C_2}=U_{C_3}=282$ V;(2) 282 V;(3) 423 V。

5.3.2 370 Ω$\leqslant R\leqslant$384 Ω。

5.3.3 470 Ω,26 mA。

5.3.4 152 Ω$\leqslant R\leqslant$220 Ω。

5.3.6 (1) 15 V;(3) 16 V。

5.3.9 (2) 9 V$\leqslant U_O\leqslant$18 V;(3) 24 V。

5.3.13 (2) 10 V$\leqslant U_O\leqslant$15 V;(3) 18 V。

5.3.15 (1) 1.25～16.9 V;(2) 19.9～41.2 V。

第 7 章习题参考答案

7.1.1 (1) $(45.6875)_D$,(2) $(1DB.4)_H$,(3) $(143.8125)_D$,(4) $(111001.101)_B$,
(5) $(153.64)_O\rightarrow(6B.D)_H$,(6) $(100101001)_B\rightarrow(129)_H$。

7.1.2 (1) $Y'=\overline{\overline{A}B+B(\overline{A}+C)}$,(2) $Y'=\overline{A}\,\overline{B}+AB+AC+BC$,
(3) $Y'=BCD+\overline{A}BD+AB\overline{C}+A\overline{B}\,\overline{D}+B\overline{C}\,\overline{D}$。

7.1.3 (1) $\overline{Y}=\overline{A\,\overline{B+D}+\overline{A}C}$,$F=A\overline{B}\,\overline{D}+\overline{A}C$;
(2) $\overline{Y}=\overline{(A\oplus B)D+A(B\oplus\overline{C})}$,$F=\overline{A}BD+A\overline{B}D+A\overline{B}\,\overline{C}+ABC$。

7.1.4 略。

7.1.5 (1) $Y=A+\overline{A}\,\overline{B}\,\overline{C}=A+\overline{B}\,\overline{C}$;(2) $Y=AB+C$;(3) $Y=A\overline{C}+B\overline{C}$;(4) $Y=A+\overline{D}$;
(5) $Y=AB+\overline{A}\,\overline{B}+\overline{C}\,\overline{D}+CD$;(6) $Y=B+A\overline{C}+AD+\overline{C}\,\overline{D}$。

7.1.6 (1) $Y=\overline{C}+AB$;(2) $Y=B+\overline{A}C+A\overline{C}$;(3) $Y=A\overline{B}+\overline{C}\,\overline{D}+B\overline{C}$;
(4) $Y=AB\overline{C}+AB\overline{D}+\overline{A}\,\overline{B}$;(5) $Y=\overline{A}\,\overline{B}C$。

*7.1.7 (1) $Y=A\overline{C}+\overline{A}D+\overline{C}D$;(2) $Y=\overline{B}\,\overline{D}+\overline{A}\,\overline{C}D+\overline{A}BD$;
(3) $Y=C+A\overline{B}D$;(4) $Y=\overline{B}+A\overline{C}\,\overline{D}+\overline{A}C\overline{D}$。

*7.1.8 (1) $Y=A\overline{B}\,\overline{C}+ABC+\overline{A}B\overline{C}+AB\overline{C}$;
(2) $Y=\overline{A}\,\overline{B}CD+\overline{A}BCD+\overline{A}BC\overline{D}+AB\overline{C}D+ABCD+ABC\overline{D}+A\overline{B}\,\overline{C}D+A\overline{B}CD$。

7.2.1 $V_{OH}=+5$ V; $V_{OL}=0.7$ V。

7.2.2 (1) $V_O=0.7$ V;(2) $V_O=5.7$ V。

7.2.3 $Y_1=\overline{AB}$;$Y_2=\overline{A+B}$。

7.2.4 (1) 略;(2) $I_{B4}=0.025$ mA。

*7.2.5 $Y=AB\,\overline{CD}$。

7.3.1 $Y=\overline{AB}\,\overline{C}+ABC$。

7.3.2 略。

7.3.3 略。

7.3.4 $Y=ABCD$。

7.3.5 $Y=AB+AC+AD+BCD=\overline{\overline{AB}\cdot\overline{AC}\cdot\overline{AD}\cdot BCD}$。

7.3.6 略。

7.3.7 $Y=A\odot B$。

7.3.8 $Y=\overline{A\overline{B}\overline{C}}$。

7.3.9 $Y=ACD+BCD+ABD+ABC$。

7.3.10 $Y=\overline{a_1}\,\overline{a_0}\,\overline{b_1}\,\overline{b_0}+a_1\overline{a_0}b_1\overline{b_0}+\overline{a_1}a_0\overline{b_1}b_0+a_1a_0b_1b_0$。

参考文献

[1] 秦曾煌.电工学(下册)[M].北京:高等教育出版社,2009.
[2] 康华光. 电子技术基础 [M].北京:高等教育出版社,2000.
[3] 童诗白,华成英. 模拟电子技术基础 [M].北京:高等教育出版社,2001.
[4] 阎石. 数字电子技术基础 [M].北京:高等教育出版社,1998.
[5] 华成英.模拟电子技术基础 [M].北京:高等教育出版社,2001.
[6] 尹宝岩. 电子技术全程辅导[M]北京:中国建材工业出版社,2003.
[7] 叶树江.模拟电子技术基础[M].北京:机械工业出版社,2004.
[8] 孙肖子.模拟电子电路及技术基础.[M].2版.西安:西安电子科技大学出版社,2008.
[9] 江晓安,董秀峰.模拟电子技术.[M].2版.西安:西安电子科技大学出版社,2002.